郑州植物园种子植物名录

赵天榜　宋良红　杨芳绒　李小康　杨志恒　主编

黄河水利出版社
·郑州·

内容提要

本书是作者对郑州植物园种子植物资源进行调查研究结果的总结。第一章，介绍了郑州植物园自然概况、机构设置、科学研究等。第二章，收录该园种子植物资源共计178科、634属、2组、2亚组、2系、1221种、17亚种、124新改录组合变种、61新变种、66新改录组合变型（河南新记录变型22种）、4栽培群和1177栽培品种（264记录栽培品种）。每科、属、种、变种、变型均附有异名、异学名的名称、作者发表的文献及其时间。其中，还有河南新记录种子植物22科、180属、2组、2亚组、2系、429种、5新种、17亚种、127变种、1组合变种、66组合变型、22变型，以及1177栽培品种、264新栽培品种、4新改隶组合栽培品种。应特别提出的是，还发现一些特异珍稀的新种、新亚种、新变种和新栽培品种，如异叶桑、河南接骨木、雄性番木瓜亚种和垂枝大叶榆、毛果榔榆新变种等。

本书可供植物分类学、树木学、园林植物学、观赏植物学、森林培育学、经济林栽培学、林木育种学、园林育种学、花卉学、园林苗圃学、中药学、园林规划设计等专业科技人员及其爱好者阅读参考。

图书在版编目(CIP)数据

郑州植物园种子植物名录/赵天榜等主编. —郑州：黄河水利出版社，2018.1

ISBN 978－7－5509－1962－4

Ⅰ.①郑…　Ⅱ.①赵…　Ⅲ.①种子植物－郑州－名录
Ⅳ.①Q949.408-62

中国版本图书馆CIP数据核字(2018)第013980号

出 版 社：黄河水利出版社

地址：河南省郑州市顺河路黄委会综合楼14层　　邮政编码：450003

发行单位：黄河水利出版社

发行部电话：0371－66026940、66020550、66028024、66022620(传真)

E-mail：hhslcbs@126.com

承印单位：河南瑞之光印刷股份有限公司

开本：787 mm×1 092 mm　1/16

印张：23.75　　插页：8

字数：570千字　　印数：1—1 000

版次：2018年1月第1版　　印次：2018年1月第1次印刷

定价：100.00元

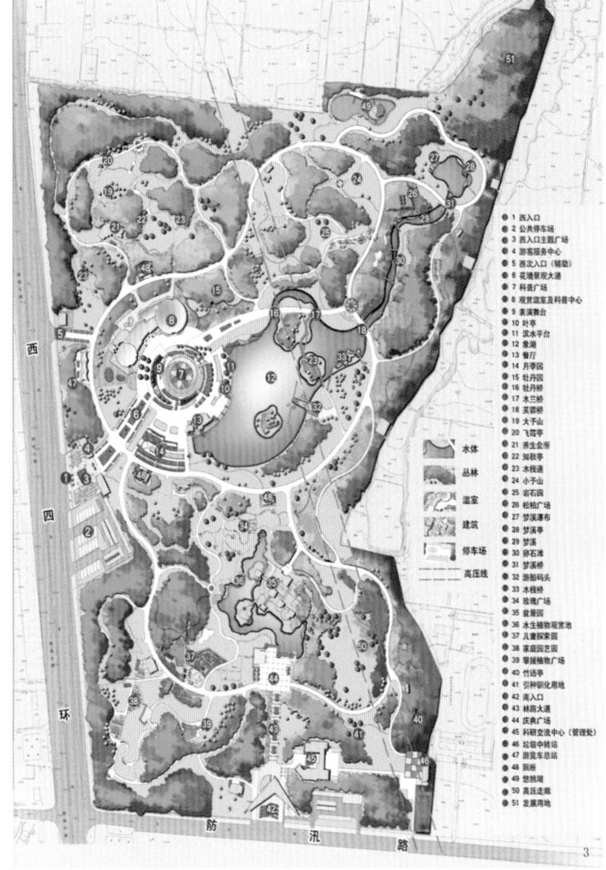

1. 展览温室，2. 盆景园 ,3. 植物园现状平面图，4. 木瓜园

摄影：李小康

图版 1　郑州植物园景色

1. 独木成林，2. 木瓜榕果实，3. 望天树，4. 泷之白丝，5. 仙人掌科植物，6. 铁皮石斛

1、2、5 摄影：李小康；3、4、6 摄影：范永明

图版 2　温室特色植物

1. 空中生境，2. 空中生境，3. 空中生境，4. 小瀑布生境，5. 岩石生境，6. 温室一角

1、2、3、5 摄影：李小康；4、6 摄影：范永明

图版 3　温室景观

1. 番木瓜结果植株，2. 番木瓜叶形变异，3. 番木瓜雄花植株，4. 番木瓜雄花植株，
5. 番木瓜花叶同放，6. 番木瓜花果并存

摄影：赵天榜

图版 4　番木瓜形态

1. 牡丹芍药展，2. 记者采访，3. 写生，4. 游客，5. 海黄，6. 芍药栽培品种

1 ~ 5 摄影：郭欢欢；6 摄影：陈志秀

图版 5　芍药牡丹花展

1. 月季花展西门口布展，2. 游客在拍照，3. 白莲花，4. 超级绿色，5. 咖啡拿铁，6. 玛格丽特王妃，7. 钢琴，8. 寂静

摄影：郭欢欢

图版 6　现代月季花展

1. 向日葵解读，2. 郭欢欢工程师讲解向日葵的美，3. 老师向学生讲解向日葵的开花习性，4. 科技人员在观察向日葵新品种，5. 记者在拍照，6. 游客在拍照

摄影：郭欢欢

图版 7　向日葵花展

1. 中州玉兰树形，2. 两型花中州玉兰花，3. 莓蕊玉兰花示亮紫色特异花被片等，4. 莓蕊玉兰花多雌蕊群，5. 异花玉兰枝叶与玉蕾，6. 异花玉兰玉蕾花与雌雄蕊群等

摄影：赵天榜

图版 8　玉兰属新植物

1. 异叶桑植株，2.（1）类叶形，3.（2）类叶形，4.（3）类叶形，5.（4）类叶形，6.（5）类叶形，7.（6）类叶形，8.（7）类叶形，9.（8）类叶形，10.（9）类叶形，11.（10）类叶形，12.（11）类叶形，13.（12）类叶形

摄影：赵天榜、范永明

图版 9　异叶桑

1. 红花木瓜树形，2. 红花木瓜花枝，3. 红花木瓜花，4. 帚形木瓜树形，5. 木瓜花，6. 木瓜果实类型

摄影：赵天榜、范永明

图版 10　木瓜

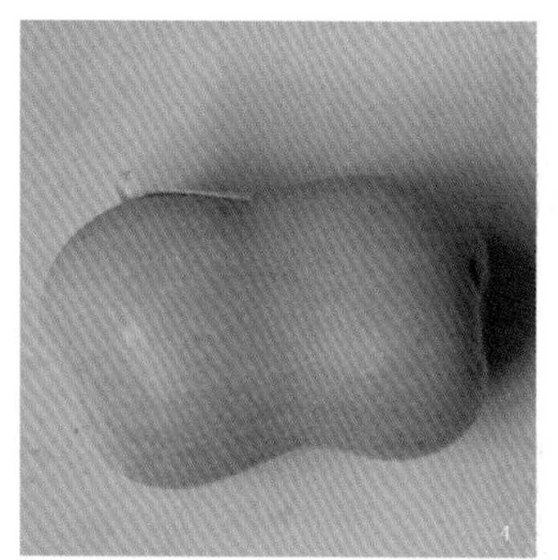

1. 木瓜贴梗海棠白花，2. 木瓜贴梗海棠红花，3. 木瓜贴梗海棠双色花，4. 蜀红木瓜贴梗海棠果实，5. 棱果木瓜贴梗海棠果实，6. 大果木瓜贴梗海棠果实

摄影：赵天榜、范永明

图版 11　木瓜贴梗海棠

1. 赵天榜等研究玉兰属植物新品种，2. 李小康等向学生介绍郑州植物园玉兰属植物，3. 教学科研活动，4. 切花，5. 湖水治污，6. 工人向温室移栽植物

1、2 赵天榜提供；3 ～ 5 摄影：李小康；6 摄影：范永明

图版 12　科研、教学成绩

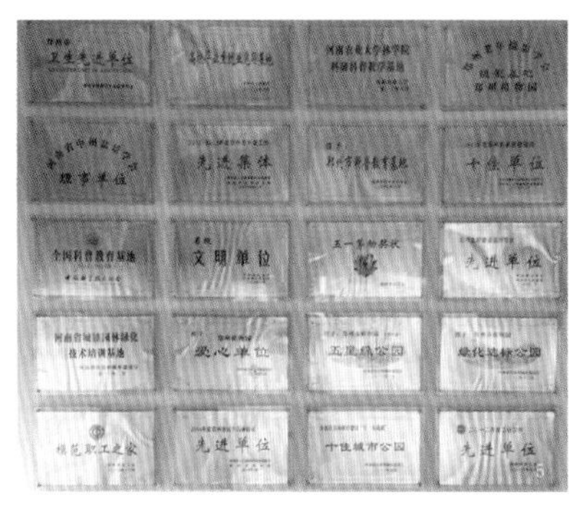

1. 郑州植物园学雷锋志愿服务站，2. 郑州植物园志愿者服务站，3. 郑州植物园关爱孤残儿童锦旗，4. 郑州植物园助残锦旗，5. 郑州植物园获省级文明单位等荣誉，6. 郑州植物园获省级文明单位等荣誉

摄影：范永明

图版 13　郑州植物园志愿服务和荣誉

1. 记者采访在植物园游玩的儿童，2. 小朋友在画画，3. 郑州植物园游玩的儿童，4. 王华工程师在介绍科普植物知识，5. 郑州植物园小学生活动，6. 郑州植物园休闲的老人

1 ～ 4 摄影：李小康；5、6 摄影：范永明

图版 14　休闲娱乐

《郑州植物园种子植物名录》
编委会

前　言

河南地处我国中原地区，地形与地貌复杂；气候冬寒少雪，春旱多风，夏热多雨，秋季凉爽，且具有繁多的土壤类型，因而植物资源丰富。根据河南农业大学丁宝章教授等主编的《河南植物志》(第一册至第四册)记载：河南植物(包括蕨类植物)总计179科、1186属、3945种、23亚种、529变种、49变型和18品种；河南农业大学朱长山教授等主编的《河南种子植物检索表》(1994)中记载：河南种子植物165科、1095属、3035种、23亚种、313变种、40变型、23品种；河南农业大学卢炯林等主编的《河南木本植物图鉴》(1998)中，记录河南木本植物有106科、1240种、10亚种、114变种、39变型、22品种。

郑州植物园现有土地面积62.75 hm^2，其中水体面积3.6万余 m^2。总体定位是具有"科学的内涵，艺术的外貌，文化的展示"，集科学研究、科普教育、引种驯化、休闲娱乐、旅游观光为一体的多用途的植物园。它的建成填补了郑州市作为省会城市没有植物园的空白，是郑州市园林绿化发展史上的一个里程碑。本书共收录种子植物总计178科、634属、2组、2亚组、2系、1221种、17亚种、124新改录组合变种、61新变种、66新改录组合变型(河南新记录变型22种)、4栽培群和1177栽培品种(264记录栽培品种)。每科、属、种、变种、变型均附有异名、异学名的名称、作者发表的文献及其时间。其中，还有河南新记录种子植物22科、180属、2组、2亚组、2系、429种、5新种、17亚种、127变种、1组合变种、66组合变型、22变型，以及1177栽培品种、264新栽培品种、4新改隶组合栽培品种。应特别提出的是，还发现一些特异珍稀的新种、新亚种、新变种和新栽培品种，如异叶桑、河南接骨木、雄性番木瓜亚种和垂枝大叶榆、毛果榔榆新变种等，可供植物分类学、树木学、园林植物学、观赏植物学、森林培育学、经济林栽培学、林木育种学、园林育种学、花卉学、园林苗圃学、中药学、园林规划设计等专业科技人员及其爱好者阅读参考。

本书第一章由宋良红、李小康、郭欢欢编写。第二章种子植物名录中，木本植物名称由赵天榜、杨芳绒、陈志秀、李小康、陈俊通、范永明等编写；现代月季类名称由杨志恒、赵建霞、郭欢欢编写；芍药与牡丹类名称由杨芳绒、杨志恒、郭欢欢等编写；草本植物名称由李小康、陈志秀等编写；温室内引种栽培植物名称由李小康、王华等编写。全书由赵天榜、李小康、陈志秀、范永明统稿。此外，郑州市林业工作总站赵东方工程师、河南工业大学副教授赵东欣、河南农业大学林学院硕士研究生杨红震和温道远等同学参与了郑州植物园种子植物的普查与调查工作，在此深表谢意！

本书在编著过程中，虽作者付出了艰辛的劳动，但仍有不妥、错误之处，敬请广大读者批评指正。

赵天榜

2017年8月

编写说明

1. 本书收集的种子植物名录以郑州植物园种子植物为主，兼收录郑州市区内少量引种栽培的新记录种、新变种以及新记录栽培品种等。

2. 本书收集的种子植物排列顺序：裸子植物采用郑万钧系统，被子植物以哈钦松系统为主，兼顾其他系统。

3. 本书收录郑州植物园种子植物科、属、组、亚组、系、种、亚种、变种、栽培群和栽培品种，记其名称（黑体）、俗名、学名（正体）、异学名（斜体）及其发表书刊名称、文献名称（包含异学名发表书刊名称、文献名称）和发表时间。一些学名、异学名尚未查到发表时间时，用“＊”表示，待以后进行查证。

4. 本书收集的种子植物新分类群名称（种、亚种、变种），一律采用拉丁文与汉语形态特征对照记述；新栽培群和新栽培品种，一律记录选育者姓名。

5. 本书收录种子植物科、属，以及栽培群内的物类群，均注明编写人员姓名。如苏铁科 Cycadaceae（李小康、王华、王志毅），胡桃科 Juglandaceae Horaninov（陈俊通、王华、王志毅、赵天榜），芍药科 Paeoniaceae Bartling（杨芳绒、杨志恒、郭欢欢）等。

6. 本书收录的郑州植物园种子植物 178 科、634 属、2 组、2 亚组、2 系、1221 种、17 亚种、124 新改录组合变种、61 新变种、66 新改录组合变型（河南新记录变型 22 种）、4 栽培群和 1177 栽培品种（264 记录栽培品种）。每科、属、种、变种、变型均附有异名、异学名的名称、作者发表的文献及其时间。其中，还有河南新记录种子植物 22 科、180 属、2 组、2 亚组、2 系、429 种、5 新种、17 亚种、127 变种、1 组合变种、66 组合变型、22 变型，以及 1177 栽培品种、264 新栽培品种、4 新改隶组合栽培品种。

7. 本书收录的种子植物芍药科中的芍药、牡丹栽培品种、现代月季栽培品种，因多为杂交栽培品种，其杂交亲本难以确认，故记载其名称。

8. 本书收录的种子植物中，凡没有名称、学名及发表文献作者，均以“＊”作标记，以待进一步研究。

9. 本书目录中，多种草本种子植物的栽培品种名称与学名（包括汉语拼音名称），如凤仙花、菊花等草本植物（不包括芍药）栽培品种名称，均不予收录，仅加注说明。

10. 本书收录的种子植物科、属、组、亚组、系、种、亚种、变种、栽培群和栽培品种名称，由赵天榜、陈志秀、李小康、范永明汇编整理而成。

目　录

第一章　郑州植物园自然概况、成绩与经验

第一节　自然概况

一、地理位置

郑州市位于东经112°42′～114°14′，北纬34°16′～34°58′，西依嵩山，北临黄河，东、南为黄淮平原，是河南省政治、经济、文化中心，也是全国重要的交通枢纽，地理位置十分重要。

郑州植物园位于郑州市中原路与西四环交叉口南，西临西四环，北临南水北调干渠，交通十分便利。

该园隶属于郑州市园林局，为副县级事业单位。该园由原市第二苗圃须水苗圃扩建而成。于2007年9月3日开工建设，2008年10月1日实现试开园，2009年4月30日正式开园。

二、气候特点

郑州植物园属于我国北暖温带和北亚热带过渡地区，其气候具有显著的过渡特征。气候特点是冬寒少雪、春旱多风、夏热多雨、秋季凉爽。郑州市年平均气温14.2℃，最低(1月)平均气温－0.4℃，极端最低气温－17.9℃，最高(7月)平均气温27.4℃，极端最高气温43.0℃。年平均降水量646.1 mm，最低年降水量403.0 mm，最高年降水量1041.3 mm。年空气相对湿度66.0%。此外，还有旱涝自然灾害发生。

三、土壤特点

郑州植物园内土壤属于潮土类中的两合土，其特点是质地适中、耕作性能良好，适于多种作物、树木及花草生长发育。

四、种子植物多样性

郑州植物园内种子植物非常丰富，据作者2014～2017年调查，该园种子植物有178科、634属、2组、2亚组、2系、1221种、17亚种、124新改录组合变种、61新变种、66新改录组合变型(河南新记录变型22种)、4栽培群和1177栽培品种(264记录栽培品种)。其中，还有河南新记录种子植物22科、180属、2组、2亚组、2系、429种、5新种、17亚种、127变种、1组合变种、66组合变型、22变型，以及1177栽培品种、264新栽培品种、4新改隶组合栽培品种，是河南省公园、自然保护区、游览区中种子植物资源最丰富的园区。

第二节　园区规划

郑州植物园内现有土地面积 62.75 hm^2，其中水体面积 3.6 万余 m^2。总体定位是具有“科学的内涵，艺术的外貌，文化的展示”，集科学研究、科普教育、引种驯化、休闲娱乐、旅游观光为一体的多用途的植物园。它的建成填补了郑州市作为省会城市没有植物园的空白，得到郑州市委、市政府高度重视和广大市民的热情关注，是郑州市园林绿化发展史上的一个里程碑。

郑州植物园内设以下区域：①蔷薇园，占地约 4 hm^2；②百果园，占地约 4.5 hm^2；③儿童乐园，占地约 3 hm^2；④丁香木樨园，占地 3.5 hm^2；⑤竹园，占地 1.74 hm^2；⑥棕榈凤兰园，占地 0.4 hm^2；⑦百合园，占地 0.12 hm^2；⑧玉兰园，占地 1.2 hm^2；⑨松柏园，占地 1.8 hm^2；⑩牡丹芍药园，占地 1.1 hm^2；⑪温带植物区，占地 7.7 hm^2，种植温带性植物，广泛收集各等级国家保护植物以及河南特有植物种，宣传科普知识，成为植物园的亮点之一；⑫予山飞霞景区，占地约 9.5 hm^2，该区是植物园的制高点，远眺嵩山，西观晚霞，师法于自然，犹如世外桃源；⑬银杏园，占地约 1 hm^2；⑭生态养生园，占地约 2.8 hm^2，该区配置相应养生植物，形成特色养生园；⑮园艺园，是为中小学生提供园艺场地学习园艺知识的特定区域；⑯办公区；⑰科研、引种驯化区，是科研人员进行科学研究、培育优良品种的特定区域；⑱盆景园(见图版 1:2)，系园中园，以研究中州盆景为主，包括山石盆景和树桩盆景；⑲象湖揽壁景区，包括象湖、象湖码头、滨水台阶、湖心岛及湖岸线绿地，水体面积 3.6 万 m^2，水深 4.5 m。另外还有金缕梅园、岩石园、松畔夕照景区。

科普文化广场：广场设计以树木的“年轮”为概念，采用放射状、圈层结构手法，展现环景之优美。

展览温室：总建筑面积 5300 m^2。以商代青铜器“鼎”为建筑单体的外壳，取“鼎立中原”之意，体现郑州古都风采，如图版 1:1。其中，有热带及亚热带植物展示区、沙漠植物区、热带雨林(见图版 2:1～6 及图版 3:1～6)为公众提供四季观赏热带性植物的场所。温室内设植物展厅(见图版 3:1～6)、生态展厅和多媒体教育中心，可同时容纳 600 多人参观，是河南省唯一的科普植物馆，使人们在了解植物知识，感受植物之美的同时，提高保护植物、保护环境的自觉性，实现社会的可持续发展。

第三节　机构设置

郑州植物园人员配置：主任宋良红，副主任毛保豪、杨志恒，党总支书记白天明。其下设以下机构：

(1)办公室。

(2)园林园容管理科。

(3)展览温室管理室。

(4)科普宣教科。

(5)计划财务科。

(6)后勤基建科。

第四节　成绩与经验

一、温室设计新颖，引种科、属、种居全省之冠

温室设计新颖，具有特异的外观风貌，是河南省唯一的多层次现代化建筑结构，其内适宜国内外多科植物生长发育。据作者 2017 年统计，温室内引栽种子植物共计 95 科、105 属、267 种、15 栽培品种、不知归属 4 种，均为河南新记录科、属、种及新栽培品种。

二、普及科学技术，突出花展

为了普及科学技术知识，郑州植物园在园内进行花木、盆景展览，如芍药牡丹花展（见图版 5）、玉兰花展（见图版 8）、向日葵花展（见图版 7）、现代月季花展（见图版 6）。据 2016 年统计，参观人员超过 500 万人（次）。

三、教学实习基地

郑州植物园现有种子植物 178 科、634 属、2 组、2 亚组、2 系、1221 种、17 亚种、124 新改录组合变种、61 新变种、66 新改录组合变型（河南新记录变型 22 种）、4 栽培群和 1177 栽培品种（264 记录栽培品种）。其中，还有河南新记录种子植物 22 科、180 属、2 组、2 亚组、2 系、429 种、5 新种、17 亚种、127 变种、1 组合变种、66 组合变型、22 变型，以及 1177 栽培品种、264 新栽培品种、4 新改隶组合栽培品种，且生长发育良好，是河南农业大学林学院、园艺学院教学实习基地之一，也是其他农林院校进行植物学、植物分类学、树木学、植物与树木育种学、植物群落学、植物生态学、观赏植物学、花卉学、林木栽培学，以及植物病害和植物虫害防治等教学实习的最佳场地之一。如图版 12:3～4。

四、科学研究场所

郑州植物园自 2009～2017 年，先后开展与承担科学研究项目 25 项（包括自选项目），如：①“河南玉兰属植物资源与栽培利用的研究”，基本查清了河南玉兰属植物资源有 3 亚属、9 组（1 新组）、12 亚组、3 系、57 种（5 新种）、23 亚种（7 新亚种）、85 变种、40 栽培群（14 新栽培群）、310 栽培品种（69 新栽培品种）等（见图版 12:1～2、5～6）。同时，还发现“河南辛夷”最优品种——‘桃实南’（望春玉兰）“辛夷”中桉叶油醇 eudesmol 含率达 50.27%（治癌物质）及鲁山“辛夷”中金合欢醇 farnesol 含率达 15.59%（最优香料物质），为其开发利用，造福人类提供了科学依据。②“河南种子植物引种驯化试验研究”，发现一批新种、新变种、新栽培品种，为河南甚至全国特有珍稀物种，如异叶桑 *Morus heterophylla* T. B. Zhao, Z. X. Chen et J. T. Chen ex Q. S. Yang et Y. M. Fan；河南接骨木 *Sambucus henanensis* J. T. Chen, Y. M. Fan et T. B. Zhao 和杂配玉兰 *Yulania hybrida* T. B. Zhao, Z. T. Chen et X. K. Li 等。同时，引入河南一批新记录科、新记录属、新记录种、新记录栽培品种，选育出一些观赏植物新优栽培品种；③“利用草坪复种解决冬季暖地草枯黄问题研究报告”；④“国兰名优品种收集课题研究报告”；⑤“温室热带雨林植物养护

技术初探”；⑥“郑州地区辽东冷杉、北美乔松、臭冷杉的引种技术研究”；⑦“郑州地区临界植物越冬保护技术研究”；⑧“展览温室沙生植物的引种与栽培研究”；⑨“水生、湿生植物在郑州地区的引种应用”；⑩“热带亚热带特色观赏植物的引种及应用研究”；⑪“观赏向日葵的栽培与推广应用”；⑫“植物环境教育体验基地建设”；⑬“郑州市城市绿地人工植物群落调查和综合评价研究”；⑭“洋兰人工栽培及应用研究”；⑮“城市绿地不同绿化树种林冠层降雨分配研究”；⑯“郑州地区玉兰种质资源的引种与应用研究”；⑰“郑州植物园镜池景观水体水下生态修复系统的构建与示范”；⑱“郑州市城市绿地人工植物群落调查和综合评价研究”；⑲“郑州地区玉兰属种质资源的引种与应用研究”；⑳“现代月季、牡丹与芍药优良栽培品种的引种驯化试验研究”，从中发现、选育出一批新优单株；㉑“现代月季新优栽培品种组培技术的研究”；㉒“郑州植物园种子植物资源普查”；㉓“河南特有珍稀种子植物引种栽培试验研究”；㉔“河南玉兰属植物种质与栽培技术的研究”；㉕“小叶蚊母引种试验研究”。

发表论文与科技文章 62 篇，如：①《河南白蜡属植物的研究》；②《展览温室热带雨林植物群落土壤分析与改善措施》；③《热带、亚热带特色观赏植物引种与应用研究》；④《郑州地区藤本月季品种资源调查及综合评价》；⑤《向日葵观赏价值评价体系的建立》；⑥《郑州市木兰科植物资源调查与应用分析》；⑦《花样生活　别样精彩——郑州植物园举办创新盆栽大赛》等。

出版科学著作 3 部：《河南玉兰栽培》、《世界玉兰属植物种质资源志》及《多肉植物鉴赏与景观应用》，获河南省林业厅科技进步奖 2 项。同时，荣获多项先进单位称号（见图版 13）。

五、健身、娱乐场所

郑州植物园内设置盆景园、娱乐广场，树下设有休息坐椅，湖边有喂鱼处，温室高层可向外观景，也可在牡丹、芍药、玉兰、月季、菊花等花丛中摄影，供游人健身、儿童娱乐之用（见图版 14）。

六、工作经验

郑州植物园自建园以来取得了很大成绩。其主要经验是：①党的坚强领导集体。②认真贯彻执行党和政府的方针、政策、决议，以及各级党、政领导关于植物园的方针、政策、决议和指示。③建立“三结合”科技队伍和管理队伍。④建立科学的规章制度，如学习制度、请假制度和奖惩制度等。⑤加强植物园与其他植物园、有关业务来往的单位，或院校联系，改进工作。

此外，还有不足的地方，如郑州植物园因面积变动较大，目前还没有一个正规的地理位置图和完善的规划设计图。

第二章　郑州植物园种子植物名录

第一节　裸子植物

一、**苏铁科**(李小康、王华、王志毅、王珂)

Cycadaceae Persoon, Syn. Pl. 2:630. 1807

(一) 苏铁属

Cycadas Linn., Syn. Pl. 1188. 1807; Gen. Pl. ed. 5, 495. 1754

1. 苏铁

Cycas revoluta Thunb. Fl. Jap. 229. 1784

Palma japonica Herm. Prodr. 361. 1691

Cycas inermis Lour. Fl. Cochich. 2:776. 1790, excl. syn.

Cycas revoluta Thunb. var. inermis Miq. Anal. Bot. Ind. 2 28. t. 3～4. 1851, et Prodr. Cycad. 16. 1861

Cycas inermis Oudem. in Arch. Neerl. 2:385. t. 20. 1867, ibidem 3:1. 1868

2. 台湾苏铁　河南新记录种

Cycadas taiwanensis Carruth. in Journ. Bot. 31:2. t. 331. 1893

Cycas revoluta Thunb. var. taiwanina(Carruth.)Schuster in Engler, Pflanzenr. 99, 4(1):84. 1932

3. 篦齿苏铁

Cycas pectinata Criff. Notul. Pl. Asiat. 4:10. 1854, et Icon. Pl. Asiat. t. 360. f. 3. 1854

Cycas circinalis Linn. subsp. vara Schuster var. pectinata(Griff.)Schuster in Engler, Pflanzenr. 99, 4(1):68. 1932

4. 四川苏铁　河南新记录种

Cycadas szechuanensis Cheng et Z. K. Fu, 植物分类学报, 13(4):81. 图 1. 7～8. 1975

5. 海南苏铁　河南新记录种

Cycadas hainanensis C. J. Chen, 植物分类学报, 13(4):82. 图 2. 5～6. 1975

6. 攀枝花苏铁　河南新记录种

Cycas panzhihuanensis L. Zhou et S. Y. Yang

7. 云南苏铁　河南新记录种

Cycas siamensis Miq. in Bot. Zeitung 21:334. 1863

Cycas intermedia Hort. ex B. S. Willams, Gen. Pl. Catal. 42. 1878

Cycas immersa Craib in Kew Bull. 434. 1912

Cycas rumphii auct. non Miq.: S. Y. Hu in Taiwania 10:15. 1964. quoad Plant. Yunnan

8. 华南苏铁　河南新记录种

Cycas rumphii Miq. in Bull. Sci. Phys. et Nat. Néerl. 45. 1839, Monogr. Cycad. 29. 1842

Olus calappoides Hebr. Amb. 1:86. t. 20～22. 1741

Cycas sp. Griff. Notul. Pl. Asiat 1854, et Icon. Pl. Asiat. 4: t. 360(sine num. F.). 1854

Cycas alis auct. non Linn., Roxb. Hort. Bengal. 71. 1814. et Fl. Ind. 1842

9. 贵州苏铁　河南新记录种

Cycas guizhouensis K. M. Lan et R. F. Zou*

(二) 墨西哥苏铁属　河南新记录属

Zamia Linn. *

1. 墨西哥苏铁　河南新记录种

Zamia pumila Linn. *

二、银杏科(赵天榜、陈志秀、陈俊通和范永明)

Ginkgoaceae Engler in Nat. Pflanzenfam. Nachtr. II～IV. 19. 1897

Salisburyaceae Link, Handb. Erkenn. Gew. 2:469. 1831. "Salisburyaceae" in indice p. 523

(一) 银杏属

Ginkgo Linn., Mant. Pl. 2:313. 1771

Salisburia Smith in Trans. Linn. Soc. Lond. 3:330. 1797

Pterophyllus(Nelson), Pinac. 163. 1866

Gingkyo Mayr, Fremdl. Wald— & Parkbäume, 286. 1906

1. 银杏

Ginkgo biloba Linn., Mant. Pl. 2:313. 1771

Salisburia adiantifolia variegata insert: Ginkgo biloba Linn. aureo—variegata C. S. Sénéclauze, Conif. 81. 1867

Salisburia adiantifolia Smilth in Transrans. Soc. Lond. 3:330. 1797

Salisburya biloba Hoffmannsegg, Verz. Pflanzenkult. 109. 1824

Pterophyllus Salisburiensis(Nelson.), Pinac. 163. 1866

Gingkyo biloba Mayr, Fremdl. Wald— & Parkbäume, 286. 1906

1.1 金叶银杏　河南新记录变型

Ginkgo biloba Linn. f. aurea(Nelson.) Bessner, Handb. Conif. —Ben. 47. 1887

Pterophyllus salisburiensis aurea(Nelson.), Pinac. 164. 1866

Ginkgo biloba Linn. var. aurea Henry in Elwes & Henry, Trees Gt. Brit. Irel. 1: 58. 1906

Ginkgo biloba Linn. "form" Masters in Journ. Hort. Soc. Lond. 14:210(List Conif. Tax. 34). 1892. "golden-leaved form."

Ginkgo biloba aurea(Masters ex)Beissner, Handb. Nadelh. ed. 2, 39. 1909

1.2 塔形银杏 河南新记录变种

Ginkgo biloba Linn. var. fastigiata Masters in Kew Hand-list Conif. 19. 1896. nom.

Ginkgo biloba Linn. f. fastigiata(Henry)Rehd. Bibliography of Cult. Trees and Shrubs. 1. 1949

1.3 垂枝银杏

Ginkgo biloba Linn. f. pendula(Van Geert)Bessner, Syst. Eintheil. Conif. 24. 1887

Salisburia adiantifolia pendula Van Geert, Cat. 1862:62. 1862

1.4 裂叶银杏 大叶银杏 河南新记录变种

Ginkgo biloba Linn. var. laciniata(Carr.)Bessner, Syst. Eintheil. Conif. 24. 1887

Salisburia adiantifolia laciniata Carrière in Rev. Hort. 1854:412. 1854

Ginkgo biloba Linn. var. dissecta Hochstetter, Conif. 101. 1882

Salisburia ginkgo Richard, Mém. Conif. Cycad. t. 3. 1826

Ginkgo biloba Linn. var. latifolia Linn. Henry in Rev. Hort. nouv. sér. 11:83. f. 24. 1911

Salisburia macrophylla Reynier ex Cat. Sénéclauze 40 ex Carrière, Traite Conif. 504. 1855. pro syn.

Ginkgo biloba macrophylla laciniata Sénéclauze Conif. 81. 1868

Ginkgo biloba Linn. var. macrophylla Hort. ex Hartwig & Rümpler, III. Gehülzb. 664. 1875

? Ginkgo biloba Linn. var. triloba Hort. ex Henry in Elwes & Henry, Trees Gt. Bret. Irel. 1:58. 1906

Ginkgo biloba Linn. var. longifolia L. Henry in Rev. Hort. nouv. sér. 11:82. f. 23. 1911

Ginkgo biloba Linn. f. adiantifolia Sprecher ex Tobler in Ber. Deutsch. Bot. Ges. 58. 363. 1940

1.5 金斑银杏 河南新记录变种

Ginkgo biloba Linn. var. aureo-variegata C. S. ex Sénéclauze Conif. 81. 1867

1.6 异叶银杏 河南新记录变种

Ginkgo biloba Linn. var. heterophylla T. B. Zhao et Z. X. Chen, 赵天榜. 河南银杏一变种. 河南林业科技, 3:31. 1994

1.7 柱冠银杏　新变种

Ginkgo biloba Linn. var. cylindrica T. B. Zhao, Z. X. Chen et J. T. Chen, var. nov.

A var. comia cylindricis. ramis brevibus, horizontalibus vel pendulis.

Henan: 20150821. T. B. Zhao et al., No. 201508213(HNAC).

本新变种树冠圆柱状。小枝很短,平展或下垂。

产地:河南。赵天榜、陈志秀和陈俊通。模式标本,No. 201508213,存河南农业大学。

现栽培地:河南、郑州市、郑州植物园。

1.8 小籽银杏　新变种

Ginkgo biloba Linn. var. parvispecies T. B. Zhao, Z. X. Chen et Y. M. Fan, var. nov.

A var. foliis 3.0～4.5 cm latis. Speciebus parvis, 4.0～5.0 cm longis, subroseis.

Henan: 20150821. T. B. Zhao et al., No. 201509221(HNAC).

本新变种叶宽 3.0～4.5 cm。种子小,长 2.0～2.5 cm,带粉红色。

产地:河南、郑州市。赵天榜、陈志秀和范永明。模式标本,No. 201509221,存河南农业大学。

三、**松科**(赵天榜、陈志秀、陈俊通、李小康和范永明)

Pinaceae Lindlley, Nat. Syst. Bot. ed. 2, 313. 1836

Coniferae Scopoli, Fl. Carniol. 400. 1760, pref. June

Coniferae b. Pineae Agardh, Aphor. Bot. 212. 1825, p. p. typ.

Strobilaceae Reichenbach, Consp. Règ. Vég. 1:80. 1828, nom.

Pineaceae Horaninov, Prim. Linn. Syst. Nat. 45. 1834, p. p.

Abietineae Endlicher, Syn. Conif. 77. 1847, p. p. typ.

Araucariaceae Luerssen, Grundzüge Bot. 265. 1877, "subord" includ. fam. 75—79.

(一) 云杉属

Picea A. Dietrich, Fl. Geg. Berl. 2:794. 1824

1. 白杆

Picea meyeri Rehd. & Wils. in Sargent, Pl. Wils. 2:28. 1914. excl. specim. e Kansu.

Picea obovata Ledeb. var. schrenkiana auct. non. Carr.: Mst. in Journ. Linn. Soc. Bot. 18:506. 1881

Picea asperata Mast. in Jour. Linn. Soc. Lond. Bot. 37:419. 1906

Picea sehrenkiant auct. non Fich. Et Mey.; Palib. in Acta Hort. Petrop. 14:144. 1895

1.1 密枝白杆　新变种

Picea meyeri Rehd. & Wils. var. ramosissma T. B. Zhao, X. K. Li et Z. X. Chen, var. nov.

A var. ramis brevibus, densis. foliis juvenilibus subroseis.

Henan: 20150822. T. B. Zhao et al., No. 201508221(HNAC).

本新变种小枝很短、密。幼叶粉红色。

产地:河南、郑州植物园。赵天榜、李小康和陈志秀。模式标本,No. 201508221,存河南农业大学。

1.2 平枝白杄　新变种

Picea meyeri Rehd. & Wils. var. plana T. B. Zhao, Z. X. Chen et X. K. Li, var. nov.

A var. ramis laterlibus minimis, horizontalibus. ramulis horizontalibus.

Henan: 20150822. T. B. Zhao et al., No. 201508223(HNAC).

本新变种侧枝很少,平展。小枝平展。

产地:河南、郑州植物园。赵天榜、陈志秀和李小康。模式标本,No. 201508223,存河南农业大学。

1.3 帚型白杄　新变种

Piceameyeri Rehd. & Wils. var. fastigiata T. B. Zhao, Z. X. Chen et X. K. Li, var. nov.

A var. comia fastigiatis. ramis erectis patentibus.

Henan: 20150822. T. B. Zhao et al., No. 201508225(HNAC).

本新变种树冠塔状。小枝直立斜展。

产地:河南、郑州植物园。赵天榜、陈志秀和李小康。模式标本,No. 201508225,存河南农业大学。

2. 青杄

Picea wilsonii Mast. in Gard. Chron. sér. 3, 33: f. 55～56. 1903

Picea mastersii Mayr, Fremdländ. Wald— & Parkbäume, 328. f. 105～107. 1906

Picea watsoniana Mast. in Jour. Linn. Soc. Lond. Bot. 37: 419. 1906

Picea schrenkiana auct. non Fisch. et Mey.: Palib. in Acta Hort. Petrop. 14: 144. 1895

Pricea obovata Ledeb. var. schrenkiana auct. non Carr. Pritz. in Bot. Jahrb. 29: 217. 1901

Picea maximowiczii Hort. Petrop. Ex Regel in Ind. Sem. Hort. Petrop. 1865: 33. 1866. nom.

Picea neoveitchii auct. non Mast. 周汉藩,河北习见树木图说(THE FAMILIAR TREES OF HOPELI by H. F. Chow): 9. 图 4. 1934

2.1 银灰叶青杄　新变种

Picea wilsonii Mast. var. argenti-cinerea T. B. Zhao, Z. X. Chen et X. K. Li, var. nov.

A var. comia cylindricis. ramulis brevibus, horizontalibus vel pendulis. foliis argenti-cinereis, juvenilibus roseis.

Henan:20150823. T. B. Zhao et al. ,No. 201508213(HNAC).

本新变种树冠圆柱状。小枝很短,平展或下垂。叶银灰色,幼叶淡红色。

产地:河南、郑州植物园。赵天榜、陈志秀和李小康。模式标本,No. 201508233,存河南农业大学。

2.2 银白枝青杄 新变种

Picea wilsonii Mast. var. argentei-ramula T. B. Zhao, X. K Li et Z. X. Chen, var. nov.

A var. ramulis argenteis. pulvinis foliis argenteis.

Henan:20150823. T. B. Zhao et al. ,No. 201508235(HNAC).

本新变种小枝银白色。叶枕银白色。

产地:河南、郑州植物园。赵天榜、李小康和陈志秀。模式标本,No. 201508235,存河南农业大学。

2.3 毛枝青杄 新变种

Picea wilsonii Mast. var. pubescen T. B. Zhao, Z. X. Chen et X. K. Li, var. nov.

A var. ramulis brevibus, horizontalibus vel pendulis.

Henan:20150823. T. B. Zhao et al. ,No. 201508237(HNAC).

本新变种小枝、幼枝密被白柔毛。

产地:河南、郑州植物园。赵天榜、陈志秀和李小康。模式标本,No. 201508237,存河南农业大学。

2.4 鳞毛青杄 新变种

Picea wilsonii Mast. var. fructi-squam-pubescen T. B. Zhao, Z. X. Chen et X. K. Li, var. nov.

A var. squamis fructibus dense ramentaceis.

Henan:20150823. T. B. Zhao et al. ,No. 201508239(HNAC).

本新变种果鳞表面密被小鳞片状毛。

产地:河南、郑州植物园。赵天榜、陈志秀和李小康。模式标本,No. 201508239,存河南农业大学。

2.5 四条气孔带杄 新变种

Picea wilsonii Mast. var. quadri-stomi-lineares T. B. Zhao, Z. X. Chen et X. K. Li, var. nov.

A var. quadri-fasciariis conspicuis in foliis .

Henan:20150823. T. B. Zhao et al. ,No. 2015082311(HNAC).

本新变种叶上具有 4 条显著气孔带。

产地:河南、郑州植物园。赵天榜、陈志秀和李小康。模式标本,No. 2015082311,存河南农业大学。

3. 麦吊云杉

Picea brachytyla(Franch.)Pritz. in Bot. Jahrb. 29:216. 1900

Abies brachytyla Franch. in Jour. de Bot. 13:258. 1899, exclud. specim. e Delavay

Picea brachytyla(Franch.)Pritz. f. latisquama Stapf in Cultis′s Bot. Mag. 148. t. 8969(p. 4)1922. pro parte

Picea brachytyla(Franch.)Pritz. f. rhombisquama Stapf in Cultis′s Bot. Mag. 148. t. 8969(p. 4)1922. pro parte

Picea ascendens Patschke sensu Masters in Jour. Linn. Soc. Lond. Bot. 26:553. 1902, non Carrière 1855

Picea alcockiana sensu Masters in Jour. Bot. 41:269. 1903, non Carrière 1867

Picea pachyclada Patschke in Bot. Jahrb. 47:630. 1913

Picea srgentiana Rehd. & Wils. in Sargent, Pl. Wils. 2:35. 1914

Picea ajanensis auct. non Fisch. Mast. Journ. Bot. 41:269. 1903.

3.1 银皮麦吊云杉　新变种

Picea brachytyla(Franch.)Pritz. var. argyroderma T. B. Zhao, Z. X. Chen et X. K. Li, var. nov.

A var. ramulis argyroderma pendulis.

Henan:20150823. T. B. Zhao et al. , No. 2015082311(HNAC).

本新变种小枝银灰色，下垂。

产地：河南、郑州植物园。赵天榜、陈志秀和李小康。模式标本，No. 2015082315，存河南农业大学。

(二) 雪松属

CedrusTrew, Cedrorum Libani Hist. 1:4. 1757

1. 雪松

Cedrus deodara(Roxb.)Loudon, Hort. Brit. 388. 1830

Cedrus libani Rich. var. deodara Hooker f. , Himal. Journ. 1:257. 1854

Pinus deodara Roxb. , Hort. Bengai. 69. 1814, nom. nud.

Pinus Cedrus Deodara Rinz in Gartenfl. 6:334. 1857

Cedrus deodara var. deodara(Hook. f.)Voss, in Mitt. Deutsch. Dendr. Ges. 1907 (16):92. 1908. nom, altern.

1.1 垂枝雪松　河南新记录变型

Cedrus deodara(Roxb.)Loud. f. pendula(Carr.)A. Rehd. *

1.2 翘枝雪松　河南新记录变种

Cedrus deodara(Roxb.)Loud. var. erecta Hort. *

1.3 健壮枝雪松　河南新记录变种

Cedrus deodara(Roxb.) Loud. var. robusta Hort. ex Carr. , Traité Conif. 282. 1855

Cedrus deodara(Roxb.)Loud. f. robusta [Laws.] Beissner, Syst. Eintheil. Conif. 32. 1887, "(f.)"

Pinus deodara Roxb. var. robusta Lawson, List Pl. Tribe, 23:1851

Cedrus deodara robusta Hort. ex Carr. , Traité Conif. 282. 1855

1.4 疏枝雪松 新变种

Cedrus deodara(Roxb.)Loud. var. rari-rama T. B. Zhao,Z. X. Chen et X. K Li, var. nov.

A var. ramis minimis planis. ramulis brevissimis planis vel pendulis.

Henan:20150823. T. B. Zhao et al. ,No. 2015082317(HNAC).

本新变种侧枝少,平展。小枝很短,平展,或下垂。

产地:河南、郑州市、郑州植物园。赵天榜、陈志秀和李小康。模式标本,No. 2015082317,存河南农业大学。

(三) 松属

Pinus Linn. , Sp. Pl. 1000. 1753;Gen. Pl. ed. 5,434. 1754

Apinus Necker, Elém. Bot. 3:269. 1790

1. 日本五针松

Pinus parviflora Sieb. & Zucc. ,Fl. Jap. 2:27. t. 115. 1842

Pinus cembra sensu Thunb. ,Fl. Jap. 274. 1784,non Linn. 1753

Pinus koraiensis Sieb. & Zucc. ,Fl. Jap. 2:t. 116. f. 1—4. 1844,p. p. quoad f. 1～4.

Pinus cembra var. japonica [Nelson],Pinac. 107. 1866

Pinus pentaphylla Mayr. ,Monog. Abiet. Jap. 78. 94. t. 6. 1890

Pinus morrisonicola Hayata in Gard. Chron. sér. 3,43:194. 1908

Pinus formosana Hayata in Jour. Linn. Soc. Lond. Bot. 38:297. t. 22. 1908

Pinus parviflora Sieb. & Zucc. var. pentaphylla(Mayr.)Henry in Elwes Henry, Trees Gt. Brit. Irel. 5:1033. 1909

1.1 亮叶日本五针松 河南新记录变型

Pinus parviflora Sieb. & Zucc. f. glauca Beissner, Handb. Nadelh. ed. 2,358. 1909"(f.)".

2. 白皮松

Pinus bungeana Zucc. ex Endl. ,Syn. Conif. 166. 1847

2.1 垂叶白皮松 新变种

Pinus bungeana Zucc. ex Endl. var. pendulifolia T. B. Zhao,Z. X. Chen et X. K. Li,var. nov.

A var. ramis patetibus. foliis coniferis pendulis.

Henan:20150824. T. B. Zhao et al. ,No. 201508241(HNAC).

本新变种侧枝斜展。叶下垂。

产地:河南、郑州植物园。赵天榜、陈志秀和李小康。模式标本,No. 201508241,存河南农业大学。

2.2 塔形白皮松 新变种

Pinus bungeana Zucc. ex Endl. var. pyramidalis T. B. Zhao,Z. X. Chen et X. K.

Li, var. nov.

A var. comis pyramidalibus. ramis erecto-patetibus. foliis coniferis patetibus.

Henan: 20150824. T. B. Zhao et al., No. 201508241(HNAC).

本新变种树冠塔形；侧枝直立斜展。叶斜展。

产地：河南、郑州植物园。赵天榜、陈志秀和李小康。模式标本，No. 2015082319，存河南农业大学。

2.3 白皮白皮松 新变种

Pinus bungeana Zucc. ex Endl. var. albicortex T. B. Zhao, Z. X. Chen et X. K. Li, var. nov.

A var. corticibus albis, aequats, nitidis.

Henan: 20150824. T. B. Zhao et al., No. 201508241(HNAC).

本新变种树皮白色，平滑而发亮。

产地：河南、郑州植物园。赵天榜、陈志秀和李小康。模式标本，No. 201508241，存河南农业大学。

3. 油松

Pinus tabulaeformis Hort. ex Carr., Traité Conif. ed. 2, 510. 1867

Pinus leucosperma Maxim. in Bull. Acad. Sci. St. Pétersb. 16: 558(in Mél. Biol. 11: 347). 1881.

Pinus thunbergii sensu Franchet. in Nouv. Arch. Mus. Hist. Nat. Paris, sér. 2, 7: 95(Pl. David. 1: 285)1884, non Parlatore 1868

Pinus densiflora sensu Franchet. in Jour. de Bot. 13: 253. 1899, non Sieb. & Zucc. 1842

Pinus funebrix Komarov in Act. Hort. Petrop. 20: 177. 1901

Pinus densiflora Sieb. & Zucc. var. tabuliformis (Carr.) Fortune ex Masters in Jour. Linn. Soc. Lond. Bot. 26: 549. 1902

Pinus henryi Masters in Masters in Jour. Linn. Soc. Lond. Bot. 26: 550. 1902

Pinus taihangshanensis Hu et Yao, 静生汇报, 6(4): 167. 1935, syn. nov.

Pinus tokunagai Nakai in Rep. First Sci. Exped. Manch. 4(2): 164. t. 19. f. 24. 1935

Pinus tabulaeformis Carr. var. tokunagai (Nakai) Takenouchi, 实验林时报, 3: 290. t. 9. 1941, et in Journ. Jap. For. Soc. 24: 123. 1942

Pinus tabulaeformis Carr. var. bracteata Takenouchi, 实验林时报, 3: 290. t. 9. 1941, et in Journ. Jap. For. Soc. 4: 1. f. 1. 1942

Pinus tabulaeformis Carr. f. jeholensis Liou et Wang, 东北木本植物图志: 97. 548. 1955

Pinus tabulaeformis Carr. f. purpurea Liou et Wang, 东北木本植物图志: 97. 548. 1955

Pinus sinensis sensu Mayr., Fremdl. Wald— & Parkbäume, 349. f. 113. 1906

Pinus sinensis auct. non Lamb.: Shaw in Sarg. Pl. Wils. 2:15. 1914, pro parte, et Gen. Pinus 60. 1914, pro parte: Rehd. in Journ. Arn. Arb. 4:120. 1923

Pinus wilsonii Shaw in Sargent, Pl. Wils. 1:3. 1911

3.1 黑皮油松　河南新记录变种

Pinus tabulaeformis Carr. var. mukdensis Uyeki，朝鲜林业试验场报告，4:1916

Pinus mukdensis Uyeki ex Nakai in Bot. Mag. Tokyo,33:195. 1919

3.2 扫帚油松　河南新记录变种

Pinus tabulaeformis Carr. var. umbraculifera Liou et Wang，东北木本植物图志：97. 548. 1955

3.3 粗皮油松　河南新记录变型

Pinus tabulaeformis Carr. f. pachidermis Sung *

3.4 细皮油松　河南新记录变型

Pinus tabulaeformis Carr. f. pachidermis Sung *

3.5 红皮油松　河南新记录变种

Pinus tabulaeformis Carr. var. rubescens Uyeki，朝鲜林业试验场报告，4:1916

3.6 短叶油松　河南新记录变种

Pinus tabulaeformis Carr. var. brerofolia S. Y. Wang et C. L. Chang *

3.7 密枝油松　河南新记录变种

Pinus tabulaeformis Hort. ex Carr. var. densata (Mast.) Rehd. in Journ. Arnolä Arb. 7:22. 1926

Pinus densata Mast. in Journ. Linn. Soc. Lond. Bot. 37:417. 1906

Pinus prominens Mast. in Journ. Linn. Soc. Lond. Bot. 37:417. 1906

Pinus sinensis Lambert var. densata Shaw in Journ. Sargent, Pl. Wilson. 2:17. 1914

4. 长叶松　河南新记录种

Pinus palustris Mill., Gard. Dict. ed. 8, p. no. 14. 1768

Pinus longifolia Salisbury, Prodr. Stirp. Chap. Allert. 398. 1796

Pinus australis Michaux, Hist. f. Arb. For. Am. Sept. 1:64. 1810

5. 黑松

Pinus thunbergii Pari. in DC., Prodr. 16, 2:388. 1868

Pinus sylvestris sensu Thunb., Fl. Jap. 274. 1784, p. p.

Pinus sylvestris Linn. b. rubra Sieb. in Verh. Batav. Genoot. Kunst. Wetensch. 12:12 (Syn. Pl. Oec. Jap.). 1830, nom.

Pinus massoniana sensu Sieb. & Zucc., Fl. Jap. 2:24, t. 113－114. 1842, non Lambert 1803

Pinus massoniana auct. non Lamb.: Sieb. & Zucc., Fl. Jap. 2:24. t. 113. 1870

Pinus rubra Sieb. ex Sieb. & Zucc., Fl. Jap. 2:25. 1842, pro syn.

6. 华山松

Pinus armandi Franch. in Nouv. Arch. Mus. Hist. Nat. Paris, sér. 2,7:95. 96. t. 12.(Pl. David. 1:284). 1885

Pinus quinque-folia David, Journ. Voy. Emp. Chin. 1:192. 1875, nom.

Pinus koraiensis sensu Beissn in Nouv. Giorn. Bot. Ital. n. sér. ,4:184. 1897, non Sieb. & Zucc. 1844

Pinus scipioniformis Masters in Bull. Herb. Boissier, 6:270. 1898

Pinus mandshurica sensu Masters in Journ. Linn. Soc. Lond. Bot. 26:551. 1906, non Ruprecht 1857, nec Murray 1866

Pinus mandshurica Hayata in Gard. Chron. sér. 3:43 194. 1908

Pinus levis Lemée & Lévl. in Repert. Sp. Nov. Rég. Vég. 8:60. 1910

Pinus komarovii Lévl. ,Fl. Kouy-Tcheou, 112. 1914

Pinus armandi var. mandshurica Hayata in Journ. Coll. Sci. Tokyo, 25, art. 19: 215. f. 8(Fl. Mont. Formos.)1908

Pinus levis Lrmée & Lévl. in Repert. Sp. Nov. Règ. Vég. 8:60. 1910

Pinus excelsa var. chinensis Patschke in Bot. Jahrb. 48:657. 1912

6.1 短叶华山松　新变种

Pinus armandi Franch. var. brevitifolia T. B. Zhao et Z. X. Chen, var. nov.

A var. ramulis minutis. floiis coniferis brevisssimis, 3. 5～5. 0 cm longis.

Henan: 20150824. T. B. Zhao et Z. X. Chen, No. 201508241(HNAC).

本新变种枝很细。叶很短，长 3. 5～5. 0 cm。

产地：河南。20160810。赵天榜和陈志秀。模式标本，No. 201508101，存河南农业大学。

四、杉科（李小康、赵天榜、陈志秀、陈俊通）

Taxodiaceae Warming, Handb. Syst. Bot. 184. 1890

Taxodiaceae F. W. Neger, Nadelh. 24, 127(Samm.)Göschen, no. 355. 1907

（一）柳杉属

Cryptomeria D. Don in Trans. Linn. Soc. Lond. 18:166. 1841

1. 柳杉

Cryptomeria fortunei Hooibrenk ex Otto et Dietr. in Allg. Gartenzeit. 21:234. 1853

Cryptomeria japonica (Linn. f.) D. Don var. sinensis Sieb. in Sieb. & Zucc. Fl. Jap. 2:52. 1844

Cryptomeria japonica (Linn. f.) D. Don var. fortunei Henry in Elwes & Henry, Trees Gt. Brit. Irel. 1:129. 1906

Cryptomeria mairei Lévl. Cat. Pl. Yun-Nan 56. 1916

Cryptomeria kawaii Hayata in Bot. Mag. Tokyo, 31:117. f. 1917

Cryptomeria mairei(Lévl.)Nakai in Journ. Bot. 13:395. 1937

1.1 ‘垂枝’柳杉　河南新记录栽培品种

Cryptomeria fortunei Hooibrenk ex Otto et Dietr. ‘Penuda’ *

1.2 ‘光皮’柳杉　河南新记录栽培品种

Cryptomeria fortunei Hooibrenk ex Otto et Dietr. ‘Lerigata’ *

1.3 ‘块裂’柳杉　新栽培品种

Cryptomeria fortunei Hooibrenk ex Otto et Dietr. ‘Kuailie’,cv. nov.

本新栽培品种树皮块状深裂。

产地:河南、郑州市、郑州植物园。选育者:赵天榜和陈志秀。

1.4 ‘带裂’柳杉　新栽培品种

Cryptomeria fortunei Hooibrenk ex Otto et Dietr. ‘Dailei’,cv. nov.

本新栽培品种树皮带状深裂。

产地:河南、郑州市、郑州植物园。选育者:赵天榜和陈志秀。

1.5 ‘塔形’柳杉　新栽培品种

Cryptomeria fortunei Hooibrenk ex Otto et Dietr. ‘Taxing’,cv. nov.

本新栽培品种树冠塔状;侧枝直立斜展。

产地:河南、郑州市、郑州植物园。选育者:赵天榜、陈志秀和陈俊通。

2. 日本柳杉

Cryptomeria japonica(Linn. f.)D. Don in Trans. Linn. Soc. Lond. 18:167. 1841

Cupressus japonica Linn. f. ,Suppl. Pl. 421. 1781

Taxodium japonicum Brongniart in Ann. Sci. Nat. 30: 83. 1833. exclud. var. herterophylla

Cryptomeria japonica auct. non D. Don:候宽昭等,广州植物志:73. 图 15. 1956

Taxodium japonicum(Linn. f.)Brongn. in Ann. Sci. Nat. sér. 1, 30:176. 1833

(二) 水杉属

Metasequoia Miki ex Hu et Cheng,Miki in Jap. Journ. Bot. 9:261. 1841

1. 水杉

Metasequoia glyptostroboides Hu et Cheng,静生汇报,1(2):154. 图版 1—2. 1948

Sequoia glaptostroboides(Hu et Cheng)Weide in Repert. Sp. Nov. 66:185. 1962

1.1 垂枝水杉　新变种

Metasequoia glyptostroboides Hu et Cheng var. penuda T. B. Chao(T. B. Zhao)et J. Y. Chen.

赵天榜. 水杉两个新变种. 学术报告及论文摘要汇编　中国植物学会六十周年年会(1933～1963)153. 1993

A var. comis globosis, absquetruncis mediis. lateri-ramis patetibus reclinatis vel pendulis. 1～multi-ramulis annuis gracilibus pendulis; ramulis marcidis pendulis.

Henan:Xinyang City. 19910827. T. B. Zhao et al. ,No. 19911081(HNAC).

本新变种树冠近球状,无中央主干;侧枝极开展,从中部开始向梢部弯曲,或下垂。一至多年生小枝细弱、下垂；凋落性小枝下垂。

产地：河南信阳市。郑州市、郑州植物园有栽培。1991 年 10 月 8 日。赵天榜和陈建业。模式标本，No. 19911081，存河南农业大学。

1.2 长梗水杉　新变种

Metasequoia glyptostroboides Hu et Cheng var. longipedicula T. B. Chao（T. B. Zhao）et Z. X. Chen，赵天榜. 水杉两个新变种. 学术报告及论文摘要汇编　中国植物学会六十周年年会（1933～1963）153. 1993

A var. comis pyramidalibus；lateri-ramis et ramis gracilibus rarissimis，patetibus. patetibus reclinatus，truncis mediis erectis. ramulis pendulis. pedicellis globi－fructibus saepe 7. 0～12. 0 cm longis，interdum 14. 0 cm longis，not 2. 0～4. 0 cm longis .

Henan：Nanzhao 19900817. T. B. Zhao et Z. . X. Chen，No. 199008173（HNAC）.

本新变种树冠塔状；侧枝和小枝细弱，稀少，且开展。球果果梗很长，通常长 7. 0～12. 0 cm，有时长达 14. 0cm，不为长 2. 0～4. 0 cm。

产地：河南南召县。郑州市、郑州植物园有栽培。1990 年 8 月 17 日。赵天榜和陈志秀。模式标本，No. 199008173，存河南农业大学。

1.3 密枝水杉　新变种

Metasequoia glyptostroboides Hu et Cheng var. densiramula T. B. Zhao，Z. X. Chen et Y. M. Fan，var. nov.

A var. comis ovoideis，truncis mediis erectis，grossis. lateri-ramis lateribus densis erectis patentibus.

Henan：20150822. T. B. Zhao，Z. X. Chen et Y. M. Fan，No. 201508227（HNAC）.

本新变种树冠卵球状。中央主干通直而粗。侧枝密而直立斜展。

产地：河南、郑州市、郑州植物园。20150822。赵天榜、陈志秀和范永明。模式标本，No. 201508227，存河南农业大学。

1.4 疏枝水杉　新变种

Metasequoia glyptostroboides Hu et Cheng var. rariramula T. B. Zhao，Z. X. Chen et J. T. Chen，var. nov.

A var. truncis mediis erectis. lateri-ramis et ramulis raris. planis.

Henan：20150822. T. B. Zhao，Z. X. Chen et J. T. Chen，No. 201508229（HNAC）.

本新变种中央主干通直；侧枝和小枝稀少，而平展。

产地：河南、郑州市、郑州植物园。赵天榜、陈志秀和陈俊通。模式标本，No. 201508229，存河南农业大学。

五、南洋杉科（李小康、赵天榜）

Araucariaceae henkel et W. Hochst. Sy. Nadelh. 17：1. 1865

Dammaraceae Link in Abh. Akad. Wiss. Berlin，1827：157（Fam. Pinus，1827）.

1830,nom. tentat, subnud.

(一) 南洋杉属

Araucaria Juss. ,Gen. Pl. 413. 1789

Eutassa Salisbury in Trans. Linn. Soc. Lond. 8:316. 1807

Columbea Salisbury in Trans. Linn. Soc. Lond. 8:317. 1807

1. 南洋杉

Araucaria cunninghamii Sweet, Hort. Brit. ed. 2, 475. 1830

六、柏科(赵天榜、陈志秀和陈俊通)

Cupressaceae Bartling,Ord. Nat. Pl. 90. 95. 1830

Cupressaceae Horaninov,Char. Ess. Fam. Règ. Vég. 26. 1847. p. p. typ.

Cupressaceae Endlicher,Syn. Conif. 3. 1847. ,Taxodineae exclud.

(一) 罗汉柏属

Thujopsis Sieb. & Zucc. ,Fl. Jpa. 2:32. 1842～1870.

1. 罗汉柏

Thujopsis dolabrata(Linn. f.)Sieb. & Zucc. Fl. Jap. 2:34. t. 119～120. 1842～1870

Thuja dolabrata Linn. f. Suppl. 420. 1781

Platycladus dolabrata(Linn. f.)Spach,Hist. Nat. Vég. Phan. 11:337. 1842

Thujopsis dolabrata(Linn. f.)Sieb. & Zucc. var. australis Henry in Elwes & Hanry,Trees Gt. Brit. Irel. 2:202. 1907

(二) 崖柏属

Thuja Linn. ,Sp. Pl. 1002. 1753

Thuja Linn. ,Gen. Pl. ed. 5. 435. 1754. pro parte.

Thuja scopoli,Introd. Hist. Nat. 353. 1777

Thyia Ascherson,Fl. Prov. Brandenb. 1:886. 1864

Thyia Ascherson & Graebner,Syn. Mitteleur. Fl. 1:239. 1897

1. 北美香柏

Thuja occidentalis Linn. ,Sp. Pl. 1002. 1753

Thuia obtusa Moench,Meth. Pl. 691. 1794

Thuja procera Salisb. ,Prodr. Stirp. Chap. Allert. 398. 1796

Thuja theophrasti C. Banhiu ex Mieuwl. in Am. Midland. Nat. 2:284. 1912

(三) 侧柏属

Platycladus Spach,Hist. Nat. Vég. Phan. 11:333. 1842

Thuja Linn. sect. Biota Lamb. Desecr. Pinus ed. 8. 2:129. 1832

Boita D. Don ex Endl. Syn. Conif. 46. 1847

Thuja Linn. subgen. Biota(Endl.)Enger in Nat. Pflanzenfam. Nachtr. 25. 1897

1. 侧柏

Platycladas orientalis(Linn.)Franco in Portugaliae Acta Biol. sér. B. Suppl. 33. 1949

Platycladas stricta Spach,Hist. Nat. Vég. Phan. 11:335. 1842

Thuja orientalis Linn. Sp. Pl. 1002. 1753,ed. 2,2:1422. 1763

Boita orientalis(Linn.)Endl. Syn. Conif. 47. 1847

Thuja orientalis Linn. var. argyi Lévl. et Lemeé in Monde des Pl. 17:15. 1915

Thuja chengii Gaussen in Trav. Lab. Forest. Toulouse 1,3(6):6. 1939

Thuja orientalis Linn. var. orienialis Masters in Jour. Hort. Soc. Lond. 14:253. 1892

1.1 千头柏

Platycladas orientalis(Linn.)Franco 'Sieroldii',Dallimore and Jackson,rev. Harrison,Handb. Conif. and Ginkgo. ed. 4,616. 1966

Boita orientalis(Linn.)Endl. ζ. sieboldii Endl. Syn. Conif. 47. 1847

Thuja orientalis(Linn.)Endl. var. sieboldii(Endl.)Laws. List. Pl. Fir. Tribe 55. 1851

Boita orientalis(Linn.)Endl. B. nana Carr., Traité Conif. 93. 1855

Boita japonica Sieb. ex Gordon,Pinet. 33. 1858. pro syn.

Thuja orientalis(Linn.)Endl. var. nana Schneid. in Silva Tarouca Uns. Frei. — Nadelh. 286. 1913

Thuja orientalis(Linn.)Endl. f. sieboldii(Endl.)Rehd. Bibliogr. Cult. Trees and Shrubs. 48. 1949

Biota fortunei Hort. ex Carr.,Tyraite Conof. ed. 2,94. 1867. pro syn.

Biota orientalis(Linn.)Endl. f. sieboldii(Endl.)Cheng et W. T. Wang，中国树木学 上册:234. 1961

Biota orientalis (Linn.) Endl. f. compacta (Beiss.) Voss, Vimor. Blumengärt, 1: 1226. 1896

1.2 '丛柏'

Platycladas orientalis(Linn.)Franco 'Decussata',Dallimore and Jackson,rev. Harrison,Handb. Conif. and Ginkgo. ed. 4,616. 1966

? Microbiota decussata Komarov in Notul. Syst. Herb. Hort. Bot. Petrop. 4: 180. f. 1923

1.3 '金黄球柏'

Platycladas orientalis (Linn.) Franco 'Semperaurescens', Dallimore and Jacksom, rev. Harrison.

Handb. Conif. and Ginkgo. ed. 4,616. 1966

Boita orientalis(Linn.)Endl. var. semperautescens Lemoine ex Gord. Pinet ed. 2, 422. 1875

Thuja orientalis(Linn.)Endl. var. semperautescens(Grod.)Nichols. Illustr. Gard. 4:34. 1889

Boita orientalis (Linn.) Endl. f. beverleyenesis (Gord.) Schneid. Silva Tarouca Uns. Freil. —Nadelh. 286. 1913, "var. aurea f."

Thuya orientalis(Linn.) Endl. f. semperautescens Nicholson, III. Dict. Gard. 4: 34. 1889

Thuja orientalis (Linn.) Endl. f. semperautescens (Gord.) Schneid. Silva Tarouca Uns. Freil. —Nadelh. 286. 1913, "var. aurea f."

1.4 '金塔柏'

Platycladas orientalis(Linn.)Franco 'Beverleyensis', Thuja beverleyensis Hort. ex Rehd. in Bailey, Stand. Cycl. Hort. 6:3337. 1917, pro syn.

Thuya orientalis Linn. var. beverleyensis Rehd., Man. Cult. Trees and Shrubs. ed. 2,54. 1940

Thuja orientalis Linn. f. beverleyensis(Rehd.)Rehd. in Bibliogr. of Cult. Trees and Shruba. 48. 1949

Boita orientalis(Linn.)Endl. var. beverleyensis(Rehd.)Hu, 经济植物手册 上册: 131. 1955

1.5 '垂枝'侧柏　河南新记录变型

Platycladas orientalis(Linn.)Franco f. penula Q. Q. Liu et H. Y. Ye *

Biota pendula Carr., Traité Conif. 98. 1855

Biota orientalis Linn. var. pendula [Nelson], Pinac. 64. 1866

Cuperssus pendula Wenderoth, Pflanz. Bot. Gart. I. Conif. 64. 1851

1.6 '窄冠'侧柏　河南新记录栽培品种

Platycladas orientalis(Linn.)Franco 'Zhaiguancebai' *, 中国植物志 第七卷:324. 1978

1.7 '塔形'侧柏　河南新记录栽培品种

Platycladas orientalis(Linn.)Franco 'Taxing' *

1.8 '大果'侧柏　河南新记录栽培品种

Platycladas orientalis(Linn.)Franco 'Daguo', 赵天榜等主编. 河南省郑州市紫荆山公园木本植物志谱:45. 2017

1.9 '扇枝'侧柏　新栽培品种

Platycladas orientalis(Linn.)Franco 'Shanzhi', cv. nov.

本新栽培品种树冠圆锥状。小枝组成扇形平面，直立生长。

河南:郑州市、郑州植物园。20170817。选育者:赵天榜、范永明和王华。

(四) 翠柏属

Calocedrus Kurz in Journ. Bot. 11:196. June. 1873

Heyderia K. Koch, Dendr. 2(2):179. Novemb 1873

Libocedrus subgen. Heyderia Pilger in Engler & Prantl, Pflanzenfam. ed. 2,13:

389. 1926

1. 翠柏

Calocedurs macrolepis Kurz in Journ. Bot. 11:196. t. 133. f. 3. 1873

Libocedrus macrolepis(Kurz)Benth. in Benth. et Hook. f. Gen. Pl. 3:426. 1880

Thuja macrolepis(Kurz)Voss in Mitt. Deutsch. Dendr. Ges. 16:88. 1907

Heyderia macrolepis(Kurz)Li in Journ. Arn. Arb. 34(1):23. 1953

Calocedurs macrolepis Kurz var. longipes Cheng et L. K. Fu, nom. cum discrip. Chinen.

Calocedurs formosana auct. non Florin:陈焕镛等主编. 海南植物志 第一卷:213. 1964

(五) 扁柏属

Chamaecypairs Spach, Hist. Nat. Veg. Phan. 11:329. 1842

1. 日本扁柏

Chamaecypairs obtusa(Sieb. & Zucc.)Endl. Syn. Conif. 64, 1847

Retinispora obtusa Sieb. & Zucc. Fl. Jap. 2:38. t. 121. 1884

Cupressus obtusa(Sieb. & Zucc.)Koch, Dendr. 2(2):168. 1873

Thuja obtusa(Sieb. & Zucc.)Mast. in Jaourn. Linn. Soc. Bot. 18:491. f. 4. 1881, non Moench 1794

2. 日本花柏

Chamaecypairs pisfera(Sieb. & Zucc.)Endl. Syn. Conif. 64, 1847

Retinispora pisifera Sieb. & Zucc. Fl. Jap. 2:39. t. 122. 1844

Cupressus pisifera(Sieb. & Zucc.)Koch, Dendr. 2(2):170. 1873

Thuja pisifera(Sieb. & Zucc.)Mast. in Jaourn. Linn. Soc. Bot. 18:489. 1881

2.1 线柏

Chamaecypairs pisfera(Sieb. & Zucc.)Endl. 'Filifera', Dallimore and Jackson. Rev. Harrison, Handb. Conif. And Ginkgo. ed. 4. 1966

Chamaecypairs filifera Veitch ex Sénécl. Conif. 54. 1868

Chamaecypairs pisfera(Sieb. & Zucc.)Endl. var. filifera(Veitch) Hartwig et Rümpler, Bäume Sträuch, 661. 1875

Cupressus pisifera(Sieb. & Zucc.)Endl. var. pisifera(Sieb. & Zucc.)Lav. Arb. Segrez, 280. 1877

Chamaecypairs pisfera(Sieb. & Zucc.)Endl. f. filifera(Sénécl.)Voss, Vilmor. Blumengärt 1:1228. 1896

2.2 绒柏

Chamaecypairs pisfera(Sieb. & Zucc.)Endl. 'Squarrosa', Ohwi, Fl. Jap. 117. 1965

Retinispora squarrosa Zucc. in Sieb. & Zucc. Fl. Jap. 2:40. t. 123. 1844

Chamaecypairs pisfera(Sieb. & Zucc.)Endl. var. squarrosa(Zucc.)Beissn. et

Hoctst ex Hochst. Conif. 81. 1882

Chamaecyoairs pisfera (Sieb. & Zucc.) Endl. f. squarrosa (Zucc.) Beissn. Syst. Eintheil. Conif. 13. 1887

Cupressus pisifera (Sieb. & Zucc.) Endl. f. squarrosa (Zucc.) Mast. in Journ. Hort. Soc. London 14: 207. 1892

Cupressus pisifera (Sieb. & Zucc.) Endl. var. squarrosa (Zucc.) Kent, Veitch′s Man. Conif. ed. 2, 227. 69. 1900

(六) 圆柏属

Sabina Mill., Gard. Dict. 3. 1754

Juniperus Linn. Sp. Pl. 1038. 1753, pro parte

Juniperus Linn. sect. Sabina Spach in Ann. Sci. Nat. Bot. sér. 2,16:291. 1841

1. 圆柏

Sabina chinensis(Linn.)Ant. Cupress. Gatt. 54. t. 75～76. 78. f. a. 1857

Juniperus chinensis Linn. Mant. Pl. 1:127. 1767

Juniperus thunbergii Hook. et Arn. Bot. Beech. Voy. 271. 1839

Juniperus fortunei Hort. ex Carr. Traité Conif. 11. 1855, pro syn.

Juniperus sinensis Hort. ex Carr. Traité Conif. ed. 2,33. 1867, pro syn.

1.1 偃柏　河南新记录变种

Sabina chinensis(Linn.)Ant. var. sargentii(Henry)Cheng, comb. nov., 中国植物志　第七卷:363～364. 1978

Sabina chinensis(Linn.)Miyabe et Tatewaki in Trans Sapporo Nat. Soc. 15:128. 1938

Juniperus chinensis Linn. var. sargentii Henry in Ewes and Henry, Trees Gt. Brit. Irel. 6:1432. 1912

Juniperus sargentii(Henry)Takeda ex Koidz. in Bot. Mag. Tokyo, 33:204. 1919

1.2 垂枝圆柏　河南新记录变型

Sabina chinensis(Linn.)Ant. f. penuda(Franch.)Chng et W. T. Wang, 中国树木学 上册:254. 1961

Juniperus chinensis Linn. var. penuda Franch. in Nouv. Arch. Mus. Hist. Nat. Paris sér. 2,7:101. 1884

Juniperus chinensis Linn. f. penuda (Franch.) Beissn. Syst. Eintheil. Conif. 17. 1887

Juniperus chinensis Linn. cv. ‘Pendula’, Dallimore and Jackson, rev. Harrison, Handb. Conif. and Ginkgo. ed. 4:245. 1966

1.3 ‘龙柏’　河南新记录栽培品种

Sabina chinensis(Linn.)Ant. ‘Kaizuca’, 中国植物志　第七卷:364. 1978

Juniperus chinensis Linn. var. kaizuca Hort. 中国树木分类学:66. 1937

Sabina chinensis(Linn.)Ant. var. kaizuca Cheng et W. T. Wang, 中国树木学 上

册:253. 1961

1.4 ‘球柏’　河南新记录栽培品种

Sbina chinensis(Linn.)Ant. ‘Globasa’,中国植物志　第七卷:365. 1978

Juniperus chinensis Linn. var. globosa Hornibr. in Journ. New York Bot. Gard. 18:1168. 1917

Juniperus chinensis Linn. f. globosa(Hornibr.)Rehd. in Bibliography of Cult. Trees and Shrubs. 60. 1949

Sbina chinensis(Linn.)Ant. var. globosa(Hornibr.)Iwata et Kusaka,Conif. Jap. Illustr. 199. 1954

Sbina chinensis(Linn.)Ant. f. globosa(Hornibr.)Cheng et W. T. Wang,中国树木学 上册:254. 1961

Juniperus chinensis Linn. cv. ‘Globasa’,Dallimore and Jackson,rev. Harrison, Handb. Conif. and. Ginkgo. ed. 4. 244. 1966

1.5 ‘金叶桧’　河南新记录栽培品种

Sbina chinensis(Linn.)Ant. ‘Aurea’,中国植物志　第七卷:365. 1978

Juniperus chinensis Linn. var. aurea Young in Gard. Chron. 8:1193. 1872

Juniperus chinensis Linn. f. aurea(Young)Beissn. Syst. Eintheil. Conif. 17. 1887

Sbina chinensis(Linn.)Ant. f. aurea(Young)Cheng et W. T. Wang,中国树木学 上册:254. 1961

Juniperus chinensis Linn. cv. ,Dallimore and Jackson,rev. Harrison,Handb. Conif. and Ginkgo. ed. 4,244. 1966

1.6 ‘金球桧’　河南新记录栽培品种

Sabina chinensis(Linn.)Ant. ‘Aureo-globosa’,中国植物志　第七卷:365. 1978

Juniperus chinensis Linn. var. aureo-globosa Nash. in Journ. New York Bot. Gard. 18:168. 1917

Juniperus chinensis Linn. f. aureo-globosa(Nash.)Rehd. in Bibliography of Cult. Trees and Shrubs. 60. 1949

Sabina chinensis(Linn.)Ant. f. aureo-globosa(Nash.)Cheng et W. T. Wang,中国树木学 上册:254. 1961

1.7 ‘塔柏’　河南新记录栽培品种

Sabina chinensis(Linn.)Ant. ‘Pyramidalis’,中国植物志　第七卷:365～366. 1978

Juniperus chinensis Linn. var. pyramidalis Carr. Traité Conif. ed. 2,32. 1867

Juniperus chinensis Linn. f. pyramidalis(Carr.)Beissn. Syst. Eintheil. Conif. 17. 1887

Sabina chinensis(Linn.)Ant. f. pyramidalis(Carr.)Cheng et W. T. Wang,中国树木学 上册:254. 1961

Juniperus chinensis Linn. cv. ‘Pyramidalis’,Dallimore and Jackson,rev. Harrison, Handb. Conif. and Ginkgo. ed. 4:245. 1966

1.8 ‘鹿角桧’ 河南新记录栽培品种

Sabina chinensis(Linn.)Ant. ‘Pfitzeriana’,中国植物志　第七卷:366. 1978

Juniperus chinensis Linn. var. pfitzeriana Spaeth, Verzeich. No. 104:142. 1899

Juniperus chinensis Linn. f. pfitzeriana(Spaeth) Rehd. in Bibliography of Cult. Trees and Shrubs. 60. 1949

Sabina chinensis(Linn.)Ant. var. pfitzeriana(Spaeth)Moldenke in Castanea 9:33. 1944

Juniperus chinensis Linn. cv. ‘Pyramidalis’,Dallimore and Jackson,rev. Harrison, Handb. Conif. and Ginkgo. ed. 4:245. 1966

1.9 ‘匍地龙柏’ 河南新记录栽培品种

Sabina chinensis(Linn.)Ant. ‘Kaizeca Procunbens’,中国植物志　第七卷:364, 365. 1978

Juniperus chinensis Linn. var. kaizuca Hort. f. procumbens Chen,庐山植物园栽培植物手册:110. 1958

1. 10 地柏　河南新记录变种

Sabina chinensis Linn. Ant. var. sandentii(Henry)Cheng et L. K. Fu *

2. 塔枝圆柏　蜀桧

Sabina komarovii(Florin)Chng et W. T. Wang,中国树木学 上册:261. 1961

Juniperus komarovii Florin in Acta Hoprt. Gothoburg. 3:3. t. 1. f. 1～3. 1927

Juniperus glaucescens Florin in Acta Hoprt. Gothoburg. 3:5. t. 4. f. 1～2. 1927

3. 铺地柏

Sabina procumbens(Endl.)Iwata et Kunka, Conif. Jap. Illustr. 199. t. 79. 1954

Juniperus chinensis Linn. var. procumbens Endl. Syn. Conif. 21. 1847

Juniperus procumbens(Endl.)Miq. in Sieb. Zucc. Fl. Jap. 2:59. t. 127. f. 3. 1842～1870.

4. 北美圆柏　铅笔柏

Sabina virginiana(Linn.)Antoine, Cupress.－Gatt. 61. t. 83. 84. 1857

Juniperus virginiana Linn., Sp. Pl. 1039. 1753

Juniperus caroliniana Miller, Gard. Dict. ed. 8, J. no. 4. 1768

Juniperus virginiana Linn. var. caroliniana C. F. Ludwig, Neu. Wilde Baumz. 25. 1783

Juniperus fragrans Salisbury, Prodr. Stirp. Chap. Ailert. 397. 1796

Juniperus virginiana Linn., Hermanni Persoon, Syn. Pl. 2:632. 1807

Juniperus hermanni Sprengel, Syst. Vég. 3:908. 1826

Juniperus foetida η. virginiana(Linn.)Spach in Ann. Sci. Nart. Bot. sér. 2, 16: 298. 1841

5. 塔枝圆柏

Sabina komarovii(Florin)Cheng et W. T. Wang,中国树木学 上册:261. 1961

Juniperus komarovii Florin in Acta Hort. Gothoburg. 3:3. t. 1. f. 1～3. 1927

Juniperus glaucescens Florin in Acta Hort. Gothoburg. 3:5. t. 4. f.. 1～2. 1927

Juniperus pingii auct. non Cheng: Florin in Acta Hort. Berg. 14(8): 373. t. 3. 1948

(七) 刺柏属

Juniperus Linn. , Sp. Pl. 1038. 1753, pro parte

Juniperus Linn. sect. Oxycedrus Spach in Ann. Sci. Nat. Bot. sér. 2, 16: 288. 1841

1. 刺柏

Juniperus formosana Hayata in Gard. Chron. sér. 3,43:98. 1908

Juniperus mairei Lemée et Lévl. Monde des Pl. 16:20. 1904

Juniperus formosana Hayata var. concolor Hayata,台湾植物图谱 7:39. f. 25. 1918

Juniperus chekiangensis Nakai in Chosen Sanrin-Kaibo(朝鲜山林会报), 165: 31. 1938

Juniperus taxifolia auct. non Hook. et Arn. : Parl. in DC. Prodr. 16(2): 481. 1868,pro parte

Juniperus rigida auct. non Sieb. & Zucc. :Franch. in Journ. de Bot. 13:264. 1899

Juniperus communis auct. non Linn. :Franch. in Journ. de Bot. 13:264. 1899

七、罗汉松科(赵天榜、陈志秀和陈俊通)

Podocarpaceae Endl. ,Syn. Conif. 203. 1847,pref. May

Podocarpaceae Horaninov,Char. Ess. Fam. Règ. Vég. 27.1846

(一) 罗汉松属

Podocarpus L' Hér. ex Persoon, Syn. Pl. 2: 580. 1807, non L′H′ ritier ex Labillardière 1806

Nageia Gaertner,Fruct. Sem. 1:191,t. 39. f. 8. 1788. p. p.

1. 罗汉松

Podocarpus macrophylla(Thunb.)D. Don in Lamb. Descr. Gen. Pinus,2:22. 1824 "macrophylla "

Taxus macrophylla Thunb. ,Fl. Jap. 276. 1784

Podocarpus longifolius Hort. ex Siebold in Jaarb. Nederl. Maatsch. Aamoed. Tuinb. 1844:35(Kruidk. Naaml.). 1844,pro syn.

Nageia macrophylla(Thunb.)Kuntze,Rev. Gen. Pl. 2:800. 1891

2. 竹柏

Podocarpus nagi(Thunb.)Zoll. et Mor. ex Zoll. ,Syst. Verz. Ind. Arch. 2:82. 1854

Myrica nagi Thunb. Fl. Jap. 76. 1784

Podocarpus nageia R. Br. ex Mirb. in Mém. Mus. Nat. Hist. Paris 13:75. 1825

八、三尖杉科 粗榧科(赵天榜、陈志秀、陈俊通)

Cephalotaxaceae Neger,Nadelh. 23. 30. 1907

(一) 三尖杉属 粗榧属

Cephalotaxus Sieb. & Zucc. ex Endl. ,Gen. Pl. Suppl. 2:27. 1842

1. 粗榧

Cephalotaxus sinensis(Rehd. & Wils.)Li in Lloydia 16(3):162. 1953

Cephalotaxus drupacea Sieb. & Zucc. var. sinensis Rehd. & Wils. in Sarg. Pl. Wils. 2:3. 4. 1914

Cephalotaxus harringtonia(Forbes) Koch var. sinensis(Rehd. & Wils.) Rehd. & Wils. in Sarg. Pl. Wils. 2:571. 1941

Cephalotaxus sinensis(Rehd. et Wils.)Li f. globosa(Rehd. & Wils.)Li,in Lloydia 16(3):163. 1953

九、红豆杉科(赵天榜、陈志秀、陈俊通)

Taxaceae S. F. Grey,Nat. Arr. Brit. Pl. 222. 226. 1821

Taxaceae Lindl. Nat. Syst. Bot. ed. 2,938. 1836

Taxineae Reichenbach,Handb. Nat. Pflanzensyst. 166. 1837. p. p. typ.

(一) 红豆杉属

Taxus Linn. ,Sp. Pl. 1040. 1753;Gen. Pl. ed. 5,462. no. 1006. 1754

Taxus Linn. ,Gen. Pl. 312. 1737,Nr. 756.

Verataxus [Nelson], Pinac. 168. 1866

1. 红豆杉

Taxus chinensis(Pilger)Rehd. in Journ. Arn. Arb. 1:51. 1919

Taxus baccata Linn. subsp. cuspidata Sieb. & Zucc. var. chinensis Pilger in Engler,Pflanzenr. 18. Heft,4(5 Heft 18):112. 1903

Taxus baccata Linn. var. sinensis Henry in Elwee and Henry,Trees Gr. Brit. and Irel. 1:100. 1906

Taxus cuspidata Sieb. & Zucc. var. chinensis(Pilger)Florin in Acta Hort. Berg. 14(8):355. t. 5. textgig. in p. 356. 1948

Taxus baccata auct. non Linn. Franch. in Nouv. Arch. Mus. Hist. Nat. Paris sér. 2,7:103(Pl. David. 1:293). 1884

Taxus cuspidata auct. non Sieb. & Zucc. :Chun,Chinese Econ. Trees 43. f. 13. 1921,pro parte

Taxus wqallichiana auct. non Zucc. :S. Y. Hu in Taiwania 10:22. 1964,quoad specim. e Szechuan. et Sikang.

Taxus baccata sensu Franchet in Nouv. Arch. Mus. Hist. Nat. Paris,sér. 2,7:103(Pl. David. 1:293). 1884,non Linn. 1753

Taxus cuspidata Sieb. & Zucc. var. chinensis Schneider in Silva Tarouca, Uns. Ereil. —Naadelh. 276. 1913

Tsuga mairei Lemée Léveillé in Monde Pl. sér. 2,16:20. 1914

十、麻黄科

Ephedraceae Dumertoer, Florula Belg. Prodr. 9. 1827, nom.

Ephedraceae Dumertoer, Anal. Fam. Pl. 2:12. 1829

Ephedraceae Link, Handb. Erkenn. Gewächse, 2:469. 1831

Ephedreae Presl. Wšeob. Rostlin. 2:1419. 1846

(一) 麻黄属

Ephedra Linn., Sp. Pl. 1040. 1753; Gen. Pl. ed. 5. 462. no. 1007. 1753

Ephedra Tourn ex Linn., Gen. Pl. 321. 1727, ed. 5. 462. 1754, et in Sp. Pl. 1040. 1753

1. 中麻黄

Ephedra intermedia Schrenk ex C. A. Meyer in Mém. Acad. Sci. St. Pétersb. sér. 6(Sci. Nat.), 5:278. (Vers. Monogr. Catt. Ephedra 88)1846

Ephedra intermedia Schrenk ex C. A. Meyer. in Mém. Sci. St. Nat. Acad. Sci. St. Pétersb. sér. 6(Sci. Nat.), 5:263. t. 2. f. 3(Sci. Nat.)1846

Ephedra intermedia Schrenk ex C. A. Meyer var. schrenkii Stapf. l. c. f. 1 *

Ephedra intermedia Schrenk ex C. A. Meyer var. glauca Stapf. l. c. f. 3～8. *

2. 草麻黄

Ephedra sinica Stapf in Kew Bull. 1927:133. 1927

Ephedra flava Smith in Contr. Mat. Med. And Nat. Hist. China 93. 1871, nom. nud.

Ephedra ma-huang Liu in China Journ. 7:257. 1927

Ephedra distachya auct. non Linn. Florin in Acta Hort. Gothoburg. 3:7. 1927

3. 木贼麻黄

Ephedra equisetina Bunge in Mém. Div. Sav. Acad. Sci. St. Pétersb. 7:501(Reliqu. Lehmann. 325.). 1851

Ephedra equisetina Bunge in Mém. Acad. Sci. St. Pétersb. sér. 6(Sci. Nat.),7:501. 1851

Ephedra shennungiana Tang in Journ. Amer. Pharm. Assoc. 17:339. f. 1～2. 1928

第二节　被子植物

十一、三白草科(陈志秀、李小康)

Saururaceae *, 中国植物志　第31卷:4. 6. 1982

(一) 蕺菜属

Houttuynaia Thunb. Fl. Jap. 234. 1784

1. 蕺菜　鱼腥草

Houttuynaia cordata Thunb. Fl. Jap. 234. 1784

十二、金粟兰科(陈志秀、李小康)

Chloranthaceae * ,中国植物志　第20卷　第1分册:77. 1982

(一) 金粟兰属

Chloranthus Swartz in Phil. Trans. Loondon 77:359. 1878

Nigrina Thunb. Nov. Gen. 58. 1783

Tricercandra A. Gray in Perry,Jap. Exped. 2:318. 1857

1. 金粟兰

Chloranthus spicatus(Thunb.)Makino in Bot. Mag. Tokyo,18:180. 1902

Nigrina spicatus Thunb. Nov. Gen. 58. 1783

Chloranthus inconspicuus Swartz in Phil. Trans. London 78:359. t. 15. 1787

2. 多穗金粟兰　河南新记录种

Chloranthus multistachya Pei in Sinensia 6:681. f. 7. 1935

Chloranthus fortunei(A. Gary)Solms-Laub. in DC. Prodr. 16:476. 1868

Tricercandra A. Gray in Mém. Amer. Acad. n. sér. 8:405. 1858～1859

十三、杨柳科(赵天榜、范永明、陈俊通)

Salicaceae Horaninov, Prim. Lin. Syst. Nat. 64. 1834

(一) 杨属

Populus Linn., Sp. Pl. 1034. 1753

1. 银白杨

Populus alba Linn.,Sp. Pl. 1034. 1753

Populus major Miller, Gard. Dict. ed. 8, P. no. 4. 1768

Populus alba Linn. var. β. nivea Aiton, Hort. Kew. 3:405. 1789, p. p.

Populus alba genuina 1. argentea Wesmael in Candolle, Prodr. 16, 2:324. 1868

1.1 新疆杨

Populus alba Linn. var. pyramidalis Bunge in Mém. Div. Sav. Acad. Sci. St. Pétersb. 7:498. 1854

Populus bolleana Louche, Deutsch. Mag. Gart. & Blumenk 296. 1878

Populus alba Linn. f. pyramidalis (Bunge) Dipp. Handb. Laubh. 2:191. 1892 "(f.)"

Populus alba Linn. ε croatica Wesmael in DC., Prodr. 16, 2:324. 1868, non P. croatica A Waldst. Kit. ex Besser. 1831

Populus bolleana Lauche, Deutsch. Mag. Gart. & Blumenk 296. 1878

Populus alba Linn. var. blumeana(Lauche) Ottp in Hamburg. Gart. & Blumenzeit. 35:3. 1879

Populus bachofenii Wierzb. f. pyramidalis(Bunge)Litvinov,Sched Herb. Fl. Ross. 5:87. 1905

Populus alba Linn. var. β. nivea f. a. bolleana (Lauche) gombocz in Math. Termeszet. Kozlem. 30,1:147(Monog. Populus). 1908

2. 银毛杨

Populus alba Linn. × Populus tomentosa Carr. * ,南京林产工业学院树木教研室. 南林科技 *

2.1 银毛杨 1 号

Populus alba Linn. × Populus tomentosa Carr.—银毛杨 1 号. 牛春山主编. 陕西杨树:22～23. 图 5. 1980

3. 银新杨

Populus alba Linn. × Populus alba Linn. var. pyramidalis Bge. ,王绍琰. 银×新优良无性系选育. 林业科技通讯,(7):3～6. 1985

4. 毛白杨

Populus tomentosa Carr. in Rev. Hort. 1867:340. 1867

Populus pekinensis Henry in Rev. Hort. 1903:335. f. 142. 1903

Populus glabrata Dode in Bull. Soc. Hist. Autun, 18:185(Extr. Monogr. Ined. Populus, 27). 1905

Populus alba Linn. var. denudata Maim. in Bull. Soc. Nat. Moscou,54:48. 1879, non Wesmael 1858

Populus alba Linn. var. tomemtosa(Carr.)Wesmael in Bull. Soc. Bot. Belg. 26: 373. 1887

Populus alba Linn. var. seminuda Komarov in Act. Hort. rop. 22:20. 1903

4.1 小叶毛白杨　河南新记录变种

Populustomentosa Carr. var. microphylla Yü Nung, 河南农学院园林系杨树研究组. 毛白杨起源与分类的初步研究. 河南农学院科技通讯, 2:34～35. 图 9. 1978;赵天榜等. 毛白杨优良无性系的研究. 河南科技——林业论文集——,6～7. 1991;Populus tomentosa Carr. cv. 'Microphylla',Zhao et al. ,Study the on Excellent clones of Populus tomemtosa Carr. ,河南科技——林业论文集——,104. 1991

4.2 箭杆毛白杨　河南新记录变种

Populus tomentosa Carr. var. borealo-sinensis Yü Nung, 河南农学院园林系杨树研究组. 毛白杨起源与分类的初步研究. 河南农学院科技通讯, 2:26～27. 图 6. 1978;赵天榜等. 毛白杨优良无性系的研究. 河南科技——林业论文集——,5. 1991;Populus tomentosa Carr. cv. 'Borealosisinensis',Zhao et al. ,Study the on Excellent clones of Populus tomemtosa Carr. ,河南科技——林业论文集——,101～102. 1991

4.2.1 ‘大皮孔’箭杆毛白杨 河南新记录栽培品种

Populus tomentosa Carr. var. borealo-sinensis Yu Nung‘DAPIKONG’,赵天榜等. 毛白杨优良无性系的研究. 河南科技——林业论文集——,5～6. 1991;Populus tomentosa Carr. cv. ‘DAPIKONG’, Zhao et al. , Study the on Excellent clones of Populus tomemtosa Carr. ,河南科技——林业论文集——102. 1991

4.2.2 ‘小皮孔’箭杆毛白杨 河南新记录栽培品种

Populus tomentosa Carr. var. borealo-sinensis Yu Nung‘Xiaopikong’,赵天榜等. 毛白杨优良无性系的研究. 河南科技——林业论文集——,6. 1991;Populus tomentosa Carr. cv. ‘Xiaopikong’,Zhao et al. ,Study the on Excellent clones of Populus tomemtosa Carr. ,河南科技——林业论文集——,102～103. 1991

4.3 河南毛白杨 河南新记录变种

Populus tomentosa Carr. var. honanica Yü Nung，河南农学院园林系杨树研究组. 毛白杨起源与分类的初步研究. 河南农学院科技通讯，2:30～31. 图 7. 1978;赵天榜等. 毛白杨优良无性系的研究. 河南科技——林业论文集——,6. 1991;Populus tomentosa Carr. cv. ‘Henan’, Zhao et al. , Study the on Excellent clones of Populus tomemtosa Carr. ,河南科技——林业论文集——,103～104. 1991

4.4 密孔毛白杨 河南新记录变种

Populus tomentosa Carr. var. multilenticellia Yü Nung，河南农学院园林系杨树研究组. 毛白杨起源与分类的初步研究. 河南农学院科技通讯，2:37～38. 图 11. 1978

4.5 塔形毛白杨 河南新记录变种

Populus tomentosa Carr. var. pyramidalis Shanling，河南农学院园林系杨树研究组. 毛白杨起源与分类的初步研究. 河南农学院科技通讯，2:38～39. 图 12. 1978;赵天榜等. 毛白杨优良无性系的研究. 河南科技——林业论文集——,8. 1991;Populus tomentosa Carr. cv. ‘Pyramidalis’,Zhao et al. ,Study the on Excellent clones of Populus tomemtosa Carr. ,河南科技——林业论文集——,107～1084. 1991

4.6 圆叶毛白杨 河南新记录变种

Populus tomentosa Carr. var. rotunifolia Yü Nung，河南农学院园林系杨树研究组. 毛白杨起源与分类的初步研究. 河南农学院科技通讯，2:39～40. 图 13. 1978

4.7 密枝毛白杨 河南新记录变种

Populus tomentosa Carr. var. ramosissima Yü Nung，河南农学院园林系杨树研究组. 毛白杨起源与分类的初步研究. 河南农学院科技通讯，2:40～41. 图 14. 1978

5. 河北杨

Populus hopeinica Hu et Chow in Bull. Fan Men. Inst. Biol. 5(6):305. 1934

6. 河北毛白杨 河南新改隶组合种

Populus hopei-tomentosa(Yu Nung)Z. Wang et T. B. Zhao,sp. transl. nov. ,Populus hopeinica Hu et Chow var. hopeinica Yü Nung，河南农学院园林系杨树研究组. 毛白杨起源与分类的初步研究. 河南农学院科技通讯，2:35～36. 图 10. 1978

7. 钻天杨

Populus nigra Linn. var. italica(Müench.)Koehne, Dendr. 81. 1893

Populus ialica Moench. Vrzich. Ausl. Baiim Waiss. 79. 1785

Populus pyramidalis Salisb. Prodr. Sirp. Chap. Allrt. 395. 1796

Populus nigra Linn. δ. pyramidalis(Borkh.)Sdpach in Ann. Sci. Nat. Bot. sér. 215:31. 1841

Populus fastigata Poirvin Lamacck, Encycl. Méth. Bot. 5:235. 1840

8. 加杨

Populus × canadensis Moench, Verz. Ausl. Bäume Weissent. 81. 1785

Populus euramericana(Dode)Guinier in Act. Bot. Neerland. 6(1):54. 1957

Populus latifolia Moench, Méth. Pl. 338. 1794

Populus nigra Linn. B. P. helvetica Poiret, Encycl. Méth. Bot. 5:234. 1804

Populus deltoides sensu Schneider, III. Handb. Laubh. 1 7, f. 1d－f, 30－p, 9g－m. 1904, non Marshall 1785

8.1 ‘沙兰杨 79’　河南新记录栽培品种

Populus × canadensis Moench. ‘Sacrau 79’, 中国植物志　第 20 卷　第 2 分册：71～72. 1984

Populus × euramericana(Dode)Guinie cv. ‘Sacrau 79’, 中国植物志　第 20 卷　第 2 分册:73～74. 1984

(二) 柳属

Salix Linn., Sp. Pl. 1015. 1753; Gen. Pl. ed. 5, 447. no. 976. 1754

1. 垂柳

Salix babylonica Linn., Sp. Pl. 1017. 1753

Salix pemndula Moench, Méth. Pl. 336. 1796

Salix perpendens Seringe, Ess. Monog. Saul. Suisse, 73. 1815

Salix chinensis Burm. Fl. Ind. 211(err. Typogr. 311). 1768

Salix cantoniensis Hance in Journ. Bot. 4:48. 1868,

Salix babylonica Linn. var. szechuanica Gorz in Bull. Fan. Men. Inst. Biol. 6:2. 1935

1.1 ‘金枝’垂柳　河南新记录栽培品种

Salix babylonica Linn. ‘Aurea’ *

2. 旱柳

Salix matsudana Koidz. in Bot. Mag. Tokyo, 29:312. 1915

Salix jeholensis Nakai in Rep. First. Sci. Exped. Mansh. Sect. 4, 4:74. 1936

2.1 绦柳

Salix matsudana Koidz. f. pendula Schneid. in Bailey, Gent. Herb. 1:18. 1920

2.2 馒头柳

Salix matsudana Koidz. f. umbraculifera Rehd. in Journ. Arnold Arb. 6:205.

1925

2.3 龙爪柳

Salix matsudana Koidz. f. tortuosa(Vilm.)Rehd. in Journ. Arnold Arb. 6:206. 1925

Salix matsudana Koidz. var. tortuosa Vilm. in Journ. Soc. Nat. Hort. France, sér. 4,25:350. 1924,nom.

2.4 旱垂柳

Salix matsudana Koidz. var. pseudo-matsudana(Y. L. Chou et Skv.)Y. L. Chou, comb. nov.,中国植物图志 第20卷 第二分册:134. 1984

Salix pseudo-matsudana Y. L. Chou et Skv. 现栽培地:河南、郑州市、郑州植物园。

2.5 帚状旱柳 新变种

Salix matsudana Koidz. var. fastigiata T. B. Zhao, Y. M. Fan et Z. X. Chen, var. nov.

A var. comis fastigiatis; truncis mediis nullis. ramis lateribus densis erectis patentibus.

Henan:20150822. T. B. Zhao et al.,No. 201508227(HNAC).

本新变种树冠帚状,无中央主。侧枝密而直立斜展。

产地:河南、郑州市、郑州植物园。2017年4月22日。赵天榜、范永明和陈志秀。模式标本,No. 201704221,存河南农业大学。

3. 簸箕柳

Salix suchowensis Cheng,林业科学,8(1):4. 1963

4. 杞柳

Salix integra Thunb.,Fl. Jap. 24. 1784

Salix multinervis Franch. et Sav. Enum. Pl. Jap. 2:504. 1879

5. 银柳

Salix argyracea E. Wolf in Isw. Liesn. Inst. 13:50. 57. 1905

Salix argyracea E. Wolf f. obovata Görz in Fedde,l. c. 35:27. 1934

5.1 垂枝银柳 河南新记录变种

Salix argyracea E. Wolf var. pendula T. B. Zhao, Z. X. Chen et J. T. Chen,赵天榜等主编. 河南郑州市紫荆山公园木本植物志谱:75. 2017

十四、胡桃科(李小康、王华、王志毅、赵天榜、陈俊通)

Juglandaceae Horaninov, Prim Linn. Syst. Nat. 64. 1834

Amentaceae P. F. Gmelin, Otia Bot. 49,90. 1760. p. p.

Juglandeae De Candolle, Théor. Elém. Bot. 215. 1813."Juglandées"

Amentaceae P. F. Gmelin e. Juglandeae Agardh, Aphor. Bot. 209. 1825

Juglandineae Drude in A. Schenk, Hahdb. Bot. 3,2:408. 1887

(一) 核桃属

Juglans Linn. ,Sp. Pl. 997. 1753,exclud. sp. 2;Gen. Pl. 431,no. 950. 1754

Walla Alefeld in Bonplandia,9:336. 1861

1. 核桃

Juglans regia Linn. ,Sp. Pl. 997. 1753

Juglans hippocarya Dochnahl,Sich. Führ. Obstk. 4:22. 1860

2. 魁核桃　河南新记录种

Juglans major(Torr.)Heller in Muhlenbergia,1:50. 1904

Juglans rupestris Engelmann ex Torrey β. major Torrey in Sitgreaves,Rep. Exp. Zuni & Colo. Riv. 171. t. 16. 1853

Juglans torreyi Dode in Bull. Soc. Dendr. France,1909:194. f. t.(p. 175) 1909

Juglans arizonica Dode in Bull. Soc. Dendr. France,1909:193. f. a.(p. 175) 1909

2.1 腺毛魁核桃　河南新记录亚种

Juglans major(Tott.)Heller subsp. glandulipila T. B. Zhao,Z. X. Chen et J. T. Chen,subsp. nov. ,赵天榜等主编. 河南省郑州市紫荆山公园木本植物志谱:80. 2017

2.2 小果魁核桃　新变种

Juglans major(Tott.)Heller var. parvicarpa T. B. Zhao,H. Wamg et Z. Y. Wamg,var. nov.

A var. foliolis anguste lanceolatis. drupis globosis,3. 0～3. 5 cm longis et diametis. putaminibus globosis,2. 0～2. 5 cm longis,2. 0～2. 5 cm latis,crassis 2. 0～2. 5 cm, supra dense acut-angulis longitudinalibus et sulcatis.

Henan:20150822. T. B. Zhao,Z. Y. Wang et H. Wang,No. 201508227(HNAC).

本新变种小叶披针形。果实球状,长、径 3. 0～3. 5 cm。果核球状,长 2. 0～2. 5 cm,宽 2. 0～2. 5 cm,厚 2. 0～2. 5 cm,表面密被纵锐棱与沟。

产地:河南、郑州市、郑州植物园。2015 年 7 月 8 日。赵天榜、王志毅和王华。模式标本,No. 201507081,存河南农业大学。

2.3 光核魁核桃　新变种

Juglans major(Tott.)Heller var. laevi-putamen J. T. Chen,T. B. Zhao et H. Wang,var. nov.

A var. drupis globosis,3. 0～3. 5 cm longis et diametis. putaminibus globosis,ca. 2. 7 cm latis et diametis,supra minutissime striatis.

Henan:20150822. J. T. Chen,T. B. Zhao et H. Wang,No. 201508229(HNAC).

本新变种小叶狭椭圆形。果实球状,长、径 3. 0～3. 5 cm。果核球状,径、宽约 2. 7 cm,表面具很细沟纹。

产地:河南、郑州市、郑州植物园。2015 年 8 月 22 日。陈俊通、赵天榜和王华。模式标本,No. 201508229,存河南农业大学。

2.4 椭圆体果魁核桃　新变种

Juglans major(Tott.)Heller var. ellipsoidei－drupa J. T. Chen,T. B. Zhao et H.

Wang, var. nov.

A var. foliis anguste ellipticis. drupis ellipsoideis, 5.0～6.5 cm longis, 4.0～5.0 cm latis. putaminibus leviter ellipsoideis, 4.5～6.0 cm longis, 3.5～4.0 cm latis, 3.0～3.5 cm crasis, apice conicis, supra minutissime striatis angulosis lattioribus longitudianlibus et profunde sulcis.

Henan: 20150822. J. T. Chen, T. B. Zhao et H. Wang, No. 201508221(HNAC).

本新变种小叶狭椭圆形。果实长椭圆体状，长 5.0～6.5 cm 宽 4.0～5.0 cm；果核微扁椭圆体状，长 4.5～6.0 cm，宽 3.5～4.0 cm，厚 3.0～3.5 cm，先端圆锥状，表面具较宽的长纵棱与深沟纹。

产地：河南、郑州市、郑州植物园。2016 年 8 月 22 日。陈俊通、赵天榜和王华。模式标本，No. 201508221，存河南农业大学。

2.5 多型果核魁核桃　新变种

Juglans major (Tott.) Heller var. multiformis Z. Y. Wang, H. Wang et T. B. Zhao, var. nov.

A var. 2-putaminibus et 1-putaminibus in drupis. putaminibus supra minutissime striatis angulosis longitudianlibus et profunde sulcis, apice rostellatis abruptis.

Henan: 20150822. Z. Y. Wang, H. Wang et T. B. Zhao, No. 201508201(HNAC).

本新变种果实果核有双果核和单果核。果核具有纵锐棱与深沟纹，稀果核先端呈喙状突起。

产地：河南、郑州市、郑州植物园。2015 年 8 月 22 日。王志毅、王华和赵天榜。模式标本，No. 201508201，存河南农业大学。

3. 奇异核桃　河南新记录种

Juglans intermedia (J. nigra × J. regia) Carr. in Rev. Hort. 1863: 29. 1863

Juglans intermedia pyriformis Carr. in Rev. Hort. 1863: 29. 1863

Juglans intermedia Carr. var. a. typica Schneider, III. Handb. 1: 86. 1904

4. 北美黑核桃　北加州黑核桃　河南新记录种

Juglans hindsii (Jeps.) ex R. E. Smith in Bull. Univ. Calif. Agric. Exp. Sta. 203: 32. f. 9a. 1909

Juglans californica S. Watson var. hindsii Jepson, Fl. Calif. 1: 365. 1909

5. 核桃楸

Juglans mandshurica Maxim. in Bull. Phys. —Math. Acad. Sci. St. Pétersb. 15: 27 (in Mél. Biol. 2: 417). 1856

Juglans regia Linn. var. octogona Carr. in Rev. Hort. 1861: 429. 1861

(二) 山核桃属

Carya Nuttall, Gen. N. Am. Pl. 2: 220. 1818

1. 薄壳山核桃

Carya illinoënsis (Wangenh.) K. Koch, Dendr. 1: 593. 1869

? Juglans illinea Weston, Eng. Fl. 18. 1775. nm.

Juglans pecan Marshall, Arbust. Am. 69. 1785. nom. subnud.

Juglans illinoënsis Wangenh., Beytr. Teutsch. Holzger. Forstwiss. Nordam. Holz. 54. t. 18. 1787, xclud. F. fructus, descr. Fructus p. p.

Juglans angustifolia Aiton, Hort. Kew. 3:361. 1789

Juglans cylindrica Lamarck, Encycl. Méth. Bot. 4:505. 1798

Juglans olivaeformis Hort. Paris ex Lamarck, Encycl. Méth. Bot. 4:505. 1798

Hicarya olivaeformis Rafinisque, First Cat. Bot. Gard. Transylv. Univ. 12. 1814. nom.

Carya olivaeformis Nuttall, Gen. N. Am. Pl. 2:221. 1818

Carya angustifolia Sweet, Hort. Brit. 97. 1827

Carya tetraptera Liebmann in Vidensk. Medd. Nat. For. Kjöbenh. 1850:86. 1850

2. 小果薄壳山核桃 河南新记录种

Juglans microcarpa Berlandier in Berlandier & Chovell, Diar. Viage Com. Limit. Miery Teran, 276. 1850

Carya microcarpa Nuttall, Gen. N. Am. Pl. 2:221. 1818, p. p.

Carya microcarpa Darlington, Fl. Cestr. ed. 3, 264. 1853

(三) 枫杨属

Pterocarya Kunth in Ann. Sci. Nat. 2:345. 1824

1. 枫杨

Pterocarya stenoptera C. DC. in Ann. Sci. Nat. Bot. sér. 4, 18:34. 1862

Pterocarya laevigata Hort. ex Lavallée, Icon. Arb. Segrez. 65. 1882, pro syn.

Pterocarya chinensis Hort. ex Lavallée, Icon. Arb. Segrez. 65. 1882, pro syn.

Pterocarya japonica Hort. ex Dippel, Handb. Laubh. 2:329. f. 151. 1892

Pterocarya sinensis Hort. ex Rehd. in Bailey, Cycl. Am. Hort. 3:1464. 1901, pro syn.

Pterocarya stenoptera C. DC. a. typica Franchet in Journ. de Bot. 12:317. 1898

Pterocarya stenoptera C. DC. β. kouitchensis Franchet in Journ. de Bot. 12:318. 1898

1.1 齿翅枫杨 河南新记录变种

Pterocarya stenoptera C. DC. var. serrata T. B. Zhao, J. T. Chen et Z. X. Chen, 赵天榜等主编. 河南郑州市紫荆山公园木本植物志谱:82. 2017

2. 湖北枫杨

Pterocarya hubeiensis Skan in Journ. Linn. Soc. Lond. Bot. 26:493. 1899

Pterocarya sprensis pampan. in nouv. Giorn. Bot. Ital. n. s. 22:274. 1915

十五、壳斗科(赵天榜、陈俊通和范永明)

Fagaceae (Reichenb.) A. Braun in Ascherson, Fl. Prov. Brandenb. 1:62. 615. 1864

Castaneae Necker in Act. Acad. Elect. Theod. —Palat. 2:491. 1700. p. p. typ.

Amenthaceae P. F. Gmelin,Otia Bot. 49,90. 1760. p. p.

Cupuliferae [L. C. Richard, Demonstr. Bot. Anal. Fruit, 32. 92. 1808. "Cupulifères". —] Lindl. ,Introd. Nat. Syst. Bot. 97. 1830. p. p.

Corylaceae Mirbel,Elem. Phys. Crg. 2:906. 1815. p. p. quoad Fagus.

Quercineae Juss. ex Lindl. ,Introd. Nat. Syst. Bot. 97. 1830. pro syn [Juss. in Dict. Nat. (Suppl.):12. 1816. "Fam. Quernees"].

(一) 栎属

Quercus Linn. ,Sp. Pl. 994. 1753;Gen. Pl. 431. no. 949. 1754

1. 麻栎

Quercus serrata Sieb. & Zucc. Fl. Jap. 2:102. 1846, non Thunb. 1784 .

Quercus acutissima Carr. in Jour. Linn. Soc. Bot. 6:33. 1862

Quercus serrata sensu Sieb. & Zucc. in Abh. Math. —Phys. Cl. Akad. Wiss. Münch. 4,3:226(Fl. Jap. Fam. Nat. 2:102). 1846

Quercus bombyx Hort. Leroy ex K. Koch,Dendr. 2,2:72. 1872,pro syn.

Quercus uchiyamana Nakai in Repert. Spec. Nov. Rég. Vég. 13:250. 1914

Quercus acutissima Carr. subsp. eu-acutissima A. Camus,Chênes,1:571. f. 26, 27. 1938

Quercus lunggensis Hu in Acta Phytotax Sin. 1(2):141. 1951

2. 栓皮栎

Quercus variabilis Blume in Mus. Bot. Lugd. —Bat. 1:297. 1850

Quercus chinensis Bunge in Mém. Div. Sav. Acad. Sci. St. Pétersb. 2: 135 (Enum. Pl. Chin. Bot. 61). 1835. non Abel 1818

Quercus moulei Hance in Journ. Bot. 13:563. 1875

Quercus bungeana Forbes in Journ. Bot. 22:83. 1884

Quercus serrata Sieb. & Zucc. var. a. chinensis(Bunge) Wenzeg in Jahrb. Bot. Gart. Mus. Berlin,4:221. 1886

Quercus serrata sensu Carruthers in Journ. Linn. Soc. Lon. Bot. 6:32. 1862

3. 槲栎

Quercus aliena Blume,Mus. Bot. Lugd. —Bat. 1:298. 1850

Quercus hirsutula Blume,Mus. Bot. Lugd. —Bat. 1:298. 1850

4. 辽东栎

Quercus wutaishanica Mayr. Fremdl. Wald— & Parkbaume for. Europa 504. 1906

Quercus tiaotungensis Koidz. in Bot. Mag. Tokyo,26:166. 1912

Quercus liaotungensis Koidz. in Bot. Mag. Tokyo,28:166. 1912

Quercus mongolica Fischer ex Turczaninow var. liaotungensis(Koidzl.) Nakai in Bot. Mag. Tokyo,29:58. 1915

Quercus mongolica Fischer ex Turczaninow β. liaotungensis f. fumebris,Nakai,Fl.

Sylv. Kor. 3:24,t. 11. 1917

Quercus mongolica Fischer ex Turczaninow β. liaotungensis Nakai in Bot. Mag. Tokyo,29:58. 1915,p. p.

Quercus mongolica Fischer ex Turczaninow β. liaotungensis Nakai f. glabra(Lévl.) Nakai,Fl. Sylv. Kor. 3:24. 1917

5. 蒙古栎

Quercus mongolica Fischer ex Turczaninow in Bull. Soc. Nat. Moscou,[11] 1838, 1:101. 1838. nom.

Quercus mongolica Fischer ex Ledeb. Fl. Ross. 3(2):589. 1850

Quercus sessiliflora Salisbury var. mongolica Franchet in Nouv. Arch. Mus. Hist. Nat. Paris,sér. 2,7:83(Pl. David. 1:273)1884.

Quercus sessiliflora Salisbury var. mongolica Franchet,Pl. David. 1:273. 1884

6. 小叶栎

Quercus chenii Naka in Journ. Arn. Arb. 5:74. 1924

Ouercus acutissima Carruth. subsp. chenii (Nakai) A. Camus, Chenes 1: 580. 1936～38, Atlas 1. p. 61. 1～5. 1934

Ouercus acutissima Carruth. var. chenii(Nakai)Menits. in Nov. Syst. Pl. Vas. 10:119. 1973

Ouercus acutissima Carruth. var. brevipetiolata Hoo，福州大学自然种科学汇报，3:96. 1973

(二) 青冈栎属　青冈属

Cyclobalanopsis Oersted in Vidensk. Meddel. Naturh. For. Kjob. 18:80(Bidr. Egesl. Syst. 72). 1866

Pasania Oerested in op. cit. 81(73). 1866,exclud. sect. Chlamydobalanus.

Quercus Linn. sect. Cyclobalanus A. DC. in DC. ,Prodr. 16,2:91. 1864. p. p.

Quercus Linn. sect. Pasania Bentham & Hook. f. ,Gen. Pl. 3:408. 1880

Quercus subgen. Cyclobalanopsis(Oerst.)Schneid. Handb. Laubh. 1:210. 1906

1. 青冈栎　青冈

Cyclobalanopsis glauca(Thunb.)Oerst. in Vid. Medd. Nat. For. Kjoeb. 18:70. 1866

Quereus glanca Thunb. Fl. Jap. 175. 1784

Quereus glanca Thunb. subsp. euglauca Thunb. var. kuyuensis Liao, in Mém. Coll. Agr. Taiwan Uni. 11(2):37. 1970

Quereus sasakii Kanehira in Icon. Pl. Form. 6:64. 1916

Quereus longipes Hu in Acta Phytotax. Sin. 1(2):147. 1951

(三) 石栎属　柯属

Lithocarpus Blume,Bijdr. Fl. Ned. Ind. 526. 1826

1. 石栎　石柯

Lithocarpus pasania Huang et Y. T. Chang in Guihaia 8(1):35. 1988

Pasania lithocarpea Oerst. Vid. Med. Nat. For. Kjob. 50. f. 22(f.),84,88(no. 26). 1866

十六、榆科(赵天榜、李小康、范永明、王华、王志毅)

Ulmaceae Mirb. ,Elém. Phys. Vég. 2:905. 1815

Ulmideae Dumortier,Anal. Fam. Pl. 17. 1829

Celtidaceae Walpers,Ann. Bot. 3:394. 1852

Celtideae Gaudichaud,Voy. Monde par. Freycinet Bot. 507. 1826

(一) 榆属

Ulmus Linn. ,Sp. Pl. 225. 1753;Gen. Pl. 106. no. 281. 1754

Ulmus Linn. ,Gen. Pl. ed. 5, 106. 1754

1. 榆树

Ulmus pumila Linn. ,Sp. Pl. 226. 1753,exclud. syn. Plukenet

Ulmus humilis [Gmelin,Fl. Sihir. 3:105. 1768—] Lamarck,Encycl. Méth. Bot. 4:611. 1797,exclud. syn. Plukenet.

Ulmus pumila Linn. *. microphylla Pers. Syn. Pl. 1:291. 1805

Ulmus manshurica Nakai,Fl. Sylv. Kor. 19:22. t. 6—7. 1932

2. 榔榆

Ulmus parvifolia Jacq. ,Pl. Rar. Hort. Schoenbr. 3:6. t. 262. 1798

Ulmus chinensis Pers. Syn. Pl. 1:291. 1805

Planera parvifolia Sweet,Hort. Brit. ed. 2,464. 1830

Ulmus virgata Roxburgh,Fkl. Ind. ed. 2,2:67. 1832

Ulmus sieboldii Daveau in Bull. Soc. Dendr. França,1914:26. f. 1d—d′,f. B—B″. 1914

Ulmus sieboldii Daveau var. coreana Nakai,Vég. Chirisan Mts. 30. 1915. nom.

Ulmus coreana Nakai,Fl. Sylv. Kor. 19:31. t. 11. 1932

Microptelea paveaifolia Spach in Ann. Sci. Nat. Bot. sér. 2,15 :358. 1841

2.1 垂枝榔榆　河南新记录变种

Ulmus parvifolia Jacq. f. pendula Rehd. in Journ. Arnold Arb. 26:Ulmus 473. 1945

2.2 无毛榔榆　新变种

Ulmus parvifolia Jacq. var. glabra T. B. Zhao,X. K. Li et H. Wang,var. nov.

A var. corticibus cinere-brunneis,lobati-descendentibus. ramulis juvenilibus brunneis glabris. samarisjuvenilibus purpurascentibus.

Henan:20150822. T. B. Zhao,X. K. Li et H. Wang,No. 2015082213(HNAC).

本新变种树皮灰褐色,片状剥落。小枝褐色,无毛。幼果淡紫色。

产地:河南、郑州植物园。2015 年 8 月 22 日。赵天榜、李小康和王华等。模式标本,No. 201582213,存河南农业大学。

2.3 反卷皮榔榆　新变种

Ulmus parvifolia Jacq. var. revoluta T. B. Zhao,L. H. Suang et X. K. Li,var. nov.

A var. corticibus cinere-brunneis lobati-revolutis. foliis parvis 2.5～3.5 cm longis, 1.4～1.7 cm latis.

Henan:20150822. T. B. Zhao, L. H. Song et . X. K. Li, No. 2015082215 (HNAC).

本新变种树皮灰褐色,片状外卷。叶小,长 2.5～3.5 cm,宽 1.4～1.7 cm。

产地:河南、郑州植物园。2015 年 8 月 22 日。赵天榜、宋良红和李小康等。模式标本,No. 201582215,存河南农业大学。

2.4 内卷皮榔榆　新变种

Ulmus parvifolia Jacq. var. convoluta T. B. Zhao,Z. X. Chen et X. K. Li,var. nov.

A var. corticibus atro-brunneis,dense frustriis convolutis. foliis magnis 4.0～5.5 cm longis,2.5～3.5 cm latis.

Henan: 20150822. T. B. Zhao, Z. Y. Wang et K. Wang, No. 2015082218 (HNAC).

本新变种树皮黑褐色,密被碎片状卷曲。叶较大,长 4.0～5.5 cm,宽 2.5～3.5 cm。

产地:河南、郑州植物园。2015 年 8 月 22 日。赵天榜、王志毅和李小康等。模式标本,No. 201582218,存河南农业大学。

2.5 大叶榔榆　新变种

Ulmus parvifolia Jacq. var. magnifolia T. B. Zhao,Z. X. Chen et X. K. Li,var. nov.

A var. ramulis atro-brunneis,dense pilosis. foliis ovatis 4.0～6.0 cm longis,2.5～6.0 cm latis;petiolis dense pubescentibus.

Henan:20161012. T. B. Zhao,J. T. Chen et Y. M. Fan,No. 201610125(HNAC).

本新变种小枝黑褐色,密被柔毛。叶卵圆形,长 4.0～6.0 cm,宽 2.5～6.0 cm,表面绿色,沿主脉密被柔毛,背面淡绿色,疏被短柔毛,沿主脉和侧脉,密被柔毛,先端短尖,基部圆形,或楔形,边缘具圆钝锯齿,或重锯齿;叶柄密被短柔毛。花序梗被疏柔毛;花梗无毛。

产地:河南、郑州植物园。2016 年 10 月 12 日。赵天榜、陈志秀和范永明。模式标本,No. 201610125,存河南农业大学。

2.6 披针叶榔榆　新变种

Ulmus parvifolia Jacq. var. lanceolatifolia T. B. Zhao,Z. X. Chen et X. K. Li, var. nov.

A var. ramulis dense pubescentibus. foliis parvis anguste lanceolatis 2.0～5.0 cm longis, 0. 7～2. 1 cm latis, margine crenatis; petiolis dense pubescentibus.

Henan: 20161012. T. B. Zhao, Z. X. Chen et X. K. Li, No. ws 6 Ly, (HNAC).

本新变种小枝黑褐色，密被柔毛。叶狭披针形，长2.0～5.0 cm，宽0.7～2.1 cm，表面绿色，沿主脉疏被柔毛，背面淡绿色，疏被短柔毛，沿主脉和侧脉密被柔毛，先端渐尖，基部楔形，或一侧楔形，另侧半圆形，边缘具圆钝锯齿；叶柄密被柔毛。花序梗被疏柔毛；花梗无毛。

产地：河南、郑州植物园。2016年10月12日。赵天榜、陈志秀和李小康。模式标本，ws 6 Ly，存河南农业大学。

2.7 毛果榔榆　新变种

Ulmus parvifolia Jacq. var. pilosi-samara T. B. Zhao, Y. M. Fan et J. T. Chen, var. nov.

A var. ramulis atro-brunneis, dense pilosis. samaris rare pubescentibus, apice dense villosis. florescentiis tardis 10～20 d.

Henan: 20161012. T. B. Zhao, J. T. Chen et Y. M. Fan, No. 8(HNAC).

本新变种小枝黑褐色，密被柔毛。叶宽卵圆形，长3.0～6.5 cm，宽1.5～3.5 cm，表面绿色，沿主脉疏被柔毛，背面淡绿色，疏被短柔毛，沿主脉和侧脉密被柔毛，先端短尖，基部楔形，或近圆形，边缘具圆钝锯齿；叶柄密被柔毛。花序梗被疏柔毛；花梗无毛。翅果疏被短柔毛，先端缺口密被弯曲长柔毛。花期晚于其他变种15～20天。

产地：河南、郑州植物园。2016年10月12日。赵天榜、范永明和陈俊通。模式标本，No. 8，存河南农业大学。

3. 大果榆

Ulmus macrocarpa Hance in Journ. Bot. 6: 332. 1868

? Ulmus rotundifolia Carr. in Rev. Hort. 1868: 374. f. 40(Oct. 1, 1868)

Ulmus macrophylla Nakai in Fl. Sylv. Kor. 19: t. 1. 1932

4. 黑榆

Ulmus davidiana Planch. in Compt. Rend. Acad. Sci. Paris, 74, 1: 1498. 1872. nom. nud. Et in DC. Prodr. 17: 158. 1873

5. 脱皮榆

Ulmus lamellosa C. Wang et S. L. Chang ex L. K. Fu in Acta Phytota. Sin. 17: 47. f. 2. 1979

6. 裂叶榆　大叶榆　青榆

Ulmus laciniata (Trautv.) Mayr, Fremdl. Wald. & Parkbaume, 523, f. 243. 1906. p. p.

Ulmus major Reichenbach var. heterophylla Maxim. & Ruprecht in Bull. Phys. — Math. Acad. Sci. St. Pétersb. 15: 139(in Mél. Biol. 2: 434. 1857). 1856

Ulmus montana Withering var. laciniata Trautvetter in Mém. Div. Sav. Acad. Sci. St. Pétersb. 9: 246(in Maximowicz, Prim. Fal. Amr.). 1859

Ulmus scabra Miller var. typica f. heterophylla Schneider, III. Handb. Laubh. 1:

218. 1904. p. p.

6.1 垂枝大叶榆 新变种

Ulmus lacinita(Trautv.) Mayr var. pendula T. B. Zhao, Z. X. Chen et D. F. Zhao, var. nov.

A var. ramis reclinatis. ramulis pendulis. foliis maximis 15.0～17.0 cm longis, 10.0～15.0 cm latis; petiolis 10.0～10.5 cm dense pubescentibus.

Henan: 20170825. T. B. Zhao, Z. X. Chen et D. F. Zhao, No. 8(HNAC).

本新变种侧枝拱形下垂。枝条下垂。叶大型,长15.0～17.0 cm,宽10.0～15.0 cm,表面深绿色,无毛,背淡绿色,被极少短柔毛,沿脉被疏柔毛,边缘不裂,具重锯齿和短缘毛,先端突尖,基部圆形,不对称;叶柄长10.0～15.0 cm,密被短柔毛。

现栽培地:河南、郑州市、郑州植物园。2017年8月25日。赵天榜,陈志秀和赵东方。模式标本,No. 201708251,存河南农业大学。

(二) 朴属

Celtis Linn., Sp. Pl. 1043. 1753; Gen. Pl. ed. 5, 467. no. 1012. 1754

Colletia Scopoli, Introd. Hist. Nat. 207. 1777

Solenostigma Endilicher, Prodr. Fl. Norfolk, 41. 1833

Saurobroma Rafinesque, Sylv. Tellur. 32. 1838

1. 朴树

Celtis sinensis Pers., Syn. Pl. 1: 292. 1805

Celtis orientalis sensu Thunb., Fl. Jap. 114. 1784, non Linn. 1753

Celtis willdenowiana Schultes in Roemer Schultes, Syst. Vég. 6: 306. 1820

Celtis sinensis Pers. var. japonica Nakai in Bot. Mag. Tokyo, 28: 264. f. 1eee, f. 2ee'. 1914

Celtis japonica Planchon in DC., Prodr. 17: 172. 1873

1.1 垂枝朴树 新变种

Celtis sinensis Pers. var. pendula T. B. Zhao, K. Wang et Z. Y. Wang, var. nov.

A var. corticibus cinere-brunneis, lobati-descendentibus. ramulis pendulis.

Henan: 20150822. T. B. Zhao, H. Wang et Z. Y. Wan, No. 201508229(HNAC).

本新变种树皮灰褐色,片状剥落。小枝下垂。

产地:河南、郑州植物园。2015年8月22日。赵天榜、王华和王志毅。模式标本,No. 20158229,存河南农业大学。

2. 珊瑚朴

Celtis julianae C. K. Schneid. in Sargent, Pl. Wils. 3: 265. 1916

3. 大叶朴

Celtis koraiensis Nakai in Bot. Mag. Tokyo, 23: 191. 1909

Celtis aurantica Nakai in Chosen Sanrin Kaiho 59: 23. t. f. 1, 1.1, 1930

4. 小叶朴

Celtis bungeana Bl. Mus. Lugd. —Bat. 2: 71. 1852

Celtis chinensis Bunge in Mém. Sav. Etr. Acad. Sci. St. Péters. 2:135. 1833. non pers. 1805

Celtis davidiana Carr. in Rev. Hort. 300. 1868

Celtis mairei Lévl. in Fedde,Rep. Sp. Nov. 13:264. 1914

Celtis amphibold Schneid. 1. c. 3:279. 1916

Celtis yangquanensis E. W. Ma. in Bull. Bot. Lab. North. East. Forest. Inst. 7:123. 1980

Celtis bungeana Bl. var. lanceolata E. W. Ma. in Bull. Bot. Lab. North. East. Forest. Inst. 7:125. 1980

Celtis jessoensis auct. non Koidz. 辽宁植物志　上册:278. 图 107:4. 1988

(三) 榉属

Zelkova Spach in Ann. Scl. Nat. Bot. sér. 2,15:356. 1841

Abelicea Smith in Trans. Linn. Soc. Lond. 9:126. 1808

Planera Gmelin a. abelicea Endlicher,Gen. Pl. 276. 1863

1. 榉树

Zelkova serrata(Thunb.)Makino in Bot. Mag. Tokyo,17:13. 1903

Corchorus hirtus Thunb. in Thunb. Fl. Jap. 228. 1784. non Linn. 1753

Corchorus serratus Thunb. in Trans. Linn. Soc. Loud. 2:335. 1794

Abelicea serrata(Thunb.)Makino in Bot. Mag. Tokyo,28:175. 1914

Abelicea hirta Schneid. III. Handb. Laubbolzk. 1:226. f. 143—144. 1904

Planera acuminata Lindl. in Gard. Chron. 428. 1862

Planera japonica Mig. In Ann. Mus. Lugd.—Bat. 3:66. 1867

Zelkova acuminata Planchon in Compt. Rend. Acad. Sci. Paris, 74:1496. 1872

Zelkova keaki Maxim. in Bull. Acad. Sci. St. Pétersb. 18:288(in Mél. Biol. 9:21). 1873

Zelkova stipulacea Franchet & Savatier, Enum. Pl. Jap. 1:430. 1875. nom.

1.1 垂枝榉树　新变种

Zelkova serrata(Thunb.)Makino var. pendula T. B. Zhao, H. Wang et Z. Y. Wang, var. nov.

A var. ramulis pendulis. ramulis longis reclinatis.

Henan: 20150822. T. B. Zhao T. B. Zhao, H. Wang et Z. Y. Wang, No. 2015082213(HNAC).

本新变种小枝下垂。长枝拱形下垂。

产地：河南、郑州植物园。2015 年 8 月 22 日。赵天榜、王华和王志毅等。模式标本，No. 201582213，存河南农业大学。

2. 大果榉

Zelkova sinica Schneid. in Srgent,Pl. Wils. 3:286. 1916

Zelkova acuminata sensu Hemsley in Journ. Linn. Soc. Lond. Bot. 26:449. 1894,

p. p.

Planera japonica sensu Hemsley in Journ. Bot. 14:209. 1876. non Miquel. 1867

十七、桑科（赵天榜、李小康、陈志秀、陈俊通、范永明）

Moracee Lindl. ,Vég. Kingd. 265. 1846

Moreae Endl. , Prodr. Fl. Norfolk, 40. 1833. nom.

Artocarpaceae Horaninov, Prim. Linn. Syst. Nat. 62. 1834

Cannobinaceae Lindl. , Veg. Kingd. 265. 1846

（一）律草属

Humulus Linn. Sp. Pl. 1:1028. 1753

1. 律草

Humulus scandens(Lour.)Merr. in Trans. Amer. Philip. Soc. n. sér. 24,2:138. 1935

Antidesma scandens Lour. Fl. Cochinch. 2:157. 1790

Humulus japonicus Sieb. & Zucc. Fl. Japan. Fam. Nat. 2:89. 1849

（二）水蛇麻属

Fatoua Gaud. in Freyc. Voy. 509. 1826

1. 水蛇麻

Fatoua villosa(Thunb.)Nakai in Bot. Mag. Tokyo,41:516. 1927

Urtica villosa Thunb. Fl. Jap. 70. 1784

Fatoua japonica(Thunb.)Bl. Mus. Bat. Lugd. —Bat. 2:t. 38. 1856. nom illegit

Fatoua pilosa auct. non Gaud. :Sieb. & Zucc. Fl. Jap. Fam. Nat. 219. 1846

（三）柘树属

Cudrania Tréc. in Ann. Sci. Nat. Bot. sér. 3,8:39. 122. 1847. nom. conserv.

Vanieria Lour. ,Fl. Cochinch. 564. 1790

Cudranus Miq. ,Fl. Ind. Bat. 1,2:290. 1859

Cudranus Rumph. ex Miq. Fl. Ind. Bot. 122:290. 1859

Maclura Nutt. sect. Cudrania(Trec.)Corner in Gard. Bull. Sing. 19:237. 1962

Vanieria Mirbel,Hist. Nat. Pl. 10:108. 1805

Vanieria Lour. Fl. Cochinch. 564. 1790

Cudranus Miquel,Fl. Ind. Bat. 1,2:290. 1859

1. 柘树　柘

Cudrani :a tricuspidata(Carr.)Bur. ex Lavall. ,Arb. Segrez. 243. 1877

Maclura tricuspidata Carr. in Rev. Hort. 1864:390. f. 37. 1864

Cudrania triobus Hance in Journ. Bot. 6:49. 1868

Cudrania triobus(Hance)Forbes in Journ. Bot. 21:145. 1883

Morus intergrifolia Lévl. & Vanlot in Bull. Acad. Intern. Géog. Bot. 17:111. 1907

Vanieria tricuspidata(Carr.)Hu in Journ. Arn. Arb. 5:228. 1924

Vanieria triobus(Hance)Satake in Journ. Fac. Sci. Tokyo, Sect. 3. Bot. 3, 194. 1931

(四) 构属

Broussonetia L'Hert. ex Vent., Tabl. Règne Vég. 3:547. 1799

Papyrius Lamarck, Encycl. Méth. Bot. Rec. Pl. 4:t. 762. 1798. sine descr.

Allaeanthus Thw. in Hook. Journ. Bot. Kew Gard. Misc. 6:202. 1854

Simthiocendron Hu in Sunyatsenia 3:196. 1936

1. 构树

Broussonetia papyifera(Linn.)L'Hért. ex Vent., Tabl. Règ. Vég. 3:547. 1799

Morus papyifera Linn., Sp. Pl. 986. 1753

Streblus cordatus Lour., Fl. Cochinch. 615. 1790

Papyrius japonicus Lamarck ex Poiret, Encycl. Méth. Bot. 5:3. 1804

Broussonetia papyrifera normalis Seringe, Descr. Cult. Mûriers, 236; Atl. 14. t. 26. 1855

Broussonetia papyifera(Linn.)L'Hért. ex Vent. β. var. japonica Blume, Mus. Bot. Lugd. —Bat. 2:86. 1856

Broussonetia Kazi Hort. Sieb. ex Blume, Mus. Bot. Lugd. —Bat. 2:86. 1856. pro syn.

Morus papyifera Linn. Sp. Pl. 986. 1753

Smithiodendron artocarpioideum Hu in Sunyatsenia 3:106. 1936

1.1 深裂叶构树　河南新记录变种

Broussonetia papyifera(Linn.)L'Hért. ex Vent. var. partita T. B. Zhao, X. K. Li et H. Wang, 赵天榜等主编. 河南省郑州市紫荆山公园木本植物志谱:97. 2017

1.2 无裂叶构树　河南新记录变种

Broussonetia papyifera(Linn.)L'Hért. ex Vent. var. aloba T. B. Zhao, Z. X. Chen et X. K. Li, 赵天榜等主编. 河南省郑州市紫荆山公园木本植物志谱:97. 2017

1.3 撕裂叶构树　河南新记录变种

Broussonetia papyifera(Linn.)L'Hért. ex Vent. var. lacerifolia T. B. Zhao, J. T. Chen et Z. X. Chen, 赵天榜等主编. 河南省郑州市紫荆山公园木本植物志谱:97. 2017

1.4 斑裂叶构树　河南新记录变型

Broussonetia papyifera(Linn.) L'Hért. ex Vent. f. variegata(Seringe)Schelle in Beissner et al., Handb. Laubh. —Ben. 92. 1903"(f.)"

Broussonetia papyifera(Linn.)L'Hért. ex Vent. var. variegata Seringe, Descr. Cult. Mûriers, 237. 1855

1.5 '金凤'构树　河南新记录栽培品种

Broussonetia papyifera(Linn.)L'Hért. ex Vent. 'Jinfeng', 河南名品彩叶苗木股份有限公司. 29. ?

1.6 ‘金蝴蝶’构树　河南新记录栽培品种

Broussonetia papyifera(Linn.)L’Hért. ex Vent. ‘Jinhudie’,河南名品彩叶苗木股份有限公司. 28. ?

2. 小叶构树

Broussonetia kazioki Sieb. in Verh. Batav. Genoot. Kunst. Wetensch. 12:28 (Syn. Pl. Oecon. Jap.),nom. subnud.

Broussonetia kazioki Sieb. & Zucc.,河南植物志(第一册):284. 1981

Broussonetia Kaempferi Siebold in Verh. Batav. Genoot. Kunst. Wetensch. 12:28 (Syn. Pl. Oecon. Jap.). 1830. nom.

Broussonetia sieboldii Blume, Mus. Bot. Lugd.—Bat. 286. 1852

Morus kaempferi Seringe, Descr. Cult. Mùriers, 228;Atl. 11. t. 23. 1855

Broussonetia monpica Hance in Journ. Bot. 20:294. 1882

2.1 金叶小叶构树　新变种

Broussonetia kazioki Sieb. var. aurea J. T. Chen,Y. M. Fan et T. B. Zhao, var. nov.

A var. foliis ovatis,aureis.

Henan:2016089. J. T. Chen,No. 20160891(HNAC).

本新变种叶卵圆形,金黄色。

河南:2016 年 8 月 9 日。陈俊通。模式标本,No. 20160891,存河南农业大学。

(五) 榕属

Ficus Linn. Sp. Pl. 1059. 1753;Gen. Pl. ed. 5,482. no. 1032. 1754

1. 无花果

Ficus carica Linn. Sp. Pl. 1059. 1753

Ficus communis Lamarck,Encycl. Méth. Bot. 2:490. 1788

Ficus sativa Poiteau & Turpin in Duhamel,Traite Arb. Fruit. Nouv. ed. 6:F. no. 1. t. 4. fasc. 1. 1807,nom. altern.

1.1 二次果无花果　新变种

Ficus carica Linn. var. bitemicarpa T. B. Zhao, Z. X. Chen et Y. M. Fan, var. nov.

A var. semel fructibus in ramulis floiis biennibus nullis;bis fructibus in ramulis novitatibus. foliis 5～7-lobis profundis. iterum fructibus in ramulis

Henan:20170403. Y. M. Fan, Z. X. Chen et T. B. Zhao, No. 201704031 (HNAC).

本新变种一次果着生于 2 年生无叶枝上;二次果着生于当年新枝上。叶 5～7 深裂。

河南:郑州市。2017 年 4 月 3 日。范永明,陈志秀和赵天榜。模式标本,No. 201704031,存河南农业大学。

2. 印度榕　橡皮树　河南新记录种

Ficus elastica Roxb. ex Hornem. Hort. Beng. 65. 1814

Urostigma elasticum Miq. in Lond. Journ. Bot. 4:578. 1947

3. 薜荔　河南新记录种

Ficus pumila Linn. Sp. Pl. 1060. 1753

Ficus stipila Thunb. Dissert. Ficus 8. 1786

Ficus hanceana Maxim. in Bull. Acad. Sci. Pétersb. 11:341. 1883

4. 斜叶榕　河南新记录种

Ficus gibbosa Bl. Bijdr. 466. 1825

Ficus tinctoria Forst. Fl. Ins. Austral. Prodr. 76. 1786

Ficus michelii Lévl. in Fedde, Rep. Sp. Nov. 8:61. 1919

Ficus tinctoria Forst. f. subsp. gibbosa(Bl.)Corner in Gard. Bull. Sing. 17:476. 1959

5. 花叶榕　河南新记录种

Ficus benjamina Golden Princess *

6. 小叶榕　雅榕　河南新记录种

Ficus parvillifolia Miq. in Ann. Mus. Bot. Lugd.—Bat. 3:286. 1867

Ficus concinna(Miq.)Miq. in Ann. Mus. Bot. Lugd.—Bat. 3:286. 1867

Ficus affinis Wall. ex Kurz. For. Fl. Brit. 2:444. 1873

Ficus fecundissima Lévl. et Vant. in Fedde Rep. Sp. Nov. 9:19. 1911

Ficus pseudoreligiosa Lévl. Fl. Kouy-Théou 432. 1915

7. 聚果榕　河南新记录种

Ficus racemosa Linn. Sp. Pl. 1922. 1753

Ficus glomerata Roxb. Corom. Pl. 2:123. 1798

Covellia glomerata(Roxb.)Miq. in Lond. Journ. Bot. 4:569. 1847

8. 钝叶榕　河南新记录种

Ficus curtipes Corner in Gard. Bull. Sing. 17:397. 1959

Ficus obtusifolia Roxb. Fl. Ind. 5:564. 1832. non HBK

Urostigma obtusifolia(Roxb.)Miq. in Lond. Journ. Bot. 4:569. 1847

9. 菩提树　河南新记录种

Ficus religiosa Linn. Sp. Pl. 1059. 1753

Urostigma religiopsum(Linn.)Casp. Fic. 82. t. 7. 1844

10. 木瓜榕　大果榕　图版 2:2　河南新记录种

Ficus auriculata Lour. Fl. Cochinch. 666. 1790

Ficus macrocarpa Lévl. et Vant. in Mém. Real. Acad. Ci. Artes Barcelona sér. 3, 6:152. 1907

Ficus roxburghii Wall. Cat. 4580. 1830. nom. nud.

11. 高山榕　河南新记录种

Ficus altissima Bl. Bijdr. 444. 1825

12. 笔管榕　河南新记录种

Ficus wightiana Wall. ex Benth. Fl. Hongk. 327. 1861

Ficus superba Miq. var. japonica Miq. in Ann. Mus. Lugd. —Bat. 2:200(Prodr. Fl. Japon. 132):1866～1867

13. 黄金榕　河南新记录种

Ficus microcarpa Linn. f. 23(1):72. 86. 112. *

14. 红叶榕　河南新记录种

Ficus chartacea Wall. [Cat. No. 4580, 1831. nom nud.] ex King in Ann. Bot. Gard. Calcutta 1:159. t. 203. 1888. descry.

15. 双苞榕　河南新记录种

Ficus *

16. 琴叶榕　河南新记录种

Ficus pandurata Hance in Ann. Sci. Nat. sér. 4, 1829. 1862

(六) 桑属

Morus Linn. Sp. Pl. 986. 1753;Gen. Pl. ed. 5,424. no. 936. 1754

Morophorus Necker,Elem. Bot. 3:225. 1790

1. 华桑

Morus cathayana Hemsl. in Journ. Linn. Soc. Bot. 26:456. 1899

Morus tiliaefolia Makino in Bot. Mag. Tokyo, 31:39. 1917

Morus chilimgensis C. L. Min in Act. Bot. Bor. —Occ. Sinica 69(4):277. 1986

2. 桑树

Morus alba Linn. Sp. Pl. 986. 1753

Morus atropurpurea Roxb. Fl. Ind. ed. 2,3:595. 1832

2.1 花叶桑

Morus alba Linn. var. skeleconiana Schneid. ,III. Handb. Laubh. 1:237. f. 151b. 1904

Morus alba Linn. var. laciniata Beissner in Mitt. Deutsch. Dendr. Ges. 1903(12): 127. 1903,non K. Koch. 1849

Morus alba Linn. f. skeletoniana(Schneid.) A. Rehd. in Bibliography of Cult. Trees and Shrubs. 147. 1949

Morus alba laciniata Beissner in Mitt,Deutsch. Dendr. Ges. 1903(12):127. 1903, non K. Koch 1849

2.2 龙爪桑　河南新记录栽培品种

Morus alba Linn. 'Tortous',cv. tortous,山西省林业科学研究院编著. 山西树木志:181. 2001

2.3 垂枝桑　河南新记录变型

Morus alba Linn. f. pendula Dippel,Handb. Laubh. 2:10. 1892. "subsp. vulgaris f. p"

Morus alba Linn. var. pendula Schneider,III. Handb. Laubh. 1:238. 1904

2.4 ‘金叶’桑　河南新记录栽培品种

Morus alba Linn.‘Jinye’,山西省林业科学研究院编著. 山西树木志:181. 2001

2.5 塔形白桑　河南新记录变种

Morus alba Linn. var. pyramidalis Seringe,Descr. Cult. Mûriers,212. t. 16. 1855

Morus alba Linn. f. pyramidalis(Schneid.)Rehd. in Bibliography of Cult. Trees and Shrubs. 147. 1949

Morus alba Linn. f. fastigiata Schelle in Beissner et al.,Handb. Laubh.—Ben. 90. 1903

Morus alba fastigiata hort. ex Schelle in Beissner et al.,Handb. Laubh.—Ben. 91. 1903. pro. syn.

3. 蒙桑

Morus mongolica(Bureau)Schneid. in Sargent,Pl. Wils. 3:296. 1916

Morus alba Linn. var. mongolica Bureau in DC.,Prodr. 17:241. 1873

Morus mongolica(Bureau)Schneid. var. hopeiensis S. S. Chang et Wu Yu-pi in Acta Bot. Yunnan. 11(1):24. 1989

3.1 山桑

Morus mongolica Schneid. var. diabolica Koidz. in Bot. Mag. Tokyo,31:36. 1917

3.2 圆叶蒙桑　河南新记录变种

Morus mongolica(Bureau)Schneid. var. rotundifolla Wu Yu—bi in Acta Bot. Yunnanica Vol. 16(2):120. 1994

3.3 毛蒙桑　新变种

Morus mongolica(Bureau)Schneid. var. villosa Y. M. Fan, T. B. Zhao et Z. X. Chen, var. nov.

A var. ramulis et ramulis in juvenilibus dense villosis. foliis dense villosis margine dense ciliatis longis;petiolis dense villosis.

Henan:20170428. Y. M. Fan, Z. X. Chen et T. B. Zhao, No. 201704285 (HNAC).

本新变种小枝、幼枝密被长柔毛。叶两面密被长柔毛,边缘被长缘毛;叶柄密被长柔毛。

河南:郑州市、郑州植物园。2017年4月28日。范永明,赵天榜和陈志秀。模式标本,No. 20174285,存河南农业大学。

4. 鸡桑

Morus australis Poir.,Encycl. Méth. Bot. 4:380. 1796

Morus acidosa Griffith, Not. Pl. As. 4:388. 1854. “acidosus”

Morus cuspidata Wallich, Num. List, no. 4646. 1830, nom.

Morus japonica Sieb. in Verh. Batav. Genoot. Kunst. Wetensch. 12:27(Syn. Pl. Oecon.). 1830. nom.

Morus indica sensu Roxb. ,Fl. Ind. ed. 2,3:596. 1832. non Linnaeus 1753. sensu stricto.

Morus stylosa Seringe, Descr. Cult. Mûriers, 225. 1855

Morus longistyla Seringe, Descr. Cult. Müriers, Atl. p. 13. t. 22. 1855

Morus cavaleriei Lévl. in Repert. Sp. Nov. Règ. Vég. 10:146. 1911

Morus longistylus Diels in Notes Bot. Gard. Edinb. 5:293. 1912

Morus inusitata Lévl. in Repert. Sp. Nov. Règ. Vég. 13:265. 1914

Morus bombycis Koidzumi in Bot. Mag. Tokyo, 29:313. 1915

5. 异叶桑　河南新记录种　图版 9

Morus heterophylla T. B. Zhao,Z. X. Chen et J. T. Chen ex Q. S. Yang et Y. M. Fan,sp. emend. nov.

Morus heterofolia T. B. Zhao,Z. X. Chen et J. T. Chen ex Q. S. Yang et Y. M. Fan, 赵天榜等主编. 河南省郑州市紫荆山公园木本植物志谱:516～523. 图版 1. 2017

Abstract:This article first describes China's rare special new species of Morus Linn. ,that is,Morus heterophylla T. B. Zhao,Z. X. Chen et J. T. Chen ex Q. S. Yang et Y. M. Fan,sp. emend.. This new species is similar to the Morus mongolica (Bureau)Schneid. and Morus australis Poir. But the difference:(1)Its branchlets are greyish-green,densely pubescent and sparsely curved villous;(2)branchlets are grayish-brown, densely pubescent, sparsely villous; (3) Branchlets are brown, glabrous; (4)Branchlets are purplish brown, shiny, glabrous scarcely very few pubescent. The plant's leaves have 42 types,can be summarized as 12 categories:(1)Leaves are ovoid, (2)Leaves are ovoid and its margin is concave notch,(3)Leaves are triangle-ovaid and its margin is concave notch,(4)Leaves are regularly rounded and its margin is concave notch,(5)Leaves are irregularly rounded and its margin is concave notch,(6)Leaves are irregularly shaped and its margin is partite,(7)Leaves are lacerated and its margin is striped,(8)Leaves are irregularly shaped and its margin is striped,(9)Leaves are irregularly partite and its lobes are irregularly shaped;Petioles are glabrous,(10)leaves are irregularly shaped and its lobes have 1 to 2 small lobes,the small teeth of its margin with concave notch without thorns and tricholoma; the central lobes are irregularly shaped,both surfaces along the veins with sparsely pubescent; Petioles are densely pubescent,(11)Leaves are ovoid,both surfaces glabrous and its margin with concave notch without tricholoma, apex with long tail tip, both sides glabrous; Petioles are glabrous,sparsely pubescent or densely multicellularly curved tricholoma,(12)Leaves are ovoid,small and its leaves are 2. 0～4. 5 cm long,1. 8～4. 5 cm broad. The serrated top with thorns of 12 types leaves marign, rare without thorns,apex both sides are margin entire,rare irregularly concave notch,densely multicellularly curved tricholoma and sparsely tricholom,rare glabrous. It is female plant ! The base of it's female flower tepals outside is covered with sparsely pubescent,the base of inside with sparse gland;

ovary and style are glabrous.

本种小枝密被短柔毛、疏被弯曲长柔毛、无毛，或密被多细胞弯曲长柔毛。叶形多变而特异——42 种类型，可归为 12 种类。其主要特征：叶形多变，两面无毛，或被短柔毛、弯曲长柔毛、多细胞弯曲长柔毛，稀被疏刺毛；边缘具钝锯齿，稀具重齿端，齿端具芒刺，稀无芒刺；边缘无凹缺口，或具 1～8 个不同形状的凹缺口；裂片多形状：近圆形、椭圆形、带形等；先端长尾尖，稀短尖，其边缘全缘，稀具锯齿，密被多细胞弯曲长缘毛，或无缘毛；叶柄无毛，或密被长柔毛、多细胞弯曲长柔毛。雌株！葇荑花序腋生；花序梗细，下垂，无毛，或密被白色短柔毛。雌花！单花具花被片 4 枚，匙一卵圆形，外面基部疏被短柔毛，内面基部疏被腺点；子房卵球状，无毛，花柱圆柱状，先端 2 裂。聚合果短圆柱状，长1.5～2.0 cm，径 0.8～1.0 cm，成熟时黑紫色；果序梗无毛，或密被短柔毛。

现栽培地：河南、郑州市、郑州植物园。

(七) 桂木属 波罗蜜属 河南新记录属

Artocarpus J. R. et G. Forst. Char. Gen. 101. t. 51. 51a. 1776. nom. conserv.

1. 波罗蜜 木菠萝 河南新记录种

Artocarpus heterophyllus Lam. Encycl. Méth. 3:210. 1789. “heterophylla”

2. 桂木 红桂木 河南新记录种

Artocarpus nitidus Trec. subsp. linanensis(Merr.)Jarr. in Journ. Arb. n. Arb. 41:124. 1960

Artocarpus parva Gagnep. in Bull. Soc. Bot. Françe 73:89. 1926

Artocarpus linanensis Merr. in Lingnan Sci. Journ. 7:302. 1929

3. 面包树 河南新记录种

Artocarpus incisa(Thunb.)Linn. f. Suool. Sp. Pl. 411. 1781

Sitodium altile(Banks et Solander)Parkins in Journ. Voy. Endeav. 45. 1773. nom. subnud. illegit.

Radermachia incisa Thunb. Arn. Arb. 40:307. 1959

Artocarpus communis J. R. et G. Forst. Char. Gen. 101. t. 51. 1776

Artocarpus altilis(Parkins.)Fosberg in Journ. Voy. Wash. Acad. Sci. 31:95. 1941. nom. subnudum, illgit.

(八) 见血封喉属 河南新记录属

Antiaris Leschen. in Ann. Mus. Natl. Hiast. Nat. 16:478. 1810

1. 见血封喉 河南新记录种

Antiaris toxicaria Leschen. in Ann. Mus. Natl. Hiast. Nat. 16:478. t. 22. 1810

十八、荨麻科(陈志秀、李小康)

Ulticaceae *，中国植物志 第 36 卷:1. 2. 1995

(一) 荨麻属

Ultica Linn. Sp. Pl. 983. 1753

1. 裂叶荨麻

Ultica lobatifolia S. S. Ying in Quart. Chin. For. 6(4):169. pl. 3. 1972

2. 宽叶荨麻

Ultica laetevirens Maxim. in Bull. Acad. Sci. St. Pétersb. 22:236. 1877

Ultica pachyrrhachis Hand. —Mazz. Symb. Sin. 7:113. Abb. 2, Nr. 3～4. 1929

Ultica silvatica Hand. —Mazz. Symb. Sin. 7:113. Abb. 2, Nr. 1～2. 1929

Ultica thunbergiana auct. non Sieb. & Zucc. :Diels in Bot. Jahrt 29:301. 1900. p. p.

(二) 冷水花属

Pilea Lindl. Collect. Bot. ad t. 4. 1821

Dubrueilia Gauidich. in Freyc. Voy. Bot. 495. 1826

Adenia Torr. Fl. n. York. t. 122. 1843

Achudemia Bl. Mus. Bot. Lugd. —Bat. 2:57. t. 20. 1852

Smithiella Dunn in Kew Bull. 1920:210. cum f. 1920. nom. illegit. , non H. Peragallo et M. Peragallo 1901

Aboriella Benner in Indian Forester 107(7):437. 1981

Dunniella Rauchart in Taxon 31(3):562. 1982

1. 冷水花

Pilea cadierei C. H. Wright in Journ. Linn. Soc. Bot. 26:470. 1899

Boehmeria vanoili Lévl. in Repert. Spec. Nov. Regni Vég. 11:55. 1913

Pilea pseudopetiolaris Hstusima in Journ. Jap. Bot. 34:303. 1959

2. 花叶冷水花

Pilea cadierei Gagnep. et Guill. in Bull. Mus. Hist. Nat. Paris, 1938. sér. 2,10: 629. 1939

十九、马兜铃科(陈志秀、李小康)

Aristolochiaceae Juss. ex Blume,Enum. Pl. Jav. 1:81. 1830

Aristolochiae Juss. ,Gen. Pl. 72. 1789

(一) 马兜铃属

Aristolochia Linn. ,Sp. Pl. 960. 1753;Gen. Pl. ed. 5,410,no. 911. 1754

Isotrema Rafinesque in Journ. de Phys. Chim. Hist. Nat. 89:102. 1919

Hocquartia Dumortier,Comm. Bot. 30. 1822

Siphisia Rafineque,Med. Fl. 1:62. 1828

1. 马兜铃

Aristolochia debilis Sieb. & Zucc. ,Abh. Baycr. Akad. Wiss. Math. Phys. 4(3): 197. 1864

Aristolochia longa Thunb. Fl. 144. non Linn.

Aristolochia sinarum Lindl. in Gard. Chron. 708. 1850

Aristolochia recurvilabra Bance in London Journ. Bot. 11:75. 1873 et 18:301. 1880

(二) 细辛属

Asarum Linn. Sp. Pl. 422. 1753

Japonasarum Nakai Fl. Sylv. Kor. 21:16. 1936

Heterotropa Morr. et Decne in Ann. Sc. Nat. sér. 2(2):314. t. 10. 1834

Asiasarum Maekawa in Nakai Fl. Sylv. Kor. 21:17. 1936

Geotacnium Mackawa in Procced. 7th. Pacific. Sci. Congr. (New Zcal.) 5:219. 1953

1. 北细辛　辽细辛

Asarum heterotropoides Fr. Schmidt var. mandshuricum(Maxim.)Kitag. Liacam. Fl. Mansh. 174. 1939

Asarum sieboldii Miq. var. mandshuricum Maxim. in Mél. Biol. 8:399. 1871. in obs.

二十、蓼科(陈志秀、李小康)

Polyonaceae *,中国植物志　第38卷:1. 1998

(一) 酸模属

Rumex Linn. Sp. Pl. 105. 1753

1. 巴天酸模

Rumex patientia Linn. Sp. Pl. 333. 1753

Rumex rechigerianus A. Los. in Fl. URSS. 5:715. 1936

(二) 大黄属

Rheum Linn. Gen. Pl. ed. 1,371. 1754

1. 大黄　药用大黄

Rheum officinale Baill. in Adanson,10:246. 1871

(三) 蓼属

Polygonum Linn. Sp. Pl. 359. 1753

1. 习见蓼

Polygonum plebeium R. Br. Prodr. Fl. Nov. Holl. 420. 1810

Polygonum parviflorum Chang et Li,Fl. Pl. Herb. Chin. Bor. —Orient,2:31. f. 22. 1959. non Gromov. 1817

Polygonum changii Kitag. in Journ. Jap. Bot. 40:54. 1965

2. 杠板归

Polygonum perfoliatum Linn. Sp. Pl. ed. 2,521. 1762

Echinocaulon perfoliatum(Linn.)Meisn. ex Hassk. Flora 25(2):20. 1842

Tracaulon perfoliatum(Linn.)Greene,Leafl. Bot. Observ. Carit. 1:22. 1904

Tracaulon perfoliatum(Linn.)Sojak in Preslia 46:148. 1974

Persicaria perfoliatum(Linn.)H. Gross in Beih. Bot. Centr. 37:113. 1920

3. 翅蓼

Polygonum senticosum(Meisn.)Franch. et Sav. Enum. Pl. Jap. 1:401. 1875

Chyloca seticosus Meisn. ex Miq. in Ann. Mus. Bot. Lugd. —Batav. 2:65. 1865

Persica senticosa(Meisn.)H. Gross ex Nakai, Fl. Saishu & Kwan. Isl. 41. 1914

Truell japonicum Houtt. Nat. Hist. Pl. 8:477. 1777

Polygon babingtonii Hance. in Ann. Sci Nat. Bot. 5:239. 1886

Polygonum typhoniifolium Hance in Ann. Sci. Nat. Bot. sér. 5,5:239. 1886

(四) 虎杖属

Reynoutria Houtt. Nat. Hist. 2(8):640. 1777

1. 虎杖

Reynoutria japonica Houtt. Nat. Hist. 2(8):640. t. 51. f. 1. 1777

Reynoutria henryi Nakai in Rigakukai 24:16. 1926

Polygonum cuspidatum Sieb. & Zucc. in Abh. Bayer. Akad. Wiss. Münch. Math. Phys Kl. 4:208. 1846. non Willd. ex Spreng 1825. nom. illcgit.

Polygonum yunnaensis Lévl. in Fedde,Repert. Sp. Nov. 6:211. 1906. non Lévl. 1916.

Pleuropterus cuspidatus(Sieb. & Zucc.)H. Gross in Beih. Bot. Centralbl. 37:113. 1919

(五) 何首乌属

Fallopia Adans. Fam. pl. 2:277. 1763

Polygonum multiflorum Thunb. sect. Tiniaria Meisn. Monogr. Polygy. 43. 1826

Bilderdykia Dum. Fl. Belg. 18. 1827

1. 何首乌

Fallopia multiflora(Thunb.)Harald. in Symb. Bot. Upsl. 22(2):77. 1978

Polygonum multiflorum Thunb. Fl. Jap. 169. 1784

Pleuropterus cordatus Turcz. in Bull. Soc. Nat. Mosc. 21:587. 1848

(六) 竹节蓼属

Homalocladium L. H. Bailey *

1. 竹节蓼

Homalocladium platycladum(F. Muell. ex Hook.)L. H. Bailey *

二十一、藜科

Chenopodiaceae Dumortier,Anal. Fam. Pl. 17. 1829

Oleraceae Scopoli,Fl. Carniol. 418. 1760,pref. Junemployment,p. p.

Atripliceae Necker in Act. Acad. Elect. Sci. Theod. Palat. 2:486. 1770,nom. Subnud .

Chenopodae Ventenat,Tabl. Règ. Vég. 2:253. 199,p. p.

Chenopodeae Agardh,Aphor. Bot. 215. 1825

Salsolaceae Moquin-Tandon in DC. ,Prodr. 13,2:41. 1849

Anabaseae Bunge in Mém. Acad. Sci. St. Pétersb. sér. 7,4,11:102. pp. 1862

Salicornieae Ungern-Sternberg,Vers. Syst. Salicorn. 114. pp. 1866

Atriplicaceae Juss. ex Simonkai,Enum. Fl. Transsilv. 465. 1887,nom. Subnud.

(一) 菠菜属

Spinacia Linn. Gen. Pl. ed. 5,452. 1754

1. 菠菜

Spinacia oleracea Linn. Sp. Pl. 1027. 1753

(二) 藜属

Chenopodium Linn. Gen. Pl. ed. 5,103. 1754

1. 藜

Chenopodium album Linn. Sp. Pl. 219. 1753

2. 土荆芥

Chenopodium ambrosioides Linn. Sp. Pl. 219. 1753

Atriplex ambrosiopides Crantz. Inst. 1:207. 1766

Ambrina ambrosiopides Spach,Hist. Vég. Phan. 5:297. 1836

Blitum ambrosiopides Beck. in Reichb. 1. c. Fl. Germ. 24:118. t. 251. f. 1～10. 1909

3. 灰绿藜

Chenopodium glaucum Linn. Sp. Pl. 220. 1753

Blitum glaucum Koch,Syn. ed. 1,608. 1837

4. 小藜

Chenopodium serotinum Linn. Cent. Pl. 2:12. 1756. p. p.

Chenopodium ficifolium Smith,Fl. Brit. 1:276. 1800

5. 刺藜

Chenopodium aristatum Linn. Sp. Pl. 221. 1753

Teloxys aristata Moq. in Ann. Sci. Nat. sér. 2, 1:289. t. 10. f. A. 1834

Chenopodium sinensis Hort. ex Moq. in DC. Prodr. 13(2):60. 1849

Chenopodium minimum Wang-Wei et Fuh,东北草本植物志 2:111(Addenda)et 98. f. 97. 1959

(三) 地肤属

Kochia Roth in Schrad. Journ. Bot. 1:307. 1800(1801)

1. 地肤

Kochia scoparia(Linn.)Schrad. in Neues Journ. 3:85. 1809

Chenopodium scoparia Linn. Sp. Pl. 221. 1753

Kochia virgata Kostel. Ind. Sem. Hort. Prap. 77. 1844

Kochia scoparia(Linn.)Schrad. var. alata Blom. in Act. Hort. Gothob. 3:154.

1927

1.1 扫帚苗

Kochia scoparia(Linn.)Schrad. f. trichophylla(Hort. ex Tribune)Schinz et Thell. 25(2):103. *,朱家柟等编著. 拉汉英种子植物名称　第二版. 2006

2. 五彩地肤　河南新记录种

Kochia scoparia(Linn.)Schrad. 25(2):102. 99. *,朱家柟等编著. 拉汉英种子植物名称　第二版. 2006

(四) 碱蓬属

Suaeda Forsk. ex Scop. Intr. Hist. Nat. 333. 1777

1. 碱蓬

Suaeda glauca(Bunge)Bunge in Bull. Acad. Sci. St. Pétersb. 25:362. 1879

Schoberia glauca Bunge in Mém. Sav. Etrang. Acad. Sci. St. Pétersb. 2:102. 1838

Chenopodina glauca Moq. Chenop. Monog. Enum. 131. 1840

Chenopodina glauca Moq. in DC. Prodr. 13(2):162. 1849

Suaeda asparagoides Makino in Tokyo,Bot. Mag. 8:382. 1894

(五) 猪毛菜属

Salsola Linn. *

1. 猪毛菜

Salsola collina Pall. Illustr. 34. t. 26. 1803

Salsola chinensis Gdgr. in Bull. Soc. França 60:421. 1913. syn. nov.

2. 无翅猪毛菜

Salsola komarovii Iljin in Journ. Bot. URSS 18:276. 1933 et in Fl. URSS 6:221. f. 8a—b. 1936

二十二、苋科(陈志秀、李小康)

Amaranthaceae *,中国植物志　第39卷:194. 1979

(一) 青葙属

Celosia Linn. Sp. Pl. 205. 1753

1. 青葙

Celosia argenthea Linn. Sp. Pl. 205. 1753

2. 鸡冠花

Celosia cristata Linn. Sp. Pl. 205. 1753

Celosia argenthea Linn. var. eristata(Linn.)O. Ktze. Rev. Gen. Pl. 1:541. 1891

2.1 ‘高鸡冠’鸡冠花

Celosia cristata Linn. Gao‘Gao Jiguan’*,郭风民等编著. 观花植物:143. 2002

2.2 ‘矮鸡冠’鸡冠花

Celosia cristata Linn.‘Ai Jiguan’*,郭风民等编著. 观花植物:143. 2002

3. 圆绒鸡冠　河南新纪录种

Celosia cristata Linn. * ,姬君兆等编. 花卉栽培学讲义:202. 1985

4. 子母鸡冠　河南新纪录种

Celosia cristata Linn. * ,姬君兆等编. 花卉栽培学讲义:202. 1985

5. 凤尾鸡冠　河南新纪录种

Celosia pyramidalis * ,姬君兆等编. 花卉栽培学讲义:203. 1985

(二) 苋属

Amaranthus Linn. Sp. Pl. 989. 1753;Gen. Pl. ed. 5,n. 941. 427. 1754

Euxolus Raf. Fl. Thell. 3:42. 1836. Moq. in DC. Prodr. 13(2):272. 1849

1. 刺苋

Amaranthus spinosus Linn. Sp. Pl. 991. 1753

2. 苋

Amaranthus tricolor Linn. Sp. Pl. 989. 1753

Amaranthus mangostanus Linn. Cent. Pl. 1:32. 1755

Amaranthus gangeticus Linn. Syst. ed. 10,1268. 1759

2.1 紫叶苋　河南新记录变种

Amaranthus tricolor Linn. var. *

2.2 金叶苋　河南新记录变种

Amaranthus tricolor Linn. var. *

2.3 花叶苋　河南新记录变种

Amaranthus tricolor Linn. var. *

3. 尾穗苋

Amaranthus caudatus Linn. Sp. Pl. 990. 1753

4. 野苋菜　反枝苋

Amaranthus retroflexus Linn. Sp. Pl. 991. 1753

(三) 血苋属

Iresine P. Br. Hist. Jamaica 358. 1756

1. 血苋

Iresine herbstii Hook. f. ex Lindl. in Gard. Chron. 654:1026. 1864

(四) 千日红属

Gomphrena Sp. Pl. 224. 1753

1. 千日红

Gomphrena globosa Linn. Sp. Pl. 224. 1753

(五) 莲子草属

Alternathera Forsk. Fl. Aeg. Aras. 28. 1775

1. 锦绣苋

Alternathera bettzickiana(Regel)Nichols. Gard. Dict. ed. 1, 59. 1884

Telanthera bettzickiana Regel, Ind. Sem. Hort. Petrop. 1862. 28.

Alternathera versicolor(Linn.)Hort. ex Regel, Gartenfl. 18:101. 1869

1.1 黄叶锦绣苋　河南新记录变种

Alternathera bettzickiana(Rwgel)Nichols. var. aurea Hort. *

1.2 花叶锦绣苋　河南新记录变种

Alternathera bettzickiana(Rwgel)Nichols. var. tricolor Hort. *

二十三、紫茉莉科(陈志秀、李小康)

Nyctaginaceae *,中国植物志　第40卷:1. 1996

(一) 叶子花属

Bougainvillea Comm. ex Juss.,Gen. Pl. 91. 1789('Bugivillaea')

1. 叶子花

Bougainvillea spectabilis Willd.,Sp. Pl. 2:348. 1799

2. 光叶子花　河南新记录种

Bougainvillea glabra Choisy in DC. Prodr. 13(13):437. 1849

(二) 紫茉莉属

Mirabilis Linn. Sp. Pl. 177. 1753;Gen. Pl. 82. 1754

1. 紫茉莉

Mirabilis jalapa Linn. Sp. Pl. 177. 1753

二十四、商陆科(陈志秀、李小康)

Phytolacaceae *,中国植物志　第40卷:14. 1996

(一) 商陆属

Phytolacca Linn. Sp. Pl. 441. 1753;Gen. Pl. 200. 1754

1. 商陆

Phytolacca acinosa Roxb.,Hort. Beng. 35. 1814. nom. nud.

Phytolacca esculenta Van Houtte in Fl. Serr. 4:B. 1848

Phytolaccapekinensis Hance in Journ. Bot. 7:66. 1869

2. 垂序商陆　美国商陆

Phytolacca americana Linn. Sp. Pl. 441. 1753

Phytola decamndra Linn. Sp. Pl. ed. 2,631. 1763

二十五、番杏科(陈志秀、李小康)

Aizoaceae *,中国植物志　第40卷:20. 1996

(一) 日中花属

Mesebryanthemum Linn. Sp. Pl. 480. 1753;Gen. Pl. 215. 1754

1. 心叶日中花　露花

Mesebryanthemum cordifolium Linn. f.,Suppl. 260. 1781

Aptenia cordifolia(Linn. f.)N. E. Br. in Journ. Bot. 66:139. 1928

(二) 粟米草属

Mollugo Linn. Sp. Pl. 89. 1753;Gen. Pl. ed. 5,39. 1754

1. 粟米草

Mollugo stricta Linn. Sp. Pl. ed. 2,131. 1762

Mollugo pentaphylla auct. ,non Linn. :陈焕镛主编. 海南植物志　第一卷:382. 1964

(三) 内黄菊属　河南新记录种

Faucaria *

1. 内黄菊　河南新记录种

Faucaria hagfgei *

二十六、马齿苋科(陈志秀、李小康)

Portulacaceae * ,中国植物志　第 40 卷:36. 1996

(一) 马齿苋属

Pprtulata Linn. Sp. Pl. 445. 1753;Gen. Pl. 204. 1754

1. 马齿苋

Pprtulata oleracea Linn. Sp. Pl. 445. 1753

2. 大花马齿苋　河南新记录种

Pprtulata grandiflora Hook. in Curtis's Bot. Mag. 56. pl. 2885. 1829

注:12 栽培品种。

二十七、落葵科(陈志秀、李小康)

Baellaceae * ,中国植物志　第 40 卷:43. 1996

(一) 落葵属

Baella Linn. Sp. Pl. 272. 1753;Gen. Pl. 133. 1754

1. 落葵

Baella alba Linn. Sp. Pl. 272. 1753

Baella rubra Linn. Sp. Pl. 272. 1753

二十八、石竹科(陈志秀、李小康)

Caryophyllaceae * ,中国植物志　第 40 卷:47. 1996

(一) 剪秋罗属

Lychnis Linn. Sp. Pl. 463. 1753;Gen. Pl. 198. 1754

1. 剪秋罗

Lychnis senno Sieb. & Zucc. in Curtis's Bot. Mag. 46:tab. 2104. 1819

2. 毛剪秋罗

Lychnis corpnaria(Linn.)Desr. in Lam. Encycl. 3:643. 1789

Agrostemma coronaria Linn. ,Sp. Pl. 436. 1753

Lychnis coriacea Moench,Méth. Pl. 709. 1794

Coronaria coriacea(Moench)Schischk. in Kom. Fl. USSR 6:699. 1936

3. 洋剪秋罗　河南新记录种

Lychnis viscariaLinn. *

(二) 石竹属

Dianthus Linn. Sp. Pl. 409. 1753;Gen. Pl. 191. 1753

1. 石竹

Dianthus chinensis Linn. Sp. Pl. 411. 1753

Dianthus amurensis Jacq. in Journ. Soc. Imp. Centr. Hort. 7:625. 1861

Dianthus dentosus Fisch. ex Reichb. ,Pl. Crit. 6:32. tab. 546. 1828

2. 香石竹

Dianthus caryophyllus Linn. ,Sp. Pl. 410. 1753

Dianthus arbuscula Lindl. in Bot. Rég. 13. tab. 1085. 1827

Dianthus morrisii Hance in Lond. Journ. Bot. 7:472. 1848

Tunica morrisii(Hance)Walp. in Ann. Bot. Syst. 2:101. 1851～1852

3. 五彩石竹

Dianthus barbatus Linn. P. Pl. 409. 1753

4. 西洋石竹　少女石竹　河南新记录种

Dianthus deltoides Linn. * ,姬君兆等编. 花卉栽培学讲义:195. 1985

5. 瞿麦

Dianthus superbus Linn. , Fl. Suec. ed. 2, 146. 1755

Dianthus szechuensis Williams in Journ. Linn. Soc. Bot. 34:428. 1899. syn. nov.

(三) 蝇子草属

Silene Linn. Sp. Pl. 132. 1753;Gen. Pl. 416. 1753

Melandrium Roehl. , Deutschl. Fl. 2. Aufl. 2:274. 1812. p. p.

1. 麦瓶草　米瓦罐　面条菜

Silene conoidea Linn. Sp. Pl. 418. 1753

(四) 王不留行属　麦蓝菜属

Vaccaria Meccaria Medic. , Phil. Bot. 1 9. 1789

1. 王不留行

Vaccaria segetalis(Neck.)Gacke in Aschers. Fl. Prov. Brandenb. 1:84. 1864

Saponaria vaccaria Linn. Sp. Pl. 409. 1753

Saponaria segetalis Neck. , Delic. Callo-Belg. 1:194. 178

Vaccaria pyramidata Medic. , Phil. Bot. 1:9. 1789

二十九、睡莲科(陈志秀、陈俊通、李小康)

Nymphaeaceae * ,中国植物志　第41卷:2. 1979

(一) 莲属

Nelumbo Adans. Fam. Pl. 2:76. 1763

Nymphaea Linn. Gen. Pl. ed. 5,227. 1754. p. p.

Nelumbium Juss. Gen. Pl. 68. 1879

1. 莲　荷花

Nelumbo nucifera Fruct. et Semin. Pl. 1:73. 1788

Nymphaea nelumbo Linn. Sp. Pl. 511. 1763

Nelumbium speciosum Willd. Sp. Pl. 2:1258. 1799

Nelumbium nuciferum Gaertn. l. c. 73;Kom. Fl. URSS 7:3. 1937

(二) 睡莲属

Nymphaea Linn. Sp. Pl. 510. 1753;Gen. Pl. ed. 5, 227. 1754. p. p.

1. 睡莲

Nymphaea tertragona Georgi, Bemerk. Reiche 1:220. 1775

Nymphaea acutiloba DC. Prodr. 1:116. 1824

Castalia crassifolia Hand. —Mazz. Symb. Sin. 7:333. f. 7. 1931

Nymphaea crassifolia(Hand. —Mazz.)Nakai in Journ. Jpa. Bot. 14:751. in textu. 1938

2. 红睡莲

Nymphaea alba Linn. var. rubra Lönnr. * ,中国植物志　第27卷:12. 1979

3. 黄睡莲

Nymphaea mexicana Zucc. * ,中国植物志　第27卷:12. 1979

4. 香睡莲

Nymphaea odorata Ait. *

5. 白睡莲

Nymphaea alba Linn. Sp. Pl. 510. 1753

(三) 芡属

Euryale Salisb. ex DC. in Règ. Vég. Nat. 2:48. 1821

1. 芡实

Euryale ferox Salisb. ex Knig & Sims. in Ann. Bot. 2:74. 1805

三十、连香树科(赵天榜)

Cercidiphyllaceae [Van Tieghem in Journ. de Bot0. 14 274. 1900. "Cercidihylacées". —] Harms in Nat. Pflanzenfam. Nachtr. 3:111. in textu 1906

Trochodendruceae Prantl. in Nat. Pflanzenfam. III. 2:21. 1888, quoad gen. 1.

(一) 连香树属

Cercidiphyllum Sieb. & Zucc. in Abh. Akad. Münch. 4,3:238. 1846

Cercidiphyllum Sieb. & Zucc. in Abh. Math. —Phys. Cl. Akad. Wiss. Münch. 4,3:238(Fl. Jap. Fam. Nat. 2:114). 1846

1. 连香树

Cercidiphyllum japonicum Sieb. & Zucc. in Abh. Akad. Münch. 4,3:238. 1846

Cercidiphyllum japonicum Sieb. & Zucc. var. sinensis Rehd. & Wils. 1. c. 316. in Journ. Arn. Arb. 4:181. 1923

三十一、芍药科(杨芳绒、杨志恒、郭欢欢、赵天榜)

Paeoniaceae Bartling, Ord. Nat. Pl. 251. 1830

(一) 芍药属

Paeonia Linn. , Gen. Pl. 678. 1737

Paeonia Linn. , Sp. Pl. 530. 1753;Gen. Pl. 235, no. 600. 1754

Ⅰ. 牡丹组

Paeonia Linn. subsect. Paeonia

(Ⅰ) 革质花盘亚组

Paeonia Linn. subsect. Vaginatae F. C. Stern *《中国牡丹品种图志》:2. 1997

1. 牡丹

Paeonia suffruticosa Andr. in Bot. Rep. 6:t. 373. 1804, sensu lato

Paeonia officinalis sensu Thunb. ,Fl. Jap. 230. 1784

Paeonia arborea Donn,Hort. Cantab. ed. 3,102. 1804,nom.

Paeonia moutan Sims in Bot. Mag. 29:t. 1154. 1809,sensu lato.

Paeonia fruticosa Dumont de Copurset,Bot. Cult. ed. 2,4:462. 1811

Paeonia frutescensis W. E. S. ex Link,Enum. Hort. Berol. 2:77. 1822,pro syn.

Paeonia decomoosita Hand. -Mazz. in Acta Hort. Gothob. 13:39. 1939 ?

Paeonia suffruticosa Andr. var. spontanea Rehder in Journ. Arnold. Arb. 1:193. 1920

Paeonia suffruticosa Andr. f. rosea(G. Anders.)Rehd. in Bibliography of Cult. Trees and Shrubs. 155. 1949

Paeonia suffruticosa Andr. f. anneslei(Sabine)Rehd. in Journ. Arnold Arb. 1: 194. 1920

Paeonia suffruticosa Andr. , Bot. Repos. 6:t. 373. 1804, sensu stricto

Paeonia moutan Sims γ. rosea G. Anders. in Trans. Linn. Soc. Lond. 12:255. 1818

Paeonia moutan rosea semiplena Sabine in Trans. Hort. Soc. Lond. 6:476. 1826

Paeonia moutan rosea plenaa Sabine in Trans. Hort. Soc. Lond. 6:477. 1826

Paeonia papaveracea G. Anders. var. rosea Noisette in Ann. Fl. Pomone,1834-35:63. t. 1834

Paeonia suffruticosa Andr. var. rosea(Lodd.)Baily in Rhodora,18:156. 1916

Paeonia suffruticosa Andr. f. rosea(G. Anders.)Rehd. in Bibliography of Cult. Trees and Shrubs. 155. 1949

Paeonia suffruticosa Andr. var. flore purpureo Andrews, Bot. Repos. 7: t. 448. 1806

Paeonia suffruticosa Andr. f. banksii(G. Anders.)Rehd. in Bibliography of Cult. Trees and Shrubs. 155. 1949

Paeonia moutan Sims ß. banksii G. Anderson in Trans. Linn. Soc. Lond. 12:255. 1818

Paeonia moutan Sims in Bot. Mag. 29:t. 1154. 1809. sensu stricto.

Paeonia suffruticosa Andr. var. banksii(Hort.)Bailer in Rhodora, 18:156. 1916

Paeonia suffruticosa Andr. f. anneslei(Sabine)Rehd. in Journ. Arnold Arb. 1: 194. 1920

Paeonia moutan anneslei Sabine in Trans. Hort. Soc. Lond. 6:82. t. 7. 1826

2. 矮牡丹

Paeonia spontanea(Rehd.)T. Hong et W. Z. Zhao in Bull. of Bot. Res. 14(3): 238. 1994

Paeonia suffruticosa Andr. var. spontanea Rehd. in Journ. Arn. Arb. 1:193. 1920

3. 卵叶牡丹

Paeonia qiui Y. L. Pei et Hong in Acta Phytotax. Sin. 33(1):91. 1995

4. 紫斑牡丹

Paeonia papaveracea Andr., Bot. Rep. 7:t. 463. 1807

Paeonia rockii(S. G. Saw et L. A. Laeuner)T. Hong et J. J. Lin in Bull. of Bot. Res. 12(3):227. 1992

? Paeonia sufiruticosa Andr. var. papaveracea J. S. Kerner, Hort. Semperv. t. 473. 1816, ex Index Londin.

Paeonia moutan Sims a. papaveracea G. Anderson in Trans. Linn. Soc. Lond. 12: 254. 1818

Paeonia arborea Donn(f.)b. papaveracea Voss, Vilmor. Blumengärt. 1:41. 1874

Paeonia suffruticosa Andr. var. papaveracea(G. Anders)L. H. Bailey in Rhodora, 18:156. 1916

Paeonia suffruticosa Andr. f. papaveracea(G. Anders)Rehd. in Bibliography of Cult. Trees and Shrubs. 155. 1949

4.1 裂叶紫斑牡丹 太白山紫斑牡丹 亚种

Paeonia rockii(S. G. Saw et L. A. Laeuner)T. Hong et J. J. Lin subsp. taibaishanica D. Y. Hong in Acta. Phytotax. Sin. 36(3):538～543. 1998

紫斑牡丹栽培品种

郑州植物园紫斑牡丹各栽培品种如下:①'书生捧墨''Shu Sheng Peng Mo';②'和平莲''He Ping Lian';③'宝莲灯''Bao Lian Deng';④'桃花春''Tao Hua Chun';⑤'丽人妆''Li Ren Zhuang';⑥'黄冠''Huang Guan ';⑦'菊花黄''Ju Hua Huang';⑧'胭脂红''Yan Zhi Hong';⑨'菊花红''Ju Hua Hong';⑩'玫魂红''Mei Gui

Hong';⑪'黑元帅' 'Hei Yuan Shuai';⑫'黑天鹅' 'Hei Tian E';⑬'宝石蓝' Bao Shi Lan';⑭'蓝绣球' 'Lan Xiu Qiu';⑮'粉妆楼' 'Fen Zhuang Lou'。

5. 杨山牡丹

Paeonia ostii T. Hong et J. X. Zhong in Bull. of Bot. Res. 12(3):223. 1992

6. 四川牡丹

Paeonia szechuanica Fang ,植物分类学报,7(4):303. pl. 61.1. 1958

(II) 肉质花盘亚组

Paeonia Linn. subsect. Delavayanae F.C. Stern *《中国牡丹品种图志》:6. 1997

7. 狭叶牡丹　保氏牡丹

Paeonia potaninii Kom. in Not. Syst. Herb. Bot. Petrop. ,II. 7. 1921

Paeonia delavayi Franch var. angustiloba Rehd. & Wils. in Sarg. Pl. Wils. 1:318. 1913

7.1 金莲牡丹　变种

Paeonia potaninii Kom. var. trollioides(Stapf ex F. C. Stern)F. C. Stern *

7.2 白莲牡丹　变型

Paeonia potaninii Kom. f. alba(Bean)F. C. Stern *

8. 黄牡丹

Paeonia lutea Delavay ex Franchet in Bull. Soc. Bot. , Française 33:382. 1866

Paeonia lutea Franchet in Bull. Soc. Bot. Française,33:382. 1886

Paeonia delavayi Franchet var. lutea(Delavay ex Faranch.)Finet & Gagnepain in Bull. Soc. Française,51:524. 1904

Paeonia delavayi Franchet var. angustiloba Rehd. & Wils. in Sargent,Pl. Wilson. 1:318. 1913

Paeonia trollioides Stapf ex Stern in Bull. Soc. 56:77. 1931

Paeonia lutea Franchet f. superba(Lemoine)Rehd. in Bibliography of Cult. Trees and Shrubs. 156. 1949

Paeonia lutea superba Lemoine,Cat. no. 160:VIII. 1905

8.1 大花黄牡丹

Paeonia lutea Delavay et Franch var. ludlowii Stern et Taylor in Bot. Mag. n. s. t. 209. 1953

9. 紫牡丹　野牡丹

Paeonia delavayi Franch in Bull. Soc. Bot. Française,33:382. 1886

10. 延安牡丹

Paeonia yananensis * ,郁书君等著. 芍药与牡丹:6. 2006

11. 林氏牡丹　河南新纪录种

Paeonia rockii *

12. 稷山牡丹　河南新纪录种

Paeonia jishanensis * ,郁书君等著. 芍药与牡丹:6. 2006

牡丹栽培群　牡丹品种群(杨芳绒、杨志恒、郭欢欢)

郑州植物园牡丹227栽培品种按花色分九系:

(1) 白色系:①香玉;②清香白;③景玉;④白鹤卧雪;⑤昆山夜光;⑥白玉;⑦玉板白;⑧鹤白;⑨水晶白;⑩白雪塔;⑪冰壶献玉;⑫残雪;⑬佳丽;⑭青翠玉滴;⑮水晶球;⑯玉楼点翠;⑰三变赛玉;⑱雪映朝霞;⑲月宫烛光;⑳白鹅;㉑金星雪狼;㉒池塘晓月;㉓粉玉兰;㉔石园白;㉕何园白;㉖金击玺;㉗青山贯雪;㉘襄阳白;㉙雪莲;㉚青山卧雪;㉛凤丹。

(2) 粉色系:①淑女装;②雪映桃花;③第一娇;④粉荷面;⑤纷云托日;⑥宫样装;⑦古斑同春;⑧观音面;⑨酒醉杨妃;⑩露珠粉;⑪鲁粉;⑫粉中冠;⑬肉芙蓉;⑭少女群;⑮桃花飞雪;⑯娃娃面;⑰玉美人;⑱玉面桃花;⑲争春;⑳醉西施;㉑粉中冠;㉒软玉温香;㉓天香湛露;㉔银粉金鳞;㉕赵粉;㉖赛斗珠;㉗锦帐芙蓉;㉘玉娥娇;㉙樱花粉。

(3) 红色系:①傲阳;②彩霞;③赤龙焕彩;④红春娇艳;⑤唇红;⑥丛中笑;⑦大红点金;⑧大红奇峰;⑨大胡红;⑩丹炉焰;⑪飞燕红妆;⑫枫叶红;⑬古园红;⑭贵妃插翠;⑮海棠争润;⑯红宝石;⑰鹤顶红;⑱红蝴蝶;⑲红花露霜;⑳红梅傲霜;㉑红珠女;㉒红图;㉓妍丽;㉔麻叶红;㉕满江红;㉖明星;㉗霓红焕彩;㉘山花浪漫;㉙珊瑚台;㉚十八号;㉛似首案;㉜桃红飞翠;㉝桃红献媚;㉞玉红;㉟西瓜瓤;㊱西江锦;㊲小胡红;㊳秀丽红;㊴一品朱衣;㊵宜阳红;㊶银红焕彩;㊷银红巧对;㊸银红映玉;㊹迎日红;㊺映金红;㊻虞姬艳妆;㊼朱红绝伦;㊽百花炉;㊾藏枝红;㊿曹州红;51朝阳红;52红麒麟;53璎珞宝珠;54状元红;55皱叶红;56映红;57脂红;58朱砂垒;59朝衣;60向阳红;61玫瑰红;62火炼金丹;63劳动红;64娇红;65红辉;66飞燕红妆;67朱砂红;68藏娇;69种生红;70洛阳红;71红霞迎日;72红楼点翠;73万花盛;74绣桃红;75首案红;76盛丹炉;77海黄;78金晃;79富贵红;80寿星红;81彤云;82鹦鹉戏梅;83奇花露霜;84绣桃红;85锦上添花;86红玉楼;87一品红;88晨红;89似锦袍;90洛阳红;91种生红;92红莲满塘;93太阳;94洛神。

(4) 紫色系:①百园红霞;②大棕紫;③红霞争辉;④棒盛紫;⑤乌龙棒盛;⑥紫光阁;⑦紫霞金光;⑧紫云阁;⑨百园紫;⑩稀叶紫;⑪紫凤朝阳;⑫紫魁;⑬紫绣球;⑭紫瑶台;⑮紫玉仙;⑯胜葛巾;⑰紫二乔;⑱小魏紫;⑲茄花紫;⑳假葛巾紫;㉑茄兰丹砂;㉒紫绒剪彩;㉓紫红争艳;㉔锦绣球;㉕桐花紫;㉖假葛紫巾;㉗魏紫;㉘首案红;㉙万世生色;㉚王红;㉛玫瑰飘香;㉜翠叶紫;㉝乌金耀辉;㉞红霞迎日;㉟紫蝶群。

(5) 蓝色系:①蓝芙蓉(千层台阁型);②蓝田玉(皇冠型)。

(6) 绿色系:①豆绿;②绿幂隐玉。

(7) 黄色系:①姚黄;②金晃;③御衣黄;④金柱飘香;⑤黄翠羽;⑥鵁鶄黄;⑦黄花魁;⑧玉玺映月;⑨黄黄翠;⑩金玉交章;⑪三变赛玉;⑫海黄。

(8) 黑色系:①黑海;②墨玉绝伦;③冠世墨玉;④乌金耀辉;⑤墨撒金;⑥珠光墨海;⑦大叶黑;⑧包公面;⑨皇嘉门;⑩墨宝。

(9) 复色系:①蝶恋春;②二乔;③花蝴蝶;④大叶蝴蝶;⑤小叶花蝴蝶。

日本牡丹栽培品种:①花王;②芳妃;③太阳;④金阁;⑤岛锦;⑥明锦。

Ⅱ. **芍药组**　芍药系

Paeonia Linn. subsect. Paeonia * 中国牡丹品种图志:15～16. 1997

1. 芍药　(范永明、赵天榜)

Paeonia lactiflora Pall. Reise 3:286. 1776

Paeonia albiflora Pall. Fl. Rosa. 1:92. t. 84. 1788

2. 草芍药

Paeonia obovata Maxim. in Mém. Acad. Sci. St. Pétersb. 9:29. 1859

Paeonia oreogeton S. Moore in Journ. Linn. Soc. Bot. 17:376. 1879

3. 川赤芍

Paeonia veitchii Lynch in Gard. Chon. Ser. 3, 46:2. t. 1. 1909

Paeonia beresowskii Kom. in Not. Syst. Herb. Hart. Petrop. 2:5. 1921

3.1 毛赤芍

Paeonia veitchii Lynch var. woodwardii(Stapf ex Cox)Stern in Journ. Roy. Soc. 68. 1943. et Stud. Gen. Aeonia 117. 1946

Paeonia. woodwardii Stapf ex Cox, Pl. Introd. Farrer 43. 1930

3.2 光果赤芍

Paeonia veitchii Lynch var. leiocarpa W. T. Wang et S. H. Wang in Addenda

3.3 单花赤芍

Paeonia veitchii Lynch var. uniflora K. Y. Pan in Addenda

4. 美丽芍药

Paeonia mairei Lévl. in Bull. Acad. Int. Geogr. Bot. 25:42. 1915

Paeonia bifurcata Schipcz. in Not. Syst. Herb Jhort. Pwetrop. 1:3. 1920

Paeonia oxypetala Hand-Mazz. inAnzz. Akad. Wiss. Wien. 57:265. 1920

5. 毛叶芍药

Paeonia willimottiae Stapf in Curtis's Bot. Mag. 142. t. 8667 1916

Paeonia obovata Maxim. var. willmottiae(Stapf.)Stern in Journ. Roy. Hort. Soc. 88,128. 1943

6. 多花芍药

Paeonia emodi Wall. ex Royle, III. Bot. Himal. 57. 1834

7. 白花芍药

Paeonia sternina Faletcher in Journ. Roy. Hort. Soc. 84:326. t. 103. 1959

8. 新疆芍药

Paeonia sinjiangensis K. Y. Pan in Adfdenda*,中国植物志　第27卷:57. 1979

9. 窄叶芍药

Paeonia anomala Linn. Mant. 2:247. 1771

9.1 块根芍药

Paeonia anomala Linn. var. intermedia(C. A. Mey.)O. et B. Fedtsch. in Beih. Bot. Centralbl. 18, 2:216. 1905

芍药栽培群(杨志恒、郭欢欢、范永明)

芍药73栽培品种依花色分类系统如下:

(1) 白色系:①琉璃贯珠;②青香白玉翠;③清香球;④赛雪塔。

(2) 粉色系:①青龙盘翠;②玉面桃花;③似桃花;④小桃红;⑤西施粉;⑥粉紫向阳;⑦赛贵妃;⑧华夏多娇;⑨旭日生空;⑩玉蝴蝶。

(3) 红色系:①出梗夺翠;②万花争春;③丹顶鹤;④大红宝珠;⑤晨辉;⑥百花娇艳;⑦桃花娇艳;⑧百园群英;⑨大展宏图;⑩锦江;⑪似品中;⑫层中笑;⑬红霞楼;⑭百花丛笑;⑮天香锦;⑯金针绣红袍;⑰珊瑚映日;⑱胭红金波;⑲木棉袈裟;⑳桃花遇霜;㉑红装楼;㉒胭脂红;㉓似银红点金;㉔大红剪绒;㉕似芙蓉;㉖十八子;㉗红霞飞;㉘珊瑚树;㉙春红;㉚万老鼎盛;㉛似杨妃;㉜百花魁;㉝红玉;㉞红霞。

(4) 黑色系:①烟笼紫;②种生黑;③墨玉生辉;④墨紫存金;⑤墨池金辉;⑥宝(美国);⑦冠群芳。

(5) 黄色系:①黄金轮;②银月;③金星。

(6) 绿色系:①绿香球;②绿幕隐玉;③荷花绿。

(7) 紫色系:①大魏紫;②撒金紫玉;③天香紫;④百园奇观;⑤五星红;⑥葵花红;⑦紫绒魁。

(8) 蓝色系:①如花似玉;②西施兰;③玉盘翠;④九天揽月;⑤百花翠。

三十二、毛茛科(赵天榜、陈志秀、李小康)

Ranunculaceae Juss. ,Gen. Pl. 231. 1789

Ranunculeae Necker in Act. Acad. Elect. Sci. Theod. —Palat. 2:482. 1770,nom. Subnud.

Paeoniaceae Bartling,Ord. Nat. Pl. 251. 1830

(一) 乌头属

Aconitum Linn. Gen. Pl. ed. 5, 236. 1754

1. 乌头

Aconitum carmichaeli Debx. in Acta Soc. Linn. Bord. 33, 87. 1878

Aconitum bodinieri Lévl. et Vant. in Bull. Acad. Géogr. Bot. 11:45. 1902

Aconitum wilsonii Stapf ex Veitch in Journ. Roy. Hort. Soc. 28,58. 1903,nom. nud.

Aconitum lushanense Migo in Journ. Shanghai Sci. Inst. 14(2):13. 1934

(二) 黑种草属

Nigella Linn. Sp. Pl. 543. 1753;Gen. Pl. ed. 5, 238. 1754

1. 黑种草

Nigella damascena Linn. Sp. Pl. 753. 1753

(三) 飞燕草属

Consolida(DC.)S. F. Gray in Nat. Arr. Brit. Pl. 2:711. 1821

1. 飞燕草

Consolida ajacia(Linn.)Schur in Verh. Sieb. Nat. Ver. 4:47. 1853

Delphinium ajacis Linn. Sp. Pl. 531. 753

(四) 铁线莲属

Clematia Linn. ,Sp. Pl. 543. 1753;Gen. Pl. ed. 5,242. no. 616. 1754

1. 铁线莲

Clematia florida Thinb. ,Fl. Jap. 240. 1784

Anmone japonica Houttuyn,Natuurl. Hist. II. 9:191. t. 55. f. 1. 1778

Atragene indica Desfontaines Tabl. École Bot. Mus. Paris,123. 1804

Atragene florida Persoon,Syn. Pl. 2:93. 1807

Viticella florida Berchtold Presl,Přiroz. Rostl. 1(sign. 18). 10. 1823

Clematis anemonoides Houttunyn ex Lravallée,Clém. Grand. Fleurs,16. 1884,pro syn.

Clematis japinica Houtt. ex Mkino in Mag. Tokyo,26:81. 1912,non Thunb. 1784

Clematis florida Thinb. a. normalis Kuntze in Verh. Bot. Ver. Prov. Brandenb. 26(Abh.):149.(Monog. Clemat.)1885

1.1 重瓣铁线莲　河南新记录变型

Clematia florida Thinb. f. plena(D. Don)Rehd. in Bibliography of Cult. Trees and Shrubs. 161. 1949

Clematia florida Thinb. var. plena D. Don in Sweet Brit. Fl. Gard. sér. 2,4. t. 396. 1937

1.2 大花铁线莲

Clematia montana Buch. —Ham. ex DC. f. grandiflora(Hook.)Rehd. in Bibliography of Cult. Trees and Shrubs. 161. 1949

2. 蕊瓣铁线莲　河南新记录种

Clematia *

3. 大花威灵仙

Clematia courtoisii Hand. —Mazz. in Act. Hort. Gothob. 13:200. 1939

Clematia floridia auct. non Thunb. Courtois in Bull. Soc. Bot. Fr. 72:431. 1925

4. 钝萼铁线莲

Clematia peterae Hand. —Mazz. in Act. Hort. Gothob. 13:213. 1939

Clematia vitalba Linn. var. microcarpa Franch. Pl. Delav. 4. 1889

5. 圆锥铁线莲

Clematia terniflora DC. Syst. 1:137. 1818

Clematia paniculata Thunb. in Trans. Linn. Soc. 2:337. 1794. non Gmel. 1791

Clematia flammula robusta Carr. in Rev. Hort. 48:456. f. 59. 1874

Clematia maxmowicziana Franch. et Sab. Enum. Pl. Jap. 2:261. 1879

Clematia recia Linn. var. mandshurica auct. non(Rupr.)Maxim. 2: Forbes et Hemsl. in Journ. Linn. Soc. Bot. 23:7. 1886. p. p.

(五) 毛茛属

Ranunculus Linn. Syst. ed. 1. 1735;Sp. Pl. 548. 1753

1. 毛茛

Ranuncula japonicua Thunb. in Trans. Linn. Soc. 2:337. 1794

(六) 白头翁属

Pulsatilla Adans. Fam. 2:460. 1763

1. 白头翁

Pulsatilla chinensis(Bunge)Regel,Tent. Fl. Ussur. 5. t. 2. f. B. 1861

Anemone chinensis Bunge in Mém. Ac. Sc. Pétersb. 2:76. 1832

三十三、木通科(赵天榜、王华)

Lardizabalaceae Lindl. ,Vég. Kingd. ed. 2,303. 1847

Lardizabaleae Decaisne in Arch. Mus. Hist. Nat. Paris,1:185. 1839

(一) 木通属

Akebia Decaisne in Arch. Mus. Hist. Nat. Paris,1:195. 1839

Akebia Decne. in Compt. Rend. Acad. Sci. Paris 5:394. 1837.

1. 木通

Akebia quinata[Houttuyn] Decaisne in Arch. Mus. Hist. Nat. Paris,1:195. t. 13A. 1839

Rajania quinata Houttuyn,Nat. Hist. Dier. Pl. Min. 2:366. pl. 35. f. 1. 1779

2. 三叶木通

Akebia trifoliata(Thunb.)Koidz. in Bot. Mag. Tokyo,39:310. 1925

Clematis trifoliata Thunb. in Trans. Linn. Soc. Lond. 2:337. 1794

Akebia lobata Decaisne. in Arch. Mus. Hist. Nat. Paris,1:196. t. 13B. 1839

Akebia quercifolia Sieb. & Zucc. ,Fl. Jap. 1:146. 1841

三十四、小檗科(赵天榜、陈志秀、李小康)

Berberidaceae Torrey & Gray,Fl. N. Am. 1:49. 1839

Berberides Juss. ,Gen. Pl. 286. 1789

Brberideae Ventenat. ,Tabl. Règ. Vég. 3:83. 1799

Podophylleae De Candolle,Règ. Vég. Syst. Nat. 2:31. 1821

Podophyllaceae De Candolle,Prodr. 1:111. 1824

Dipphylleiaceae C. H. Schultz [—Schultzenstein],Nat. Syst. Pflanz. 328. 1832

Nandinaceae Horaninov,Prim. Linn. Syst. Nat. 90. 1834

Berberaceae Lindley,Intr. Nat. Syst. Bot. ed. 2. enl. 29. 1836

Nandineae Agardh,Theor. Syst. Pl. 71. t. 5. f. 4. 1858

Berberidineae Drude in A. Schenk,Handb. Bot. 3,2:403. 1887

(一) 小檗属

Berberis Linn. ,Sp. Pl. 330. 1753. p. p. typ. ;Gen. Pl. ed. 5,153. 1754

1. 日本小檗

Berberis thunbergii DC. ,Règ. Vég. Syst. 2:9. 1821

Berberis thunbergiana Schultes,Syst. Vég. 7,1:6. 1829

Berberis japonica Hort. ex Rehd. ,Man. Cult. Trees and Shrubs. 245. 1927. pro syn. ;non R. Browne 1816

1.1 紫叶小檗　河南新记录变型

Berberis thunbergii DC. f. atropurpure(Chenault)Rehd. in Bibliography of Cult. Trees and Shrubs. 173. 1949

Berberis thunbergii DC. f. atropurpure Chenault in Rev. Hort. n. sér. 20:307. 1926

1.2 '金叶'小檗　河南新记录栽培品种

Berberis thunbergii DC. 'Aurea' *

2. 陕西小檗

Berberis shensiana Ahrendt in Gard. Chron. sér. 3,112:155. 1942

3. 巴东小檗

Berberis henryana Schneid in Bull. Herb. Boissier,sér. 2,5:664. 1905

Berberis vulgaris Linn. var. henryana Voss in Putlitz Meyer,Landlex. 5:709. 1913

(二) 十大功劳属

Mahonia Nuttall,Gen. N. Amer. Pl. 1:211. 1818

Odostemon Rafinesque in Amer. Monthly Mag. 2:265. 1817

1. 阔叶十大功劳

Mahonia bealii(Fort.)Carr. in Fl. des Serr. ,10:166. 1854

Brberis bealii Fortune in Gard. Chron. 1850:212. 1850

Mahonia japinica(Fort.)DC. var. bealei Fedde in Bot. Jahrb. 31:119. 1901

2. 十大功劳

Mahonia fortunei(Lindl.)Fedde in Bot. Jahrb. 31:130. 1901. p. p. typ

Brberis fortunei Lindl. in Journ. Roy. Hort. Soc. 1:231. 300. f. 1846

Brberis trifurca Fortune ex Lindl. in Paxton's Flow. Gard. 3:57. f. 258. 1852

Mahonia trifurca Hort. ex Loudon, Encycl. Pl. Suppl. 2:1346. 1855. pro syn.

三十五、防己科(陈志秀、李小康)

Menispermaceae DC. , Prodr. 1:95. 1824. exclud. trib. I. et III.

Menispermeae Jaume St. Hilaire, Expos. Fam. Nat. 2:82. 1805. exclud. gen. Nonnull.

(一) 千金藤属

Stephania Lour. Fl. Cochinch. 608. 1790

Clypea Bl. Bijdr. 26. 1825

1. 金钱吊乌龟

Stephania cepharantha Hayata,1. c. Pl. Formos. 3:12. f. 8. 1913

Stephania tetrandra S. Moore var. glabra Maxim. in Mém. Biol. 11:647. 1883

Stephania disciflora Hand. —Mazz. Sin. 7:261. 1931

2. 千金藤

Stephania japonica(Thunb.)Miers in Ann. Nat. Hist. sér. 3,18:14. 1866

Menispermum japonicum Thunb. Fl. Jap. 195. 1784

三十六、南天竹科(赵天榜、陈俊通、王华)

Nandinaceae Horaninov, Prim. Linn. Syst. Nat. 90. 1834

(一) 南天竹属

Nandina Thunb. in Nov. Gen. Pl. 1:14. 1781

Nandina Thunb. , Fl. Jap. 9. 1784

1. 南天竹

Nandina domestica Thunb. , Fl. Jap. 9. 1784

? Nandina denudata Lavallée, Arb. Segrez. 16. 1877. nom.

Nandina monstrosa var. [iegata] C. de Vos, Handb. Boom. Heest. ed. 2, 124. 1887. nom. subnud.

1.1 线叶南天竹　河南新记录变种

Nandina domestica Thunb. var. linearifolia C. Y. Wu *

1.2 紫叶南天竹　河南新记录变种

Nandina domestica Thunb. f. purpurea B. in Fl. & Sylv. 3:317. 1905"(f.)"

Nandina domestica Thunb. var. purpurea Lavallée,Arb. Segrez. 16. 1877. nom.

Nandina domestica Thunb. var. heterophylla Lavallée, Arb. Segrez. 16. 1877. pro syn.

现栽培地:河南、郑州市、郑州植物园。

1.3 紫果南天竹　河南新记录变种

Nandina domestica Thunb. var. porphyocarpa Makino *

1.4 长叶南天竹　河南新记录变型

Nandina domestica Thunb. f. longifolia(Dipp.)Rehd. in Bibliography of Cultivated Trees and Shrubs:167. 1949

Nandina domestica Thunb. a. longifolia Dippel, Handb. Laubh. 3:104. 1893

1.5 '绿果'南天竹　新栽培品种

Nandina domestica Thunb. 'Luguo',cv. nov.

本新品种果实绿色,具光泽。

产地:河南。选育者:陈俊通、王华和赵天榜。

1.6 '黄果'南天竹　新栽培品种

Nandina domestica Thunb. 'Huangguo',cv. nov.

本新品种果实黄色，具光泽。

产地：河南。选育者：陈俊通、王华和赵天榜。

1.7 ‘褐果’南天竹　新栽培品种

Nandina domestica Thunb. ‘Heguo’, cv. nov.

本新品种果实褐色，具光泽。

产地：河南。选育者：陈俊通、王志毅和赵天榜。

1.8 ‘小叶’南天竹　新栽培品种

Nandina domestica Thunb. ‘Xiaoye’, cv. nov.

本新品种叶小，比原品种叶小 1/2。

产地：河南。选育者：陈俊通、王华和赵天榜。

1.9 ‘红叶’南天竹　新栽培品种

Nandina domestica Thunb. ‘Hongye’, cv. nov.

本新品种叶红色及红褐色。

产地：河南。选育者：陈俊通、王华和赵天榜。

1.10 ‘杂色叶’南天竹　新栽培品种

Nandina domestica Thunb. ‘Zaseye’, cv. nov.

本新品种叶红色、红褐、绿色等，具光泽。

产地：河南。选育者：陈俊通、王华和赵天榜。

三十七、木兰科（赵天榜、李小康、宋良红、陈志秀、陈俊通、王华）

Magnoliaceae Jaume St. Hilaire, Expos. Fam. Nat. 2:74. 1805

Magnoliae Juss., Gen. Pl. 28. 1789

Tulipiferae Ventenat, Tab. Réègne Vég. 3:68. 1799. p. p.

（一）鹅掌楸属

Liriodendron Linn., Sp. Pl. 535. 1753; Gen. Pl. ed. 5, 139. no. 609. 1754. “Liriodenrum” Tulipifera Miller, Gard. Dict., abridg. ed. 4, 3. 1754

1. 鹅掌楸

Liriodendron chinense (Hemsl.) Sarg., Trees and Shrubs. 1:103. t. 52. 1903

Liriodendron tulipifera Linn. var. sinensis Diels in Bot. Jahrb. 29:322. 1900

2. 北美鹅掌楸

Liriodendron tulipifera Linn., Sp. Pl. 535. 1753

Tulipifera liriodendron Miller, Gard. Dict. ed. 8. 1768

Liriodendron procerum Salisbury, Gard. Dict. ed. 8. 1768

Liriodendrun truncatifolium Stokes, Bot. Mat. Med. 3:233. 1812

Liriodendron tulipiflora St. Lager ex B. D. Jackson, Index Kew. 2:96. 1895. sphalm.

3. 杂种马褂木

Liriodendron chinense (Hemsl.) Sarg. × Liriodendron tulipifera Linn. *，王章荣，

等编著. 鹅掌楸属树木杂交育种与利用. 2010.

(二) 木兰属

Magnolia Linn. , Sp. Pl. 535. 1753;Gen. Pl. 140. no. 610. 1754

Kobus Kaemopfer ex Nieuwlaned in Am. Midland Nat. 3:297. 1914. nom. Prae—Linn.

1. 荷花木兰

Magnolia grandiflora Linn. , Syst. Nat. ed. 10, 2:1082. 1759

Magnolia obovata(Ait.)Link, Handb. Erkenn. Gewachs. 2:375. 1831. pro syn. vel. var.

Magnolia foetida(Linn.)Sargent in Gard. & For. 2:615. 1889

1.1 披针叶荷花木兰　河南新记录变型

Magnolia grandiflora Linn. f. lanceolata(Ait.)A. Rehd. in Bibliography of Cultivated Trees and Shrubs:180. 1949.

Magnolia grandiflora Linn. γ. lanceolata Aiton, Hort. Kew. 2:251. 1789

Magnolia lanceolata Link, Handb. Erkenn. Gewachs. 2:375. 1831. "var. ?"; pro symn.

Magnolia grandiflora Linn. var. exoniensis Hort. ex Loudon, Arb. Brit. 1:261. 1838

1.2 黄花荷花木兰　新栽培品种

Magnolia grandiflora Linn. 'Huanghua', cv. nov.

本新栽培品种花黄色。

产地:河南。选育者:李小康、王华。

1.3 光叶荷花木兰　新栽培品种

Magnolia grandiflora Linn. 'Guangye', cv. nov.

本新栽培品种枝、叶无毛。

产地:河南。选育者:赵天榜、陈志秀和范永明。

1.4 '艾迪斯'荷花木兰　河南新记录栽培品种

Magnolia grandiflora Linn. 'Edith Boque' *

1.5 '布兰卡德'荷花木兰　河南新记录栽培品种

Magnolia grandiflora Linn. 'D. D. Blanchard' *

1.6 '加里森'荷花木兰　河南新记录栽培品种

Magnolia grandiflora Linn. 'Gallisonensis' *

1.7 '棕色美人'荷花木兰　河南新记录栽培品种

Magnolia grandiflora Linn. 'Bracken BrownBeauty' *

注:1.2~1.7(郭欢欢)。

2. 大叶木兰

Magnolia henryi Dunn in Journ. Linn. Soc. Bot. 35:484. 1903

Talauma kerrii Crib in Kew Bull. Inf. 226. 1922

Manglietia wangii Hu et Chun Bull. Mém. Inst. Biol. 8(1):33. 1927

(三) 玉兰属

Yulania Spach,Hist. Nat. Vég. Phan. 7:462. 1839

Lassonia Buchoz, Pl. Nouv. Decour. 21. t. 19. f. 1. 1779. descr. Manca falsaque

1. 玉兰

Yulania denudata(Desr.)D. L. Fu，傅大立. 玉兰属的研究. 武汉植物学研究，19(3):198. 2002

Magnolia denudata Desr. in Lamarck,Encycl. Bot. 3:675. 1791. exclud. syn.

Magnolia denudata Desr. in Lamarck,Encycl. Méth. Bot. 3:675. 1791. exclud. syn. "Mokkwuren"Kaempfer.

Lassonia heptapeta Buc'hoz,Pl. Nouv. Découv. 21,t. 19. f. 1. 1779. descr. Manca falsaque

Magnolia obovata Thunb. in Trans. Linn. Soc. Lond. 2:336. 1794. quoad syn. "Kaempfer Icon t. 43."

Magnolia precia Correa de Serra ex Ventenat,Jard. Malmais. sub. t. 24,nota 2. 1803. nom.

Magnolia conspicua Salisbury,Parad. Londin. 1:t. 38. 1806

Magnolia yulan Desfontaines,Hist. Arb. 2:6. 1809

Magnolia hirsuta Thunb., Pl. Jap. Nov. Spec. 8. 1824. nom.

Magnolia heptapeta(Buc'hoz)Dandy in Journ. Bot. 72:103. 1934

Gwillimia Yulan C. de Vos, Handb. Boom. Heest. ed. 2, 116. 1887

Yulania conspicua Spach, Nat. Vég. Phan. 7:464. 1839

1.1 菱形果玉兰　河南新记录亚种

Yulania denudata(Desr.)D. L. Fu subsp. rhombea T. B. Zhao,X. K. Li et J. T. Chen，赵天榜等主编. 河南玉兰栽培:168. 1015

1.2 两型花玉兰亚种　河南新记录亚种

Yulania denudata(Desr.)D. L. Fu subsp. Dimorphiflora T. B. Zhao, X. K. Li et J. T. Chen,赵天榜等主编. 河南玉兰栽培:170. 1015

1.3 毛玉兰亚种　河南新记录亚种

Yulania denudata(Desr.)D. L. Fu subsp. pubescens(D. L. Fu, T. B. Zhao et G. H. Tian)D. L. Fu, T. B. Zhao et G. H. Tian,田国行等. 植物研究，26(1):36. 2006

1.4 黄花玉兰　河南新记录变种

Yulania denudata(Desr.)D. L. Fu var. flava(D. L. Fu, T. B. Zhao et Z. X. Chen)D. L. Fu,T. B. Zhao et Z. X. Chen，田国行等. 植物研究，26(1):35. 2006

1.5 白花玉兰　河南新记录变种

Yulania denudata(Desr.)D. L. Fu var. alba T. B. Zhao et Z. X. Chen，赵天榜等主编. 世界玉兰属植物资源与栽培利用:202. 2013

1.6 塔形玉兰　河南新记录变种

Yulania denudata(Desr.)D. L. Fu var. pyrandalis(T. B. Zhao et Z. X. Chen)T. B. Zhao,Z. X. Chen et D. L. Fu,田国行等. 植物研究，26(1):35. 2006

1.7 淡紫玉兰　河南新记录变种

Yulania denudata(Desr.)D. L. Fu var. purpurascens(Maxim.)D. L. Fu et T. B. Zhao，田国行等. 植物研究，26(1):35. 2006

Magnolia denudata Desr. var. purpurascens(Maxim.)Rehd. Wilson in Sargent, Pl. Wilson. 1:401. 1913. exclud. pl. chin.

Magnolia conspicua Salisb. var. purpurascens Maxim. in Bull. Acad. Sci. St. Pétersb. 17:419(in Mél. Biol. 8:509). 1872

Magnolia denudata Desr. var. dilutipurpurascens Z. W. Xie et Z. Z. Zhao，赵中振等，药学学报，22(10):778～779. 1997

1.8 多被玉兰　河南新记录变种

Yulania denudata(Desr.)D. L. Fu var. multitepala T. B. Zhao et Z. X. Chen，赵天榜等主编. 世界玉兰属植物资源与栽培利用:201. 2013

1.9 豫白玉兰　河南新记录变种

Yulania denudata(Desr.)D. L. Fu var. yubaiyulan T. B. Zhao et Z. X. Chen，赵天榜等主编. 世界玉兰属植物资源与栽培利用:202. 2013

1.10 毛被玉兰　河南新记录变种

Yulania denudata(Desr.)D. L. Fu var. maobei T. B. Zhao et Z. X. Chen，赵天榜等主编. 世界玉兰属植物资源与栽培利用:203. 2013

1.11 ‘凹缺叶’玉兰　河南新记录栽培品种

Yulania denudata(Desr.)D. L. Fu ‘Aoqueye’，孙军等. 安徽农业学报，36(5):1827. 2008

1.12 ‘大叶’玉兰　河南新记录栽培品种

Yulania denudata(Desr.)D. L. Fu ‘Daye’，赵天榜等. 河南玉兰栽培:176. 2015

1.13 ‘长叶 艳紫红’玉兰　河南新记录栽培品种

Yulania denudata(Desr.)D. L. Fu ‘Changye Yanzihong’，孙军等. 安徽农业学报，36(5):1827. 2008

1.14 ‘脉纹’玉兰　河南新记录栽培品种

Yulania denudata(Desr.)D. L. Fu ‘Maiwen’，孙军等. 安徽农业学报，36(5):1827. 2008

1.15 ‘陀蕾’玉兰　河南新记录栽培品种

Yulania denudata(Desr.)D. L. Fu ‘Tolei’，孙军等. 安徽农业学报，36(5):1827. 2008

1.16 ‘小花’玉兰　河南新记录栽培品种

Yulania denudata(Desr.)D. L. Fu ‘Xiaohua’，孙军等. 安徽农业学报，36(5):1827. 2008

1.17 ‘毛梗 小花’玉兰　河南新记录栽培品种

Yulania denudata(Desr.)D. L. Fu ‘Maogeng Xiaohua’，赵天榜等主编. 世界玉兰属植物资源与栽培利用:205. 2013

1.18 ‘小叶’玉兰　河南新记录栽培品种

Yulania denudata(Desr.)D. L. Fu ‘Xiaoye’，孙军等. 安徽农业学报，36(5):1827. 2008

1.19 ‘异被’玉兰　河南新记录栽培品种

Yulania denudata(Desr.)D. L. Fu ‘Yibei’，孙军等. 安徽农业学报，36(5):1827. 2008

1.20 ‘狭被’玉兰　河南新记录栽培品种

Yulania denudata(Desr.)D. L. Fu ‘Xiabei’，赵天榜等. 世界玉兰属植物资源与栽培利用:206. 2013

1.21 ‘异色 花被’玉兰　河南新记录栽培品种

Yulania denudata(Desr.)D. L. Fu ‘Yishai Huabei’，赵天榜等. 世界玉兰属植物资源与栽培利用:207～208. 2013

1.22 ‘卷被’玉兰　河南新记录栽培品种

Yulania denudata(Desr.)D. L. Fu ‘Guanbei’，赵天榜等主编. 世界玉兰属植物资源与栽培利用:208. 2013

1.23 ‘迟花 多被’玉兰　河南新记录栽培品种

Yulania denudata(Desr.)D. L. Fu ‘Chihua Duobei’，赵天榜等主编. 世界玉兰属植物资源与栽培利用:209. 2013

1.24 ‘多被 紫花’玉兰　河南新记录栽培品种

Yulania denudata(Desr.)D. L. Fu ‘Duobei Zihua’，赵天榜等主编. 世界玉兰属植物资源与栽培利用:211. 2013

1.25 ‘白花 宽被’玉兰　河南新记录栽培品种

Yulania denudata(Desr.)D. L. Fu ‘Baihua Kuanbei’，赵天榜等主编. 世界玉兰属植物资源与栽培利用:210. 2013

1.26 ‘狭被’玉兰　河南新记录栽培品种

Yulania denudata(Desr.)D. L. Fu ‘Xiabei’，赵天榜等主编. 世界玉兰属植物资源与栽培利用:210. 2013

1.27 ‘窄被’玉兰　河南新记录栽培品种

Yulania denudata(Desr.)D. L. Fu ‘Angustitepala’，孙军等. 安徽农业学报，36(5):1828. 2008

1.28 ‘疏枝’塔形玉兰　河南新记录栽培品种

Yulania denudata(Desr.)D. L. Fu ‘Shuzhi’，赵天榜等主编. 河南玉兰栽培. 180. 2015

1.29 ‘浓紫’玉兰　河南新记录栽培品种

Yulania denudata(Desr.)D. L. Fu ‘Nongzi’，孙军等. 安徽农业学报，36(5):

1828. 2008

1.30 ‘曲被’玉兰 河南新记录栽培品种

Yulania denudata(Desr.)D. L. Fu ‘Qubei’，孙军等. 安徽农业学报，36(5):1828. 2008

1.31 ‘紫花’玉兰 河南新记录栽培品种

Yulania denudata(Desr.)D. L. Fu ‘Zihua’，赵天榜等主编. 世界玉兰属植物资源与栽培利用:211～212. 2013

1.32 ‘喙蕾’玉兰 河南新记录栽培品种

Yulania denudata(Desr.)D. L. Fu ‘Huilei’，孙军等. 安徽农业学报，36(5):1828. 2008

1.33 ‘紫红基’毛玉兰 河南新记录栽培品种

Yulania denudata(Desr.)D. L. Fu ‘Zihongji’，赵天榜等主编. 河南玉兰栽培:183. 2015

1.34 ‘粉红基’毛玉兰 河南新记录栽培品种

Yulania denudata(Desr.)D. L. Fu ‘Fenhongji’，赵天榜等主编. 河南玉兰栽培:183. 2015

1.35 ‘黑瘤’玉兰 河南新记录栽培品种

Yulania denudata(Desr.)D. L. Fu ‘Heiliu’，赵天榜等主编. 世界玉兰属植物资源与栽培利用:213. 2013

1.36 ‘卵蕾’玉兰 河南新记录栽培品种

Yulania denudata(Desr.)D. L. Fu ‘Luanlei’，孙军等. 安徽农业学报，36(5):1828. 2008

1.37 ‘夏花’玉兰 河南新记录栽培品种

Yulania denudata(Desr.)D. L. Fu ‘Xiahua’，孙军等. 安徽农业学报，36(5):1828. 2008

1.38 ‘柱蕾’玉兰 河南新记录栽培品种

Yulania denudata(Desr.)D. L. Fu ‘Zhulei’，孙军等. 安徽农业学报，36(5):1828. 2008

1.39 ‘密枝’玉兰 河南新记录栽培品种

Yulania denudata(Desr.)D. L. Fu ‘Mizhi’，孙军等. 安徽农业学报，36(5):1828～1829. 2008

1.40 ‘小白花’玉兰 河南新记录栽培品种

Yulania denudata(Desr.)D. L. Fu ‘Xiaobaihua’，孙军等. 安徽农业学报，36(5):1829. 2008

1.41 ‘黄蕊’玉兰 河南新记录栽培品种

Yulania denudata(Desr.)D. L. Fu ‘Huangrui’，赵天榜等主编. 河南玉兰栽培:187. 2015

1.42 ‘异叶’玉兰　河南新记录栽培品种

Yulania denudata(Desr.)D. L. Fu ‘Yiye’，赵天榜等主编. 河南玉兰栽培：188. 2015

1.43 ‘淡紫’两型花玉兰　河南新记录栽培品种

Yulania denudata(Desr.)D. L. Fu ‘Danzi’，赵天榜等主编. 河南玉兰栽培：188. 2015

1.44 ‘水粉’两型花玉兰　河南新记录栽培品种

Yulania denudata(Desr.)D. L. Fu ‘Shuifen’，赵天榜等主编. 河南玉兰栽培：188. 2015

1.45 ‘狭被’两型花玉兰　河南新记录栽培品种

Yulania denudata(Desr.)D. L. Fu ‘Xiabei’，赵天榜等主编. 河南玉兰栽培：188. 2015

1.46 ‘粉基’玉兰　河南新记录栽培品种

Yulania denudata(Desr.)D. L. Fu ‘Fenji’，赵天榜等主编. 河南玉兰栽培：188. 2015

1.47 ‘粉基红’玉兰　河南新记录栽培品种

Yulania denudata(Desr.)D. L. Fu ‘Fenjihong’，赵天榜等主编. 河南玉兰栽培：188. 2015

1.48 ‘微粉’玉兰　河南新记录栽培品种

Yulania denudata(Desr.)D. L. Fu ‘Weifen’，赵天榜等主编. 河南玉兰栽培：188. 2015

1.49 ‘密枝’玉兰　河南新记录栽培品种

Yulania denudata(Desr.)D. L. Fu ‘Mizhi’，孙军等. 安徽农业学报，36(5)：1828～1829. 2008

1.50 ‘疏枝’塔形玉兰　河南新记录栽培品种

Yulania denudata(Desr.)D. L. Fu‘Shuzhi’，赵天榜等主编. 河南玉兰栽培：180. 2015

1.51 ‘紫花萼’塔形玉兰　河南新记录栽培品种

Yulania denudata(Desr.)D. L. Fu‘Zihua E’ *

1.52 ‘皮鲁埃特’玉兰　河南新记录栽培品种

Yulania denudata(Desr.)D. L. Fu‘Mag′s pirouette’ *

Magnolia mag`s pirouette *

1.53 ‘金色池塘’玉兰　河南新记录栽培品种

Yulania denudata(Desr.)D. L. Fu‘Golden Pand’ *

Magnolia‘Golden Pand’ *

1.54 ‘甜蜜丽丝’玉兰　河南新记录栽培品种

Yulania denudata(Desr.)D. L. Fu‘Mag′s pirouette’ *

Magnolia‘Honeyliz’ *

1.55 ‘热电’玉兰　河南新记录栽培品种

Yulania denudata(Desr.)D. L. Fu‘Hot Flash’ *

Magnolia‘Hot Flash’ *

1.56 ‘朱蒂’玉兰　河南新记录栽培品种

Yulania denudata(Desr.)D. L. Fu‘Jude’ *

Magnolia‘Jude’ *

1.57 ‘菲尔的杰作’玉兰　河南新记录栽培品种

Yulania denudata(Desr.)D. L. Fu‘Phil′s masterpiece’ *

Magnolia‘Phil′s masterpiece’ *

1.58 ‘克里夫’玉兰　河南新记录栽培品种

Yulania denudata(Desr.)D. L. Fu‘Cliff hanger’ *

Magnolia‘Cliff hanger’ *

1.59 ‘皇冠’玉兰　河南新记录栽培品种

Yulania denudata(Desr.)D. L. Fu‘Royal crown’ *

Magnolia‘Royal crown’ *

1.60 ‘红宝石’玉兰　河南新记录栽培品种

Yulania denudata(Desr.)D. L. Fu‘Rustica rubra’ *

Magnolia‘Rustica rubra’ *

1.61 ‘光谱’玉兰　河南新记录栽培品种

Yulania denudata(Desr.)D. L. Fu‘Spectrum’ *

Magnolia‘Spectrum’ *

1.62 ‘春喜’玉兰　河南新记录栽培品种

Yulania denudata(Desr.)D. L. Fu‘Spring Joy’ *

Magnolia‘Spring Joy’ *

1.63 ‘红金星’玉兰　河南新记录栽培品种

Yulania denudata(Desr.)D. L. Fu‘Sweet’ *

Magnolia‘Sweet’ *

1.64 ‘云南白’玉兰　河南新记录栽培品种

Yulania denudata(Desr.)D. L. Fu‘Yunnan’ *

Magnolia‘Yunnan’ *

1.65 ‘阳光’玉兰　河南新记录栽培品种

Yulania denudata(Desr.)D. L. Fu‘Sunsation’ *

Magnolia‘Sunsation’ *

1.66 ‘弗兰克杰作’玉兰　河南新记录栽培品种

Yulania denudata(Desr.)D. L. Fu‘Frank′s masterpiece’ *

Magnolia‘Frank′s masterpiece’ *

1.67 ‘大公子’玉兰　河南新记录栽培品种

Yulania denudata(Desr.)D. L. Fu‘Big Dude’ *

Magnolia‘Big Dude’ *

1.68 ‘艾玛库克’玉兰　河南新记录栽培品种

Yulania denudata(Desr.)D. L. Fu‘Emma cook’ *

Magnolia‘Emma cook’ *

1.69 ‘五峰’玉兰　河南新记录栽培品种

Yulania denudata(Desr.)D. L. Fu‘Wufenensis’ *

Magnolia‘Wufenensis’ *

1.70 ‘科尔尼’玉兰　河南新记录栽培品种

Yulania denudata(Desr.)D. L. Fu‘Gh kearn’ *

Magnolia‘Gh kearn’ *

1.71 ‘兰迪’玉兰　河南新记录栽培品种

Yulania denudata(Desr.)D. L. Fu‘Randy’ *

Magnolia‘Randy’ *

1.72 ‘粉人’玉兰　河南新记录栽培品种

Yulania denudata(Desr.)D. L. Fu‘Pinkei’ *

Magnolia‘Pinkei’ *

1.73 ‘瑞奇’玉兰　河南新记录栽培品种

Yulania denudata(Desr.)D. L. Fu‘Ricki’ *

Magnolia‘Ricki’ *

注:1.52～1.79(郭欢欢)。

2. 飞黄玉兰　河南新记录种

Yulania fëihuangyulan(F. G. Wang)T. B. Zhao et Z. X. Chen，赵天榜等主编. 世界玉兰属植物资源与栽培利用:230～232. 2013

Yulania hualongyulan D. L. Fu et T. B. Zhao，田国行等，中国农业通报，22(5):410. 2006

Magnolia ‘Feihuang’，王亚玲等. 园艺学报，30(3):299. 2003

Magnolia dendata(Desr.)D. L. Fu ‘Feihuang’，刘秀丽. 北京林业大学(D). 2011

2.1 ‘多被’飞黄玉兰　河南新记录栽培品种

Yulania fëihuangyulan(F. G. Wang)T. B. Zhao et Z. X. Chen‘Duobei’，赵天榜等主编. 世界玉兰属植物资源与栽培利用:232. 2013

2.2 ‘六被’飞黄玉兰　河南新记录栽培品种

Yulania fëihuangyulan(F. G. Wang)T. B. Zhao et Z. X. Chen‘Liubei’，赵天榜等主编. 世界玉兰属植物资源与栽培利用:232. 2013

2.3 ‘黄宝石’飞黄玉兰　河南新记录栽培品种

Yulania fëihuangyulan(F. G. Wang)T. B. Zhao et Z. X. Chen‘Huangbaoshiyulan’，赵天榜等主编. 河南玉兰栽培:191. 2015

Yulania huangbaoshiyulan D. L. Fu et T. B. Zhao，赵东欣等. 安徽农业学报，36(16):6738. 2008

2.4 ‘无果’飞黄玉兰　新品种

Yulania fëihuangyulan(F. G. Wang)T. B. Zhao et Z. X. Chen‘Wuguo’, cv. nov.

本新品种叶大。雌蕊群不孕，呈圆柱状，长 6.0～8.0 cm。

产地：河南、郑州植物园。2017 年 8 月 14 日。选育者：赵天榜、陈俊通和范永明。

2.5 ‘小叶无果’飞黄玉兰　新品种

Yulania fëihuangyulan(F. G. Wang)T. B. Zhao et Z. X. Chen‘Xiaoye Wuguo’, cv. nov.

本新栽培品种叶小，比无果玉兰叶小 1/2 以上。

3. 中州玉兰　图版 8:1、2　河南新记录种

Yulania zhongzhou T. B. Zhao, Z. X. Chen et L. H. Song，赵天榜等主编. 河南玉兰栽培：201～203. 图 9－15. 2015

3.1 两型花中州玉兰　河南新记录亚种

Yulania zhongzhou T. B. Zhao, Z. X. Chen et L. H. Song subsp. dimorphiflora T. B. Zhao, Z. X. Chen et X. K. Li，赵天榜等主编. 河南玉兰栽培. 203. 2015

4. 日本辛夷　河南新记录种

Yulania kobus(DC.)Spach，Hist. Nat. Vèg. Phan. 7:467. 1839

Magnolia kobus DC.，Rég. Vèg. Syst. 1:456. 1818，exclud. syn. M. gracilis

Magnolia tomentosa Thunb. in Trans. Linn. Soc. Lond. 2:336. 1794. quoad syn. Kobus

Buergeria obovata Sieb. Zucc. in Abh. Math. －Phys. Cl. Akad. Wiss. Münch. 4，2:187(Fl. Jap. Fam. Nat. 1:79). 1845. p. p.

Magnolia thurberi Parsons in Garden，13:572. 1878. nom.

Magnolia kobushi Mayr，Fremdl. Wald－ & Parkbäume，484. f. 207. 1906

Magnolia praecocissima Koidzumi in Bot. Mag. Tokyo，43:386. 1929

4.1 变异日本辛夷　河南新记录变种

Yulania kobus(DC.)Spach var. variabilis T. B. Zhao et X. Chen，赵天榜等主编. 世界玉兰属植物资源与栽培利用：272. 2013

5. 玉灯玉兰　河南新记录种

Yulania pyriformis(T. D. Yang et T. C. Cui)D. L. Fu，傅大立等. 玉兰属的研究，19(3):198. 2001

5.1 ‘白牡丹’玉灯玉兰　河南新记录栽培品种

Yulania pyriformis(T. D. Yang et T. C. Cui)D. L. Fu ‘Baimudan’，赵天榜等. 世界玉兰属植物资源与栽培利用：229～230. 2013

现栽培地：河南、郑州市、郑州植物园。

5.2 ‘裂被’玉灯玉兰　河南新记录栽培品种

Yulania pyriformis(T. D. Yang et T. C. Cui)D. L. Fu ‘Liebei’，赵天榜等主编. 世界玉兰属植物资源与栽培利用：230. 2013

5.3 ‘粉基’玉灯玉兰　河南新记录栽培品种

Yulania pyriformis(T. D. Yang et T. C. Cui)D. L. Fu ‘Fenji’，赵天榜等主编. 世界玉兰属植物资源与栽培利用:230. 2013

5.4 ‘狭被’玉灯玉兰　河南新记录栽培品种

Yulania pyriformis(T. D. Yang et T. C. Cui)D. L. Fu ‘Xiabei’，赵天榜等主编. 河南玉兰栽培:196. 2015

6. 石人玉兰　河南新记录种

Yulania shirenshanensis D. L. Fu et T. B. Zhao,田国行等,中国农业通报,22(5):408. 2006

7. 伏牛玉兰　河南新记录种

Yulania funiushanensis(T. B. Zhao,J. T. Gao et Y. H. Ren)T. B. Zhao et Z. X. Chen，赵天榜等主编. 河南玉兰栽培:218. 2015

Magnolia funiushanensis T. B. Zhao,J. T. Gao et Y. H. Ren,丁宝章等. 河南农业大学学报,19(4):361～362. 照片 5. 1985

8. 华夏玉兰　河南新记录种

Yulania cathyana T. B. Zhao et Z. X. Chen,赵天榜等主编. 河南玉兰栽培:213～215. 图 9—20. 2015

8.1 ‘红基’华夏玉兰　河南新记录栽培品种

Yulania cathyana T. B. Zhao et Z. X. Chen ‘Hongji’,赵天榜等主编. 河南玉兰栽培:215. 2015

8.2 ‘肉萼’华夏玉兰　河南新记录栽培品种

Yulania cathyana T. B. Zhao et Z. X. Chen ‘Rou È’,赵天榜等主编. 河南玉兰栽培:215. 2015

8.3 ‘绿星’华夏玉兰　河南新记录栽培品种

Yulania cathyana T. B. Zhao et Z. X. Chen ‘Rou È’,赵天榜等主编. 河南玉兰栽培:215. 2015

9. 华豫玉兰　河南新记录种

Yulania huayu T. B. Zhao,Z. X. Chen et J. T. Chen，赵天榜等主编. 河南玉兰栽培:296～297. 2015

10. 异花玉兰　图版 8:5、6　河南新记录种

Yulania varians T. B. Zhao,Z. X. Chen et Z. F. Ren，赵天榜等主编. 世界玉兰属植物资源与栽培利用:289～292. 2013

多变玉兰 Yulania varians D. L. Fu,T. B. Zhao et Z. X. Chen,sp. nov. ined. 赵东武等. 河南玉兰属植物种质资源与开发利用研究. 安徽农业科学,36(22):9490. 2008

11. 多型叶玉兰　河南新记录种

Yulania multiformis D. L. Fu，T. B. Zhao et Z. X. Chen，赵天榜等主编. 世界玉兰属植物资源与栽培利用:314～316. 2013

11.1 短雌蕊群多型叶玉兰　河南新记录变种

Yulania multiformis D. L. Fu, T. B. Zhao et Z. X. Chen var. brevigyandria T. B. Zhao et Z. X. Chen,赵天榜等. 河南玉兰栽培:278. 2015

Yulania brevigyandria T. B. Zhao et Z. X. Chen,田国行等,安徽农业科学,36(16):6739. 2008

12. 朱砂玉兰

Yulania × soulangeana(Soul.—Bod.)D. L. Fu,傅大立等. 玉兰属的研究. 武汉植物学研究,19(3):198. 2001

Magnolia soulangeana Soulange-Bodin in Mém. Soc. Linn. Paris,1826:269(Nouv. Esp. Magnolia). 1826

Magnolia speciosa Van Geel,Sert. Bot. cl. XIII, t. 1832

Magnolia cyathiformis Rinz ex K. Koch,Dendr. 1:3766. 1869. pro syn. sub. M. Yulan

Gwillimia cyathiflora C. de Vos,Handb. Boom. Heest. ed. 2,115. 1887

Gwillimia speciosa C. de Vos,Handb. Boom. Heest. ed. 2,116. 1887

Gwillimia soulangeana C. de Vos,Handb. Boom. Heest. ed. 2,116. 1887

12.1 萼朱砂玉兰　河南新记录亚种

Yulania × soulangeana(Soul.—Bod.)D. L. Fu subsp. èzhushayulan T. B. Zhao et Z. X. Chen,赵天榜等主编. 河南玉兰栽培:280. 2015

12.2 变异朱砂玉兰　河南新记录亚种

Yulania × soulangeana(Soul.—Bod.)D. L. Fu subsp. varia T. B. Zhao et Z. X. Chen,赵天榜等主编. 世界玉兰属植物资源与栽培利用:91. 2013

12.3 白花朱砂玉兰　河南新记录变种

Yulania × soulangeana(Soul.—Bod.)D. L. Fu var. candolleana(Soul.—Bod.)T. B. Zhao et Z. X. Chen,赵天榜等主编. 世界玉兰属植物资源与栽培利用:318. 2013

12.4 紫花朱砂玉兰　河南新记录变型

Yulania × soulangeana(Soul.—Bod.)D. L. Fu f. rubra(Nichols.)Rihd. in Journ. Arnold Arb. 21:276. 1940

Yulania × soulangeana(Soul.—Bod.)D. L. Fu 'Zihua',王建勋等. 安徽农业学报,36(4):1245. 2008

Magnolia rustica rubra Nicholson in Fl. & Silva,1:16. t. 1903

12.5 '棱被'朱砂玉兰　河南新记录栽培品种

Yulania × soulangeana(Soul.—Bod.)D. L. Fu 'Lengbei',赵天榜等主编. 世界玉兰属植物资源与栽培利用:324. 2013

12.6 '尖被'朱砂玉兰　河南新记录栽培品种

Yulania × soulangeana(Soul.—Bod.)D. L. Fu 'Jianbei',赵天榜等主编. 世界玉兰属植物资源与栽培利用:322. 2013

12.7 ‘红霞’朱砂玉兰　河南新记录栽培品种

Yulania × soulangeana(Soul. —Bod.)D. L. Fu ‘Hongxia’，王建勋等. 安徽农业科学，36(4):1424. 2008

12.8 ‘紫霞’朱砂玉兰　河南新记录栽培品种

Yulania soulangiana(Soul. —Bod.)D. L. Fu ‘Zixia’，王建勋等. 安徽农业科学，36(4):1424. 2008

12.9 ‘长春’朱砂玉兰　河南新记录栽培品种

Yulania soulangiana(Soul. —Bod.)D. L. Fu ‘Semperflorescens’，王建勋等. 安徽农业科学，36(4):1424. 2008

12.10 ‘紫斑’朱砂玉兰　河南新记录栽培品种

Yulania soulangiana(Soul. —Bod.)D. L. Fu ‘Ziban’，王建勋等. 安徽农业科学，36(4):1424. 2008

12.11 ‘紫二乔’朱砂玉兰　河南新记录栽培品种

Yulania soulangiana(Soul. —Bod.)D. L. Fu ‘Zierqiao’，王建勋等. 安徽农业科学，36(4):1424. 2008

12.12 ‘紫花’朱砂玉兰　河南新记录栽培品种

Yulania × soulangeana(Soul. —Bod.)D. L. Fu‘Zihua’，王建勋等. 安徽农业科学，36(4):1425. 2008

12.13 ‘宽被 亮紫’朱砂玉兰　河南新记录栽培品种

Yulania × soulangeana(Soul. —Bod.)D. L. Fu ‘Kuanbei Liangzi’，赵天榜等主编. 世界玉兰属植物资源与栽培利用:323. 2013

12.14 ‘两型 紫花’朱砂玉兰　河南新记录栽培品种

Yulania × soulangeana(Soul. —Bod.)D. L. Fu ‘Èrxing Zihua’，赵天榜等主编. 河南玉兰栽培:285. 2015

12.15 ‘白花’朱砂玉兰　河南新记录栽培品种

Yulania × soulangeana(Soul. —Bod.)D. L. Fu ‘Baihua’，王建勋等. 安徽农业科学，36(4):1424. 2008

12.16 ‘小白花’朱砂玉兰　河南新记录栽培品种

Yulania × soulangeana(Soul. —Bod.)D. L. Fu ‘Xiaobaihua’，赵天榜等主编. 世界玉兰属植物资源与栽培利用:320. 2013

12.17 ‘粉红’朱砂玉兰　河南新记录栽培品种

Yulania × soulangeana(Soul. —Bod.)D. L. Fu‘fenhong’，赵天榜等主编. 世界玉兰属植物资源与栽培利用:322. 2013

12.18 ‘宽被 微粉’朱砂玉兰　河南新记录栽培品种

Yulania × soulangeana(Soul. —Bod.)D. L. Fu ‘Kuanbei Weifen’，赵天榜等主编. 世界玉兰属植物资源与栽培利用:322. 2013

12.19 ‘宽被’朱砂玉兰　河南新记录栽培品种

Yulania × soulangeana(Soul. —Bod.)D. L. Fu ‘Kuanbei’，赵天榜等. 世界玉兰属

植物资源与栽培利用:322～323. 2013

12.20 ‘黄花 紫基’朱砂玉兰　河南新记录栽培品种

Yulania × soulangeana(Soul. —Bod.)D. L. Fu‘Huanghua Ziji’,赵天榜等主编. 世界玉兰属植物资源与栽培利用:323. 2013

12.21 ‘淡黄 紫基’朱砂玉兰　河南新记录栽培品种

Yulania × soulangeana(Soul. —Bod.)D. L. Fu‘Danhuang Ziji’,赵天榜等主编. 世界玉兰属植物资源与栽培利用:322. 2013

12.22 ‘多被 淡紫红’朱砂玉兰　河南新记录栽培品种

Yulania × soulangeana(Soul. —Bod.)D. L. Fu‘Duobei Danzihong’,赵天榜等主编. 世界玉兰属植物资源与栽培利用:323. 2013

12.23 ‘萼’朱砂玉兰　河南新记录栽培品种

Yulania × soulangeana(Soul. —Bod.)D. L. Fu‘Èzhushayulan’,赵天榜等主编. 河南玉兰栽培:288～289. 2015

12.24 ‘圆萼’朱砂玉兰　河南新记录栽培品种

Yulania × soulangeana(Soul. —Bod.)D. L. Fu‘Yuan È’,赵天榜等主编. 河南玉兰栽培:289. 2015

12.25 ‘肉萼’朱砂玉兰　河南新记录栽培品种

Yulania × soulangeana(Soul. —Bod.)D. L. Fu‘Ròu È’,赵天榜等主编. 河南玉兰栽培:289. 2015

12.26 ‘紫乳白’朱砂玉兰　河南新记录栽培品种

Yulania × soulangeana(Soul. —Bod.)D. L. Fu‘Zirubai’,赵天榜等主编. 河南玉兰栽培:290. 2015

12.27 ‘亮粉红’朱砂玉兰　河南新记录栽培品种

Yulania × soulangeana(Soul. —Bod.)D. L. Fu‘Liǎngfenhong’,赵天榜等主编. 河南玉兰栽培:291. 2015

12.28 ‘亮紫霞’朱砂玉兰　河南新记录栽培品种

Yulania × soulangeana(Soul. —Bod.)D. L. Fu‘Liǎng Zixia’,赵天榜等主编. 河南玉兰栽培. 291. 2015

12.29 ‘白花 粉基’朱砂玉兰　河南新记录栽培品种

Yulania × soulangeana(Soul. —Bod.)D. L. Fu‘Baihua Fenji’,赵天榜等主编. 河南玉兰栽培:291. 2015

12.30 ‘淡紫 粉基’朱砂玉兰　河南新记录栽培品种

Yulania × soulangeana(Soul. —Bod.)D. L. Fu ‘Danzi Fenji’,赵天榜等主编. 河南玉兰栽培:292. 2015

12.31 ‘宽被 粉基’朱砂玉兰　河南新记录栽培品种

Yulania × soulangeana(Soul. —Bod.)D. L. Fu ‘Kuanbei Fenji’,赵天榜等主编. 河南玉兰栽培:292. 2015

12.32 '橙红'朱砂玉兰　河南新记录栽培品种

Yulania × soulangeana(Soul. —Bod.)D. L. Fu 'Chenghong',赵天榜等主编. 河南玉兰栽培:292. 2015

12.33 '紫花 萼'朱砂玉兰　河南新记录栽培品种

Yulania × soulangeana(Soul. —Bod.)D. L. Fu'Zihua È',赵天榜等主编. 河南玉兰栽培:292. 2015

12.34 '白花 萼'朱砂玉兰　河南新记录栽培品种

Yulania × soulangeana(Soul. —Bod.)D. L. Fu 'Baihua È',赵天榜等主编. 河南玉兰栽培:293. 2015

12.35 '红乡村'朱砂玉兰　河南新记录栽培品种

Yulania × soulangeana(Soul. —Bod.)D. L. Fu 'Rusttica Rubra',赵天榜等主编. 世界玉兰属植物资源与栽培利用:321～322. 2013

12.36 '皮卡德红宝石'朱砂玉兰　河南新记录栽培品种

Yulania × soulangeana(Soul. —Bod.)D. L. Fu 'Pickad's ruby' *

Magnolia soulangeana Soul. —Bod. 'Pickad's ruby' *

12.37 '深紫'朱砂玉兰　河南新记录栽培品种

Yulania × soulangeana(Soul. —Bod.)D. L. Fu 'Burgundy' *

Magnoliasoulangeana Soul. —Bod. 'Burgundy' *

12.38 '林奈'朱砂玉兰　河南新记录栽培品种

Yulania × soulangeana(Soul. —Bod.)D. L. Fu 'Linnai' *

Magnolia soulangeana Soul. —Bod. 'Linnai' *

12.39 '美脉'朱砂玉兰　河南新记录栽培品种

Yulania × soulangeana(Soul. —Bod.)D. L. Fu 'Beauty' *

Magnolia soulangeana Soul. —Bod. 'Beauty' *

12.40 '法恩'朱砂玉兰　河南新记录栽培品种

Yulania × soulangeana(Soul. —Bod.)D. L. Fu 'Fan' *

Magnolia soulangeana Soul. —Bod. 'Fan' *

12.41 '红脉'朱砂玉兰　河南新记录栽培品种

Yulania × soulangeana(Soul. —Bod.)D. L. Fu 'Red nerve' *

Magnolia soulangeana Soul. —Bod. 'Red nerve' *

注:1.36～1.40(郭欢欢)。

13. 鸡公玉兰　河南新记录种

Yulania jigongshanensis(T. B. Zhao,D. L. Fu et W. B. Sun)D. L. Fu, 傅大立. 玉兰属的研究. 武汉植物学研究, 19(3):198. 2001

Magnolia jigongshanensis T. B. Zhao,D. L. Fu et W. B. Sun, 赵天榜等. 河南师范大学学报, 26(1):62～65. 图 1. 2000

13.1 白花鸡公玉兰　河南新记录亚种

Yulania jigongshanensis(T. B. Zhao,D. L. Fu et W. B. Sun)D. L. Fu subsp. alba T. B. Zhao,Z. X. Chen et X. K. Li，赵天榜等. 世界玉兰属植物资源与栽培利用：297～298. 2013

14. 杂配玉兰　河南新记录种

Yulania hybrida T. B. Zhao,Z. T. Chen et X. K. Li，赵天榜等主编. 河南玉兰栽培:293～296. 图 9－43. 2015

15. 楔叶玉兰　河南新记录种

Yulania guifeiyulan D. L. Fu,T. B. Zhao et Z. X. Chen,田国行等,中国农业通报，22(5):407. 2006

Yulania cuneatifolia T. B. Zhao,Z. X. Chen et D. L. Fu,傅大立等. 植物研究，30(6):642～644. 2010

16. 青皮玉兰　河南新记录种

Yulania viridula D. L. Fu,T. B. Zhao et G. H. Tian,傅大立等. 植物研究，24(3):263～264. 图 2. 2004

Magnolia crassifolius Y. L. Wang et T. C. Cui,sp. nov. ined.，王亚玲. 西北农林科技大学(D)，2003

16.1 多瓣青皮玉兰　河南新记录变种

Yulania viridula D. L. Fu,T. B. Zhao et G. H. Tian var. pandurifolia T. B. Zhao, Z. X. Chen et D. W. Zhao，赵天榜等主编. 世界玉兰属植物资源与栽培利用：227～228. 2013

16.2 ‘粉花’青皮玉兰　河南新记录变种

Yulania viridula D. L. Fu,T. B. Zhao et G. H. Tian ‘Fenhua’，赵天榜等主编. 河南玉兰栽培:194. 2015

16.3 ‘白花’青皮玉兰　河南新记录变种

Yulania viridula D. L. Fu,T. B. Zhao et G. H. Tian ‘Baihua’，赵天榜等主编. 河南玉兰栽培:194. 2015

17. 朝阳玉兰　河南新记录种

Yulania zhaoyangyulan T. B. Zhao et Z. X. Chen，赵天榜等主编. 世界玉兰属植物资源与栽培利用:235～236. 2013

18. 华丽玉兰　河南新记录种

Yulania superba T. B. Zhao,Z. X. Chen et X. K. Li，赵天榜等主编. 河南玉兰栽培:199～201. 图 9－14. 2015

19. 罗田玉兰　河南新记录种

Yulania pilocarpa(Z. Z. Zhao et Z. W. Xie)D. L. Fu，傅大立. 玉兰属的研究. 武汉植物学研究，19(3):198. 2001

Magnolia pilocarpa Z. Z. Zhao et Z. W. Xie,赵中振等. 药用辛夷一新种及一变种的名称. 药学学报,22(10):777. 图 1. 987

20. 宝华玉兰

Yulania zenii(Cheng)D. L. Fu，傅大立. 玉兰属的研究. 武汉植物学研究，19(3):

198. 2001

Magnolia zenii Cheng in Contr. Biol. Lab. Sci. Soc. China Bot. 8:291. f. 20. 1933

20.1 白花宝华玉兰　河南新记录变种

Yulania zenii(Cheng)D. L. Fu var. alba T. B. Zhao et Z. X. Chen,赵天榜等主编. 世界玉兰属植物资源与栽培利用:233. 2013

20.2 多被宝华玉兰　河南新记录变种

Yulania zenii(Cheng)D. L. Fu var. duobei T. B. Zhao et Z. X. Chen,赵天榜等主编. 世界玉兰属植物资源与栽培利用:24. 2013

20.3 '淡紫基'宝华玉兰　河南新记录栽培品种

Yulania zenii(Cheng)D. L. Fu'Danziji',赵天榜等主编. 河南玉兰栽培:218. 2015

21. 紫玉兰

Yulania liliflora(Desr.)D. L. Fu,傅大立. 玉兰属的研究. 武汉植物学研究,19(3):198. 2001

Magno lialiliflora Desr. in Lamarck,Encyci. Bot. 3:675. 1791. exclud. syn.

Magno lialiliflora Desr. in Lamarck,Encyci. Méth. Bot. 3:675. 1791. exclud. syn. "Mokkwuren fl. albo Kaempfer"

Lassonia quinquepeta Buc'hoz,Pl. Nouv. Découv,21. t. 19. f. 2. 1779. descr. manca falsaque

Magnolia obovata Thunb. in Trans. Linn. Soc. Lond. 2:336. 1794. quoad syn. "Mokkwuren"et Kaempfer,Icon. Sel. t. 44.

Magnolia purpurea Cuttis in Bot. Mag. 11:t. 390. 1797

Buergeria obovata Sieb. & Zucc. in Abh. Math. —Phys. Cl. Akad. Wiss. Münch. 4,2:187(Fl. Jap. Fam. Nat. 1:79). 1845

Talauma obovata Hance in Journ. Bot. 20:2. 1882,non Korthals. 1851

Gwillimia purpurea C. de Vos,Handb. Boom. Heest. ed. 2,115. 1887

Magnolia quinquepeta(Buc'hoz)Dandy in Journ. Bot. 72:103. 1934

21.1 细萼紫玉兰　河南新记录变种

Yulania liliflora(Desr.)D. L. Fu var. gracilis(Salisb.)T. B. Zhao et Z. X. Chen,赵天榜等主编. 世界玉兰属植物资源与栽培利用:252～253. 2013

Magnolia gracilis Salisb.,Parad Londin,2:t. 87. 1807

21.2 黑紫紫玉兰　河南新记录变种

Yulania liliflora(Desr.)D. L. Fu var. nigra(Nichols.)T. B. Zhao et Z. X. Chen,赵天榜等主编. 世界玉兰属植物资源与栽培利用:252. 2013

21.3 白花紫玉兰　河南新记录变种

Yulania liliflora(Desr.)D. L. Fu var. alba T. B. Zhao et Z. X. Chen,赵天榜等主编. 世界玉兰属植物资源与栽培利用:253～254. 2013

21.4 红花紫玉兰亚种　河南新记录亚种

Yulania liliflora(Desr.)D. L. Fu subsp. panicea T. B. Zhao et Z. X. Chen，赵天榜等主编. 河南玉兰栽培:227. 2015

21.5 两型花紫玉兰亚种　河南新记录亚种

Yulania liliflora(Desr.)D. L. Fu subsp. dimorphiflora T. B. Zhao et Z. X. Chen，赵天榜等主编. 河南玉兰栽培:227～228. 2015

21.6 '淡紫'紫玉兰　河南新记录栽培品种

Yulania liliflora(Desr.)D. L. Fu 'Danzi',赵天榜等主编. 世界玉兰属植物资源与栽培利用:257. 2013

21.7 '紫红'紫玉兰　河南新记录栽培品种

Yulania liliflora(Desr.)D. L. Fu 'Zihong',赵天榜等主编. 世界玉兰属植物资源与栽培利用:257～258. 2013

21.8 '毛枝'紫玉兰　河南新记录栽培品种

Yulania liliflora(Desr.)D. L. Fu 'Maozhi',赵天榜等主编. 河南玉兰栽培:229. 2015

21.9 '毛梗'紫玉兰　河南新记录栽培品种

Yulania liliflora(Desr.)D. L. Fu 'Maogeng',赵天榜等主编. 河南玉兰栽培:229～230. 2015

21.10 '无毛'紫玉兰　河南新记录栽培品种

Yulania liliflora(Desr.)D. L. Fu 'Wumao',赵天榜等主编. 河南玉兰栽培:230. 2015

21.11 '夏花'紫玉兰　河南新记录栽培品种

Yulania liliflora(Desr.)D. L. Fu 'Xiahua',赵天榜等主编. 世界玉兰属植物资源与栽培利用:256～257. 2013

21.12 '尖被'紫玉兰　河南新记录栽培品种

Yulania liliflora(Desr.)D. L. Fu 'Jianbei',赵天榜等主编. 河南玉兰栽培:230. 2015

21.13 '圆被黑'紫玉兰　河南新记录栽培品种

Yulania liliflora(Desr.)D. L. Fu 'Yuanbeihei',赵天榜等主编. 世界玉兰属植物资源与栽培利用:256. 2013

21.14 '长被黑'紫玉兰　河南新记录栽培品种

Yulania liliflora(Desr.)D. L. Fu 'Changbeihei',赵天榜等主编. 世界玉兰属植物资源与栽培利用:256. 2013

21.15 '长萼'紫玉兰　河南新记录栽培品种

Yulania liliflora(Desr.)D. L. Fu 'ChangĖ',赵天榜等主编. 世界玉兰属植物资源与栽培利用:257. 2013

21.16 '锥状'紫玉兰　河南新记录栽培品种

Yulania liliflora(Desr.)D. L. Fu 'Zhuizhuang',赵天榜等主编. 世界玉兰属植物资

源与栽培利用:257～258. 2013

21.17 '红花－1'紫玉兰 河南新记录栽培品种

Yulania liliflora(Desr.)D. L. Fu 'Honghua－1',赵天榜等主编. 河南玉兰栽培:232. 2015

21.18 '红花－2'紫玉兰 河南新记录栽培品种

Yulania liliflora(Desr.)D. L. Fu 'Honghua－2',赵天榜等主编. 河南玉兰栽培:232. 2015

21.19 '紫白'紫玉兰 河南新记录栽培品种

Yulania liliflora(Desr.)D. L. Fu 'Zibai',赵天榜等主编. 河南玉兰栽培. 232. 2015

21.20 '亮紫红'紫玉兰 河南新记录栽培品种

Yulania liliflora(Desr.)D. L. Fu 'Liangzihong',赵天榜等主编. 河南玉兰栽培:233. 2015

21.21 '四季花'紫玉兰 新品种

Yulania liliflora(Desr.)D. L. Fu 'Sijihua',cv. nov.

产地:河南。选育者:李小康、王华和赵天榜。

22. 望春玉兰 辛夷 望春花

Yulania biondii(Pamp.)D. L. Fu, 傅大立. 玉兰属的研究. 武汉植物学研究, 19(3):2002

Magnolia biondii Pamp. in Nuov. Giorn. Bot. Ital. n. sér. 17:275. 1910

Magnolia aulacosperma Rehd. & Wils. in Sargent,Pl. Wilson. 1:396. 1913

现栽培地:河南、郑州市、郑州植物园。

22.1 两型花望春玉兰亚种 河南新记录亚种

Yulania biondii(Pamp.)D. L. Fu subsp. dimorphiflora T. B. Zhao,Z. X. Chen et X. K. Li,赵天榜等主编. 河南玉兰栽培:236～237. 2015

22.2 条形望春玉兰 河南新记录变种

Yulania biondii(Pamp.)D. L. Fu var. linearis T. B. Zhao,Z. X. Chen et X. K. Li,赵天榜等主编. 河南玉兰栽培:237～238. 2015

22.3 '小蕾'望春玉兰 河南新记录栽培品种

Yulania biondii(Pamp.)D. L. Fu 'Parvialabastra', 孙军等. 安徽农业学报, 36(22):9496. 2008

22.4 '线萼'望春玉兰 河南新记录栽培品种

Yulania biondii(Pamp.)D. L. Fu 'Xian È' ,赵天榜等主编. 河南玉兰栽培. 243. 2015

22.5 '富油'望春玉兰 河南新记录栽培品种

Yulania biondii(Pamp.)D. L. Fu 'Fuyou',孙军等. 安徽农业学报, 36(22):9493. 2008

22.6 '淡紫'望春玉兰 河南新记录栽培品种

Yulania biondii(Pamp.)D. L. Fu 'Danzi',赵天榜等主编. 世界玉兰属植物资源与

栽培利用:269. 2013

22.7 ‘亮紫’望春玉兰 河南新记录栽培品种

Yulania biondii(Pamp.)D. L. Fu ‘Liangzi’,赵天榜等主编. 世界玉兰属植物资源与栽培利用:269. 2013

22.8 ‘紫果’望春玉兰 河南新记录栽培品种

Yulania biondii(Pamp.)D. L. Fu ‘Ziguo’,赵天榜等主编. 世界玉兰属植物资源与栽培利用:267. 2013

22.9 ‘喙被’望春玉兰 河南新记录栽培品种

Yulania biondii(Pamp.)D. L. Fu ‘Huibei’,赵天榜等主编. 世界玉兰属植物资源与栽培利用:269. 2013

22.10 ‘两色花’望春玉兰 河南新记录栽培品种

Yulania biondii(Pamp.)D. L. Fu ‘Liangsehua’,赵天榜等主编. 河南玉兰栽培:245～246. 2015

22.11 ‘狭被－1’望春玉兰 河南新记录栽培品种

Yulania biondii(Pamp.)D. L. Fu ‘Angustitepala－1’,赵天榜等主编. 河南玉兰栽培:246～247. 2015

22.12 ‘多被’望春玉兰 河南新记录栽培品种

Yulania biondii(Pamp.)D. L. Fu ‘Duobei’,赵天榜等主编. 河南玉兰栽培:247. 2015

22.13 ‘多被 白花’望春玉兰 河南新记录栽培品种

Yulania biondii(Pamp.)D. L. Fu‘Duobei Baihua’,赵天榜等主编. 河南玉兰栽培:247. 2015

22.14 ‘多变’望春玉兰 河南新记录栽培品种

Yulania biondii(Pamp.)D. L. Fu ‘Duobian’,赵天榜等主编. 河南玉兰栽培:247. 2015

22.15 ‘双粉花’望春玉兰 河南新记录栽培品种

Yulania biondii(Pamp.)D. L. Fu ‘Shuangfenhua’,赵天榜等主编. 河南玉兰栽培. 247. 2015

22.16 ‘长萼’望春玉兰 河南新记录栽培品种

Yulania biondii(Pamp.)D. L. Fu ‘Chang È’,赵天榜等主编. 河南玉兰栽培:248. 2015

22.17 ‘紫粉花’望春玉兰 河南新记录栽培品种

Yulania biondii(Pamp.)D. L. Fu ‘Zifenhua’,赵天榜等主编. 河南玉兰栽培:248. 2015

22.18 ‘卷被’望春玉兰 河南新记录栽培品种

Yulania biondii(Pamp.)D. L. Fu ‘Guanbei ’,赵天榜等主编. 河南玉兰栽培:248. 2015

22.19 ‘粉被’望春玉兰　河南新记录栽培品种

Yulania biondii(Pamp.)D. L. Fu ‘Fenbei ’,赵天榜等主编. 世界玉兰属植物资源与栽培利用:268. 2013

22.20 ‘条形’望春玉兰　河南新记录栽培品种

Yulania biondii(Pamp.)D. L. Fu ‘Linearis’,赵天榜等主编. 河南玉兰栽培. 248～249. 2015

22.21 ‘黄籽’望春玉兰　河南新记录栽培品种

Yulania biondii(Pamp.)D. L. Fu ‘Huangzi’,赵天榜等主编. 河南玉兰栽培:249. 2015

22.22 ‘狭叶’望春玉兰　河南新记录栽培品种

Yulania biondii(Pamp.)D. L. Fu ‘Xiayé’,赵天榜等主编. 河南玉兰栽培:249. 2015

22.23 ‘卷被 两型花’望春玉兰　河南新记录栽培品种

Yulania biondii(Pamp.)D. L. Fu ‘Juanbei Liangxinghua’,赵天榜等主编. 河南玉兰栽培:249. 2015

22.24 ‘塔形’望春玉兰　河南新记录栽培品种

Yulania biondii(Pamp.)D. L. Fu ‘Tǎxing’,赵天榜等主编. 河南玉兰栽培:249. 2015

22.25 ‘淡粉’望春玉兰　河南新记录栽培品种

Yulania biondii(Pamp.)D. L. Fu ‘Tànfen’,赵天榜等主编. 河南玉兰栽培:249. 2015

22.26 ‘紫基’望春玉兰　河南新记录栽培品种

Yulania biondii(Pamp.)D. L. Fu ‘Ziji’,赵天榜等主编. 河南玉兰栽培:249. 2015

22.27 ‘微粉’望春玉兰　河南新记录栽培品种

Yulania biondii(Pamp.)D. L. Fu ‘Wēifen’,赵天榜等主编. 河南玉兰栽培:249. 2015

22.28 ‘紫红基’望春玉兰　河南新记录栽培品种

Yulania biondii(Pamp.)D. L. Fu ‘Zihongji’,赵天榜等主编. 河南玉兰栽培:250. 2015

22.29 ‘黄花’望春玉兰　河南新记录栽培品种

Yulania biondii(Pamp.)D. L. Fu ‘huanghua’ ,赵天榜等主编. 河南玉兰栽培:246. 2015

23. 腋花玉兰　河南新记录种

Yulania axilliflora(T. B. Zhao,T. X. Zhang et J. T. Gao)D. L. Fu,傅大立. 玉兰属的研究. 武汉植物学研究,19(3):198. 2001

Magnolia axilliflora(T. B. Zhao,T. X. Zhang et J. T. Gao)T. B. Zhao,丁宝章等,中国木兰属植物腋花总状花序的首次发现和新分类群. 河南农业大学学报,19(4):360. 照片 1, 2. 1985

Magnolia biondii Pamp. var. multalastra T. B. Zhao, J. T. Gao et Y. H. Ren, 丁宝章等, 河南农学院学报, 4:9. 1983

24. 黄山玉兰

Yulania cylindrica(Wils.)D. L. Fu, 傅大立. 玉兰属的研究. 武汉植物学研究, 19(3):198. 2001

Magnolia cylindrica Wils. in Journ. Arn. Arb. 8:109. 1927

24.1 两型花黄山玉兰　河南新记录变种

Yulania cylindrica(Wils.)D. L. Fu subsp. dimorphiflora T. B. Zhao et T. X. Zhang, 赵天榜等主编. 河南玉兰栽培:265. 2015

24.2 卵叶黄山玉兰　河南新记录变种

Yulania cylindrica(Wils.)D. L. Fu var. ovata T. B. Zhao et T. X. Chen, 赵天榜等主编. 河南玉兰栽培:267. 2015

24.3 白花黄山玉兰　河南新记录变种

Yulania cylindrica(Wils.)D. L. Fu var. alba T. B. Zhao et Z. X. Chen, 赵天榜等主编. 世界玉兰属植物资源与栽培利用:286. 2013

24.4 狭叶黄山玉兰　河南新记录变种

Yulania cylindrica(Wils.)D. L. Fu var. angustifolia T. B. Zhao et Z. X. Chen, 赵天榜等主编. 世界玉兰属植物资源与栽培利用:287. 2013

24.5 狭被黄山玉兰　河南新记录变种

Yulania cylindrica(Wils.)D. L. Fu var. angustifolia T. B. Zhao et Z. X. Chen, 赵天榜等主编. 世界玉兰属植物资源与栽培利用:287. 2013

24.6 '黄花'黄山玉兰　河南新记录栽培品种

Yulania cylindrica(Wils.)D. L. Fu 'Huanghua', 赵天榜等主编. 河南玉兰栽培: 268. 2015

24.7 '亮紫红基'黄山玉兰　河南新记录栽培品种

Yulania cylindrica(Wils.)D. L. Fu 'Liangzihongji', 赵天榜等主编. 河南玉兰栽培: 268. 2015

24.8 '紫基'黄山玉兰　河南新记录栽培品种

Yulania cylindrica(Wils.)D. L. Fu 'Ziji', 赵天榜等主编. 河南玉兰栽培:268. 2015

24.9 '紫红基'黄山玉兰　河南新记录栽培品种

Yulania cylindrica(Wils.)D. L. Fu 'Zihongji', 赵天榜等主编. 河南玉兰栽培:268. 2015

24.10 '光梗'黄山玉兰　河南新记录栽培品种

Yulania cylindrica(Wils.)D. L. Fu 'Guanggeng' 赵天榜等主编. 世界玉兰属植物资源与栽培利用:287. 2013

24.11 '喙果'黄山玉兰　河南新记录栽培品种

Yulania cylindrica(Wils.)D. L. Fu 'Huiguo' 赵天榜等主编. 世界玉兰属植物资源与栽培利用:287. 2013

24.12 ‘皱被’黄山玉兰 河南新记录栽培品种

Yulania cylindrica(Wils.)D. L. Fu ‘Zhoubei’ 赵天榜等主编. 世界玉兰属植物资源与栽培利用:287～288. 2013

24.13 ‘卷被’黄山玉兰 河南新记录栽培品种

Yulania cylindrica(Wils.)D. L. Fu ‘Juanbei’ 赵天榜等主编. 世界玉兰属植物资源与栽培利用:288. 2013

25. 安徽玉兰 河南新记录种

Yulania anhuiensis T. B. Zhao,Z. X. Chen et J. Zhao，赵天榜等主编. 世界玉兰属植物资源与栽培利用:302～303. 2013

26. 具柄玉兰 河南新记录种

Yulania gynophora T. B. Zhao,Z. X. Chen et J. Zhao，赵天榜等主编. 世界玉兰属植物资源与栽培利用:288～289. 2013

27. 两型玉兰 河南新记录种

Yulania dimorpha T. B. Zhao,Z. X. Chen et H. T. Dai,戴慧堂等. 信阳师范学院学报(自然科学版),25(3):483～484. 489. 2012

28. 武当玉兰

Yulania sprengeri(Pamp.)D. L. Fu，傅大立. 玉兰属的研究. 武汉植物学研究，19(3):198. 2001

Magnolia sprengeri Pamp. in Nuov. Giorn. Bot. Ital. n. sér. 22:295. 1915

28.1 拟莲武当玉兰 河南新记录变种

Yulania sprengeri(Pamp.)D. L. Fu var. pseudonelumbo T. B. Zhao,Z. X. Chen et D. W. Zhao，赵天榜等主编. 世界玉兰属植物资源与栽培利用:189. 2013

29. 宝华玉兰

Yulania zenii(Cheng)D. L. Fu，傅大立. 玉兰属的研究. 武汉植物学研究，19(3):198. 2001

Magnolia zenii Cheng in Contr. Biol. Lab. Sci. ChinaBot. 8:291. f. 20. 1933

29.1 白花宝华玉兰 河南新记录变种

Yulania zenii(Cheng)D. L. Fu var. alba T. B. Zhao et Z. X. Chen,赵天榜等主编. 河南玉兰栽培:217. 2015

29.2 多被宝华玉兰 河南新记录变种

Yulania zenii(Cheng)D. L. Fu var. duobei T. B. Zhao et Z. X. Chen,赵天榜等主编. 河南玉兰栽培:217. 2015

29.3 ‘多被’宝华玉兰 河南新记录栽培品种

Yulania zenii(Cheng)D. L. Fu ‘Duobei’,赵天榜等主编. 河南玉兰栽培:218. 2015

29.4 ‘淡紫基’宝华玉兰 河南新记录栽培品种

Yulania zenii(Cheng)D. L. Fu ‘Danziji’,赵天榜等主编. 河南玉兰栽培:218. 2015

30. 奇叶玉兰 河南新记录种

Yulania mirifolia D. L. Fu,T. B. Zhao et Z. X. Chen,傅大立等. 植物研究，24

(3):261～262. 图 1. 2004

31. 罗田玉兰　河南新记录种

Yulania pilocarpa(Z. Z. Zhao et Z. W. Xie)D. L. Fu，傅大立. 玉兰属的研究. 武汉植物学研究，19(3):198. 2001

Magnolia pilocarpa Z. Z. Zhao et Z. W. Xie，药学学报，22(10):777. 图 1. 1987

31.1 '粉花'罗田玉兰　河南新记录栽培品种

Yulania pilocarpa(Z. Z. Zhao et Z. W. Xie)D. L. Fu 'Fenhua'，赵天榜等主编. 世界玉兰属植物资源与栽培利用:294. 2013

31.2 肉萼罗田玉兰亚种　河南新记录亚种

Yulania pilocarpa(Z. Z. Zhao et Z. W. Xie)D. L. Fu subsp. carnosicalyx T. B. Zhao et Z. X. Chen，赵天榜等主编. 世界玉兰属植物资源与栽培利用:294～295. 2013

31.3 紫红花肉萼罗田玉兰　河南新记录变种

Yulania pilocarpa(Z. Z. Zhao et Z. W. Xie)D. L. Fu var purpureo-rubra T. B. Zhao et Z. X. Chen，赵天榜等主编. 世界玉兰属植物资源与栽培利用:295～296. 2013

31.4 白花肉萼罗田玉兰　河南新记录变种

Yulania pilocarpa(Z. Z. Zhao et Z. W. Xie)D. L. Fu var alba T. B. Zhao et Z. X. Chen，赵天榜等主编. 世界玉兰属植物资源与栽培利用:296. 2013

32. 河南玉兰　河南新记录种

Yulania henanensis(B. C. Ding et T. B. Zhao)D. L. Fu et T. B. Zhao，田国行等,中国农业通报,22(5):409. 2006

Magnolia honanensis T. B. Zhao，T. X. Zhang et J. T. Gao，丁宝章等,河南农学院学报,17(4):6～8. 1983

Magnolia elliptimba Law et Gao in Bull. Bot. Res. 4(4):189～194. 图 1. 1984

32.1 椭圆叶河南玉兰　河南新记录变种

Yulania henanensis(B. C. Ding et T. B. Zhao)D. L. Fu et T. B. Zhao var. elliptilimba(Law et Gao)T. B. Zhao et Z. X. Chen ，赵天榜等主编. 世界玉兰属植物资源与栽培利用:305. 2013

32.2 '腋生'河南玉兰　河南新记录栽培品种

Yulania henanensis(B. C. Ding et T. B. Zhao)D. L. Fu et T. B. Zhao 'Axilla'

33. 星花玉兰　河南新记录种

Yulania stellata(Sieb. & Zucc.)D. L. Fu，傅大立. 玉兰属的研究. 武汉植物学研究，19(3):198. 2001

Magnolia stellata(Sieb. & Zucc.)Maxim. in Bull. Acad. Sci. St. Pétersb. 17:419 (in Mél. Biol. 8:509). 1872

Magnolia halleana Parsons in Garden,13:572. t. 1878

Buergeria stellata Sieb. & Zucc. in Abh. Math. —Phys. Cl. Akad. Wiss. Münch. 4,2:186(Fl. Jap. Fam. Nat. 1:78). 1845

Talauma stellata Miquel in Ann. Mus. Bot. Lugd. —Bat. 2:257(Prol. Fl. Jap.

145). 1866

Magnolia halleana Parsons in Garden,13:572. t. 1878

33.1 ‘水百合’星花玉兰　河南新记录栽培品种

Yulania stellata(Sieb. & Zucc.)D. L. Fu ‘Water Lily’，赵天榜等主编. 世界玉兰属植物资源与栽培利用:252～253. 2013

Magnolia stellata(Sieb. & Zucc.)Maxim. ‘Water Lily’, in Hilliers Man. of Trees and Shrubs. ed. 2. 1973

Magnolia kobus DC. var. stellata(Sieb. & Zucc.)B. C. Blackbum ‘Water Lily’ in D. J. Callaway,THE WORLD OF Magnolias. 160. 1994

33.2 ‘百龄’星花玉兰　河南新记录栽培品种

Yulania stellata(Sieb. & Zucc.)D. L. Fu ‘Centennial’，赵天榜等主编. 世界玉兰属植物资源与栽培利用:278. 2013

33.3 ‘菊花花’星花玉兰　河南新记录栽培品种

Yulania stellata(Sieb. & Zucc.)D. L. Fu ‘Chrysanthemuniflora’，赵天榜等主编. 世界玉兰属植物资源与栽培利用:278～279. 2013

33.4 ‘睡莲－1’星花玉兰　河南新记录栽培品种

Yulania × george-henry-kern(C. E. Kern)D. L. Fu et T. B. Zhao‘睡莲－1’*

Magnolia ‘George Henry Kern’‘睡莲－1’*

33.5 ‘睡莲－2’星花玉兰　河南新记录栽培品种

Yulania × george-henry-kern(C. E. Kern)D. L. Fu et T. B. Zhao‘睡莲－2’*

Magnolia ‘George Henry Kern’‘睡莲－2’*

33.6 ‘睡莲－3’星花玉兰　河南新记录栽培品种

Yulania × george-henry-kern(C. E. Kern)D. L. Fu et T. B. Zhao‘睡莲－3’*

Magnolia ‘George Henry Kern’‘睡莲－3’*

注:1.1～1.6(郭欢欢)。

34. 信阳玉兰　河南新记录种

Yulania xinyangensis T. B. Zhao,Z. X. Chen et H. T. Dai,戴慧堂等. 信阳师范学院学报(自然科学版),25(3):484～485. 489. 2012

34.1 狭被信阳玉兰　河南新记录变种

Yulania xinyangensis T. B. Zhao,Z. X. Chen et H. T. Dai var. angutitepala T. B. Zhao et Z. X. Chen 赵天榜等主编. 世界玉兰属植物资源与栽培利用:242. 2013

35. 莓蕊玉兰　图版 8:3、4　河南新记录种

Yulania fragarigynandria T. B. Zhao,Z. X. Chen et H. T. Dai，赵天榜等主编. 世界玉兰属植物资源与栽培利用:236～238. 2013

35.1 变异莓蕊玉兰　河南新记录变种

Yulania fragarigynandria T. B. Zhao,Z. X. Chen et H. T. Dai var. variabilis T. B. Zhao et Z. X. Chen，赵天榜等主编. 世界玉兰属植物资源与栽培利用:238. 2013

35.2 ‘九被’莓蕊玉兰　河南新记录栽培品种

Yulania fragarigynandria T. B. Zhao, Z. X. Chen et H. T. Dai ‘Jiubei’，赵天榜等主编. 河南玉兰栽培：271～272. 2015

36. 湖北玉兰　河南新记录种

Yulania hubeiensis D. L. Fu, T. B. Zhao t Sh. Sh. Chen，田国行等，中国农业通报，22(5)：410. 2006

Yulania verrucosa D. L. Fu, T. B. Zhao t S. S. Chen，傅大立等. 植物研究，30(6)：642～643. 2010

37. 朝阳玉兰　河南新记录种

Yulania zhaoyangyulan T. B. Chao et Z. X. Chen，赵天榜等主编. 世界玉兰属植物资源与栽培利用：235～236. 2013

38. 滇藏玉兰　河南新记录种

Yulania campbellii(Hook. f. & Thoms.)D. L. Fu，傅大立. 玉兰属的研究. 武汉植物学研究，19(3)：198. 2001

Magnolia campbellii Hook. f. & Thoms. in Hook. f. Illustr. Him. Pl. t. 45. t. 4, 5. 1855

Magnolia mollicomata W. W. Smith. In Not. Bot. Gard. Edinb. 12：211. 1920

Magnolia griffith Posth. Paers, II. 152. 1848

38.1 白花滇藏玉兰　河南新记录变种

Yulania campbellii(Hook. f. & Thoms.)D. L. Fu var. alba(Treseder)D. L. Fu et T. B. Zhao，金红等. 中国农学通报，21(9)：313～314. 2005

Magnolia campbellii(Hook. f. & Thoms.)D. L. Fu var. alba Treseder, nom. illeg. in J. Roy. Hor. Soc., 76：218. 1952

38.2 狭卵圆叶滇藏玉兰　河南新记录变种

Yulania campbellii(Hook. f. & Thoms.)D. L. Fu var. angustatiovata T. B. Zhao et Z. X. Chen, var. transl. nov.，赵天榜等主编. 河南玉兰栽培. 158. 1015

39. 舞钢玉兰　河南新记录种

Yulania wugangensis(T. B. Zhao, W. B. Sun et Z. X. Chen)D. L. Fu，傅大立. 玉兰属的研究. 武汉植物学研究，19(3)：198. 2001

Magnolia wugangensis T. B. Zhao, W. B. Sun et Z. X. Chen，赵天榜等. 云南植物学研究，21(2)：170～172. 图1. 1999

39.1 多油舞钢玉兰　河南新记录变种

Yulania wugangensis(T. B. Zhao, W. B. Sun et Z. X. Chen)D. L. Fu var. duoyou T. B. Zhao, Z. X. Chen et D. X. Zhao，赵天榜等主编. 世界玉兰属植物资源与栽培利用：309. 2013

39.2 三型花舞钢玉兰　河南新记录变种

Yulania wugangensis(T. B. Zhao, W. B. Sun et Z. X. Chen)D. L. Fu var. triforma T. B. Zhao et Z. X. Chen，赵天榜等主编. 世界玉兰属植物资源与栽培利用：309～

310. 2013

39.3 紫花舞钢玉兰　河南新记录变种

Yulania wugangensis(T. B. Zhao,W. B. Sun et Z. X. Chen)D. L. Fu var. purpurea T. B. Zhao et Z. X. Chen,赵天榜等主编. 世界玉兰属植物资源与栽培利用:310. 2013

39.4 毛舞钢玉兰亚种　河南新记录亚种

Yulania wugangensis(T. B. Zhao,W. B. Sun et Z. X. Chen)D. L. Fu subsp. pubescens T. B. Zhao et Z. X. Chen,赵天榜等主编. 世界玉兰属植物资源与栽培利用:310～311. 2013

39.5 多变舞钢玉兰亚种　河南新记录亚种

Yulania wugangensis(T. B. Zhao,W. B. Sun et Z. X. Chen)D. L. Fu subsp. varians T. B. Zhao et Z. X. Chen,赵天榜等主编. 世界玉兰属植物资源与栽培利用:311. 2013

39.6 ‘圆被’舞钢玉兰　河南新记录栽培品种

Yulania wugangensis(T. B. Zhao,W. B. Sun et Z. X. Chen)D. L. Fu ‘Yuanbei’,赵天榜等主编. 世界玉兰属植物资源与栽培利用:311. 2013

39.7 ‘粉红’舞钢玉兰　河南新记录栽培品种

Yulania wugangensis(T. B. Zhao,W. B. Sun et Z. X. Chen)D. L. Fu ‘Fenhong’,赵天榜等主编. 世界玉兰属植物资源与栽培利用:310～311. 2013

39.8 ‘多被’舞钢玉兰　河南新记录栽培品种

Yulania wugangensis(T. B. Zhao,W. B. Sun et Z. X. Chen)D. L. Fu ‘Duobei’,赵天榜等主编. 世界玉兰属植物资源与栽培利用:311. 2013

39.9 ‘多变’舞钢玉兰　河南新记录栽培品种

Yulania wugangensis(T. B. Zhao,W. B. Sun et Z. X. Chen)D. L. Fu ‘Varians’,赵天榜等主编. 世界玉兰属植物资源与栽培利用:311～312. 2013

39.10 ‘肉萼’舞钢玉兰　河南新记录栽培品种

Yulania wugangensis(T. B. Zhao, W. B. Sun et Z. X. Chen)D. L. Fu ‘Rou E’,赵天榜等主编. 河南玉兰栽培:213. 2015

40. 渐尖玉兰　河南新记录种

Yulania acuminata(Linn.)D. L. Fu,傅大立. 玉兰属的研究. 武汉植物学研究,19(3):198. 2001

Magnolia acuminata(Linn.)Linn.,Syst. Nat. ed. 10(2):1082. 1759

Magnolia acuminata Linn. in L. H. Bailey,MANUAL OF CULTIVATES PLANTS. 290～291. 1925

40.1 ‘蜜蜂 小姐’渐尖玉兰　河南新记录栽培品种

Yulania acuminata(Linn.)D. L. Fu ‘Miss Honeybee’,赵天榜等主编. 世界玉兰属植物资源与栽培利用:250～251. 2013

40.2 ‘北极’渐尖玉兰　河南新记录栽培品种

Yulania acuminata(Linn.)D. L. Fu ‘North Type’ *

Yulania × virginia ‘North Type’ *

40.3 ‘南极’渐尖玉兰　河南新记录栽培品种

Yulania acuminata(Linn.)D. L. Fu ‘South Type’ *

Yulania × virginia ‘South Type’ *

41. 美丽玉兰　河南新记录种

Yulania concinna(Law et R. Z. Zhou)T. B. Zhao et Z. X. Chen,赵天榜等主编. 世界玉兰属植物资源与栽培利用:259～260. 2013

Magnolia concinna Law et R. Z. Zhou,刘玉壶主编. 中国木兰:44～55. 2004.

42. 大别玉兰　河南新记录种

Yulania dabeieshanensis T. B. Zhao, Z. X. Chen et H. T. Dai,赵天榜等主编. 世界玉兰属植物资源与栽培利用:306～308. 2013

43. 玉灯玉兰　河南新记录杂种

Yulania × george-henry-kern(C. E. Kern)D. L. Fu et T. B. Zhao, 田国行等. 玉兰属植物资源与新分类系统的研究. 中国农学通报, 22(5):409. 2006

Magnolia ‘George Henry Kern’ in American Nurseryman, 89(5):33～34. 1949

Magnolia ‘George Henry Kern’. Magnolia kobus DC. var. stellata (Sieb. & Zucc.)B. C. Blackburn × M. liliflora Desr. in D. J. Callaway, The World of Magnolias. 217. 1994

44. 柳叶玉兰　柳叶木兰　河南新记录种

Yulania salicifolia(Sieb. & Zucc.)D. L. Fu, 傅大立. 玉兰属的研究. 武汉植物学研究, 19(3):198. 2001

Magnplia salicifolia Sieb. & Zucc. in Abh. Math. - Phys. Cl. Akad. Wiss. Münch. 4(2):167(Fl. Jap. Fam. Nat. 179). 1843

Magnplia salicifolia(Sieb. & Zucc.)Maxim. in Bull. Acad. Sci. St. Pétersb. 17:419(in Mém. Biol. 8:509). 1872

Talauma ? salicifolia Miq. in. Ann. Mus. Bot. Lugd. -Bat. 2:258(Prol. Fl. Jap. 145). 1866

45. 景宁玉兰　景宁木兰　河南新记录种

Yulania sinostellata(P. L. Chiu et Z. H. Chen)D. L. Fu, 傅大立. 玉兰属的研究. 武汉植物学研究, 19(3):198. 2001

Magnolia sinostellata P. L. Chiu et Z. H. Chen, 裘宝林等. 浙江木兰属一新种. 植物分类学报, 27(1):79～80. 图. 1989

46. 红花玉兰　红花木兰　河南新记录杂种

Yulania wufengensis(L. Y. Ma et L. R. Wang)T. B. Zhao et Z. X. Chen,赵天榜等主编. 世界玉兰属植物资源与栽培利用:192. 2013

Magnolia wufengensis L. Y. Ma et L. R. Wang, 马履一等,中国木兰科木兰属一

新种. 植物研究，26(1):46. 图 1. 2. 2006

47. 凹叶玉兰　河南新记录种

Yulania sargentiana(Rehd. & Wils.)D. L. Fu，傅大立. 玉兰属的研究. 武汉植物学研究，19(3):198. 2001

Magnolia sargentiana Rehd. & Wils. n. sp. in S. Sargent, Plantae Wilsonianae. Vol. I. 389. 1911

48. 椭圆叶玉兰　河南新记录种

Yulania sargentiana(Rehd. & Wils.)T. B. Zhao, Z. X. Chen et Y. M. Fan, sp. trans. nov.

Magnolia elliptilimba Law et Gao, sp. nov. ,刘玉壶等. 河南木兰属新植物. 植物研究,4(4):1189～1194. 图 1. 1984

(四) 含笑属

Michelia Linn. sp. Pl. 536. 1753;Gen. Pl. ed. 5,240. 1754

1. 深山含笑　河南新记录种

Michelia maudiae Dunn in Journ. Linn. Soc. Bot. 38:353. 1908

2. 阔瓣含笑　河南新记录种

Michelia platypetala Hand. －Mzt. in Anz. Akad. Wiss. Wien. Math. －Nat. 58: 89. 1921. p. p. quoad Hand. －Mazz. Symb. Sin. 7(2):242. 1931

3. 含笑

Michelia figo(Lour.)Spreng. Vég. 2:643. 1825

Liriodendron figo Lour. Fl. Cochich. 1:347. 1790

Magnolia fuscata Andr. Bot. Repos. 4 pl. 229. 1802

Michelia fuscata Bl. ex Wall. Cat. no. 6495. 1832

4. 黄兰　黄缅桂

Michelia champaca Linn. Sp. Pl. 536. 1753

三十八、水青树科　河南新记录科(李小康、赵天榜、陈志秀)

Tetracentraceae[Harms in Ber. Deutsch. Bot.] Ges. 15:357. 1897. nom. provis.

(一) 水青树属　河南新记录属

Tetracentron Oliv. in Hooker's Icon. Pl. 19:t. 1892. 1889

1. 水青树　河南新记录种

Tetracentron sinensis Oliv. in Hooker's Icon. Pl. 19:t. 1892. 1889

三十九、蜡梅科(赵天榜、陈志秀)

Calycanthaceae Horaninov, Prim. Linn. Syst. Nat. 81. 1834

Calycantheae Lindl. in Bot. Rég. 5:t. 404. p. [1] 1819

(一) 蜡梅属

Chimonanthus Lindl. in Bot. Rég. 5:t. 404. p. [3] in nota 1819

Meratia Loiseleur, Herb. Amat. 3:173. t. 1818

1. 蜡梅

Chimononthus praecox(Linn.)Link, Enum. Pl. Hort. Berol. 2:66. 1822

Calycanthus praecox Linn.,Sp. Pl. ed. 2,718. 1762

Meratia fragrans Loiseleur,Herb. Amat. 3:173. t. 1818

Chimononthus fragrans Lindl. in Bot. Rég. 6:t. 451. f. a,1～9. p. [1] 1820. ram. florifero exclud.

Chimononthus parviflorus Rafinesque,Alsogr. Am. 6. 1838

Butneria praecor Schneiderin Dendr. Winterstud. 204,241. f. 222 i－o. 1903

Meratia praecox Rehd. & Wilson in Sargent,Pl. Wilson. 1:419. 1913

1.1 ‘黄龙紫’蜡梅栽培　河南新记录栽培品种

Chimonanthus praecox(Linn.)Link ‘Huanglongzi’,赵天榜等主编. 中国蜡梅:92～93. 1993

1.2 ‘大花素心’蜡梅　河南新记录栽培品种

Chimonanthus praecox(Linn.)Link ‘Grandiconcolor’ 赵天榜等主编. 中国蜡梅:111. 1993

Chimonanthus praecox(Linn.)Link var. grandiflorus Makino in Bot. Mag. Tokyo, 24:301. 1910

Calyanthus praecox(Linn.)Link(f.)grandiflorus hort. ex Schelle in Beissner et al., Handb. Laubh.－Ben. 121. 1903

1.3 ‘卷被素心’蜡梅　河南新记录栽培品种

Chimonanthus praecox(Linn.)Link ‘Cieehoconcolor’,赵天榜等主编. 中国蜡梅:114～115. 1993

1.4 ‘罄口’蜡梅　河南新记录栽培品种

Chimonanthus praecox(Linn.)Link ‘Grandiflorus’,赵天榜等主编. 中国蜡梅:99～100. 1993

2. 柳叶蜡梅　河南新记录种

Chimonanthus salicifolius S. Y. Hu in Journ. Arn. Arb. 35:197. 1954

3. 簇花蜡梅　河南新记录种

Chimonanthus caespitosa T. B. Zhao,Z. X. Chen et Z. Q. Li,赵天榜等. 中国蜡梅属一新种. 植物研究,9(4):47～49. 图. 1989

四十、景天科(李小康、陈志秀)

Crassulaceae *,中国植物志　第 34 卷　第 1 分册:31. 1984

(一)落地生根属

Bryophyllum Salisb. Parad. London pl. 3. 1805

1. 落地生根

Bryophyllum pinnatum(Linn. f.)Oken,Allg. Naturgesch. 3:1966. 1841

Crassula pinnata Linn. f. Suppl. Sp. Pl. 191. 1781

Kalanchoe pinnata(Linn. f.)Pers. Syn. Pl. 1:446. 1805

Bryophyllum calycinum Salisb. Parad. London,pl. 3. 1805

2. 大叶落地生根

Bryophyllum daigremontianum A. Berga *

(二) 青锁龙属

Crassua Linn. * 34(1)31. *,朱家柟等编著. 拉汉英种子植物名称　第二版. 2006;黄福贵，任志锋编著. 多肉植物鉴赏与景观应用志:231. 2013.

1. 青锁龙

Crassua lycopodioides Lam. *,黄福贵，任志锋编著. 多肉植物鉴赏与景观应用志: 231. 2013

2. 燕子掌　河南新记录种

Crassua portulacea *

3.'筒叶花月'　河南新记录栽培品种

Crassua obliqua'Gollum' *

(三) 奇峰锦属　河南新记录属

Tylecodon *,黄福贵，任志锋编著. 多肉植物鉴赏与景观应用志:232. 2013

1. 奇峰锦　万物想　河南新记录种

Tylecodon reticulatus *

2. 阿房宫　河南新记录种

Tylecodon paniculatus *,黄福贵，任志锋编著. 多肉植物鉴赏与景观应用志:232. 2013

(四) 瓦松属

Orostachys(DC.)Fisch. Cat. Hort. Gorenk. 99. 1808. nom. nud.

1. 瓦松

Orostachys fimbriaatus(Turcz.)Berger in Engl. & Prantl. Pflanzenfam. 2. Aufl. 18a. 464. 1930

Cotyledon fimbriataTurcz. Cat. Pl. Baic.—Dahur. No. 468. 1838

Umbilicus fimbriatus(Turcz.)Turcz. Cat. Fl. Baical.—Dahur. 1:432. 1842～45.

Sedum fimbriatum(Turcz.)Franch. in Nouv. Arch. Mus. Hist. Nat. Paris II. 6: 8. 1883(Pl. Dav. 1:128. 1884)

Sedum ramosissimum(Maxim.)Franch. in Nouv. Arch. Mus. Hist. Nat. Paris II. 6:8. 1883(Pl. Dav. 1:128. 1884)

Umbilicus ramosissimus Maxim. in Mém. Acad. Sci. St. Pétersb. Sav. Étrang. 9:492. ad nota,1859

Sedum limuloides Praeg. in Proc. Irish Acad. 35B:2. pl. 1. 1919

(五) 石莲花属　河南新记录属

Echeveria DC. *,黄福贵，任志锋编著. 多肉植物鉴赏与景观应用志:231. 2013

1. 石莲花　七福神　河南新记录种

Echeveria secunda Booth *，黄福贵，任志锋编著. 多肉植物鉴赏与景观应用志：231. 2013

2. 鲜红石莲花　河南新记录种

Echeveria peacockii Croucher *

3. 大和锦　河南新记录种

Echeveria purpusorum *，黄福贵，任志锋编著. 多肉植物鉴赏与景观应用志：234. 2013

4. 摩氏玉莲　河南新记录种

Echeveria moranii *

5. 玉蝶　河南新记录种

Echeveria glauca *，黄福贵，任志锋编著. 多肉植物鉴赏与景观应用志：234. 2013

(六) 八宝属

Hylotephium H. Ohba in Bot. Mag. Tokyo,90:46. 1977

Sedum Linn. Sp. Pl. 1:430. p. p. excl. no. 4—15. 1753

Anacampseros Miller,Gard. Dict. abridged ed. 4:73. 1754 non Linn. 1758.

TelephiumJ. Hill,Brit. Herb. 36. 1756. non Linn. 1753

1. 八宝

Hylotephium erythrostictum(Miq.)H. Ohba in Bot. Mag. Tokyo,90. 50. f. 1f. 1977

Sedum erythrostictum Miq. Ann. Mus. Bot. Lugd. —Bat. 2:155. 1865

Sedum alboroseum Baker in Saunder's Refug. Bot. 1:pl. 33. 1868

Sedum labordei Lévl. et Van. Fl. Kouy Tchéou. 118. 1914. nom. nud.

2. 长寿花

Hylotephium *，黄福贵，任志锋编著. 多肉植物鉴赏与景观应用志：234. 2013

(七) 景天属

Sedum Linn. Sp. Pl. 430. 1753;Gen. Pl. ed. 5，197. 1754

1. 垂盆草　河南新记录种

Sedum sarmentosum Bunge in Mém. Acad. Sci. St. Pétersb. Sav. Étrang. 2:104. 1833

Sedum sheareri S. Moore in Journ. Bot. 13:227. 1875

Sedum kouyangense Lévl. et Vant. in Fl. Kouy-Tcheou. 118. 1914. nom. nud.

2. 佛甲草

Sedum lineare Thunb. Fl. Jap. 184. 1787

Sedum obtuso-lineare Hayata，Icon. Pl. Formos. 3：Ⅲ. 1913.

(八) 红景天属

Rhodiola Linn. Sp. Pl. 1905. 1753

Sedum Linn. sect. Sedum(Linn.)Scop. Introd. Hist. 255. 1777

Clementsia Rose in Bull. New York Bot. Gard. 3:3. 1903

Chamaerhodiola Nakai, Rep. Firrat Sci. IV. Pt. 1:27. 1934

Sedum Linn. subgen. Rhodiola(Linn.) H. Ohba in Ohashi, Fl. E. Himal. 3rd. rep. 285. 1975

1. 红景天

Rhodiola roseaLinn. Sp. Pl. 1035. 1753

Sedum roseum(Linn.)Scop. Fl. Carn. ed. 1:326. 1772

Sedum rhodiola DC. Pl. Grass. 143. pl. 143. 144. 1805

(九) 伽蓝菜属　河南新记录属

Kalanchoblos Adans., Fam. Pl. 1 248. 1763

1. 长寿花　河南新记录种

Kalanchoblos sfeldiana *

2. 大叶落地生根　河南新记录种

Kalanchoblos daigremontiana *,黄福贵，任志锋编著. 多肉植物鉴赏与景观应用志:235. 2013

3. 黑兔耳　河南新记录种

Kalanchoblos tomentosa *,黄福贵，任志锋编著. 多肉植物鉴赏与景观应用志:236. 2013

四十一、番荔枝科　河南新记录科(李小康、王华)

Annonaceae[L. C. Richard, Demonstr. Bot. Anal. Fruit, 17. 1811. "Annonacées"; nom. 一] R.

Brown in Flinders, Voy. Terra Austral. 2:597. 1814. nom. subnud.

Glyptospermae Ventenat, Tabl. Règ. Vég. 3:75. 1799

Anoneae Jaume St. Hilaire, Exp. Fam. Nat. 2:79. t. 85. 1805

(一) 依兰属　河南新记录属

Cananga(DC.)Hook. f. et Thoms. Fl. Ind. 1:129. 1855

Fitzseraldia F. Muell. Fragm. 6:1. 1867

Canangium Baill. Hist. Pl. 1:213. 1868

1. 依兰　河南新记录种

Cananga odorata(Lamk.)Hook. f. et Thoms. Fl. Ind. 1:130. 1855

Uvaria odorata Lamk. Encyc. 1:595. 1783, et III. Tab. 495, et f. 1. 1793

Canangium odoratum Baill. Hist. Des. Pl. 1:213. 1868(in not.)

(二) 番荔枝属　河南新记录属

Annona Linn., Sp. Pl. 573. 1753. p. p.; Gen. Pl. ed. 5, 241. no. 613. 1754. p. p.

1. 圆滑番荔枝　牛心果　河南新记录种

Annona glabra Linn., Sp. Pl. 573. 1753

(三) 假鹰爪属　河南新记录属

Desmos Lour. Fl. Cochinch. 352. 1790

1. 假鹰爪　河南新记录种

Desmos chinensis Lour. Lour. Fl. Cochinch. 352. 1790

Unona discilor Vahl. Symb. 2:63. Pl. 36. 1791

Unona chinensis DC. Syst. 1:495. 1818

Artabotrys esquirolii Lévl. Fl. Kouy-Tcheou,29. 1919. pro part. excl. Esquirol 2184

四十二、樟科(赵天榜、李小康)

Lauraceae Lindl. ,Nat. Syst. Bot. ed. 2,200. 1836

Laurinae Ventenat,Tabl. Règ. Vég. 2:245. 1799

Laurineae DC. in Lamarck DC. , Fl. Françe 3:361. 1805

Laureae Reichenbach,Consp. Règ. Vég. 87. 1828

Perseaceae(Laurinae)Horaninov,Prim. Lin. Syst. Nat. 61. 1834

(一) 樟属

Cinnamomum Trew Herb. Blackwell. Gent. 3,signature m. t. 347. 1760

Camphora Fabr. Enum. Méth. Hort. Med. Heimstad. 218. 1759

Malabathrum Burm. Fl. Ind. 214. 1768

Cecidodaphne Nees in Wall. Asiat. Rar. 3:72. 1831

Parthenoxylon Bl. Mus. Lugh. —Bat. 1916. 1851

1. 樟树

Cinnamomum camphora(Linn.)Presl,Priorz,Rostlin 2:36. et 47～56. t. 8. 1825

Laurus camphora Linn. Sp. Pl. 369. 1753

Persea camphora Spreng. ,Syst. Vég. 2:268. 1825.

Camphora officinarum Nees in Wall. Pl. Asiat. Rar. 2:72. 1831

Cinnamomum simondii Lec. in Nouv. Arch. Mus. Hist. Nat. Paris 2:72. 1831

Cinnamomum camphoroides Hay. , Icon. Pl. Formos. 3:158. 1913

Cinnamomum nominale(Hay.)Hay. , Icon. Pl. Formos. 60. 1913. 6. Suppl. 62. 1917

1.1 ‘金叶’樟树　河南新记录栽培品种

Cinnamomum camphora(Linn.)Presl‘Jenye’ *

(二) 月桂属

Laurus Linn. ,Sp. Pl. 369. 1753. p. p. typ.

1. 月桂

Laurus nobilis Linn. ,Sp. Pl. 369. 1753

(三) 木姜子属

Litaea Lam. Encycl. Méth. Bot. 3:574. 1793. nom. Cons.

Pseudolitsea Yang in Journ. West China Bora Res. Soc. 16. sér. B:85. 1945

Tetranthera Jacquin, Hort. Schoenbrum 1:59. f. 113. 1797

1. 天目木姜子

Litaea auriculata Chien et Cheng in Contr Biopl. Lab. Sci. Soc. China, Bot. sér. 6 (7):59. f. 1. 1931

2. 豹皮樟

Litsea coreana Lévl. var. sinensis(Allen)Yang et P. H. Huang in Act. Phytotax Sin. 16(4):49. 1978

Iozoste hirtipes Miqo in Bull. Shanghai Sci. Inst. 14:300. 1944

(四) 楠木属

Phoebe Nees in Wall. Pl. Asiat Rar. 2:61 et 70 1831

1. 紫楠

Phoebe sheareri(Hemsl.)Gamble in Sarg. Pl. Wils. 2:72. 1914

Machilus sheareri Hemsl. in Journ. Linn. Soc. Bot. 26:377. 1891

四十三、罂粟科(陈志秀、李小康)

Papaveraceae *,中国植物志　第47卷:31. 1999

(一) 博落回属

Macleaya R. Br.,Narr. Travels Afric 218. 1826

1. 博落回

Macleaya cordata(Willd.)R. Br. in App. Danh. et Clapp. Trav. North. - a. Centr. —Afric. 218. 1826. in adn.

Bocconia cordata Willd. Sp. Pl. 2:842. 1797

2. 小果博落回

Macleaya microcarpa(Willd.)R. Br. in App. Danh. Et Clapp. Trav. North. - a. Centr. —Afric. 218. 1826. in adn.

(二) 罂粟属

Papaver Linn. Sp. Pl. ed. 1,506. 1753

1. 虞美人

Papaver rhoeas Linn. Sp. Pl. ed. 1,507. 1753

(三) 紫堇属

Corydalis DC. in Lamarck et DC.,Fl. France,ed. 3,4:567. 17. Sept. 1805

Corrydalis Medik.,Philos. Bot. 1:96. 1789(= Cysticapnos Mill. 1754),nom. rij.

Corrydalis Ventenat,Choix 1803(= Capnoides Mill. 1754),nom. rij.

Pistolochia Bernh.,Syst. Verz. 57,74. 1800. nom. rej.

1. 延胡索

Corydalis yanhusuo W. T. Wang ex Z. Y. Su et C. Y. Wu in Act. Bot. Yunnan, 7(3):260. 1985

2. 紫堇

Corydalis edulis Maxim. in Bull. Acad. Sci. St. Pétersb. 24:30. 1877

Corydalis chinensis Franch. in Nov. Arch. Mus. Paris. sér. 2(5):28. 1884

Corydalis micropoda Franch. in Nov. Arch. Mus. Paris. sér. 2(5):29. 1884

(四) 荷苞牡丹属

Dicentra Bernh. in Linn. 8:457. 468. 1833

1. 荷苞牡丹

Dicentra spectabilis(Linn.)Lem. Fl. des Serres 1,3:pl. 258. 1847

Fumaria spectabilis Linn. Sp. Pl. 699. 1753

Dielytra spectabilis(Linn.)DC. Syst. 2:110. 1821

四十四、十字花科(陈志秀、李小康)

Crucifeae *,中国植物志　第48卷:1. 1987

(一) 芸苔属

Brassica Linn. Sp. Pl. 666. 1753;Gen. Pl. ed. 5,299. 1754.

1. 油菜　芸苔

Brassica caampestris Linn. Sp. Pl. 666. 1753

2. 甘蓝

Brassica oleracea Linn. Sp. Pl. 667. 1753

Brassica capitata Lévl. in Pl. Modde Pl. 12:24. 1910

2.1 花椰菜　河南新记录变种

Brassica oleracea Linn. var. botrytis Linn. Sp. Pl. 667. 1753

2.2 '紫心'甘蓝　河南新记录栽培品种

Brassica oleracea Linn.'紫心' *

2.3 '淡黄心'甘蓝　河南新记录栽培品种

Brassica oleracea Linn.'淡黄心' *

(二) 萝卜属

Raphanus Linn. Sp. Pl. 669. 1753;Gen. Pl. ed. 5,300. 1754

1. 萝卜

Raphanus sativus Linn. Sp. Pl. 669. 1753

(三) 独行菜属

Lepidium Linn. Sp. Pl. 643. 1753;Gen. Pl. ed. 5,291. 1754

1. 独行菜

Lepidium apetalum Willd. Sp. Pl. 3:439. 1800

(四) 臭荠属

Coronopus J. G. Zinn,Catal. Pl. Hort. Acad. Gott. 325. 1757

1. 臭荠

Coronopus didymus(Linn.)J. E. Smith,Fl. Brit. 2:691. 1804

Lepidium didymum Linn. Mantiss. 1:92. 1767

（五）菘蓝属

Isatis Linn. Sp. Pl. 670. 1753;Gen. Pl. ed. 5,301. 1754

1. 大青 菘蓝

Isatis indigotica Fortune in Journ. Hort. Soc. London 1:269. cum ic. xylog. 1, 271. 1846

2. 欧洲菘蓝 板蓝根

Isatis tinctoria Linn. Sp. Pl. 670. 1753

（六）菥蓂属

Thlaspi Linn. Sp. Pl. 645. 1753;Gen. Pl. ed. 5,292. 1754.

1. 菥蓂

Thlaspi arvense Linn. Sp. Pl. 646. 1753

（七）荠属

Capsella Medic. Pflanzengatt. 85. 99. 1972

Brsa Bochmer in Ludurg,Def. Gen. Pl. 225. 1760

1. 荠

Capsella bursa-pastoris(Linn.)Medic. Pflanzengatt. 85. 99. 1972

Thlaspi bursa-pastoris Linn. Sp. Pl. 647. 1753

（八）球果荠属

Neslia Desv. Journ. Bot. Desvaux sér. 2,3:162. 1814

Rapistrum A. Haller,Hist. Strip. Hefv. 1:224. 1768. nom Crantz 1769

1. 球果荠

Neslia paniculata(Linn.)Desv. in Journ. de Bot. 3:162. 1814

Myagrum paniculatun Linn. Sp. Pl. 641. 1753

（九）紫罗兰属

Matthiola R. Br. in W. et W. T. Aiton,Hort. Kew. 2,4:119. 1812('Mathiola')

1. 紫罗兰

Matthiola incana(Linn.)R. Br. in W. et W. T. Aiton,Hort. Kew. 2,4:119. 1812 ('Mathiola')

Cheiranthus incanus Linn. Sp. Pl. 662. 1753

（十）桂竹香属

Cheiranthus Linn. Sp. Pl. 661. 1753;Gen. Pl. ed. 5,297. 1754.

1. 桂竹香

Cheiranthus chairi Linn. Sp. Pl. 661. 1753

（十一）亚麻荠属

Camelina Crantz,Strip. Austr. 17. 1762

1. 小果亚麻荠

Camelina microcarpa Andrz. in DC. Syst. Nat. 2:517. 1821

(十二) 播娘蒿属

Descurainia Webb. & Berth. Phytogr. Vanar. 1:72. 1836

1. 播娘蒿

Descurainia sophia(Linn.)Webb. & Prantl in Engl. & Parant. Nat. Pflanzenfam. 3(2):192. 1891

Descurainia sophia(Linn.)Schur. Enum. Pl. Trans. 54. 1866

Sisymbrium sophia Linn. Sp. Pl. 659. 1753

(十三) 诸葛菜属

Orychophragmus Bunge in Mém. Acad. Sci. St. Pétersb. 2:81. 1833

1. 诸葛菜　二月蓝

Orychophragmus violaceus(Linn.)O. E. Schulz in Bot. Jahrb. 54:Beibl. 119,56. 1916

四十五、虎耳草科(陈志秀、李小康)

Saxifragaceae DC. in Lamarck DC. ,Fl. Françe. ed. 3. 4:382. 1805

Sedaceae Necker in Act. Acad. Elet. Sci. Theod. —Palat. 2:487. 1770. nom. subnud.

Semperviveae Presl,Wseob. Rostilin. 1:655. 1846

(一) 鬼灯擎属

Rodgersia Gray in Mém. Amer. Acad. Ser. 2, 6(1):89. 1858

1. 七叶鬼灯擎

Rodgersia aesculifolia Batal. in Acta Hort. Peterop. 13:96. 1893

(二) 虎耳草属

Saxifraga Tourn. ex Linn. Sp. Pl. ed. 1, 398. 1753;Gen. Pl. d. 5, 189. 1754

1. 虎耳草

Saxifraga stolonifera Curt. in Philos. Trans. London B. 64, 1. 308. No. 2541. 1774

Saxifraga stolonifera Merb. Afbeeld. 2. 1775. non Curt. 1774

Saxifraga sarmentosa Linn. in Eliss, de Dionaca, Curt. Schreb. ed. 2, 16. 1780

Saxifraga ligulata Murr. in Comm. Goetting. 26. t. 1. Pflanzenr. 69(IV. 117) 652. 1919

Saxifraga chinensis Lour. Fl. Cochich. 281. 1790

Saxifraga chaffanjoni Lévl. In Fedde Repert. Sp. Nov. 9:452. 1911. "chaffanjonl"

Saxifraga dumetorum Balf. f. in Trans. Bot. Soc. 27:71. 1918

Saxifraga iochanensis Lévl. Sert. Yunnan. 2. 1916

(三) 红升麻属

Sstiibe Buch. —Ham. *

1. 红升麻　落新妇

Astiibe chinensis(Maxim.)Franch. et Savat. Enum. Pl. Jap. 144. 1875. p. p.: Franch. Pl. David. 1:121. 1884. p. p.

Assilbe chinensis(Maxim.)Franch. et Savat. var. davidii Franch. 1. c.:Ohwi,Fl. Amur. 120. 1859

Astiibe davidii(Franch.)Henry op. cit. 95. 1902

Astiiberubra auct. non Hook. f. et Thoms.:湖北植物志 2:72. 图 799. 1979

Hoteia chinensis Maxim. Prim. Fl. Amur. 120. 1859

四十六、山梅花科(赵天榜、陈志秀、李小康)

Philadelphaceae Lindl.,Nat. Syst. Bot. ed. 2,47. 1836

Philadelphaceae Dumortier,Anal. Fam. Pl. 36,97. 1829. err. typogr. "Phyladelphineae"p. 36.

(一) 溲疏属

Deutzia Thunb. in nov. Gen. Pl. 19. 1871

Neodrutzia Small in Small a. Rydb. North. Amer. FL. 22. 2 161. 1906. pro gen.

1. 溲疏

Deutzia scabra Thunb.,Fl. Jap. 185. t. 24. 1784

Deutzia crenata Sieb. & Zucc.,Fl. Jap. 1:19. t. 6. 1835

Deutzia fortunei Carr. in Rev. Hort. 1866:338. 1866

Deutzia crenata Fortunei Lavallée,Arb. Segrez. 116. 1877

Deutzia scabra Fortunei hort. ex Zabel,Syst. Verzeich. Münden,20. 1878. nom.

1.1 重瓣溲疏　河南新记录变型

Deutzia scabra Thunb. f. plena(Maxim.)Schneider in Mitt. Deutsch. Dendr. Ges. 1904(13):178. 1905

Deutzia crenata Sieb. & Zucc. f. plena Maxim. in Mém. Acad. Sci. St. Pétersb. sér. 7,10,16:22(Rev. Hydrang. As. Or.). 1867

1.2 黄斑溲疏　河南新记录变型

Deutzia scabra Thunb. f. marmorata(Rehd.)Rehd. in Bibliography of Cult. Trees and Shrubs. 196. 1949

Deutzia crenata Sieb. & Zucc. var. marmorata Hort. ex Rehder in Bailey, Cycl. Am. Hort. [1]:473. 1900

Deutzia scabra Thunb. f. aureo-marmorata Schneider in Mitt. Deutsch. Dendr. Ges. 1904(13):179. 1905

1.3 白斑溲疏　河南新记录变型

Deutzia scabra Thunb. f. albo-punctata Schneider in Mitt. Deutsch. Dendr. Ges. 1904(13):179. 1905

1.4 白花重瓣溲疏　河南新记录变种

Deutzia scabra Thunb. var. candidissima (Bonard) Rehd. in Bailey, Cycl. Am. Hort. [1]:473. 1900. "f."

Deutzia crenata candidissima plena Fröbel ex Bonard in Hortic. Françe. 1860:347. 1869

Deutzia scabra Thunb. f. albo-plena Schneider in Mitt. Deutsch. Dendr. Ges. 1904 (13):179. 1905

(二) 山梅花属

Philadelphus Linn. Sp. Pl. 470. 1753; Gen. Pl. ed. 5, 211. no. 540. 1754

Syringa Adanson, Fam. Pl. 2:244. 1763

1. 山梅花

Philadelphus incanus Koehne in Gartenfl. 45:562. 1896

2. 太平花

Philadelphus pekinensis Rupr. in Bull. Phys. —Math. Acad. Sci. St. Pétersb. 15: 365(in Mél. Biol. 2:543. 1858). 1857

Philadelphu coronarius Linn. ζ. pekinensis Maxim. in Mém. Acad. Sci. St. Pétersb. sér. 7, 10, 16, 42(Rev. Hydrang. As. Or. 42). 1867

Philadelphu rubrcanlis Carr. in Rev. Hort. 1870:460. 1871.

Deutsia Chaneti Lévl. in Repert. Sp. Nov. Règ. Vég. 9:451. 1911

四十七、绣球科(赵天榜、陈志秀、李小康)

Hydrangeaceae Dumortier, Anal. Fam. Pl. 38. 1829

(一) 绣球属

Hydrangea Linn., Sp. Pl. 397. 1753; Gen. Pl. ed. 5, 180. no. 492. 1754

Hortensia Commerson ex Juss., Gen. Pl. 214. 1789

Cornidia Ruiz & Pav. Prod. 53. 1794

Sarcostyles Presl. ex Ser. in DC. Prodr. 15. 1830

1. 绣球　八仙花

Hydrangea macrophylla (Thunb.) Ser. in DC., Prodr. 4:15. 1830

Viburnum macrophyllum Thunb., Fl. Jap. 125. 1784

Hortensia opuloides Lamarck, Encycl. Méth. Bot. 3:136. 1789

Primula mutabilis Loureiro, Fl. Cochich. 104. 1790

Hortensia japonica Gmeilin, Syst. Nat. ed. 13, 2, 1:722. 1791

Hydrangea hortensis Smith, Icon. Pict. Pl. Rar. t. 12. 1792

Hortensia mutabilis Schncevoogt, Icon. Pl. Rar. 36. t. 1793

Hortensia rosea Desf., Tabl. Êcol. Bot. 115. 1804

Hortensia speciosa Pesoon, Syn. Pl. 1:505. 1805

Hydrangea mutabilis Steudel, Nomencl. Bot. 416. 1821. prio syn.

Hydrangea opuloides Hort. ex Svi, Fl. Ital. 3:65. 1824 pro syn.

Hydrangea hortensia Siebold in Nov. Act. Acad. Leop. —Carol. 14, 2:688(Syn. Hydrang.). 1829

2. 圆锥绣球

Hydrangea paniculata Sieb. in Nov. Act. Acad. Caes. Leop. Carol. 14(2):691. 1829

Hydrangea kamicenskii Lévl. in Bull. Acad. Geogr. Bot. 12:115. 1903

Hydrangea sachalinensis Lévl. in Fedde, Repert. Sp. Nov. 8:282. 1910

Hydrangea schindleri Engl. in Engl. & Prantl. Nat. Pflanfam. Aufl. 2, 18a. 203. 1930. p. p.

Hydrangea veticillata W. H. Gao in Acta Phytotax. Sin. 25(5):410. 1987

四十八、海桐花科(赵天榜、陈志秀、陈俊通、范永明)

Pittosporaceae Rieb. & Zucc., Fl. Jap. 1:42. 1836

(一) 海桐花属

Pittosporum Banks ex Gaertner, Gaertner, Fruct. 1:286. t. 59. 1788

1. 海桐

Pittosporum tobira(Thunb.)Ait. in Hort. Kew. ed. 2, 2:37. 1811

Evonymus tobira Thunb. in nov. Act. Soc. Upsala, 3:19. 208. 1780

1.1 '弯枝'海桐　河南新记录栽培品种

Pittosporum tobira(Thunb.)Ait. 'Wanzhi', 赵天榜等主编. 河南省郑州市紫荆山公园木本植物志谱:140. 图版 19:1～3. 2017

1.2 '无棱果'海桐　河南新记录栽培品种

Pittosporum tobira(Thunb.)Ait. 'Wulengguo', 赵天榜等主编. 河南省郑州市紫荆山公园木本植物志谱:140. 图版 18:13～14. 2017

1.3 '毛果'海桐　新栽培品种

Pittosporum tobira(Thunb.)Ait. 'Maoguo', cv. nov.

本新栽培品种果实、果梗无毛。

产地:河南。选育者:赵天榜、王华和范永明。

2. 棱果海桐

Pittosporum trigonocarpum Lévl. in Fedde, Rep. Spec. Nov. 11:492. 1913

四十九、金缕梅科(赵天榜、陈志秀)

Hamamelidaceae Lindl., Vég. Kingd. 784. 1846

Hamamelideae R. Brown in Abel, Narr. Journ. China, App. B, 374. 1818

Altingiaceae Haune in litt. ex [Hoppe] in Flora, 13, 1:172. 1830. nom. tentat.

Hamamelideae Lindley, Nat. Syst. Bot. ed. 2, 48. 1836

Parotiaceae Horaninov, Prim. Linn. Syst. Nat. 79. 1834

Hamamelaceae Lindl. ,Nat. Syst. Bot. ed. 2,48. 1836

Balsamifluae Gray,Bot. Text-book,354. 1842

Amamelidaceae Lemaire in Orbigny,Dict. Univ. Hist. Nat. 4:745. 1849

(一) 枫香树属

Liquidambar Linn. ,Sp. Pl. 999. 1753;Gen. Pl. ed. 5,434. no. 955. 1754

1. 枫香树

Liquidambar formosana Hance in Ann. Sci. Nat. Bot. sér. 5,5:215. 1866

Liquidambar acerifolia Maxim. in Bull. Acad. Sci. St. Pétersb. 10:486(in Mél. Biol. 6:21. 1868). 1866. Nov.

Liquidambar maximouiczii Miquel in Ann. Mus. Bot. Lugd. —Bat. 3:200. 1877

(二) 继木属

Loropetalum R. Brown in Abel,Narr. Narr. China,App. B. 375. 1818

1. 继木

Loropetalum chinense(R. Br.)Oliv. in Trans. Linn. Soc. 23:459. f. 4. 1862

Hamamelis chinensis R. Br. in Abel,Narr. Journ. China,375. 1818

1.1 红花檵木　河南新记录变种

Loropetalum chinense Oliv. var. rubrum Yieh,中国园艺专刊 2:33. 1942

(三) 蚊母树属

Distylium Sieb. & Zucc. , Fl. Jap. 1:178. t. 94. 1841

1. 蚊母树

Distylium chinensis(Sieb. & Zucc.)Diels *,中国植物志　第 35 卷　第 2 分册: 102. 1979

1.1 '金叶'蚊母　河南新记录栽培品种

Distylium chinensis(Sieb. & Zucc.)Diels'Jinye'

1.2 '金边'蚊母　河南新记录栽培品种

Distylium chinensis(Sieb. & Zucc.)Diels'Jinbian'

1.3 '斑叶'蚊母　河南新记录栽培品种

Distylium chinensis(Sieb. & Zucc.)Diels'Banye'

2. 杨梅叶蚊母树　河南新记录种

Distylium myricoides Hemsl. in Hook. f. 1. c. Pl. 29:sub. 2835. 1907

3. 小叶蚊母树　河南新记录种

Distylium buxifolium(Hance)Merr. in Sunyatsenia 3:251. 1937

Distylium chinense Rehd & Wils. in Pl. Wils. 1:423. 1913

Distylium racemosum Rehd & Wils. var. chinense Frace ex Hemsl. in Journ. Linn. Soc. Bot. 23:290. 1887

Distylium stricatum Hemsl. in Hook. f. 1. c. Pl. 28:t. 2853,3:1907

Muyrsine buxifolium Hance in Ann. Sci. Nat. Bot. 15:225. 1861

3.1 三色小叶蚊母 新变种

Distylium buxifolium(Hance) Merr. var. tricolor T. B. Zhao, H. H. Guo et Y. M. Fan, var. nov.

A var. nov. ramulis purpureo-rubris. foliis anguste lanceolatis 3.0～6.5 cm longis, 1.3～1.6 cm latis, supra atrovirentibus nitidis glabris; foliis juvenilibus purpuratis denique margine purpuratis, denique . atrovirentibu.

Henan: 20171025. H. H. Guo et T. B. Zhao, No. 201710251(HNAC).

本新变种小枝紫红色。叶狭披针形，长3.0～6.5 cm，宽1.3～1.6 cm，表面深绿色，具光泽，无毛；幼叶紫色，后边缘紫色，最后深绿色。

产地：郑州植物园。2017年10月25日。郭欢欢、范永明和赵天榜，No. 201710251。

3.2 密枝小叶蚊母 新变种

Distylium buxifolium(Hance) Merr. var. densiramula T. B. Zhao, H. H. Guo et Y. M. Fan, var. nov.

A var. nov. ramulis brevibus densis et chloroticis. foliis anguste lanceolatis 1.5～3.0 cm longis, 7～11 mm latis, supra flavis nitidis glabris.

Henan: 20171025. H. H. Guo et T. B. Zhao, No. 201710254(HNAC).

本新变种小枝短而密。叶狭披针形，长1.5～3.0 cm，宽1.3～1.6 cm，表面淡黄绿色，具光泽，无毛。

产地：郑州植物园。2017年10月25日。郭欢欢、范永明和赵天榜，No. 201710254。

3.3 '椭圆叶'小叶蚊母 新栽培品种

Distylium buxifolium(Hance) Merr. 'Tuoyuanye'

本新栽培品种小枝灰褐色、叶椭圆形，长2.0～5.0 cm，宽0.7～2.0 cm，表面深绿色，具光泽，无毛，先端钝圆，基部楔形，不对称，边缘疏被星状毛。

产地：郑州植物园。2017年8月25日。选育者：郭欢欢、范永明和赵天榜。

3.4 '弯叶'小叶蚊母 新栽培品种

Distylium buxifolium(Hance) Merr. 'Wangye'

本新栽培品种叶狭披针形，弯曲，表面深绿色，具光泽，无毛，背面主脉基部疏被星状毛，先端短尖，基部楔形，边缘疏被缘毛。

产地：郑州植物园。2017年8月25日。选育者：郭欢欢、范永明和赵天榜。

（四）蜡瓣花属

Corylopsis Sieb. & Zucc., Fl. Jap. 1:45. t. 19,20. 1836

1. 蜡瓣花

Corylopsis sinersis Hemsl. in Gard. Chron. sér. 3, 39:18. f. 12. 1906

Corylopsis spicata sensu Hemsl. in Journ. Linn. Soc. Lond. Bot. 23:290. 1887. non Sieb. & Zucc. 1836

五十、杜仲科(赵天榜)

Eucommiaceae [Van Tieghem in Journ. de Bot. 14:274. 1900. "Eucommiacées". —]

Harms in Nat. Pflanzenfam. Nachtr. 2:111. 1906

Trochodendraceae Prantl in Engler & Prantl, Nat. Pflanzenfam. III. 2:21. 1891. P. P.

(一) 杜仲属

Eucommia Oliv. in Hook. Icon. Pl. 20:t. 1950. 1890

1. 杜仲

Eucommia ulmoides Oliv. in Hook. Icon. Pl. 20:t. 1950. 1890

五十一、悬铃木科(赵天榜、范永明)

Platanaceae Lindl., Nat. Syst. Bot. ed. 2, 187. 1836

(一) 悬铃木属

Platanus Linn. Sp. Pl. 999. 1753;Gen. Pl. ed. 5, 433. no. 954. 1754

1. 一球悬铃木

Platanus occidentalis Linn., Sp. Pl. 999. 1753

Platanus lobata Moench, Méth. Pl. 358. 1974

? Platanus hybridus Brotero, Fl. Lusit. 2:487. 1804

2. 二球悬铃木

Platanus acerifolia [P. occidentalis × P. orientalis] (Ait.) Willd., Sp. Pl. 4, 1: 474. 1805

Platanus intermedia Hort. ex [Nicholson in] Kew Handlist Trees and Shrubs. 2: 151. 1896. pro syn.

Platanus densicoma Dodein Bull. Soc. Dendr. France, 1908. 67, f. 1908. p. p.

2.1 塔形二球悬铃木　河南新记录变型

Platanus acerifolia (Ait.) Willd. f. pyramidalis (Janko) Schnerder, III. Handb. Laubh. 1:437. 1905

Platanus acerifolia (Ait.) Willd. f. pyramidalis Bolle ex Janko in Bot. Jahrb. 11: 449. 1890

Platanus occidentalis Linn.. var. pyramidalis Jaennicke in Verh. Leop. —Carol. Akad. Naturf. 77:120 1899

Platanus pyramidalis Bolle ct Rehderin Bailey, Cyct. Am. Hort. [3] :1367. 1901. pro syn.

2.2 '郑州1号'二球悬铃木　河南新记录栽培品种

Platanus acerifolia (Ait.) Willd. 'Zhengzhou—1' *

2.3 '金叶'二球悬铃木　新栽培品种

Platanus acerifolia (Ait.) Willd. 'Jinye', cv. nov.

本新栽培品种叶黄色。

产地:河南、郑州市。选育者:赵天榜、陈志秀和范永明。

3. 三球悬铃木

Platanus orientalis Linn. , Sp. Pl. 999. 1753

Platanus lobata Moench, Méth. Pl. 358. 1974

Platanus palmata Moench, Méth. Pl. 358. 1794

Platanus umbrosa Salisbury, Prodr. Stirp. Chap. Allert. 393. 1797

Platanus hispanica Tenore, Cat. Ort. Nap. 91. 1845

3.1 近无毛三球悬铃木　河南新记录变种

Platanus orientalis Linn. var. glabrata Rern. Sargemnt in Bot. Gaz. 67:230. 1919

五十二、蔷薇科(赵天榜、范永明、陈志秀、李小康、陈俊通、王华、王珂)

Rosaceae Necker in Act. Acad. Elect. Scl. Theod. —Palar. 2:490. 1770. nom. Subnud.

Calyciflorae Scopoli,Fl. Carniol. 569(1760,pref. Jone),p. p. max.

(一) 绣线菊属

Spiraea Linn. ,Sp. Pl. 489. 1753. exclud. nonn. ;Gen. Pl. ed. 5,216. no. 554. 1754

Spiraea Pallas,Reise Russ. Reich. 2(app.):739. 1773

Spiraea Linn. subgen. Euspiraea Schneid. III. Handb. Laubh. 1:449. 1905

1. 柳叶绣线菊　绣线菊

Spiraea salicifolia Linn. ,Sp. Pl. 489. 1753

Spiraea salicifolia Linn. a. lanceolata sensu Maxim. in Act. Hort. Petrop. 6:210. 1879

2. 日本绣线菊　粉花绣线菊　河南新记录种

Spiraea japonica Linn. f. ,Suppl. Pl. 262. 1781

Spiraea callosa Thunb. ,Fl. Japonica 209. 1784

2.1 狭叶绣线菊　河南新记录变种

Spiraea japonica Linn. f. var. acuminata Franch. in Nouv. Arch. Mus. Hist. Nat. Paris,sér. 2,8:218. (Pl. David. 2) *

Spiraea bodinieri Lévl. in Fedde,Repert. Sp. Nov. 9:322. 1911.

Spiraea bodinieri Lévl. var. concolor Lévl. in Fedde,Repert. Sp. Nov. 9:322. 1911.

3. 麻叶绣线菊

Spiraea cantoniensis Lour. ,Fl. Cochinch. 1:322. 1790

Spiraea lanceolata Poiret,Emcycl. Méth. Bot. 7:354. 1806

Spiraea japonica Sieb. ex Blume,Bijdr. Fl. Nederl. Ind. 1114. 1826. non Linn. f. 1781

Spiraea corymobosa Roxburgh. , Fl. Ind. [ed. 2] 2:512. 1832. non Rafinesque 1814

Spiraea reevesiana Lindl. in Bot. Rég. 30:t. 10. 1844

Spiraea neumanni Hort. ex Zabel,Strauch. Spiräen,41. 1893. pro syn.

4. 绣球绣线菊

Spiraea blumei G. Don,Gen. Hist. Dichlam. Pl. 2:518. 1832

Spiraea rupestris hort. ex Zabel. Strauch. piräen,44. 1893. pro syn.

Spiraea chamaedrifolia sensu Blume,Bijdr. Fl. Nederl. Ind. 1114. 1826. non Linn. 1753

Spiraea rupestris hort. ex Zabel,Strauch. Spiraen,44. 1893. pro syn.

Spiraea trilobata sensu Nakai,Fl. Sylv. Kor. 4:22,t. 11. 1916. non Linn. 1771

Spiraea obtusa Nakai in Bot. Mag. Tokyo,31:97. 1917

Spiraea trilobata auct. non Linn. 17771:Nakai,Fl. Sylv. Kor. 4:22,t. 11. 1916

4.1 毛果绣球绣线菊　河南新记录变种

Spiraea blumel G. Don var. pubicurpa Cheng in Contr. Biol. Lab. Sci. Soc. China Bot. sér. 1010. 1936

5. 三裂绣线菊

Spiraea trilobata Linn. ,Mant. Pl. 2:244. 1771

Spiraea triloba Linn. Syst. Vég. ed. 13(Murray),394. 1774

Spiraea grossulariaefolia Hort. ex Zabel,Strauch. Spiräen,43. 1893. pro syn.

Spiraea triloba Rafinesque ex B. D. Jackson in Index Kew. 1:829. 1893. pro syn.

Spiraea crataegifolia Anon. in Florists Exch. 30:45. f. 1910. nom. Subnud.

6. 珍珠绣线菊

Spiraea thunbergii Sieb. ex Bl. Bijd. Fl. Nederl. 1115. 1826

Spiraea crenata sensu Thunb. ,Fl. Jap. 210. 1784. non Linnaeus 1753

Spiraea japonica Rafinesque,New Fl. N. Am. 3:71. 1838

Awayus japonicus Rafinesque ex B. D. Jackson in Index Kew. 1:255. 1893. pro syn.

(二) 珍珠梅属

Sorbaria(Ser.)A. Br. ex Aschers. ,Fl. Brandenb. 177. 1860

Spiraea Liinn. Sp. Pl. 489. 1753. p. p.

Spiraea Liinn. Sect. Sorbaria Ser in DC. Prodr. 2:545. 1825

Schizonotus Lindl. ex Wallich, Num. List, no. 703. 1829. nom.

Basilima Rafinesque(1815), New Fl. N. Am. 3:75. 1838

1. 珍珠梅

Sorbaria sorbifolia(Linn.)A. Braun in Ascherson, Fl. Brandenb. 177. 1864

Spirace sorbifolia Linn. , Sp. Pl. 490. 1753

Spiraea pinnata Moench,Méth. Pl. 663. 1794

Basilima sorbifolia Rafinesque, New Fl. N. Am. 3:75. 12838

Schizonotus sorbifolius Lindl. ex Steudel, Nomencl. Bot. ed. 2, 2:531. 1841

2. 华北珍珠梅

Sorbaria kirilowii(Regel.)Maxim. in Acta Hort. Petrop. 6:225. 1879

Sorbaria kirilowii Regel. in Regel. & Tiling,Fl. Ajan. 81. 1858. inadnot.

Sorbaria sorbifolia(Linn.)A. Br. var. kirilowii Ito in Bot. Mag. Tokyo,14:116. 1900

Sorbaria sorbifolia auct. nonA. Br. 1864:Limpricht in Fedde Repert. Sp. Nov. Beth. 12:404. 1922. quoad Pl. e Chili.

(三) 栒子属

Cotoneaster B. Ehrhart, Oecon. Pflanzenhist, 10:170. 1761

Cotoneaster B. Ehrhart sect. Eucotoneaster Focke in Engler & Prantl, Nat. Pflanzenfam. 3(3):21. 1888

Mespilus Linn. , Sp. Pl. 630. 1753. p. p;Gen. Pl. ed. 5. 214. no. 549. 1754. p. p.

Ostinia[Clairville], Man. Herb. Suisse, 162. 1811, p. p.

Gymnopyrenium Dulac, Fl. Dép. Haut. —Pyrén. 316. 1867

1. 平枝栒子

Cotoneaster horizontalis Decaisne in Fl. des Serr. 22:168. 1877

Cotoneaster acuminata Lindl. var. ß. prostrata Hook. ex Dcne. in Nouv. Arch. Mus. Hist. Nat. Paris 10:175. 1874

Cotoneaster symonsii Loudon ex Koehne, Deutsche Dendr. 225. 1895. pro syn.

Cotoneaster microphylla auct. non Lind. 1827:Diels in Engler,Bot. Jahrb. 29:386. 1901. p. p.

Cotoneaster davidiana Hort. ex [Nicholson in] Kew Hand. — list Trees and Shrubs. 1:213. 1894. pro syn.

Diospyros chaffanijoni Lévl. in Fedde,Repert. Sp. Nov. 12:101. 1913

2. 多花栒子　水栒子

Cotoneaster multiflora Bunge in Ledebour, Fl. Alt. 2:220. 1830

Cotoneaster reflexa Carr. in Rev. Hort. 1870:520 1871

(四) 火棘属

Pyracantha Roem. , Fam. Nat. Règ. Vèg. Syn. 3:104. 219. 1847

Mespilus Linn. Sp. Pl. 478. 1753;Gen. Pl. 214. no. 549. 1754. p.p.

Timbalia Clos in Bull. Soc. Bot. França, 18:176. 1871

Sportella Hance in Journ. Bot. 15:207. 1877

Pyrus Benth. & Hook. f. Gen. Pl. 1:626. 1865. p. p.

Cotoneaster B. Ehrhart sect. Pyracantha(Roem.)Focke in Engler & Prantl,Nat. Pflanzenfam. 3(3):21. 1888

1. 火棘

Pyracantha fortuneana(Maxim.)Li in Journ. Arnold Arb. 25:420. 1944

Photinia fortuneana Maxim. in Bull. Acad. Sci. St. Pétersb. 19:179(in Mél. Biol. 9:197). 1873

Photinia crenato-serrata Hance in Journ Bot. 18:261. 1880

Pyracantha crenato-serrata(Hance)Rehd. in Journ. Arnold Arb. 12:72. 1931

Pyracantha gibbsii auct. non A. B. Jackson 1916:Rehd. in Journ. Arn. Arb. 5:178. 1924

Pyracantha yunnanensis Chieeenden in Gard. Chron. sér. 3,70:325. 1921

1.1 '大果'火棘　河南新记录栽培品种

Pyracantha fortuneana(Maxim.)Li 'Daguo',赵天榜等主编. 河南省郑州市紫荆山公园木本植物志谱:164～165. 2017

1.2 '小丑'火棘　河南新记录栽培品种

Pyracantha fortuneana(Maxim.)Li 'Harlequin',李振卿等主编. 彩叶树种栽培与应用:121. 2011

1.3 '红果'火棘　新栽培品种

Pyracantha fortuneana(Maxim.)Li 'Hongguo',cv. nov.

本新栽培品种果实红色,具光泽。

产地:河南。选育者:王华、王珂和赵天榜。

1.4 '小果'火棘　新栽培品种

Pyracantha fortuneana(Maxim.)Li 'Xiaoguo',cv. nov.

本新栽培品种果实很小,径约 4 mm。

产地:河南。选育者:王华、王珂和赵天榜。

(五) 花楸属

Sorbus Linn.,Sp. Pl. 477. 1753;Gen. Pl. ed. 5, 213. no. 548. 1754

Pyrenia [Claireville], Man. Herb. Suisse, 161. 1811

1. 花楸

Sorbus pohuashsnensis(Hance)Hedl. in Svenska Vetensk. —akad. Handl. 35, 1:33(Monog. Sorbus). 1901

Pyrus(Sorbus)pohuashanensis Hance in Journ. Bot. 13:132. 1875

2. 水榆花楸

Sorbus alnifolia(Sieb. & Zucc.)K. Koch in Ann. Mus. Lugd. —Bat. 1:249. 1864

Crataegus alnifolia Sieb. & Zucc. in Abh. Phys. Math. Cl. Akad. Münch. 4, 2:130(Fl. Jap. Fam. Nat. 1:22). 1845

Aria alnifolia Decaisne in Nouv. Arch. Mus. Hist. Nat. Paris, 10:166. 1874

Aria tiliaefolia Decaiasne in Nouv. Arch. Mus. Hist. Nat. Paris, 10:167. 1874

3. 湖北花楸

Sorbus hubeihensis Scheneid. in Bull. Herb. Boiss. sér. 2, 6:316 1906

Pirus mesogea Card. in Bull. Mus. Hist. Nat. Paris 24 81. 1918

Sorbus laxiflora Kochne in Sarg. Pl. Wils. 1 466. 1913

Sorbus aperta Kochne in Sarg. Pl. Wils. 1 465. 1913

(六) 山楂属

Crataegus Linn. ,Sp. Pl. 457. 1753. p. p. ;Gen. Pl. ed. 5, 213. no. 547. 1754. p. p.

Mespilus Scopoli, Fl. Carniol. 1:345. 1772. p. p.

Oxyacantha Medicus,Phil. Bot. 1:15 1789

Asarolus Borkhausen, Theor. —Prakt. Handb. Forstbot. 2:1224. 1803. p. p. typ.

Ostinia [Clairville], Man. Herb. Suisse, 162. 1811. p. p.

Xeromalon Rafinesque, New Fl. N. Am. 3:11. 1838

Halmia(Medik.)Roemer, Fam. Nat. Règ. Vég. Syn. 3:134. 1847. err. pro Hahnia Medic.

Anthomeles Roemer, Fam. Nat. Règ. Vég. Syn. 3:140. 1847

Phaenopyrum Roemer, Fam. Nat. Règ. Vég. Syn. 3:140. 1847

Phalacros Wenzig in Linnaea, 38:164. 1874

1. 山楂

Crataegus pinnatifida Bunge in Mém. Div. Sav. Acad. Sci. St. Pétersb. 2:100. 1835

Mespilus pinnatifida K. Koch, Dendr. 1:152. 1869

Crataegus Ocyacantha γ. pinnatifida Regel in Act. Hort. Petrop. 1:118. 1871

Crataegus oxyacantha Linn. γ. pinnatifida Regel in Act. Hort. Petrop. 1:118. 1871

Crataegus pinnatifida Bunge a. songarica Dippel,Handb. Laubh. 2:447. 1893

Mespilus pinnatifida Bunge ß. songarica Aschers. & Garaebn. Syn. Mitteleur. Fl. 6:42. 1906

1.1 木质果山楂 新变种

Crataegus pinnatifida Bunge var. ligne-carpa T. B. Zhao, H. Wang et Z. Y. Wang, var. nov.

A var. fructibus obellipsoideis gilvis;lenticellis in fructibus densis nigricantibus.

Henan:20160910. H. Wang,K. Wang et T. B. Zhao,No. 201609101(HNAC).

本新变种果实倒椭圆体状,暗黄色;果点密,淡黑色。

产地:河南、郑州植物园。2016 年 9 月 10 日。王华、王珂和赵天榜。模式标本,No. 201609101,存河南农业大学。

1.2 黄果山楂 新变种

Crataegus pinnatifida Bunge var. flavicarpa T. B. Zhao,H. Wang et Z. Y. Wang, var. nov.

A var. fructibus globosis luteis nitidis.

Henan:20160910. H. Wang,K. Wang et T. B. Zhao,No. 201609103(HNAC).

本新变种果实球状,黄色,具光泽。

产地:河南 2016 年 9 月 10 日。王华、王珂和赵天榜。模式标本,No. 201609103,存河南农业大学。

1.3 羽裂叶山楂　新变种

Crataegus pinnatifida Bunge var. pinnatilobaT. B. Zhao,H. Wang et Z. Y. Wang, var. nov.

A var. foliis margine partitis. fructibus globosis complanis,atro-aurantiis

Henan:20160910. H. Wang,K. Wang et T. B. Zhao,No. 201609105(HNAC).

本新变种叶边缘深裂。果实扁体状,暗橙黄色。

产地:河南 2016 年 9 月 10 日。王华、王珂和赵天榜。模式标本,No. 201609105,存河南农业大学。

1.4 山里红

Crataegus pinnatifida Bunge var. major N. E. Br. in Gard. Chron. n. sér. , 26: 621. f. 121. 1886

Mespilus korolkowi Regel ex Schneider,III. Handb. Laubh. 1:770. f. 435g—h, 436e—h 1906. non Henry 1901

Crataegus tatarica Hort. ex Schneider, III. Handb. Laubh. 1:770. f. 435g—h, 436e—h 1906. pro syn.

Mespilus korolkowi Aschers. & Graebn. Syn. Mitteleur. Fl. 6(2):43. 1906

Crataegus pinnatifida Bunge var. korolkowi Yabe,Enum. Pl. S. Manch. 63. t. 1: 3. 1913

1.5 无毛山楂　河南新记录变种

Crataegus pinnatifida Bunge var. psilosa Schneid. III. Handb. Laubh. 1:769. 1906

Crataegus coreana Lévl. in Fedde,Repert. Sp. Nov. 7:197. 1909

2. 野山楂

Crataegus cuneata Sieb. & Zucc. in Abh. Math. — Phys. Cl. Akad. Wiss. Münch. 4, 2:130(Fl. Jap. Fam. Nat. 1:22)1845

Mespilus cuneata K. Koch in Wochenschr. Ver. Beförd, Gartenb. Precuss. 5: 388. 1862

Crataegus alnifolia Hort. ex Dippel, Handb. Klaubh. 3:444. 1893. pro syn.

Crataegus spathulata Hort. ex Dippel, Handb. Klaubh. 3:444. 1893. pro syn. ; non Michaux 1803

Crataegus argyi Lévl. & Vant. in Bull. Soc. Bot. France 55:57. 1908

Crataegus stephanostyla Lévl. & Vant. in Bull. Soc. Bot. France 55:57. 1908

Crataegus chantcha Lévl. in Fedde,Repert. Sp. Nov. 10:377. 1912

Crataegus kulingensis Sarg. Pl. Wils. 1:179. 1912

3. 毛山楂　河南新记录种

Crataegus maximowiczii Schneid. , III. Handb. Laubh. 1: 771. f. 437a — b′, 438—c. 1906

4. 辽宁山楂　河南新记录种

Crataegus sanguinea Pall.,Fl. Ross. 1,1:25. 1784

Mespilus purpurea Poiret,Encycl. Méth. Bot. Suppl. 4:73. 1816

Mespilus sanguinea Spach,Hist. Nat. Vég. Phan. 2:62. 1834

Crataegus sanguinea Pall. a. genuina Maxim. in Mém. Div. Sav. Acad. Sci. St. Pétersb. 9:101. 1858

(七) 石楠属

Photinia Lindl. in Trans. Linn. Soc. Lond. 13:103. t. 10. 1822

Pourthiaea Dcne. in Nouv. Arch. Mus. Hist. Nat. Paris 10:146. 1871

1. 石楠

Photinia serrulata Lindl. in Trans. Linn. Soc. Lond. 13:103. 1822. exclud. Syn. Crataegus glabra Thunb.

Photinia serrulata Lindl. var. chinensis Maxim. in Bull. Acad. Sci. St. Pétersb. 19:179. 1873

Photinia glabra(Thunb.)Maxim. var. chinensis Maxim. in Bull. Acad. Sci. St. Pétersb. 19:179. 1873

Crataegus glsbra Loddiges,Bot. Cab. 3:t. 248. 1818. non Thunb. 1784

Mespilus glabra Colla,Hort. Ripul. 90. t. 36. 1824

Crataegus serratifolia Desfontaines,Cat. Hort. Paris,ed. 3,408. 1829

Photinia pustulata Lindl. in Bot. Rég. 23:t. 1956. p. [2]. 1837

Stranvaesia argyi Léveillé in Mém. Acad. Sci. Art. Barcelona, sér. 3,12:560. 1916. pro syn. Sorbus calleryana Dcne.

现栽培地:河南、郑州市、郑州植物园。

1.1 ‘红叶’石楠　河南新记录栽培品种

Photinia serrulata Lindl. ‘Hongye’,赵天榜等主编. 河南省郑州市紫荆山公园木本植物志谱:169. 2017

1.2 ‘倒卵圆叶’石楠　新栽培品种

Photinia serrulata Lindl. ‘Daoluan Yuanye’,cv. nov.

本新栽培品种叶倒卵圆形,深绿色,具光泽。

产地:河南。选育者:赵天榜、陈志秀和范永明。

1.3 ‘线齿’石楠　新栽培品种

Photinia serrulata Lindl. ‘Xianchi’,cv. nov.

本新栽培品种叶边缘具线齿。

产地:河南。选育者:赵天榜、陈志秀和范永明。

1.4 ‘波边’石楠　新栽培品种

Photinia serrulata Lindl. ‘Bōbion’,cv. nov.

本新栽培品种叶边缘波状,无锯齿。

产地:河南。选育者:赵天榜、陈志秀和范永明。

2. 椤木石楠

Photinia davidsoniae Rehd. & Wils. in Sargent,Pl. Wils. 1:185. 1912

现栽培地:河南、郑州市、郑州植物园。

(八) 枇杷属

Eriobotrya Lindl. in Trans. Linn. Soc. Lond. 13:102. 1821

Photinia Bentham & Hook. ,Gen. Pl. 1:627. 1865. p. p.

1. 枇杷

Eriobotrya japonica(Thunb.)Lindl. in Trans. Linn. Soc. Lond. 13:102. 1822

Mespilua japonica Thunb. ,Fl. Jap. 206. 1784

Crataegus bobas Loureiro,Fl. Cochinch. 319. 1790

1.1 垂枝枇杷　新变种

Eriobotrya japonica(Thunb.)Lindl. var. pendula T. B. Zhao, Z. X. Chen et Y. M. Fan, var. nov.

A var. ramulis reclinatis,apicalis U sursum versis. Foliis anguste ellipticis.

Henan: 20150820。Z. X. Chen, T. B. Zhao et Y. M. Fan, No. 201508201 (HNAC).

本新变种小枝拱形下垂,梢部U形上翘。叶狭长椭圆形。

产地:河南、郑州市。2015年8月20日。陈志秀、赵天榜和范永明。模式标本,No. 201508201,存河南农业大学。

1.2 '狭叶'枇杷　新栽培品种

Eriobotrya japonica(Thunb.)Lindl. 'Xiaye',cv. nov.

本栽培品种叶狭披针形,长15.0～20.0 cm,宽3.0～5.0 cm。

产地:河南、郑州市、郑州植物园。选育者:陈志秀和赵天榜。

1.3 '大叶'枇杷　新栽培品种

Eriobotrya japonica(Thunb.)Lindl. 'Daye',cv. nov.

本栽培品种叶宽长椭针形,长15.0～30.0 cm,宽8.0～12.0 cm。

产地:河南、郑州市、郑州植物园。选育者:陈志秀和赵天榜。

1.4 '小果'枇杷　新栽培品种

Eriobotrya japonica(Thunb.)Lindl. 'Xiaoguo',cv. nov.

本栽培品果实小球状,长1.5～2.5 cm,径1.4～2.5 cm,味很酸。

产地:河南、郑州市、郑州植物园。选育者:陈志秀和赵天榜。

(九) 榅桲属

Cydonia Mill. ,Gard. Dict. ed. 8. 1768

Pyrus-Cydonia Weston,Bot. Univ. 1:230. 1770

1. 榅桲

Cydonia oblonga Mill. ,Gard. Dict. ed. 8. C. no. 1. 1768

Pyrus cydonia Linn. ,Sp. Pl. 480. 1753

Sorbus cydonia Crantz. ,Stirp. Austr. Fasc. 2:57. 1763

Pyrus-cydonia cydonia Weston,Bot. Univ. 1:230. 1770

Cydonia europaea G. Savi, Tratt. Aib. Tosc. 1:90. 1801

Cydonia cydonia Persoon,Syn. Pl. 2:40. 1806

Cydonia vulgaris Persoon,Syn. Pl. 2:658. 1807

Cydonia communis Poiret in Duhamel,Traité Arb. Arbust. éd. [Nouv. Duhamel] 4:135. 1809

Cydonia sumboshia Hamilt. ex D. Don,Prodr. Fl. Nepal. 237. 1825

(十) 木瓜属(赵天榜、范永明、陈志秀、陈俊通、王华)

Pseudocydonia Schneid. in Repert. Sp. Nov. Règ. Vég. 3:180. 1906. nov.

Pseudochaenomeles Carr. , Revue Hort. 1882:238. t. 52—55. 1882

Chaenomeles Lindl. in Trans. Linn. Soc. Loud. 13:97. 1822. "Chaenomeles"

1. 木瓜　图版 10:4、6

Pseudocydonia sinensis(Touin)Schneid. in Fedde Repert. Sp. Nov. Règ. Vég. 3: 1906

Pseudochaenomeles sinensis (Touin) Carr. , Revue Hort. 1882: 238. t. 52 — 55. 1882

Pyrus sinensis Poiret,Encycl. Mem. Bot. Suppl. 4:452. 1816

Cydonia sinensis Thouin in Ann. Mus. Hist. Nat. Paris,19:145. t. 8,9. 1812

Pyrus sinensis Sprengel in Linn. Syst. Veg. ,ed. 16,2:510. 1825

Malus sinensis Dumont DC. ,Bot. Cult. 5:428. 1811,exclud. syn. Willd. et Mioller.

Chaenomeles sinensis Koehne,Gatt. Pomac. 29. 1890

Pseudocydonia sinensis Schneid. in Fedde Repert. Sp. Nov. Règ. Vég. 3:1906

Chaenomeles chinensis [Dum. —Cours.] Schneider,III. Handb. Laubh. 1:730. f. 405a—g,406a. 1906

1.1 小叶毛木瓜　新变种

Pseudocydonia sinensis(Touin)Schneid. var. parvifolia T. B. Zhao,Z. X. Chen et Y. M. Fan,var. nov.

A var. nov. ramuli-spinosis et ramosispinis. ramulis et ramulis juvenilibus flavis dense villosis tortuosis. foliis parvis 1. 5～8. 6 cm longis,0. 9～4. 9 cm latis,subtus ad costis et nervis lateralibus rare glabris. fructibus 2—factis:① ovoideis longis 8. 5 cm,diam. 6. 0 cm,② ellipsoideis longis,8. 5～11. 0 cm longis,5. 5～6. 0 cm diam..

Henan: Zhengzhou City. 15 — 04 — 2015. T. B. Zhao et Z. X. Chen, No. 2017071914(HNAC).

本新变种具枝刺及分枝枝刺。小枝、幼枝淡黄绿色,密被弯曲长柔毛。叶小,长 4. 4～5. 5 cm,宽 2. 8～3. 2 cm,背面沿脉密被弯曲长柔毛,稀无毛。果实 2 种类型:① 长卵球状,长 8. 5 cm,径 6. 0 cm;② 长椭圆体状,长 8. 5～11. 0 cm,径 5. 5～6. 0 cm。

河南:郑州植物园。2017 年 7 月 19 日。赵天榜、范永明和陈俊通。模式标本,No.

2017071914,存河南农业大学。

1.2 大叶毛木瓜　新变种

Pseudocydonia sinensis(Touin)Schneid. var. parvifolia T. B. Zhao,Z. X. Chen et Y. M. Fan,var. nov.

A var. nov. ramuli-spinosis et ramosispinis foliolis rotundatis. ramulis brunneis nitidis dense villosis tortuosis;ramulis juvenilibus flavis dense villosis tortuosis. foliis ellipticis 2.5～8.0 cm longis,3.0～6.0 cm latis,supra atro-viridis nitidis glabris subtus pallide viridibus glabris ad costis dense villosis tortuosis;petiolis dense villosis tortuosis et glandulis nigris,glandulis nigris,glandulis nigris longe petiolulis. fructibus ellipsoideis,11.0～12.0 cm longis,diam. 9.0 cm. flavi-viridibus nitidis ne planuis tumoribus et foveis,sulcatis nullis et angulosis obtusis. fructibus 400.0～500.0 g.

Henan:Zhengzhou City. 20170822. T. B. Zhao et Z. X. Chen,No. 201708224 (HNAC).

本新变种具枝刺及分枝枝刺,具小圆叶。小枝褐色,具光泽,密被弯曲长柔毛。单椭圆形,稀圆形,长 2.5～8.0 cm,宽 3.0～6.0 cm,表面浓绿色,无毛,具光泽,背面淡灰绿色,无毛,沿主脉被密被弯曲长柔毛;叶柄被弯曲柔毛及黑色腺体、具长柄黑色腺体。果实椭圆体状,长 11.0～12.0 cm,径 9.0 cm,淡黄绿色,具光泽,不平滑,具瘤突及小凹,无纵钝棱与浅沟;萼洼浅,萼片脱落,四周具微浅沟纹及纵宽钝棱;梗洼浅,四周微具浅沟纹及纵宽钝棱。单果重 400.0～450.0 g。

河南:郑州市、郑州植物园。2017 年 8 月 22 日。赵天榜、陈志秀和赵东方。模式标本,No. 201708224,存河南农业大学。

1.3 红花木瓜　图版 10:1、2、3　新变种

Pseudocydonia sinensis(Touin)Schneid. var. rubriflos T. B. Zhao,Z. X. Chen et X. K. Li,var. nov.

A var. nov. floribus solitatiis in ramulis novis apicibus. petalis extus atro-subroseis intus subroseis.

Henan:20130421. T. B. Zhao et Z. X Chen,No. 201304216(HNAC).

本新变种花单生当年新枝顶端。花瓣外面深粉红色,内面粉红色。

河南:郑州市、郑州植物园。2013 年 4 月 21 日。赵天榜和陈志秀。模式标本,No. 201304216,存河南农业大学。

1.4 帚状木瓜　图版 10:4　新变种

Pseudocydonia sinensis(Touin)Schneid. var. fastigiata T. B. Zhao,Z. X. Chen et Y. M. Fan,var. nov.

A var. nov. comis fastigiatis;lateri-ramis rectis obliquis. Floribus subroseis.

Henan:201704255. T. B. Zhao et Z. X Chen,No. 201704255(HNAC).

本新变种树冠帚状;侧枝直立斜展。花淡粉红色。

河南:郑州市、郑州植物园。2017 年 4 月 25 日。赵天榜、陈志秀和范永明。模式标本,No. 201704255,存河南农业大学。

1.5 塔状木瓜 新变种

Pseudocydonia sinensis(Touin)Schneid. var. pyramidalis T. B. Zhao,Z. X. Chen et Y. M. Fan,var. nov.

A var. nov. comis pyramidalibus;lateri-ramis horizontalibus. floribus subroseis.

Henan:201704255. T. B. Zhao et Z. X Chen,No. 201704255(HNAC).

本新变种树冠塔形;侧枝平展。花淡粉红色。

河南:郑州市、郑州植物园。2017 年 4 月 25 日。赵天榜、陈志秀和范永明。模式标本,No. 201704255,存河南农业大学。

1.6 小果木瓜 新变种

Pseudocydonia sinensis(Touin)Schneid. var multicarpa T. B. Zhao,Z. X. Chen et D. W. Zhao,var. nov.

A var. nov. foliis parvis,1.5～8.6 cm longis,rare 10.5 cm longis,0.9～4.9 cm latis,rare 6.6 cm latis,subtus ad costis et nervis lateralibus dense villosis. fructibus parvis multiformibus.

Henan:Zhengzhou City. 19－07－2017. T. B. Zhao,Z. X. Chen et Y. M. Fan, No. 201707191(HNAC).

本新变种叶小型,长 1.5～8.6 cm,稀长 10.5 cm,宽 0.9～4.9 cm,稀宽 6.6 cm,背面沿脉密被弯曲长柔毛。果实小,多类型。

河南:郑州植物园。2017 年 7 月 19 日。赵天榜、陈志秀和范永明。模式标本,No. 201707191,存河南农业大学。

1.7 '弹花锤果'木瓜 新栽培品种

Pseudocydonia sinensis(Touin)Schneid. 'Danhuachui Guo',cv. nov.

本新栽培品种果实弹花锤状,大型,中部以下呈细柱状,似弹花锤,故称'弹花锤果'木瓜。

河南:郑州市、郑州植物园。选育者:赵天榜、陈志秀和赵东武。

1.8 '三型果'木瓜 新栽培品种

Pseudocydonia sinensis(Touin)Schneid. 'Sanxing Guo',cv. nov.

本新栽培品种果实有圆柱状、椭圆体状、长茄果状 3 种类型。

河南:郑州市、郑州植物园。2017 年 7 月 19 日。选育者:赵天榜、范永明和温道远。

1.9 '豆青'木瓜 豆青(木瓜) 河南新改隶组合栽培品种

Pseudocydonia sinensis(Touin)Schneid. 'Douqing',cv. trans. nov.,Chaenomeles sinensis(Touin)Koehne 'Douqing',郑林等.林瓜属(chaenomeles)栽培品种与近缘种的数量分类.南方林业大学学报(自然科学版),33(2):47～50.2009

1.10 '玉兰'木瓜 玉兰(木瓜) 河南新改隶组合栽培品种

Pseudocydonia sinensis(Touin)Schneid. 'Yulan',cv. trans. nov.;Chaenomeles sinensis(Touin)Koehne 'Yulan',邵则夏、陆斌.云南木瓜的种质资源.云南林业科技,3:32～36.1993

1.11 ‘长椭圆体’红花木瓜　新栽培品种

Pseudocydonia sinensis(Touin) Schneid. ‘Honghua Chang Tuoyuanti Guo’, cv. nov.

本新栽培品种单花具花瓣5枚,红色。果实长椭圆体状,长9.0～11.0 cm,径5.0～6.0 cm,绿色。单果重126.0～200.0 g。

河南:郑州市、郑州植物园。2017年7月29日。选育者:赵天榜、陈志秀和赵东欣。

1.12 ‘大球果’木瓜　新栽培品种

Pseudocydonia sinensis(Touin)Schneid. ‘Da Qiuguo’,cv. nov.

本新栽培品种果实2种类型:① 果实球状,长17.0～19.0 cm,径15.0～18.0 cm。果重890.0～1330.0 g。② 特异果实——果实近球状,具5枚钝圆棱与明显沟,长10.0 cm,径9.0 cm。单果重450 g。

河南:郑州植物园。2015年10月22日。选育者:赵天榜、陈志秀和赵东武。

1.13 ‘棱球果’木瓜　新栽培品种

Pseudocydonia sinensis(Touin)Schneid. ‘Leng Qiuguo’,cv. nov.

本新栽培品种果实近球状,具5条钝圆纵棱与明显沟。单果重平均450 g。

河南:郑州植物园。2015年10月22日。选育者:赵天榜、陈志秀和赵东武。

1.14 ‘小果’木瓜　新栽培品种

Pseudocydonia sinensis(Touin)Schneid. ‘Xiaoguo’,cv. nov.

本新栽培品种果实有2种类型:① 椭圆体状,小型。单果重115.0 g。② 狭椭圆体状,小型。单果重91.0 g。

河南:郑州植物园。2017年7月19日。选育者:赵天榜、范永明和温道远。

1.15 ‘纵棱小球果’木瓜　新栽培品种

Pseudocydonia sinensis(Touin)Schneid. ‘Zongleng Xiao Qiuguo’,cv. nov.

本新栽培品种小枝褐色,密被弯曲长柔毛。果实球状,长、径5.0～6.0 cm,橙黄色;果梗粗壮,长约5 mm,褐色,密被弯曲长柔毛。单果重52.0～70.0 g。

河南:郑州市、郑州植物园。2017年7月30日。选育者:赵天榜、范永明和温道远。

1.16 ‘小柱果’木瓜　新栽培品种

Pseudocydonia sinensis(Touin)Schneid. ‘Xiao Zhuguo’,cv. nov.

本新栽培品种果实短圆柱状、球状,小型,长4.0～5.1 cm,径3.5～4.7 cm。单果重30.0～72.0 g。

河南:郑州市、郑州植物园。2017年7月4日。选育者:赵天榜、范永明和温道远。

(十一) 贴梗海棠属(赵天榜、范永明、陈志秀、陈俊通)

Chaenomeles Lindl. in Trans. Linn. Soc. Lond. 13:97. 1821“Chaenomeles”

Cydonia Mill. sect. Chaenomeles DC. Prodr. 2:638. 1825

1. 贴梗海棠

Chaenomeles speciosa(Sweet)Nakai in Jap. Journ. Bot. 4:331. 1929

Cydonia speciosa Sweet, Hort. Suburb. Lond. 113. 1818. Holotype, pl. 692. in Curtis′s abaot. Mag. 18. 1803

Cydonia lagenaria Loisel. in Duhamel, Traite Arb. Arburst. (Nouv. Duhamel) 6: 255. pl. 76. 1815

Cydonia japonica Pers. var. lagenaria(Loisel) Makino in Bot. Mag. Tokyo, 22: 64. 1908

Chaenomeles lagenaria(Loisel) Koidz. in Bot. Mag. Tokyo, 23: 173. 1909

Cydonia lagenaria Loiseleir in Duhamel, Traité Arb. Arbust. éd. augm. [Nouv. Duhamel] 6: 255. t. 76. 1813?

Cydonia speciosa Sweet, Hort. Suburb. Klond. 113. 1818

Chaenomeles japonica Spach, Hist. Nat. Vég. Phan. 2: 159. 1834

Cydonia umbato Roemer, Fam. Nat. Règ. Vég. Syn. 3: 218. 1847. p. p.

Cydonia japonoca Spach β. Lagenaria Makino in Bot. Mag. Tokyo, 22: 64. 1908

1.1 大叶贴梗海棠　新变种

Chaenomeles speciosa(Sweet) Nakai var. megalophylla T. B. Zhao, Z. X. Chen et Y. M. Fan, var. nov.

A var. nov. rariramis patintibus. magnifollis late obellipticis. bis floribus in mense. floribus rubris. megalocarpis longe ellipsoideis atrovirentibus laetis lenticellis albis in fructibus. Carnosis fructibus prasinis.

Henan: Zhengzhou City. 15—04—2015. T. B. Zhao et Z. X. Chen, No. 201504159 (HNAC).

本新变种枝稀少，平展。叶大型，宽倒椭圆形。7 月有 2 次花。花红色。果实长椭圆体状，大型，表面深绿色，具光泽，果点白色。单果重 82.0～110.0 g。果肉翠绿色，质细、汁多，味酸。

河南：郑州市、郑州植物园。2017 年 8 月 25 日，赵天榜、陈志秀和范永明。模式标本，No. 201708251(枝、叶与果实)，存河南农业大学。

1.2 小叶贴梗海棠　新变种

Chaenomeles speciosa(Sweet) Nakai var. parvifolia T. B. Zhao, Z. X. Chen et Y. M. Fan, var. nov.

A var. nov. fruticibus, ramosis erectis brevissimis. follis parvis ovatis, rotundatis. fructibus subglobosis, 4.0～5.0 cm longis, daim. 4.5～5.0 cm, flavi-albis niridia angulosis nullis, lenticellis albis in fructibus. fructu 10.0～15.0 g.

Henan: Zhengzhou City. 20170843. T. B. Zhao et Z. X. Chen, No. No. 201708043 (HNAC).

本新变种丛生灌丛，分枝多，直立、很短。叶小型，卵圆形、圆形。果实近球状，长 4.0～5.0 cm，径 4.5～5.0 cm，表面淡黄白色，具光泽，无棱，果点白色，明显。单果重 10.0～15.0 g。

河南：郑州市、郑州植物园。2017 年 8 月 4 日，赵天榜、陈志秀和范永明。模式标本，No. 201708043(枝、叶与果实)，存河南农业大学。

1.3 棱果贴梗海棠 新变种

Chaenomeles speciosa(Sweet)Nakai var. anguli carpa T. B. Zhao, Z. X. Chen et H. Wang, var. nov.

A var. nov. framulis brunmneis glabris. fructibus subglobosis, 2.0～3.0 cm longis, daim. 2.0～3.5 cm, artovirentibus conspicuo obtusangulis et sulcatis. fructu 5.0～1.0 g.

Henan: Zhengzhou City. 15－04－2015. T. B. Zhao et Z. X. Chen, No. 201708279 (HNAC).

本新变种小枝褐色，无毛。果实近球状，长2.0～3.0 cm，径2.0～3.5 cm；深绿色，具明显的钝纵棱与纵沟纹。单果重5.0～10.0～20.0～26.0 g。

河南：郑州市、郑州植物园。2017年8月27日，赵天榜、陈志秀和王华。模式标本，No. 201708279(枝、叶与果实)，存河南农业大学。

1.4 白花贴梗海棠 河南新记录变种

Chaenomeles speciosa(Sweet)Nakai var. alba Nakai *，王嘉祥. 山东皱皮木瓜品种分类探讨. 园艺学报，31(4)：520～521. 2004；郭帅. 观赏木瓜种质资源的调查、收集、分类及评价(D). 2003

1.5 多瓣贴梗海棠 新变种

Chaenomeles speciosa(Sweet)Nakai var. multi-petala T. B. Zhao et Z. X. Chen, var. nov.

A var. nov. floribus 15 petalis in quoque flore, rotundatis spathulatis pallide albis, filiformibus subroseis et laminaribus; petaloideis in staminibus, filamentis flavi-albis.

Henan: Zhengzhou City. 20170407. T. B. Zhao et Z. X. Chen, No. 201704071 (HNAC).

本新变种单花具花瓣15枚，匙圆形，淡白色，具淡粉色线纹及纵条块；雄蕊有瓣化，花丝淡黄白色。

河南：郑州市、郑州植物园。2017年4月7日，赵天榜、陈志秀和赵东方。模式标本，No. 201704071(枝、叶与花)，存河南农业大学。

1.6 亮粉红花贴梗海棠 新变种

Chaenomeles speciosa(Sweet)Nakai var. multi-petala T. B. Zhao et Z. X. Chen, var. nov.

A var. nov. floribus 5～15 petalis in quoque flore, rotundatis spathulatis; petalis atrypicis polymorphis.

Henan: Zhengzhou City. 20170407. T. B. Zhao et Z. X. Chen, No. 201704075 (HNAC).

本新变种单花具花瓣5～12枚，匙—近圆形，有畸形，亮粉红色；畸形花瓣形态多样。

河南：郑州市、郑州植物园。2017年4月7日，赵天榜、陈志秀和赵东方。模式标本，No. 201704075(枝、叶与花)，存河南农业大学。

1.7 ‘红艳’贴梗海棠　河南新记录栽培品种

Chaenomeles speciousa(Sweet)Nakai ‘Hongyan’,臧德奎、王嘉祥、郑林等,我国木瓜属观赏品种的调查与分类,林业科学,43(6):72～76,2007

‘红贴梗海棠’Chaenomeles‘yizhou’‘Hong Tiegeng Haitang’,郑林. 中国木瓜属观赏品种调查与分类研究(D),2008

‘红贴梗海棠’Chaenomeles speciousa ‘RedTiegeng ’,郑林. 中国木瓜属观赏品种调查与分类研究(D),2008

2. 木瓜贴梗海棠　河南新记录种　图版 11.

Chaenomeles cathayensis(Hemsl.)Schneid. III. Nandb. Laubh. 1:730. f. 405. p—p. f. 406. e—f. 1906, non Pyrus cathayensis Hemsl. in Journ. Linn. Soc. 23:257. 1887

Cydonia cathayensis Hemsl. in Hook. Icon. 27:pl. 2657. 1901

Chaenomeles lagenaria(Loisel)Koidz. var. cathayensis(Hemsl.)Behd. in Srg. Pl. Wils. 2:297. 1915

Cydonia japonica Persoon var. cathayensis(Hemsl.)Cardot in Bull. Mus. Hist. Nat. Paris 24:64. 1918

Chaenomeles speciosa(Sweet)Nakai var. cathayensis(Hemsl.)Hara in Journ. Jap. Bot. 32:139. 1957

Chaenomeles lagenaria(Loisel)Koidz. var. wilsonii Rehd. in Srg. Pl. Wils. 2:298. 1915

Chaenomeles speciosa(Sweet)Nakai var. wilsonii(Rehd..)Hara in Journ. Jap. Bot. 32:39. 1957

Chaenomeles chinensis Koehne, Gatt. Pomac. 29. 1890

Chaenomeles sinensis(Dum. — Cours.)Schneider, III. Handb. Laubh. 1730. f. 405a—g. 406a. 1906

Malus sinensis Dumont de Courset, Bot. Cult. 5:428. 1811. exclud. Syn. Willd. et Miller.

Pseudocydonia sinensis Schneider in Repert. Sp. Nov. Règ. Vég. 3:181. 1906

2.1 球瘤果木瓜贴梗海棠　新变种

Chaenomeles cathayensis(Hemsl.)Schneid. var. tumorifructus T. B. Zhao et Z. X. Chen et J. T. Chen, var. nov.

A var. nov. ramulis purpureo-brunneis dense villosis; ramuli-spinosis grossis, plerumque 2～5-nodis in nodis; foliolis, gemmis, rare alabastris. foliis longe ellipsoideis supra sparse pubescentibus basi costis dense villosis subtus viridulis longe villosis, costis dense villosis. tepalis 5 in quoque flore, rubellis et albis; tubis calycibus 2 formis: ① tubis calycibus breviter; ② tubis calycibus conoidei-trianguliformis. fructibus longe ovoideis; calycibus perdurantibus carnosis tumescentibus ovoideis supra multi-sphaero-tumoribus manifestis; angulis rotundatis in tubis calycibus et calycibus.

Henan:Zhengzhou City. 2012－04－20. T. B. Zhao et Z. X. Chen,No. 201204201 (flora, holotypus,HANC).

本新变种小枝紫褐色,密被长柔毛。枝刺通常具2～5节;长壮枝刺上有叶、芽,稀有花蕾。叶长椭圆形,表面疏被短柔毛,主脉基部密被长柔毛,背面淡绿色,被长柔毛,主脉密被长柔毛。单花具花瓣5枚,水粉红色及白色;萼筒2种类型:① 短圆筒状,② 萼筒圆锥三角状。果实长卵球状;萼筒宿存,肉质化,膨大,呈球状,表面具多枚突起小瘤;萼筒与萼片间具1环状钝棱。单果重108.0 g。

河南:郑州市、郑州植物园,山东、泰安市。2012年4月20日。赵天榜、陈志秀。模式标本,No. 201204201,存河南农业大学。

2.2 大果木瓜贴梗海棠 新变种 图版11.6

Chaenomeles cathayensis(Hemsl.)Schneid. var. ellipsoidala T. B. Zhao, Y. M. Fan et G. Z. Wang, var. nov.

A var. nov. fructibus ellipsoideis 9.0～13.0 cm longis, diam. 7.5～9.0 cm supra gongylodibus multis angulis, longe obtusis et sulcatis ;calycibus perdurantibus carnosis tumescentibus ovoideis supra multi-sphaero-tumoribus manifestis; angulis rotundatis in tubis calycibus et calycibus; impressis calycibus rare 2-impressis calycibus rotundatis.

Henan:Zhengzhou City. 2012－04－20. T. B. Zhao et Z. X. Chen,No. 201204201 (flora, holotypus,HANC).

本新变种果实椭圆体状,长9.0～13.0 cm,径7.5～9.0 cm,表面具不规则稍明显瘤突,以及浅纵钝纵棱与沟;萼洼稀有2个圆形萼洼。单果重224.0～338.0 g。

河南:郑州市、郑州植物园。2017年7月31日。范永明、王建郑和赵天榜。模式标本,No. 201707312(果实),存河南农业大学。

2.3 小花木瓜贴梗海棠 新变种

Chaenomoles cathayana(Hemsl.)Schneid. var. parviflores T. B. Zhao, Z. X. Chen et Y. M. Fan, var. nov.

A var. nov foliis ellipticis parvis 1.0～1.5 cm longis 1.2～1.5 cm latis. floribus parvis diam. 1.5～2.0 cm. albis subroseis.

Henan:Zhengzhou City. 2017－03－14. T. B. Zhao, Z. X. Chen, No. 201703145 (flora, holotypus,HANC).

本新变种叶椭圆形,小,长1.0～1.2 cm,宽1.2～1.5 cm。花小,径1.2～1.5 cm,白色带粉色晕。

河南:郑州市、郑州植物园。2017年3月14日。赵天榜、陈志秀和范永明。模式标本,No. 20170451,存河南农业大学。

2.4 紫花木瓜贴梗海棠 新变种

Chaenomeles cathayensis(Hemsl.)Schneid. var. purpleflora T. B. Zhao, Z. X. Chen et D. W. Zhao, var. nov.

A var. typo foliis longe ellipsoideis utrinque glabris. tepalis 5 rare 4 in quoque flore, purpureis intua albis; tubis calycibus 2 formis: ① tubis calycibus cylindricis;

② tubis campanulatis calycibus; calycibus 5, rare 7, extus rubris vel purple-rubris rare pubescentibus. fructibus longefusiformibus 5～10-angulosis obtusis et sulcatis manifesto vel non manifesto, apice manifeste gongylodibus globosis 1.0～1.5 cm longis in marginatis multi-verrucis.

Henan: Zhengzhou City. 2012－03－20. T. B. Zhao et Z. X. Chen, No. 2012030205(flora, holotypus hic disignatus HANC). 2013－07－05. T. B. Zhao et Z. X. Chen, No. 201307058(fructus, HANC).

本新变种叶长椭圆形，两面无毛。单花具花瓣5枚，稀4枚，紫色，内面白色；萼筒2种类型：① 萼筒圆柱状，② 萼筒钟状；萼片5枚，稀7枚，外面粉红色，或紫红色，内面紫红色，微被短柔毛。果实长纺锤状，具5～10枚显著，或不显著纵钝棱与沟，先端明显呈瘤状(长1.0～1.5 cm)突起，其边部具多枚圆球状瘤。

河南：郑州市、郑州植物园、长垣县。2013年7月5日。赵天榜、赵东武和陈志秀。模式标本，No. 2012030205(花)，存河南农业大学。

2.5 蜀红木瓜贴梗海棠 '蜀红' 图版11:4 新组合变种

Chaenomoles cathayana(Hemsl.)Schneid. var. shuhong(Zang De-kui et al.)T. B. Zhao, Z. X. Chen et Y. M. Fan, var. comb. nov., Chaenomoles cathayana(Hemsl.) Schneid. 'Shuhong', 臧德奎等. 我国木瓜属观赏品种的调查与分类，林业科学，43(6)：72～76，2007

A var. typo foliis ellipsoideis. tepalis 5 in quoque flore, rubeis; tubis calycibus cylindricis. fructibus parvis breviter cylindricis in medio pusillis. calycibus caducis vel perdurantibus.

Henan: Zhengzhou City. 2012－03－20. T. B. Zhao et Z. X. Chen, No. 2012030205(flora, holotypus hic disignatus HANC). 2013－07－05. T. B. Zhao et Z. X. Chen, No. 201307058(fructus, HANC).

本新组合变种叶椭圆形。单花具花瓣5枚，红色；萼筒圆柱状。果实较小，短圆柱状，中部较细；萼脱落，或宿存。

2.6 棱果木瓜贴梗海棠　新变种　图版11:5

Chaenomeles cathayensis(Hemsl.)Schneid. var. Anguli-carpa T. B. Zhao, Y. M. Fan et Z. X. Chen, var. nov.

A var. nov. fructibus globosis, 5.5～7.0 cm longis, diam. 5.0～6.0 cm, flovi-viridibus, magis lenticellis nigris in fructibus; supra multi-angulis rotundatis et sulcatis; calycibus caducis, deperssis calycibus, basibus stylis glabris manifestis, multi-angulosis obtusis et multi-sulcatis manifestis in circumsoriptibus; deperssis pedicellis in circumsoriptibus multi-angulosis obtusis et multi-sulcatis manifestis.

Henan: Zhengzhou City. 2017－08－22. T. B. Zhao, Z. X. Chen et Y. M. Fan, No. 201708225(HANC).

本新变种果实球状，长5.5～7.0 cm，径5.0～6.0 cm，表面不平，淡黄绿色，果点黑色，多；具多条钝纵棱与沟；萼片脱落；萼洼深，四周具明显钝纵棱与沟，柱基宿存，突起，无毛;梗洼深,四周具明显钝纵棱与沟。单果重 122.0～130.0 g。

河南:郑州市、郑州植物园、长垣县。2017 年 8 月 22 日。赵天榜、陈志秀和范永明。模式标本,No. 201708225,存河南农业大学。

3. 日本贴梗海棠

Chaenomeles japonica(Thunb.)Lindl. ex Spach, Hist. Nat. Vég. Phan. 2:159. 1834. p. p. ,quoad basonym.

Pyrus japonicaThunb. Fl. Jap. 207. 1784

Cydonia japonica Persoon, Syn. Pl. 2:40. 1807

Cydonia maulei T. Moore in Gard. Chron. n. sér. 1:756. f. 159. 1874

Chaenomeles maulei Schneid. III. Handb. Olaubh. 1:731. f. 405 q－s. 406c－d. 1906

Cydonia maulei T. Moore in Florist Pomol. 1875:49. t. 1875

Pseudochaenomeles maulei Carr. in Rev. Hort. 1882:238. f. 52,55. 1882

3.1 匍匐日本贴梗海棠 变种

Chaenomeles japonica(Thunb.)Lindl. ex Spach var. alpina Maxim. in Bull. Acad. Sci. St. Pétersb. 19:168(in Mél. Biol. 9:163)(1873)"β."

Chaenomeles japonica γ. pygmaea Maxim. , in Bull. Acad. Sci. St. Pétersb. 19:168(in Mél. Biol. 9:163). 1873.

Pyrus japonica β. alpina Franchet & Savatier, Enum. Pl. Jap. 1:139. 1873.

Chaenomeles alpina Koehne, Gatt. Pomac. 28, t. 2, fig. 23a－c. 1890.

Cydonia Sargenti Lemonie, Cat. 144:25. 1900.

Pyrus Sargenti S. Arnott in Gard. Chron. ser. 3, 32:192. 1902.

Chaenomeles maulei Masters var. Sargenti Mottet in Rev. Hort. n. sér. 11:204, t. 1911.

产地:日本。山东、河南等省各地均有栽培。

4. 华丽贴梗海棠 河南新记录种

Chaenomeles × superba〔Frahm〕Rehd. in Jour. Arnold Arb. 2:58. 1920

Cydonia maulei var. superba Frahm in Gartemwelt, 2: 214. 1898 [Ch. japonica〔Thunb.〕Lind. × Ch. lagenaria〔Loisel.〕Koidzumi].

4.1 '红宝石'华丽贴梗海棠 河南新记录栽培品种

Chaenomeles × superba〔Frahm〕Rehd. 'Red Flower'(Wyman, Am. Nurs. May 1, 1961:95. 1961)

Chaenomeles × superba Ch. Brickell * 'Hong Baoshi',郑林等. 沂州木瓜品种资源分类研究,山东林业科技,1:45～47,44,2007

'长寿冠'Chaenomeles 'yizhou' 'Changshouguan',郭帅. 观赏木瓜种质资源的调查、收集、分类及评价(D),2003

4.2 '长寿乐'华丽贴梗海棠 '贺岁红' '艳阳红' 河南新记录栽培品种

Chaenomeles× superba〔Frahm〕Rehd. 'Shijie Yi', cv. comb. nov. ,Chaenomeles 'yizhou' 'Changshou Le',郭帅. 观赏木瓜种质资源的调查、收集、分类及评价(D). 2003

'长寿乐'Chaenomeles speciosa 'Changshou L',王嘉祥. 山东皱皮木瓜品种分类探讨,园艺学报,31(4):520～521,2004

4.3 '绿宝石'华丽贴梗海棠　白雪公主　河南新记录栽培品种

Chaenomeles× superba〔Frahm〕Rehd.,'Lû Baoshi',王嘉祥. 山东皱皮木瓜品种分类探讨,园艺学报,31(4):520～521,2004

'银长寿'Chaenomeles 'yizhou' * 'Yin Changshou',郑林等. 沂州木瓜品种资源分类研究,山东林业科技,1:45～47,44. 2007

4.4 '猩红与金黄'华丽贴梗海棠　'报春'　河南新记录栽培品种

Chaenomeles× superba〔Frahm〕Rehd. 'Crimson and Gold' in Weber C. Cultivars in the genus Chaenomeles in Arnoldia. 23(3):75. 1963.

'东洋锦' Chaenomeles 'yizhou' * 'Dongyang Jin',王明明,新优观赏植物,南方农业(园林花木版),2(10):32～33,2009

4.5 '世界一'华丽贴梗海棠　"沂州红"　"富贵红宝"　'大富贵'　河南新记录栽培品种

Chaenomeles × superba〔Frahm〕Rehd. 'Da Fugui',邵则夏、陆斌,云南木瓜的种质资源,云南林业科技,3:32～36,1993

Chaenomeles speciosa 'Shijie Yi',郑林等. 沂州木瓜品种资源分类研究,山东林业科技,1:45～47,44,2007

世界一　日本木瓜协会《日本木瓜》: 2011

Chaenomeles Mzho 'Da Fugui',郭帅. 观赏木瓜种质资源的调查、收集、分类及评价(D). 2003

(十二) 梨属

Pyrus Linn.,Sp. Pl. 479. 1753;Gen. Pl. ed. 5,214. no. 550. 1754. p. p. typ.

1. 杜梨

Pyrus betulaefolia Bunge in Mém. Div. Sav. Acad. Sci. St. Pétersb. 2:101. (Enum. Pl. Chin. Bor. 27. 1833)1835

Mslus betulaefolia Wenzig in Jahrb. Bot. Gart. Mus. Berlin,2:292. 1883

2. 秋子梨

Pyrus ussuriensis Maxim. in Bull. Acad. Sci. St. Pétersb. 15:132. 1857

Pyrus simonii Carr. in Rev. Hort. 1872:28. f. 3. 1872

3. 西洋梨

Pyrus communia Linn.,Sp. Pl. 459. 1753

Pyrus communia Linn. var. sativa DC.,Prodr. 2:634. 1825."γ."

Pyrus sativa DC. in Lamarck & DC., Fl. Françe 4:430. 1805. p. p.

4. 白梨

Pyrus bretschneideri Rehd. in Proc. Am. Acad. Arts Sci. 50:23. 1915

Pyrus serotina sensu Hedrick, Pears New York, 74, t. 1921. p. p. quoad tab.

4.1 ‘多瓣’白梨　新栽培品种

Pyrus bretschneideri Rehd. ‘Duoban’, cv. nov.

本新品种单花具花瓣 10～15 枚。

现栽培地:河南、郑州市、郑州植物园。选育者:赵天榜、李小康和陈俊通。

4.2 ‘金叶’白梨　新栽培品种

Pyrus bretschneideri Rehd. ‘Jinye’, cv. nov.

本新品种叶黄色、淡黄色。

现栽培地:河南、郑州市、郑州植物园。选育者:赵天榜、陈志秀和赵东方。

白梨栽培群

(1) 鸭梨

河北农业大学主编. 果树栽培学　下册　各论:75. 1993

(2) 雪花梨

河北农业大学主编. 果树栽培学　下册　各论:76. 1993

秋子梨栽培群

(1) 京白梨

河北农业大学主编. 果树栽培学　下册　各论:80. 1993

现栽培地:河南、郑州市、郑州植物园。

(2) 鸭广梨

河北农业大学主编. 果树栽培学　下册　各论:81. 1993

沙梨栽培群

(1) 砀山梨

河北农业大学主编. 果树栽培学　下册　各论:82～83. 1993

(2) 孟津伏梨　天生伏梨

河北农业大学主编. 果树栽培学　下册　各论:83. 1993

西洋梨栽培群

(1) 巴梨(Bartlett)　香蕉梨

河北农业大学主编. 果树栽培学　下册　各论:84. 1993

(2) 白来发梨(Beuree giffard)　五月鲜

河北农业大学主编. 果树栽培学　下册　各论:85. 1993

(十三) 苹果属

Malus Mill., Gard. Dict. abridg. ed. 4. 1754

Pyrus-Malus Weston, Bot. Univ. 1:229. 1770

1. 西府海棠

Malus micromalus[M. baccata × M. prunifolia] Makino in Bot. Mag. Tokyo, 22: 69. 1908

Malus kaido Parde, Arbor. Nat. Barres, 189. 1906

Pyrus micromalus Bailey in Rhodora, 18:155. 1916

Malus kaido Parde, Arbor. Nat. Barres, 189. 1906

2. 湖北海棠

Malus hupehensis(Pamp.)Rehd. in Jour. Arnold Arb. 14:206. 1933

Pirus hupehensis Pamp. in Nuov. Giorn. Bot. Ital. N. sèr. 17:291. 1910

Malus theifera Rehder in Sargent, Pl. Wilson. 2:283. 1915

Pyrus theifera Bailey in Rhodora, 18:155. 1916

3. 海棠花

Malus spectabilis(Ait.)Borkh., Theor.—prakt. Handb. Forstbot. 2:1279. 1803

Pyrus sinensis Dumont de Courset ex Jackson in Ind. Kew. 2:669. 1895. pro syn.

Pyrus spectabilis Ait.,Hort. Kew. 2:175. 1789

3.1 粉红重瓣海棠

Malus spectabilis(Ait.)Borkh. f. riversii(Kirchn.)Rehd. in Bibliography of Cult. Trees and Shrubs. 270. 1949 .

Malus spectabilis (Ait.) Borkh. f. rpseiplena Schelle in Mitt. Deutsch. Dendr. Ges. 1915(24):191. 1916

Pyrus spectabilis Ait. var. roseo-plena T. Moore in Florist & Pomol. 1872:25. t. 1872

3.2 白重瓣海棠

Malus spectabilis (Ait.) Borkh. var. albiplena Schelle in Mitt. Deutsch. Dendr. Ges. 1915(24):191. 1916

3.3 黄皮海棠　新变种

Malus spectabilis(Ait.)Borkh. var. flava T. B. Zhao,Z. X. Chen et D. F. Zhao, var. nov.

A var. nov. corticibus aurantiacis. fructibus luteis.

Henan:Zhengzhou City. 2014—09—20. T. B. Zhao,Z. X. Chen et D. F. Zhao, No. 201409201(HANC).

本新变种树皮橙黄色。果实黄色。

河南:郑州、郑州植物园。2014 年 9 月 20 日。赵天榜、陈志秀和赵东方。模式标本, No. 201409201,存河南农业大学。

4. 垂丝海棠

Malus halliana Anon. in Garden, 22:162. 1882. nom.

Malus halliana Koehne, Gatt. Pomac. 27. 1890

Pyrus halliana Hort. ex Sargent in Gard. & For. 1:152. 1888. pro syn.

Pirus halliana Voss, Vilmor. Blumengart. 1:277. 1894

现栽培地:河南、郑州市、郑州植物园。

4.1 多瓣垂丝海棠　新变种

Malus halliana Anon. var. multipetala T. B. Zhao et Z. X. Chen,var. nov.

A var. nov. 10-petalis in quoque flore,subroseis.

Henan:2014—09—20. T. B. Zhao et Z. X. Chen,No. 201409201(HANC).

本新变种单花具花瓣 10 枚,粉色。

河南:郑州市。2014 年 9 月 20 日。赵天榜和陈志秀。模式标本,No. 201409201,存河南农业大学。

4.2 白花垂丝海棠 新变种

Malus halliana Anon. var. alba T. B. Zhao et Z. X. Chen, var. nov.

A var. floribus albis.

Henan:2014－09－20. T. B. Zhao et Z. X. Chen,No. 201409203(HANC).

本新变种单花具花瓣 5 枚,白色。

河南:郑州市。2014 年 9 月 20 日。赵天榜和陈志秀。模式标本,No. 201409203,存河南农业大学。

4.3 小果垂丝海棠 新变种

Malus halliana Anon. var. parvicarpa T. B. Zhao et Z. X. Chen,var. nov.

A var. fructibus globosis parvis,diam. 3 mm.;pedicellis fructibus 2.0～2.5 cm longis.

Henan:2014－09－20. T. B. Zhao et Z. X. Chen,No. 201409203(HANC)

本新变种果实球状,小,径 3 mm;果梗长 2.0～2.5 cm。

河南:郑州市。2014 年 9 月 20 日。赵天榜和陈志秀。模式标本,No. 201409205,存河南农业大学。

5. 八棱海棠 河南新记录种

Malus robusta [M. baccata × M. prunifolia](Carr.)Rehd. in Jour. Arnold Arb. 2:54. 1920

Malus baccata × M. prunifolia Koehne Koehne, Deutsche Dendr. 360. 1893. p. p.

6. 苹果

Malus pumila Mill.,Gard. Dict. ed. 8. M. no. 1768

Pyrus mulus Linn.,Sp. Pl. 479. 1753

Sorbus malus Carantz,Stirp. Austr. Fasc. 2:57. 1763

6.1 黄魁(Yellow Transparent)

河北农业大学主编. 果树栽培学 下册 各论:8. 1993

6.2 祝光(Americam Summer Pearmain)

河北农业大学主编. 果树栽培学 下册 各论:9～10. 1993

6.3 红香蕉(Ydelicious)

河北农业大学主编. 果树栽培学 下册 各论:11. 1993

6.4 金帅(Golden Delicious)

河北农业大学主编. 果树栽培学 下册 各论:13. 1993

7. 中国苹果

Malus domestica Bork.,Theor.－prakt. Handb. Forsbot. 2:1271. 1803

8. 山荆子　山定子

Malus baccata Borkh. , Theor. —prakt. Handb. Forstbot. 2:1280. 1803

Pyrus baccata Linn. , Mant. Pl. 75. 1767

Malus rossica Medicus, Gesch. Bot. 78. 1793

Malus sibirica Borkhausen in Arch. Fur Bot. (Roemer)1, 3:9. 1798

Pyrus microcarpa Wendland ex K. Koch, Dendr. 1:211. 1869. pro syn.

Malus pallasiana Iuzepchuk in Komarov, Fl. S. S. S. R. 9:370. t. 22. f. 4. 1939

9. 楸子　林檎

Malus prunifolia(Willd.)Borkh. , Theor. —prakt. Handb. Forstbot. 2:1278. 1803

Pyrus prunifolia Willd. , Phytogr. 8. 1794

Malus hybrida Lioseleur in Duhamel, Traite Arb. Arbust. Cult. França, ed. Augm [Nouv. Dubamel] 6, 1:40. t. 42. f. 1. 1815

10. 河南海棠

Malus honanensis Rehd. in Jour. Arnold Arb. 2:50. 1920

苹果属杂交栽培品种

(1)'红丽'海棠　河南新记录栽培品种

Malus × 'Red Splendor'* 宋良红等主编. 碧沙岗海棠:39～40. 彩片 5. 2011

(2)'绚丽'海棠　河南新记录栽培品种

Malus × 'Radiant' * ,宋良红等主编. 碧沙岗海棠:49～50. 彩片 6. 2011

(3)'宝石'海棠　河南新记录栽培品种

Malus × 'Jewelberry' * ,宋良红等主编. 碧沙岗海棠:41～42. 彩片 6. 2011

(4)'王族'海棠　河南新记录栽培品种

Malus × 'Jewelberry' * ,宋良红等主编. 碧沙岗海棠:41～42. 彩片 5. 2011

(5)'红玉'海棠　河南新记录栽培品种

Malus × 'Jewelberry' * ,宋良红等主编. 碧沙岗海棠:24～25. 彩片 5. 2011

(十四) 棣棠花属

Kerria DC. in Trans. Linn. Soc. Lond. 12:156. 1817

1. 棣棠花

Kerria japonica(Linn.)DC. in Trans. Linn. Soc. Lond. 12:157. 1817

Rubus japonicus Linn. Mant. Pl. 1:145. 1767

Corchorus japonicus Thunb. ,Fl. Jap. 227. 1784

Spiraea japonica Desvaux in Mém. Soc. Linn. Paris. 1:25. 1822. non. Linn. f. 1781

1.1 重瓣棣棠花

Kerria japonica(Linn.) DC. f. pleniflora(Witte) Rehd. in Bibliography of Cult. Trees and Shrubs. 284. 1949

Kerria japonica(Linn.)DC. var. pleniflora Witte, Flora Afbeeld. Beschrijv. 261. t. 66. 1868

Kerria japonica(Linn.)DC. var. a. floribus plenis Sieb. & Zucc., Fl. Jap. 1183: t. 98. f. 3. 1841

Kerria japonica(Linn.)DC. f. plena Schneider, III. Handb. Laubh. 1:502. f. 305b. 1906

1.2 银边棣棠花

Kerria DC. f. picta(Sieb.)Rehd. in Bibliography of Cult. Trees and Shrubs. 284. 1949

Kerria japonica Linn. γ. foliisvariegatis Sieb. & Zucc. Fl. Jap. 1:183. 1841

Kerria japonica Linn. var. picta Sieb. in Jaarb. Nederl. Maatsch. Anmoed. Tuinb. 1844:40. t. 1. 1844

Kerria japonica Linn. fol. argenteo-variegatis Lemaire III. Hort. 9:t. 336. 1862

Kerria japonica variegata [Th. Moore] in Proc. Hort. Soc. Lond. 3:163. 1863

Kerria japonica Linn. fol. argenteo-marginatis Jacob-Makoy inBelg. Hort. 15:146. 1865

Kerria japonica Linn. var. argenteo-variegatis Phelps Wyman in Bailey,Cycl. Am. Hort. 2:858. 1900

(十五)悬钩子属

Rubus Linn., Sp. Pl. 482. 1753;Gen. Pl. ed. 5, 217. no. 556. 1754

Dalibarda Linn., Sp. Pl. 491. 1753

1. 木莓 树莓

Rubus hupehensis Oliver in Hookr's Icon. Pl. 19:t. 1816. 1889

Rubus swinhoei Hance var. hupehensis(Olivi.)Metcalf in Lingnan Sci. Jour. 19: 33. 1940

Rubus swinhoei sensu Bean, Trees and Shrubs Brit. Isl. 2:468. 1914. non R. Swinhoii Hance 1866.

(十六)蔷薇属(赵天榜、陈志秀和陈俊通)

Rosa Linn., Sp. Pl. 491. 1753;Gen. Pl. ed. 5, 217. no. 556. 1754

Rhodophora Necker, Elem. Bot. 2:91. 1790

1. 黄刺玫

Rosa xanthina Lindl., Ros. Monog. 132. 1820

Rosa pimpinellijolia sensu Bunge in Mém. Div. Sav. Acad. Sci. Pétersb. 2:100 (Enum. Pal. Chin. Bor. 26. 1833). 1835. non Linn. 1759

Rosa xanthinoides Nakai in Bot. Mag. Tokyo 32:218. 1918

1.1 单瓣黄刺玫

Rosa xanthina Lindl. f. spontanea Rehd. in Journ. Ardold Arbl. 5:209. 1924

Rosa xanthina Lindl. f. normalis Rehd. & Wils. in Sargent,Pl. Wilson. 2:342. 1915. p. p.,wuoad syn. Franchet.

2. 木香花

Rosa banksiae Aiton f. , Hort. Kew. ed. 2, 3:258. 1811

Rosa inermis Roxburgh, Hort. Bengal. 38. 1814. nom.

2.1 黄木香花

Rosa banksiae Aiton f. lutea(Lindl.)Rehd. in Bibliography of Cult. Trees and Shrubs. 316. 1949

Rosa banksiae Aiton var. lutea Lindl. in Bot. Regel 13:t. 1105. 1827

Rosa banksiae Aiton var. flava Lindley in Trns. Hort. Soc. Lond. 7:226. 1828

2.2 单瓣白木香花

Rosa banksiae Aiton var. normalis Regel in Act. Hort. Petrop. 5:376(Tent. Ros. Monog. 91. 1877). 1878

Rosa banksiae Crepin in Bull. Soc. Bot. Belg. 14:162(Prim. Monog. Ros. 366). 1875. exclud. typo speciei.

2.3 重瓣白木香花

Rosa banksiae Aiton f. aiba plena(Rehd.)Rehd. in Bibliography of Cult. Trees and Shrubs. 316. 1949

3. 玫瑰

Rosa rugosa Thunb. , Fl. Jap. 213. 1784

Rosa ferox Lawrance, Coll. Roses, t. 42. 1799

Rosa regeliana Linden & André in III. Hort. 18:11. t. 47. 1871

3.1 红玫瑰

Rosa rugosa Thunb. f. rosea(Rehder)Rehd. in Bibliography of Cult. Trees and Shrubs. 306. 1949

Rosa rugosa Thunb. var. rosea Rehder in Bailey, Cycl. Am. Hort. 4:1556. 1902

3.2 单瓣白玫瑰　白玫瑰

Rosa rugosa Thunb. f. alba(Ware)Rehd. in Bibliography of Cult. Trees and Shrubs. 306. 1949

Rosa rugosa Thunb. var. alba Ware in Garden, 6:262. 1874

Rosa rugosa Thunb. var. albiflora Koidzumi in Jour. Coll. Sci. Tokyo, 34, 2:223 (Consp. Rosac. Jap.). 1913

3.3 重瓣白玫瑰

Rosa rugosa Thunb. var. alba-plena Rehd. in Bailey, Stand. Cycl. Hort. 5:2992. 1916

Rosa rugosa Thunb. var. alba-plena(Rehd.)Rehd. in Bibliography of Cult. Trees and Shrubs. 306. 1949

3.4 重瓣紫玫瑰

Rosa rugosa Thunb. f. plena(Regel)Byhouwer. in Jour. Arnold Arb. 10:98. 1929. “var. Chamissoniana f. pl.”

Rosa rugosa Thunb. ζ. plena Regel in Act. Hort. Petrop. 5：310（Tent. Ros. Monog. 26. 1877）. 1878

Rosa pubcscens Baker in Willmott，Gen. R0sa，2:499. 1914

4. 野蔷薇

Rosa multiflora Thunb.，Fl. Jap. 214. 1784

Rosa thunbergii Trattinnic,Rosac. Monog. 1 86. 1823

Rosa polyantha Sieb. & Zucc. in Abh. Math. －Phys. Cl. Akad. Wiss. Münch. 4,2:128.（Fl. Jap. Fam. Nat. 1:20. 1843）. 1844. non Rössig,1799,1802

Rosa intermedia Carr. in Rev. Hort. 1868:269. f. 29,30. 1868

Rosa wichurae K. Koch in Wochenschr. Ver. Beförd. Gartenb. Preuss. 12:201. 1869

Rosa thyrsiflora Leroy ex Déséglise in Bull. Soc. Bot. Belg. 15:204. 1876

Rosa dawsoniana Ellwanger & Barry ex Rehd. in Mc-Farland，Modern Ros. II. 205:1940. Pro syn.

4.1 粉团蔷薇

Rosa multiflora Thunb. var. cathayensis Rehd. & Wils. in Sargent，Pl. Wils. 2: 304. 1915

Rosa multiflora sensu Hemsley in Journ. Linn. Soc. Lond. Bot. 23 253. 1887. p. p. ;non Thunb. 1784

Rosa cathayensis Bailey in Gent. Herb. 1:29. 1920

Rosa uchiyamana Makino in Bot. Mag. Tokyo 40:570. 1926. p. p.

4.2 白玉棠

Rosa multiflora Thunb. var. albo-plena Yü et Ku in Bull. Bot. Res 1(4):12. 1981

4.3 荷花蔷薇　河南新记录变种

Rosa multiflora Thunb. var. carnea Thory in Redouté，Roses，2:67，70. t. 1821. “γ.” p. 70

Rosa diffusa Roxburgh，Hort. Bengal. 92. 1814. nom.

Rosa florida Poiret，Encycl. Méth. Bot. Suppl. 4 :715. 1816

Rosa grevillii Sweet，Hort. Brit. 138. 1827. nom.

Rosa roxburgii Sweet，Hort. Brit. 138. 1827. nom.

Rosa rubeoides Andrews，Roses，2:t. 84. 1828

Rosa lebrunei Léveillé in Bull. Acad. Intern. Géog. Bot. 25:46. 1915

Rosa blinii Léveillé in Bull. Acad. Intern. Géog. Bot. 25:46. 1915

4.4 七姊妹

Rosa multiflora Thunb. var. carnea Thory in Redouté，Roses，2:67. 70. t. 1821 “γ.” p. 70

Rosa multiflora sensu Sims in Bot. Mag. 26 t. 1059. 1807. non Thunb. 1784

Rosa grevillii Sweet,Hort. Brit. 138. 1827. nom.

4.5 十姊妹

Rosa multiflora Thunb. var. carnea *

5. 黄蔷薇

Rosa hugonis Hemsl. in Bot. Mag. 131:t. 8004. 1905

Rosa xanthina sensu Crepin in Bull. Soc. Bot. Ital. 1897. 233. 1897. exclud. syn. ;non Lindley 1820

6. 月季花　月月红

Rosa chinensis Jacq. , Obs. Bot. 3:7. t. 55. 1768

Rosa sinica Linn. , Syst. Vég. ed. 13, 394. 1774. forma calyce monstr.

Rosa nankinensis Loureiro, Fl. Cochinch. 324. 1790

6.1 单瓣月季花

Rosa chinensis Jacq. f. spontanea Rehd. & Wils. in Srgent, 2:320. 1915

6.2 小月季花

Rosa chinensis Jacq. var. minima(Sims.)Voss, Vilmor. Blumengärt. 1:257. 1894

Rosa lawranceana Swēet, Hort. Subur. Lond. 119. 1818

Rosa nanula Hoffmannsegg, Verz. Pflanzenkult. 108. 1824

Rosa laurentiae Trattinnick, Rosae. Monog. 1:105. 1823

Rosa roulettii Correvon in Gard. Chron. sér. 3:72. 342. 1922

6.3 变色月季　紫月季花

Rosa chinensis Jacq. f. mutabili(Correv.)Rehd. in Jour. Arnold Arb. 20:98. 1939

Rosa mutabilis Correvon in Rev. Hort. 1934:60, t. 1934. non Dumont de Courset 1811. nec E. James 1923.

Rosa chinensis Jacq. d. viridiflora Dippel,Handb. Laubh. 3:562. 1893

Rosa chinensis Jacq. f. viridiflora(Lavallée)Schneider, III. Handb. Laubh. 1:546. 1905

Rosa viridiflora Lavallée in Hortic. França 1856:218. t. 19. 1856. Oct.

7. 香水月季　茶香月季

Rosa odorata(Andr.)Sweet, Hort. Subrb. Lond. 119. 1818

Rosa indica odorata Andr. Roses, 2. t. 77. 1810

Rosa odoratissima Sweet ex Lindl. Ros. Monogr. 10. 1820. pro syn.

Rosa thea Savi, Fl. Ital. 2. t. 47. 1822

Rosa gechouiangensis Lévl. in Fedde, Repert. Sp. Nov. 11:299. 1912

Rosa oulengensis Lévl. in Fedde, Repert. Sp. Nov. 11:299. 1912

Rosa tongchounensis Lévl. in Fedde, Repert. Sp. Nov. 11:300. 1912

7.1 粉红香水月季　紫花香水月季

Rosa odorata Sweet. f. erubescens(Focke)Rehd. & Wils. in Sargent,Pl. Wils. 2339. 1915."var. gigantea f. e."

Rosa odorata Sweet. var. erubescens(Focke)Yu et Ku, stat. nov. 424. ?

Rosa odorata(Andr.)Sweet f. erubescens(Focke)Rehd. & Wils. in Sargent. Pl. Wils. 2:9. 1915. "var. gigantea f. erubescens"

Rosa gigantea Collett ex Crepin f. erubescens Focke in Not. Roy. Bot. Gard. Edinb. 7:68. 1911

7.2 橘黄香水月季

Rosa odorata Sweet. var. pseudindica(Lindl.)Rehd. in Mitt. Deuts. Dendr. Ges. 1915(24):221. 1916

Rosa pseud-indica Lindley, Ros. Monog. 132. 1820

8. 黄刺玫

Rosa xanthina Lindl. *, 陈俊愉等编. 园林花卉(增订本):132. 1980

9. 血蔷薇 华西蔷薇

Rosa moyesii Hemesl. et Wils., 陈俊愉等编. 园林花卉(增订本):132. 1980

10. 缫丝花 刺梨

Rosa roxburghii Tratt. *, 陈俊愉等编. 园林花卉(增订本):132～133. 1980

11. 现代月季(杨志恒、赵建霞、郭欢欢)

Rosa polliniana(R. arvensis × R. gallica)Sprengel, Pl. Min. Cogn. Pug. 2:66. 1813

Rosa arvina Schwenkf. ex Krocker, Fl. Siles. 2:150. 1790

? Rosa hybrida Schleicher, Cat. Pl. Helv. ed. 3, 24. 1815. nom.

Rosa hybrida Hort. *, 陈俊愉等编. 园林花卉(增订本):122～123. 1980

郑州植物园现代月季栽培品种(516 种):①怜悯 Pity;②安吉拉 Angela;③御用马车 Parkdirektor Riggers;④蓝月亮 Blue Moom;⑤仙女 Fairy Maiden;⑥读书台 Reading Desk;⑦大游行 Parede;⑧嫦娥奔月 Changé's fight to the Moon;⑨彩虹 Rainbow;⑩多特蒙德 Dortmund;⑪夏令营 Summer Camp;⑫红帽 Rotkäpchen;⑬莫扎特 Mozart;⑭橘红火焰 Orange flame;⑮光谱 Spectra;⑯金阵雨 Golden Showers;⑰辉煌 Glorious;⑱欢腾 Dancin'n'Prancin;⑲瓦尔特大叔 Uncle Walter;⑳丹顶 Tancho;㉑朱红女王 Zhu hong nv wang;㉒太阳姑娘 Sun girla;㉓矮仙女 Zwergenfee;㉔白珍珠 Venzuelan;㉕红柯斯特 Red Koster;㉖粉柯斯特 Pink Koster;㉗巴西诺 Sassino;㉘皇家巴西诺 Royal Sassino;㉙杏花村 Betty Prior;㉚黄蝴蝶 Yellow butterfly;㉛橘红潮 Orange Wave;㉜画册 Hua ce;㉝天鹅黄 Diamond Jubilee;㉞赌城 Las Vegas;㉟却可可 Que keke;㊱梅郎随想曲 Mei lang sui xiang qu;㊲华马 Hua ma;㊳澳洲黄金 Australian Goldr;㊴俄洲黄金 Ohio Goldr;㊵爱 Love;㊶绯扇 Fei shan;㊷粉扇 Fen shan;㊸红双喜 Double Delight;㊹亚力克红 Aleck red;㊺云香 Fragrant Cloud;㊻天堂 Heaven;㊼和平之子 Peace Child;㊽大殿 Basilika;㊾绿野 Lv ye;㊿金枝玉叶 Jin zhi yu ye;51大奖章 Medallion;52万紫千红 Colorful Spring;53黑魔鬼 Black Devil;54彩云 Saiun;55希拉之香 Sheila's Perfume;56月季中心 Shreveport;57粉豹 Pink Panther;58蓝河 Blue Rive;59宴 Utage;60伊丽莎白 Elisabeth;61我的选择 My choice;62黄和平 Yellow Peace;63太阳光波 Sumbeam;64百老汇 Broadway;65金门 Golden Gate;66朝云 Asagumo;67戴安娜 Diana;68默罕德斯 Mo hande si;⑥⑨漂多斯 Peaudouce;⑦⓪戴高乐 Charles de Gaulle;⑦①红魔王 Red1 Devil;⑦②红柏林 Red Berlin;⑦③玛希娜 Maxina;⑦④胡佛总统 President Herbert Hoover;⑦⑤绿云 Green Cloud;⑦⑥阿尔丹斯 Aldan;⑦⑦卡罗拉 Carola;⑦⑧春 Printemps;⑦⑨金徽章 Gold Badge;⑧⓪金奖章 Gold Medal;⑧①黑夫人 Black Lady;⑧②暑假 Summer vacation;⑧③热带晚霞 Tropical sunset;⑧④萨曼莎 Samantha;⑧⑤吉祥 Propitious;⑧⑥花房 Greenbouse;⑧⑦月季夫人 Lady Rose;⑧⑧杰乔伊 Just Joey;⑧⑨艾丽斯公主 Princess Alice;⑨⓪福都拉 Fu Du la;⑨①吉普赛女郎 Gypsy Lady;⑨②红衣主教 Cardianl;⑨③一见钟情 Yi jian zhong qing;⑨④绿星 Green star;⑨⑤金不换 Jin bu huan;⑨⑥大紫光 Big Purple;⑨⑦勃艮地 Bugundy;⑨⑧优雅 Touch of Class;⑨⑨都市港湾 Urban harbor;⑩⓪拉西 Gracia;⑩①莎莎九零 Sasa 90;⑩②法国红 French Rose;⑩③草莓杏仁饼 Strawberry Macaron;⑩④贾尔迪娜 Jarl Dina;⑩⑤密涅瓦 Minerva;⑩⑥莫妮卡 Monika;⑩⑦遗产 Heritage;⑩⑧巴黎女士 Parisian ladies;⑩⑨莫奈 Monet;⑪⓪埃克莱尔 Eclair;⑪①紫水晶巴比伦 Amethyst Babylon;⑪②茴香酒夫人 Madame Anisette;⑪③可爱的绿 Lovely green;⑪④雅 Miyabi;⑪⑤伊芙琳 Evalyn;⑪⑥阿斯克特 Ascot;⑪⑦哪吒 Nezha;⑪⑧卡门神 Carmen God;⑪⑨帕特 Pat Austin;⑫⓪禁忌感官 Jardin Parfumem;⑫①木王星 Jupiter;⑫②安德烈 André;⑫③国色天香;⑫④本杰明 Benjamin Britten;⑫⑤小红孩 Red child;⑫⑥可可 Coco;⑫⑦蒙娜丽莎 Mona Lisa;⑫⑧浪漫太阳神 Helios Romantica;⑫⑨曼斯特德伍德 Mustead Wood;⑬⓪卷心菜旅馆 Cabbage Hotel;⑬①紫罗兰皇后 Reine des violettes;⑬②珀皮塔 Pepit;⑬③你的眼睛 Eyes for You;⑬④共鸣 Sympathy;⑬⑤海潮之声 Sound of Tide;⑬⑥粉红柠檬眼 Pink lemon;⑬⑦诱惑 Attraction;⑬⑧亚历山德拉 Alexandra;⑬⑨胡里奥 Julio;⑭⓪喜力 Xi li;⑭①克莱门泰恩 Clariant Tain;⑭②夏洛特先生 Mr. Charlotte;⑭③爱娃 Ava;⑭④拉丽莎 Larissa;⑭⑤蒙马特共和国 République de Montmartre;⑭⑥舍伍德 Sherwood;⑭⑦月亮守护神 Moon security;⑭⑧城堡 Castle;⑭⑨安妮杜普雷 Anne Dupre;⑮⓪粉色冰山 Pink Iceberg;⑮①奥雄 Ao xiong;⑮②布鲁斯穆迪 Bruce Moodie;⑮③小衫 Small dress;⑮④无名的裘德 Jude the Obscure;⑮⑤詹森 Johnson;⑮⑥红达 Hong da;⑮⑦焦糖古董 Caramel Antike Freelander;⑮⑧紫色幕沙 Purple Curtain sand;⑮⑨保罗诺塔尔 Paul Notar;⑯⓪新浪潮 New Wave;⑯①怀旧浪漫 Nostalgic romance;⑯②索非的玫瑰 Sophie's Rose;⑯③耐心 Patience;⑯④蜂蜜焦糖 Honey Caramel;⑯⑤科莫 Comeau;⑯⑥弗佬润堤娜 Flauritina;⑯⑦浪漫宝贝 Baby Romantica;⑯⑧美声 Bel canto;⑯⑨无条件的爱 Unconditional Love;⑰⓪藤宝贝 Teng baby;⑰①玛丽玫瑰 Marry Rose;⑰②杰克 Jack;⑰③波士科拜休 Boss Colbert;⑰④自由精神 Free Spirit;⑰⑤父亲节 Father's Day;⑰⑥克莱尔老玫瑰 Claire Old Rose;⑰⑦水滴 Shizuku;⑰⑧果冻 Jelly;⑰⑨安布里奇 Ambridge;⑱⓪咖啡时间 Coffe time;⑱①肯特公主 Princess Alexandra of Kent;⑱②流星雨 Meteoric shower;⑱③比克 Bicker;⑱④维奥莱特 Violet;⑱⑤法国花园 French garden;⑱⑥蝶舞 Butterfly;⑱⑦浪漫比克 Rromantic Bik;⑱⑧艾米丽 Emily;⑱⑨飞溅 Fei jian;⑲⓪海蒂克莱姆 Hetty Clime;⑲①航行 Navigate;⑲②王子 Prince;⑲③西多会教士 Cistercian priest;⑲④凯特奥切 Kate Ochsen;⑲⑤桑巴 Samba;⑲⑥拉丁绒球 Latin Pompon;⑲⑦佛界 The Buddha;⑲⑧红龙 Red dragon;⑲⑨法拉女皇 Vala Queen;⑳⓪蓝色格劳恩 Blue Grawn;⑳①少女 Maiden;⑳②焦糖 Caramel Kisses;⑳③灰色麦金塔 Gray Macintosh;⑳④粉月亮 Pink Moon;⑳⑤粉铃铛 Pink bell;⑳⑥威廉克里斯汀 William Christie;⑳⑦圣恩法贝尔 San Faber;⑳⑧真宙 Masora;⑳⑨娜荷

马 Nahema；⑳瑞典女王 Queen of Sweden；㉑黑巴克 Blak Baccara；㉒巴登巴登纪念 Souvenir de Baden-Baden；㉓阅读 Read；㉔娜娃丽丝 Nawarice；㉕智慧女神 Athena；㉖福音书 Gospel；㉗娜蒂亚 Nadia Renaissance；㉘达尔文 Charles Darwin；㉙威基伍德 The Wedgwood Rose；㉚莫里斯 William Morris；㉛深夜之蓝 Midnight Blue；㉜黄金庆典 Golden Celebration；㉝糖果宝贝 Sugar kids；㉞美丽的科布伦 Beautiful Kobluhn；㉟蓝色梦想 Blue For You；㊱仿古浪漫 Antique romantica；㊲ 达西 Darcey；㊳薰衣草女神 Lavender Folies；㊴路易莎 Sarlet ©—Rose Lola；㊵天路 The Pilgrim；㊶甜蜜回音 Fragrant memories；㊷女巫也疯狂 Hocus Pocus；㊸门廊 Pompon Veranda；㊹天方夜谭 Sheherazad；㊺日之歌 Summer Song；㊻魔力光辉 Alchemy；㊼慈善 Charity；㊽遥远的鼓声 Distant Drums；㊾暮然 Mu ran；㊿忧郁男孩 The Blue Boy；241灰姑娘 Cinderella；242棕色糖果 Brown candy；243暮光之城 Velvety Twiloght；244雪山 Sonw mountain；245学院 Academy；246苏维尔西尼 Accademia；247可爱热可可 Lovely Rokoko；248核桃仁巧克力饼 Walnut Chocolate Cake；249科德斯庆典 Kordes′ Jubilee；250天使的面容 Angle face；251格特鲁德杰克 Gertrude Jekyll；252发夹 Bigoudi；253冷美人 Cold beauty；254格林兄弟 Gebrüder Grimm；255波提雪莉 Port Shirley；256甜梦 Sweet dreem；257桃红雪山 Tao hongxue shan；258雨果 Hugo；259牡丹月季 Peony Rose；260托马斯贝科特 Thomas *à* Becket；261玛丽亨瑞特 Rosen Marie Henriette；262艾格尼丝 Agnès Schilliger；263塔顿 Tatton；264米郎爸爸 Merron Baba(Climing)；265玫玛耐心 Mima Patience；266斯特变异 Coast variation(Pink)；267转蓝 Turn Blue；268斯蒂芬尼古城堡 Stephanie Castle；269伊迪斯 Edith；270蓝色绒球 Blue pompon；271伊芙佃爵 Yves Piaget；272奶油沙龙 Cream Salon；273奥德赛 Odyssey；274交响音之瞳 Jiao xiang ye zhi tong；275花宫娜 Hua gong na；276皇家胭脂 Rouge Royale；277幻彩 Huan cai；278杰奎琳·杜普雷 Jacqueline Dupre；279仿古花束 Antique bouquet；280伊芙唯一 Yves No. 1；281粉色伊芙 Pink Yes Piaget；282烟花波浪 FireRuffle；283路西法 Lucifer；284薰衣草绒球 Lavender pompon；285米欧拉 Miora；286蓝景 Lanjing；287格陵兰 Greenland；288温柔珊瑚心 Coral Heart；289女士时装 Haute couture；290彩蝶 Bico-butterfly；291火烈鸟 Flamingo；292小白兔 Small rabbit；293羊脂香水 Boule de parfum；294曦龙 Xilong；295咖啡喝彩 Coffe latte；296蓝色故事 Blue Story；297艺术泄露 Artistic disclosure；298环 Tamaki；299亚伯拉罕 Abraham Darby；300薄荷冻糕 Peppermint Parfait；301玛丽 Marie Rose；302紫色阳台 Purple Terrazza；303万福玛利亚 Avé Maria；304雪花肥牛 Lady Candle；305卡洛琳骑士 Caroline Knight；306凯丽 Keira；307少女；308玫瑰国度的天使 Rose angel；309婚礼之路 Wedding Bells；310快乐钢琴 Happy Piano；311小伊甸园 Cl. Mimi Ede；312玲之妖精 Demon；313朦胧月色 Koboreru tsuki；314太阳王阳台 Sun King Terrazza；315小祸星 Pandora；316蜜糖 Honey；317狂欢派对 Party ranucula；318说愁 Scentimental；319苹果挞 Tarte Pommes；320我的美人 My Beauty；321维萨里 Vesalius；322粉龙 Fly dragon；323草地浪漫 Lea Romantica；324蓝宝石 Sapphire；325闺蜜 Close friend；326纽带 Kizuna；327霞多丽 Duoli；328格拉米城堡 Glamis Castle；329蝶之舞 Cecil de Volanges；330紫砂杯 Puple cup；331美咲永远 Misaki forever；332凯特 Kate；333土星露台 Saturnus Terrazza；334美颜 La Belle Peau；335环美空 Huan mei kong；336朦胧的朱迪 Jude the Obscure；337凯特琳娜 Kateryna;㉝⑧红苹果 Red Apple Rose;㉝⑨贞德 Jeanne d' Arc;㉞⓪失忆 Ammnésia;㉞①大地主 The Squire;㉞②木兰柯德娜 Magnolia Kordana;㉞③青睐 Favour;㉞④葵 Aoi;㉞⑤小绿 Smsll green;㉞⑥紫燕飞舞 Zi Yan Fei W;㉞⑦单提贝丝 Dainty Bess`;㉞⑧热粉蕾丝 Fuchsia Lace;㉞⑨银粉蔷薇 Rosa anemoniflora;㉟⓪云裳 Nuage;㉟①蓝色千层酥 Blue;㉟②运气 Fortune;㉟③娜塔莉 Natalie;㉟④伊芙 4 号;㉟⑤可爱的芭芭拉 Hommage à Barbara;㉟⑥诗人妻子 Poet wife;㉟⑦丁香经典 Liac Classic;㉟⑧只为爱 Only for Love;㉟⑨勒泽布(友禅)Yu－zen;㊱⓪羽毛 Plume;361浪漫橙色 Orange Romantica;362樱桃白兰地 Cherry Brandy;363安泥奇 Anniqi;364克莱尔奥斯汀 Claire Austin;365沐浴岛姿 Bath Island;366凯拉露娜 Cara Luna1;367萨沙天使 Sasha;368蓝色香水 Blue Parfum;369伊芙克莱尔 Yves Clair;370薰衣草蕾丝 Lavender Lace;371心之水滴 Shizuku;372蓝色故事 Blue Story;373世霸 Sonus Faber;374蓝色伊甸园 Blue Eden;375金丝雀 Canary;376四心 All four heart;377妆容柠檬水 Eyeconic Lemonade;378格拉姆斯城堡 Glamis Castle;379塔玛拉柯德娜 Tamara Kordana;380初恋 Premier Lamour;381甜蜜巧力克 Swweet chocolate;382恩典女王 Grace Queen;383火龙果 Petaya Hit;384宝珠 Pearl;385茱莉亚 Julia's Rose;386黄木香 Rosa banksiae from lutea;387美咲抚子 Misakinadeshiko;388藤小伊 Climing small Yves;389煎饼磨房的密利 Awindmill at a pancake mill;390可爱多 Lovery More;391萝丝琳 Roslin;392护身符 Amulett;393闪电舞 Flash Dance;394奥莉维亚 Olivia;395红色达芬奇 Red Leonardo da Vinci;396蓝色天空 Blue sky;397铜管乐队 Brass Basnd;398紫精灵 Lavender Folies;399埃洛迪哥苏安 Elodie Gossuin;400红莲 Honglian;401四纯 All fourPure;402慧星 Comet;403玉藻 Tamamo;404蓝色清晨 Morning Blue;405玫瑰时装 Couture Rose Tilia;406奇卡 Chica;407怀旧优雅 M-Nostalgic Elegance;408为了你的家庭 For Your Home;409梦幻褶边 Dream ruffles;410繁华都市 Busy city;411水果 Fruit;412雪宝石 Bijoux de neige;413朱丽叶 Juliet;414钢琴 Piano;415甜蜜邂逅 Sweet encounter;416莫尔德 Molde;417雪野一梦 Sur la Neige;418珍妮莫罗 Jeanne Morrow;419玛格丽特王妃 Crown Princess Margareta;420榴花秋舞 Autumn pomegranate flower;421六翼天使 Seraphim;422加百列 Gabriel;423黄舞裙 Yellow dress;424夏日花火 Summer Fireworks;425夏洛特夫人 Ladyof Shalott;426格子花纹 Gingham Check;427四爱 All offour love;428阳光巴比伦 Sunshine Babylon;429古董蕾丝 Antique Lace;430四吻 All of four kiss;431雄青 Xiongqing;432丽达 Lyda;433玲 Ling;434蔻丹 Chloden;435诺百利斯 Novalis;436蓝色物语 Blue Story;437银禧庆典 Jubilee Celebration;438美咲 Misaki;439秋日胭脂 Autumu Rouge;440诗人柯德娜 Poet Kordana;441白色瀑布 White waterfall;442完美香水 Perfume Perfection;443佩尔朱克 M-Perzik;444心上人 Sweetheart;445白莲花 White Renge Rose;446古董柯德娜 Antique Kordana;447白雪公主 Blanche Neige;448红蕾丝 Red Lace;449拿铁咖啡 Coffe latte;450花神 Fiora;451疯狂双色 Crazy Two;452梦寐 Hypnose;453绿色行(之)星 Green Planet;454粉底花束 Pink Bouquet;455贝尔 Bel;456波莱罗 Bolero;457阿梅丽诺冬 Amélie Nothomb;458荷莱 Hora;459幸福之门 Porte Bonheur;460绯红夫人 The Lady's Blush;461马焦雷 Maggiore;462小孩 Kid;463风月 Scenery;464情歌 Love Song;465玉玲珑 Narcissus;466欢笑格鲁亚 Teasing Georgia;467大花微 Big flower micro;468舞裙 Skirt;469拉米 Lamy;470粉色莫奈 Pink Monet;471美丽瑟格萨 Beautiful Segesa;472假日阳

台 Festival terrazza;㊸莫斯科 Moscow;㊹芳香王阳台 Aromatic Terrazza;㊺克里斯多夫 Charistopher;㊻森林公园 Forest Park;㊼莲花 Renge Rose;㊽蜻蜓 Libellula;㊾躲躲藏藏 Cache Cache;㊽寂静 Silence;㊽恋人印记 Sweetheart memory;㊽大地之蓝 Grawn Blue;㊽波尔都斯凯尔 Portus;㊽新娘钢琴 Bridal Piano;㊽马斯兰永远 Massland;㊽英伦节拍 The nature;㊽牛津 Oxford;㊽爱帕森 Aipasen;㊽金色珊瑚心 Golden Vuvuzela;㊾白桃妖精 White Peach Ovation;㊾初夜 First Edition;㊾埃斯托里尔 Estoril;㊾女人的香气 Lady′s Scent;㊾青金石 Lapis Lazuli;㊾永远雪球 Forever snowball;㊾无限公主 Princess oflnfinity;㊾浪漫珊瑚心 Romantic Vuvuzela;㊾教姆 Jam;㊾小黄鸡 Small yellow chicken;500十六夜 R. roxburghii;501天荷 Lotus;502紫雾泡泡 Misty Bubbles;503无限永远 Lnfinity;504露台 Terrace;505银粉蕾丝 Siver lace;506艾拉绒球 Pomponelia;507海神王阳台 Neptune king Terrazza;508微蓝 Kinda Blue;509甜蜜马车 Sweet carriage;510瑞妮 Renae;511香丽欢腾 Fragrant beauty;512小月季 Small Rose;513喀麦隆 Cameroon;514太阳神 Helios Romantica;515Lavilla cotta;516King Geelgel。

(十七)桃属

Amygdalus Linn.,Sp. Pl. 472. 1753;Gen. Pl. ed. 5,212. no. 545. 1754

Persica Miller,Gard. Dict. abridg. ed. 4. 1754

Amygdalophora Necker,Elem. Bot. 1:70. no. 717. 1790

Trickocorpus Necker, Elem. Bot. 1:70. no. 717. 1790

Emplectocladus Torrey in Smithson, Inst. Contrib. Knowl. 6:10(Pl. Fremont.). 1853

Amygdalopsis Carr. in Rev. Hort. 1862:91. 1862

Ptunopsis Andre in Rev. Hort. 1883:367. 1883

1. 榆叶梅

Amygdalus triloba Ricker in Proc. Biol. Soc. Washington. 30:18. 1917

Amygdalopsis lindleyi Carr. in Rev. Hort. 1862:91. f. 10. t. 1862

Prunus ulmifolia Franchet in Ann. Sci. Nat. Bot. sér. 6, 16:281. 1883

Amygdalus ulmifolia M. Popov in Bull. Appl. Bot. (Plant. Breed.) 22. 3:362. 1929

1.1 单瓣榆叶梅

Amygdalus triloba Ricker f. simplex(Bunge) *

Amygdalus pedunculata Pallas a. simplex Bunge in Mém. Div. Sav. Acad. Sci. St. Pétersb. 2:96(Enum. Pl. Chin. Bor. 22. 1833. 1835)

Prunus triloba Ricker f. simplex(Bunge)Rehder in Jour. Arnold Arb. 5:216. 1924

Prunus triloba Lindl. var. nolmalis Rehd.,陈俊愉等编. 园林花卉(增订本):525. 1980

1.2 半重瓣榆叶梅

Amygdalus triloba Ricker f multiplex(Bunge) *

Prunus triloba Lindl. var. multoplex Rehd.,陈俊愉等编. 园林花卉(增订本):525.

1980

1.3 重瓣榆叶梅

Amygdalus triloba Ricker f. multoplex(Bunge)Rehd. (f. plena Diopp.),中国植物志　第54卷:15. 1985

Prunus triloba Lindl. f. multoplex(Bunge)Rehd. in Jour. ArnoldArb. 5:216. 1924. typus speciei

Amygdalus pedunculata Pallas β. multiplex Bunge in Mém. Div. Sav. Acad. Sci. St. Pétersb. 2:96(Emun. Pl. Chin. Bor. 22. 1833)1835

Amygdalus pedunculata Pallas γ. polygyna Bunge in Mém. Div. Sav. Acad. Sci. St. Pétersb. 2:96(Emun. Pl. Chin. Bor. 22. 1833)1835

1.4 红重瓣榆叶梅

Amygdalus triloba Ricker f. roseo-plana(Schneid.) *

Prunus amygdalus Batsch, f. roseo-plana(Schneid.)Rehd. in Jour. Arnold Arb. 20:99. 1939

Amygdalus communis flore pleno F. J. Schultz, Abb. Bäume Oestr. 1:t. 25. 1792. ex Index Lond. 1:174. 1929

Amygdalus communis flore pleno(f.)Zabel in Beissner et al., Handb. Laubh. —Ben. 235. 1903

Prunus communis Arcangeli f. roseaplena Schneider, III. Handb. Laubh. 1:593. 1906

2. 桃树

Amygdalus persica Linn., Sp. Pl. 677. 1753

Prunus persica(Linn.)Batsch, Beytr. Entw. Pragm. Gesch. Naturr. 30. 1801

2.1 碧桃

Amygdalus persica Linn. f. duplex Rehd.,中国植物志　第54卷:19. 1985

Prunus persica Linn. f. duplex(West.)Rehd. in Jour. Arnold Arb. 3:24. 1921

Amygdalus-Persica Persica 2. Persica-duplex Weston, Bot. Univ. 1:7. 1770

Persica duplex Poiteau & Yurpin in Duhamel, Traite Arb. Fruit. Douv. ed. 1 sign. 276. t.([1807—] 1835)

2.2 千瓣白桃

Amygdalus persica Linn. var. albo-plena [Nash] in Jour. New York Bot. Gard. 20:11. 1919. nom.

Prunus persica Linn. f. albo-plena Schneider, III. Handb. Laubh. 1:594. 1906

2.3 粉花碧桃

Amygdalus persica Linn. var. sinensis Lemaire in Jard. Fleur. 4:t. 328. f. 1854. "A. P. fl. leno"in tab.

Prunus persica Linn. f. rubro-plena Schneider, III. Handb. Laubh. 1:594. 1906

2.4 垂枝碧桃

Amygdalus persica Linn. var. pendula(Dippel) * ,中国植物志 第54卷:20. 1985

Prunus persica Linn. f. pendula Dippel,Handb. Laubh. 3:606. 1893"(f.)"

2.5 寿星桃

Amygdalus persica Linn. var. densa Makino * ,中国植物志 第54卷:20. 1985

2.6 紫叶碧桃

Amygdalus persica Linn. var. atropurpurea(Schneid.)Schneid. * ,中国植物志 第54卷:20. 1985

Prunus persica Linn. var. atropurpurea Schneid. ,III. Handb. Laubh. 1:594. 1906

2.7 塔形桃 河南新改隶组合变种

Amygdalus persica Linn. var. fastigiata(Carr.)T. B. Zhao,J. T. Chen et Z. X. Chen,var. comb. nov.

Prunus persica Linn. f. pyramidalis Dippel,Handb. Laubh. 3:606. 1893"(f.)"

Persica fastigiata Carr. in Rev. Hort. 1870:557. in textu,1871

2.8 白花碧桃

Amygdalus persica Linn. var. alba Lindl. in Bot. Rég. 19:t. 1586. 1833

Prunus persica Linn. f. alba(Lindl.)Schneid. III. Handb. Laubh. 1:594. 1906

2.9 绛桃

Amygdalus persica Linn. f. camelliaeflora(Van Houtte) * ,中国植物志 第54卷:19. 1985

2.10 绯桃

Amygdalus persica Linn. f. magnifica Schneid. * ,中国植物志 第54卷:19. 1985

2.11 花碧桃

Amygdalus persica Linn. f. *

2.12 菊花桃

Amygdalus persica Linn. f. chrysanthemoides *

2.13 红花碧桃

Amygdalus persica Linn. f. rubro－plens Schneid. * ,中国植物志 第54卷:19. 1985

2.14 塔形碧桃

Amygdalus persica Linn. f. pyramidalis Dipp. * ,中国植物志 第54卷:20. 1985

3. 扁桃

Amygdalus communis Linn. ,Sl. Pl. 473. 1753

Prunus communis Arcangeli,Comp. Fl. Ital. 209. 1882

4. 山桃

Amygdalus davidiana(Carr.)C. de Vos.(Handb. Boom. Heest. ed. 1,16. 1887. nom. nud.)ex Henry in Rev. Hort. 1902:290. f. 120. 1902

Amygdalus davidiana C. de Vos,Handb. Boom. Heest. ed. 2,16. 1887. nom.

Persica davidiana Carr. in Rev. Hort. 1872:74. f. 10. 1872

Amygdalus davidiana(Carr.)Yü,中国果树分类学. 29. 图 6. 1979

4.1 白花山桃　白山桃

Amygdalus davidiana C. de Vos. f. alba(Carr.)Rehd. in Bibliography of Cult. Trees and Shrubs. 329. 1949

Prunus davidiana Carr. var. alba Bean in Garden,50:165. 1896

Prunus davidiana Carr. f. albiflora Schneider,III. Handb. Laubh. 1:595. 1906

Persica davidiana Carr. f. alba Carr. in Rev. Hort. 1872:76. 1872

4.2 红花山桃　红山桃

Amygdalus davidiana C. de Vos. f. robnra(Bean)Rehd. in Bibliography of Cult. Trees and Shrubs. 329. 1949

Amygdalus davidiana flore rubro C. de Vos, Handb. Boom. Heest. ed. 2, 16. 1887. nom.

Prunus davidiana Carr. var. rubra Bean,Trees and Shrubs. Brit. Isl. 2:235. 1914

4.3 曲枝山桃　河南新纪录变型

Amygdalus davidiana C. de Vos. f. *

4.4 紫叶山桃　河南新纪录变型

Amygdalus davidiana C. de Vos. f. *

(十八) 棣棠花属

Kerria DC. in Trans. Linn. Soc. Lond. 12:156. 1817

Spiraea sect. Keria Desvaux in Mém. Soc. Linn. Paris, 1:25. 1822

1. 棣棠花

Kerria japonoca(Linn.)DC. in Trans. Linn. Soc. Klond. 12:157. 1817

Rubus japonicus Linn.,Mant. Pl. 1:145. 1767

Corchorus japonicus Thunb.,Fl. Jap. 227. 1784

Spiraea japonoca Desvaux in Mem. Soc. Linn. Paris. 1:25. 1822. non Linn. f. 1781

Kerria japonoca(Linn.)DC. a. typica Makino in Bot. Mag. Tokyo,28:185. 1914

1.1 银边棣棠花

Kerria japonoca(Linn.)DC. f. picta(Siebold)Rehd. in Bibiography of Cult. Trees and Shrubs. 284. 1949

Kerria japonoca(Linn.)DC. γ. foliis variegatis Sieb. Zucc., Fl. Jap. 1:183. 184

Kerria japonoca(Linn.)DC. var. picta Sieb. in Jaarb. Nederl. Maatsch. Anmoed. Tuinb. 1844:40. t. 1. 1844

Kerria japonoca(Linn.)DC. fol. argenteo-variegatus Lemaire, III. Hort. 9:t. 336. 1862

1.2 白斑棣棠花

Kerria japonoca(Linn.)DC. f. *

1.3 重瓣棣棠花

Kerria japonoca(Linn.)DC. f. pleniflora(Witte)Rehd. in Bibiography of Cult. Trees and Shrubs. 284. 1949

Kerria japonoca(Linn.)DC. var. a. floribus plenis Sieb. & Zucc., Fl. Jap. 1:183. t. 98. f. 3. 1841

Kerria japonoca(Linn.)DC. var. pleniflora Witte, Flora Afbeeld. Beschrijv. 261. t. 66. 1868

Kerria japonoca(Linn.)DC. f. plena Schneider, III. Handb. Laubh. 1:502. f. 305b. 1906

1.4 金边棣棠花

Kerria japonoca(Linn.)DC. f. aureo-variegata(Rehd.)Rehd. in Bibiography of Cult. Trees and Shrubs. 284. 1949

Kerria japonoca(Linn.)DC. var. aurea variegata Rehd., Man. Cult. Trees and Shrubs. 408. 1927

Kerria japonoca(Linn.)DC. aurea variegata Bean, Trees and Shrubs Brit. Isl. 1: 683. 1914

(十九)杏属

Armeniaca Mill.,Gard. Dict. abridg. ed. 4,1. 1754. nom. subnud.

Prunus-Armeniaca Weston,Bot. Univ. 1:224. 1770

1. 杏树

Armeniaca vulgaris Lam.,Encycl. Méth. Bot. 1:2. 1789

Prunus armeniaca Linn.,Sp. Pl. 474. 1753

Armeniaca macrocarpa Poiteau & Turpin in Duhamel,Traité Arb Fruit. Nouv. éd.,1:A. no. 8;t. 104,fasc. 18. 1810

Armeniaca mera Poiteau & Turpin in Duhamel,Traité Arb Fruit. Nouv. éd.,1:A. no. 6;t. 272,fasc. 46? 1828

Armeniaca mongametia Poiteau & Turpin in Duhamel,Traité Arb Fruit. Nouv. éd.,1:A. no.7;t. 273,fasc. 46? 1828

Armeniaca armenlaca Huth in Helios,11:123. 1893

Armeniaca sativa Lam. ex Mouillefert, Traite Arb. Arbriss., atlas, p. ii, t. 23. 1898."sativa", sphalm. Pro"vulgaris"?

2. 山杏

Armeniaca sibirica Lam.,Encycl. Méth. Bot. 1:3. 1789

Prunus sibirica Linn.,Sp. Pl. 474. 1753

Prunus armeniaca Linn. var. sibirica K. Koch,Dendr. 1:88. 1869

2.1 小叶山杏　新变种

Armeniaca vulgaris Lam. var. parvifolia T. B. Zhao,Z. X. Chen et X. K. Li, var. nov.

A var. foliis parvis 3.5～5.0 cm longis，3.0～4.5 cm latis. fructibus globosis parvis ca. 2.0 cm grossis.

Henan:2015－05－05. T. B. Zhao，Z. X. Chen et X. K. Li，No. 201505053 (HANC).

本新变种叶小，长 3.5～5.0 cm，宽 3.0～4.5 cm。果实球状，小，径约 2.0 cm。

河南:郑州植物园。2015 年 5 月 5 日。赵天榜、陈志秀和李小康。模式标本，No. 201505053，存河南农业大学。

3. 梅树

Armeniaca mume Sieb. in Verh. Batav. Genoot. Kunst. Wetensch. 12，1: 69. 1830. nom

Armeniaca mume Sieb. in Verh. Batav. Genoot. Kunst. Wetensch. 12，1:69. no. 367(Syn. Pl. Oecon. 1828?). 1830. nom.

Prunus mume Sieb. & Zucc. ,Fl. Jap. 1:29. t. 11. 1836

Prunus mume Sieb. & Zucc. a. typica Maxim. in Bull. Acad. Sci. St. Pétersb. 29:84(in Mél. Biol. 11:672)1883

3.1 红梅　河南新记录变型

Armeniaca mume Sieb. f. alphandii(Carr.)Rehd. 38:33. *，朱家柟等编著. 拉汉英种子植物名称　第二版:2006

3.2 绿梅　河南新记录变种

Armeniaca mume Sieb. var. viridicalyx Makino in Bot. Mag. Tokyo，22:71. 1908

3.3 白梅　河南新记录变种

Armeniaca mume Sieb. var. alba Carr. in Rev. Hort. 1885:566. f. 102. 1885(f.)

Prunus mume Sieb. f. alba(Carr.)Rehd. in Jour. Arnoid. Arb. 3:21. 1921

3.4 重瓣白梅　河南新记录变型

Armeniaca mume Sieb. f. albo-plena(Bailey)Rehd. 38:33. *，朱家柟等编著. 拉汉英种子植物名称　第二版:2006

Prunus mume Sieb. f. albo-plena(Bailey)Rehd. in Bibiography of Cult. Trees and Shrubs. 324. 1949

Prunus mume Sieb. var. alba plena A. Wagner in Gartenfl. 52: 169. t. 1513b. 1903

Prunus mume Sieb. var. alba-plena Hort. ex Bailey. Stand. Cycl. Hort. 5:2824. 1916

Prunus mume Sieb. var. alba plena Dallimore in Garden，69:186. f. 1906

3.5 红白梅　河南新记录变型

Armeniaca mume Sieb. f. viridicalyx(Makino)T. Y. Chen 38:33. *，朱家柟等编著. 拉汉英种子植物名称　第二版:2006

3.6 杏梅　河南新记录变种

Armeniaca mume Sieb. var. bungo Makino 38:33. *，朱家柟等编著. 拉汉英种子

植物名称　第二版:2006

Prunus mume Sieb. var. bunge Makino in Bot. Mag. Tokyo,22:71. 1908

3.7 垂枝梅　河南新记录变种

Armeniaca mume Sieb. var. pendula(Sieb.)Rehd. in Bibiography of Cult. Trees and Shrubs. 324. 1949

Prunus mume Sieb. var. pendula Sieb. in Jaarb. Nederl. Maatsch. Anmoed. Tuinb. 1848:47. 1848

3.8 龙游梅

Armeniaca mume Sieb. var. tortuosa T. Y. Chen 38:33. *,朱家柟等编著. 拉汉英种子植物名称　第二版:2006

Prunus mume Sieb. cv. Contorted Dragon *,陈俊愉等编. 园林花卉(增订本):118. 1980

(二十) 李属

Prunus Linn., Sp. Pl. 473. 1753;Gen. Pl. 213. no. 546. 1754

1. 李树

Prunus salicina Lindl. in Trabs. Hort. Soc. Lond. 7:239. 1828

Prunus triflora Roxburgh, Hort. Bengal. 38. 1814. nom.

Prunus hattan Tamari ex Bailey, Cycl. Am. Hort. 3:1448. 1901. pro syn.

Prunus ichangana Schneider, in Repert. Sp. Nov. Règ. Vég. 1:50. 1905

Prunus botan André in Rev. Hort. 1895:160. t. 1895

Prunus masu Hort. ex Koehne in Sargent, Pl. Wilson. 1:280. 1912. pro syn.

1.1 紫叶李

Prunus cerasifera Ehrhar f. atropurpurea(Jaeq.)Rehd. in Bibiography of Cult. Trees and Shrubs. 320. 1949

Prunus pissardi Carr. in Rev. Hort. 1881:190. t. 1881:190. t. 1881

Prunus cerasifera Ehrhar var. atropurpurea Jäger in Jäger & Beissner, Ziergeh. ed. 2, 262. 1884

Prunus myrobalana Loiseleur f. pissardi(Carr.)Koehne, Deutsche Dendr. 317. 1893

(二十一) 樱属

Cerasus Mill. Gard. Dict. Abr. ed. 4,28. 1754

Prunus - Cerasus Weston, Bot. Univ. 1:224. 1770

Cerasophora Necker, Elem. Bot. 1:71. no. 719. 1790

1. 樱桃

Prunus pseudocerasus(Lindl.)G. Don in London, Hort. Brit. 200. 1830

Prunus psecudocerasus Lindl. in Trans. Hort. Soc. Lond. 6:90. 1852

Prunus pauciflora Bunge in Mém. Acad. Sci. St. Pétersb. Sav. Étrang. 2:97. 1835

Prunus involucrata Kochne in Sargent, Pl. Wils. 1:206. 1912

2. 山樱花　樱花

Cerasus serrulata(Lindl.)G. Don ex London, Hort. Brit. 480. 1830

Prunus serrulata Lindl. in Trans. Hort. Soc. Lond. 7:238. 1828

Prunus tenuiflora Kocehne in Sargent, Pl. Wils. 1:209. 1912. p. p.

Padus serrulata(Lindl.)Sokolov, Gep. Kyct. CCCP. 3:762. 1954

Cerasus serrulata G. Don ex Loudon, Hort. Brit. 480. 1830

Cerasus serratifolia Carr. in Rev. Hort. 1877:389. t. f. 2. 1877

Prunus serratifolia Booth ex Salomon, Deutsche Winterb. Bäume Sträuch. 203. 1884. pro syn.

2.1 日本晚樱

Cerasus serrulata G. Don var. lannesiana(Carr.)Makino in Journ. Jap. Bot. 5:13. 45. 1928

Cerasus lannesiana Carr. in Rev. Hort. 1872. 198. 1872

Prunus lannesiana Wils. Cherries Jap. 43. 1916

Cerasus serrulata Lindl. var. lannesiana(Carr.)Makino in Jour. Jap. Bot. 5:13, 45. 1928

Cerasus serrulata Carr. in Rev. Hort. 1872:198. 1872

3. 郁李

Cerasus japonica(Thunb.)Lois. in Duham. Trait. Arb. Arbust. ed. Augm. 5:33. 1812

Prunus japonica Roem. Fam. Nat. Règ. Vég. Sy. 3:95 1847

Prunus japonica Thunb. , Fl. Jap. 201. 1784

Cerasus japonica Loiseleur in Duhamel, Traité Arb. Arbust. éd. Augm. [Nouv. Duhamel] 5:33. 1812

Microcerasus japonica Roemer, Fam. Nat. Règ. Vég. Syn. 3:95. 1847

4. 东京樱花　日本樱花

Cerasus yedoensis(Mats.)Yü et Li, comb. nov. ,中国植物志　第54卷:74. 1985

Prunus yedoensis Mats. in Tokyo, Bot. Mag. 15:100. 1902

Prunus paracerasus Kochne in Fedde, Repert. Nov. Sp. 7:133. 1909

5. 毛樱花

Cerasus serrulata G. Don var. pubescens(Makino.)Yü et Li 38:75. * ,朱家柟等编著. 拉汉英种子植物名称　第二版:2006

Prunus serrulata Lindl. var. pubescens Wils. * ,陈俊愉等编. 园林花卉(增订本): 523. 1980

6. 毛樱桃

Cerasus tomentosa(Thunb.)Wall. Cat. no. 715. 1829. nom.

Prunus tomentosa Thunb. ,Gl. Jap. 203. 1784

Cerasus tomentosa Wallich, Num. List, no. 715. 1829. nom.

Prunus trichocarpa Bunge in Mém. Acad. Sci. St. Pétersb. Sav. Etrang. 2:96 . 1833

Prunus trichocarpa Bunge in Mém. Div. Sav. Acad. Sci. St. Pétersb. 2: 96 (Enum. Pl. Chin. Bor. 22. 1833)1835

Amygdalus tomentosa hort. ex K. Koch, Dendr. 1:81. 1869. pro syn.

Prtunuscincrascens Franch. in Nour. Arch. Mus. Paris. sér. 2,8:216. 1885

(二十二) 稠李属

Padus Mill. ,Garden Dict. ed. 8. 1768. p. p.

1. 稠李

Padus rademosa(Lam.)Gilib. Pl. Rar. Comm. Lithuan. 74. 310(in Linn. Syst. Pl. Eur. 1)1785

2. 紫叶稠李

Padus rademosa(Lam.)Gilib. 38:96. 89. 90. *,朱家枘等编著. 拉汉英种子植物名称　第二版:2006

(二十三) 草莓属(陈志秀、李小康)

Fragaria Linn. Sp. Pl. 494. 1753;Gen. Pl. ed. 5, 218. 1754

1. 草莓

Fragaria ananassa Duchesnea Hist. Nat. des Fraisiers 190. 1766

2. 野草莓

Fragaria vesca Linn. Sp. Pl. 494. 1753

Fragaria chinensis Lozinsk. Bull. Jard. Bot. Princ. Urss 25:67. 1926

Fragaria concolor Kitagawa in Rep. Inst. Sci. Res. Manch. 5:155. 1940

(二十四) 蛇莓属(陈志秀、李小康)

Duchesnea J. E. Smith in Trans. Linn. Soc. 10:372. 1811

1. 蛇莓

Duchesnea indica(Andr.)Focke in Engler & Prantl, Pflanzenfam. 3(3):33. 1888

Fragaria indica Andr. in Bot. Reptos. 7. pl. 479. 1807

Potentilla indica(Andr.)Wolf in Asch. et Gr. Syn. 6:661. 1904

(二十五) 龙牙草属(陈志秀、李小康)

Agrimonia Linn. Sp. Pl. 418. 1753

1. 龙牙草　仙鹤草

Agrimonia pilosa Ledeb. in Ind. Sem. Hort. Dorpal. 1. 1823

Agrimonia viscidula Bunge in Mém. Sev. Etrang. Acad. Sci. St. Pétersb. 2:100. 1833

(二十六) 水杨梅属(陈志秀、李小康)

Geum Linn. Sp. Pl. 500. 1753

1. 水杨梅

Geum aleppicum Jacq. 1. c. Pl. Rar. 1. t. 95 et Collect. Bot. 1:880. 1786;37:221. 223. *,朱家柟等编著. 拉汉英种子植物名称　第二版:2006

(二十七) 萎陵菜属(陈志秀、李小康)

Potentilla Linn. Sp. Pl. 495. 1753

1. 翻白草

Potentilla discolor Bge. in Mém. Acad. Sci. St. Pétersb. 2:99. 1833

Potentilla formosana Hance in Ann. Sci. Nat. Bot. sér. 5, 5:212. 1866

2. 萎陵菜

Potentilla chinensis Ser. in DC. Prodr. 2:581. 1825

Potentilla exaltata Bunge in Mém. Acad. Sci. St. Pétersb. 2:99. 1831

(二十八) 地榆属(陈志秀、李小康)

Sanguisorba Linn. Sp. Pl. 116. 1753

1. 地榆

Sanguisorba officinalis Linn. Sp. Pl. 116. 1753

Sanguisorba montana Jord. in Bor. Suppl. 50. 1843

Sanguisorba polygama Nyi. in Fl. URSS 10:423. 1941

Poterium officinale A. Gray in Proc. Am. Acad. 7:340 1868

五十三、含羞草科(赵天榜、陈志秀、李小康)

Mimosaceae Reichenbach, Handb. Nat. Pflanzensyst. 227. 1837

Lomentaceae Linn. ,Philos. Bot. ed. 2,38. 1763. p. p.

Mimoseae R. Brown in Flinders, Voy. Terra Austral. 2(App.):551. 1814

Leguminiferae P. F. Gmelin trib. Mimoseae Lindley, Introd. Nat. Syst. Bot. 89. 1830

Mimosaceae Reichenbach, Handb. Nat. Pflanzensyst. 227. 1837

Leguminiferae Syme, Engl. Bot. ed. 3,3:t. —p. ,p. 1. 1864. sphalm. "Legumeniferae" in p. 1.

(一) 合欢属

Albizzia Durazz. in Magazz. Toscan. 3, 4(vol. 12.):14. 1772 "Albizia"

Sericandra Rafinesque, Sylva Tellur. 119. 1838. p. p. typ.

1. 合欢

Albizia juliobrissin Durazz. in Magazz. Toscan. 3, 4(vol. 12):11. t. 1772. "Iulibrissin Albisia"(p. 11), "Albizia 1." (in tab.)

Mimosa lnlibrizin Buc'hoz, Pl. Nouv. Decouv. 25. t. 23. 1799. sphalm?

Mimoa arborea sensu Thunb. Fl. Jap. 229. 1784.

Mimosa julibrissin Scopoli, Delic. Fl. Insub. 1:18. t. 8. 1786

Acacia linlibrissin Buc'hoz, Nouv. Traité Phys. Econ. 3:1. t. 1. 1789

Mimosa speciosa Thunb. in Trans. Linn. Soc. Lond. 2:336. 1794. non Jacquin, 1784

Acacia julibrissin Willdenow, Sl. Pl. 4, 2:1065. 1806

Acacia nemu Willdenow, Sl. Pl. 4, 2:1065. 1806

Mimosa nemu Poiret, Encycl. Méth. Bot. Suppl. 1:69. 1810

Sericandra julibrissin Rafinesque, Sylva Tellur. 119. 1838

Albizzia nemu Bentham in Lond. Journ. Bot. 1:527. 1842

Feuileea julibrissin Kuntze, Rég. Gen. Pl. 1:188. 1892

1.1 紫叶合欢　河南新记录变型

Albizia juliobrissin Durazz. f. rosea(Carr.)Rehd. in Bibiography of Cult. Trees and Shrubs. 351. 1949

Albizzia rosea Carr. in Rev. Hort. 1870:490. t. 1871

Albizia juliobrissin Durazz. f. rosea Mouillefert, Traite Arb. Arbriss. 1:686. 1894

1.2 '黄花'合欢　新栽培品种

Albizia juliobrissin Durazz. 'Huanghua', cv. nov.

本新栽培品种花黄色。

河南:郑州市、郑州植物园。选育者:赵天榜、陈志秀和陈俊通。

1.3 '红花'合欢　新栽培品种

Albizia juliobrissin Durazz. 'Honghua', cv. nov.

本新栽培品种花黄色。

河南:郑州市、郑州植物园。选育者:赵天榜、陈志秀和陈俊通。

2. 山合欢　山槐

Albizzia kalkora(Roxb.)Prain in Jour. As. Soc. Bengal. 66:511. 1897

Mimosa Kalkora Roxburgh, Hort. Bengal. 40. 1814. nom.

Acacia macrophylla Bunge in Mém. Div. Sav. Acad. Sci. St. Pétersb. 2:135 (Enum. Pl. Chin. Bor. 61. 1833)1835

(二) 含羞草属

Mimosa Linn. Sp. Pl. 516. 175

1. 含羞草

Mimosa pudica Linn. Sp. Pl. 518. 1753. Mimosa pudica Linn.

(三) 猴耳环属

Pithellobium Mart. in Flora 20(Beibl. 8):114. 1837

1. 猴耳环

Pithellobium clypearia(Jack)Benth. in London Journ. Bot. 3:209. 184

Inga clypcaria Jack on Malay. Misc. 2(7):78. 1822

Abarema clypearia(Jack)Kosterm. in Bull. Org. Sci. Res. Indonesia 20(11):42. 1954

Archidendron clypearia Nielsen in Adansonia ser. 2, 19(1):15. 1979

(四) 海红豆属　河南新记录属

Adenathera Linn. Sp. Pl. 384. 1753

1. 海红豆　河南新记录种

Adenathera pavonia Linn. var. microsperma(Teijsm. et Binnend.)Nielsen in Adansonia sér. 2, 19:341. 1980

Adenathera microsperma Teijsm. et Binnend. in Nat. Tijdschr. Nederl. Ind. 27: 58. 1864

Adenathera tamarindifolia Pierre, Fl. For. Cochinch. 5, tab. 392A. 1899

(五) 雨树属　河南新记录属

Samanea Merr. in Journ. Wash. Acad. Sci. 6:46. 1916

1. 雨树　河南新记录种

Samanea saman(Jacq.)Merr. in Journ. Wash. Acad. Sci. 6:47. 1916

(六) 朱缨花属　河南新记录属

Calliandra surinamensis Benth in Hook. Journ. Bot. 2:138. 1840

1. 朱缨花　河南新记录种

Calliandra haematocephala Hassk. Retzia 1:216. 1855

五十四、苏木科　云实科(赵天榜、陈俊通、范永明、陈志秀、李小康)

Caesalpiniaceae Klotzsch & Garcke, Bot. Ergeb. Reiose Prinz Waldemar, 157. 1862

Lomentaceae Linn., Philos. Bot. ed. 2, 38. 1763;p. p. nom. subnud.

Cassieae Reichenbach Consp. Règ. Vég. 153. 1828. nom. subnud.

Cassiaceae Link, Handb. Erkenn. Gew. 2:135. 1831

(一) 皂荚属

Gleditsia Linn.,Sp. Pl. 1056. 1753;Gen. Pl. ed. 5, 476. no. 1025. 1754

Asacara Rafinesque, Neogenyt. 2. 1825

Melilobus Mitchell ex Rafinesque, Sylva Tellur. 121. 1838

Caesalpinioides Kuntze, Rev. Gen. Pl. 1:166. 1891

1. 皂荚

Gleditsia sinensis Lam., Encycl. Méth. Bot. 2:465. 1788

Gleditsia chinensis Loddiges ex C. F. Ludwig, Neu. Wilde Baumz. 21. 1783. pro syn.

Gleditschia horridaWilldenow,Sp. Pl. 4,2:1098. 1806. non Salisburyaceae 1797

Gleditsia xylocarpa Hance in Jpur. Bot. 22:366. 1884

Caesalpinioides sinensis Kuntze, Rev. Gen. Pl. 1:167. 1891

2. 美国皂荚　河南新记录种

Gleditsia triacanthos Linn. Sp. Pl. 1056 . 1753. exclud. var. ß.

Gleditsia spinosa Marshall,Arbust. Am. 54. 1785

Gleditsia meliloba Walter,Fl. Carol. 254. 1788

Gleditsia elegans Salisbury,Prodr. Stirp. Chap. Allert. 323. 1797

Gleditsia polysperma Stokes,Bot. Mat. Med. 1:228. 1812

Gleditsia heterophylla Rafinesque,Fl. Loudovic. 99. 1817

Caesalpinioides triacanthum Kuntze,Rev. Gen. Pl. 1:167. 1891

3. 山皂荚

Gleditsia japonica Miq. in Ann. Mus. Bot. Lugd. —Bat. 3:54(Prol. Fl. Jap. 242) 1867. “Gleditschia”

Fagara horrida Thunb. in Trans. Linn. Soc. Lond. 2:329. 1794

Caesalpinoides japonicum Kuntze, Rev. Gen. Pl. 1:167. 1891

Gleditschia horrida Makino in Bot. Mag. Tokyo, 17:12. 1903

4. 野皂荚

Gleditsia microphylla Gordon ex Y. T. Lee in Journ. Arn. Aeb. 57:29. 1976

(二) 羊蹄甲属　河南新记录属

Bauhinia Linn. Sp. Pl. 374. 1753

1. 洋紫荆　河南新记录种

Bauhinia variegata Linn. Sp. Pl. 375. 1753

Phanera variegata(Linn.)Benth. Pl. Jungh. 2:262. 1825

2. 红花羊蹄甲　河南新记录种

Bauhinia blakeana Dunn in Journ. Bot. 46:325. 1908

(三) 决明属

Cassia Linn. Sp. Pl. 376. 1753

1. 腊肠树　河南新记录种

Cassia fistula Linn. Sp. Pl. 377. 1753

2. 黄槐决明　河南新记录种

Cassia surattensis Burm. f. Fl. Ind. 97. 1768

Cassia surattensis Koen. Ex Roth, Nov. Sp. Pl. 213. 1821

3. 铁刀木　河南新记录种

Cassia siamea Lam. Encycl. 1:648. 1785

4. 粉花山扁豆　节果决明　河南新记录种

Cassia nodosa Buch. —Ham. ex Boxb. Hort. Beng. 31. 1814. nom. Nud.

5. 决明

Cassia tora Linn. Sp. Pl. 211. 1753

6. 神黄豆

Cassia agnes (de Wit) Brenan in Kew Bull. 13:180. 1958

Cassia javanica Linn. var. agnes de Wit in Webbia 11:220. 1955

Cassia. javanica Linn. var. indo-chinensis Gagnep. in Lecomte, Fl. Gen. Indo-Chine 2:158. 1913.

(四) 猪屎豆属

Crotalaria Linn. Sp. Pl. 211. 1753

1. 猪屎豆

Crotalaria pallida Ait. Hort. Kew 3:20. 1789

Crotalaria mucronata Desv. in Journ. Bot. Appliq. 3:76. 1814

Crotalaria striata DC. Prodr. 2 131. 1825

Crotalaria saltiana Prain ex King in Journ. As. Soc. Beng. 66(2):42. 1897. non Andr. 1811

(五) 凤凰木属　河南新记录属

Delonix Raf. Fl. Tellur. 2:92. 1836

1. 凤凰木　河南新记录种

Delonix regia(Boj.)Raf. Fl. Tellur. 2:92. 1836

Pionciana regia Boj. ex Hook. in Curtis′s Bot. Mag. t. 2884. 1826

(六) 无忧花属　河南新记录属

Saraca Linn. Mant. Pl. 1:98. 1767

1. 无忧花　河南新记录种

Saraca dives Pierre, Fl. For. Cochinch. 5. t. 386B. 1899

(七) 云实属

Caesalpinia Linn. Sp. Pl. 380. 1753;Gen. Pl. ed. 5, 178. 1754

Guilandina Linn. Sp. Pl. ed. 5, 178. 1754

Mezonecuron Desf. in mem. Mus. Hist. Nat. Paris 4:245 1818. ("Mezonecuron")

1. 金凤花　河南新记录种

Caesalpinia pulcherrima(Linn.)Sw. Obs. 166. 1791

Poinciana pulcherrima Linn. Sp. Pl. 380. 1753

(八) 紫荆属

Cercis Linn., Sp. Pl. 374. 1753;Gen. Pl. ed. 5, 176. no. 458. 1754

Siliquastrum Adanson, Fam. Pl. 2:317. 1763

1. 湖北紫荆

Cercis glabra Pamp. in Nuov. Giorn. Bot. Ital. n. sér. 17:393. f. 9. 1910

现栽培地:河南、郑州市、郑州植物园。

1.1 全无毛湖北紫荆　河南新记录变种

Cercis glabra Pamp. var. omni-glabra T. B. Zhao, Z. X. Chen et J. T. Chen, 赵天榜等主编. 河南省郑州市紫荆山公园木本植物志谱:221～222. 2015

1.2 紫果湖北紫荆　河南新记录变种

Cercis glabra Pamp. var. purpureofructa T. B. Zhao, Z. X. Chen et J. T. Chen, 赵天榜等主编. 河南省郑州市紫荆山公园木本植物志谱:222. 2015

1.3 毛湖北紫荆　毛紫荆　河南新记录亚种

Cercis glabra Pamp. subsp. pubescens(S. Y. Wang)T. B. Zhao, Z. X. Chen et J.

T. Chen, subsp. transl. nov, 赵天榜等主编. 河南省郑州市紫荆山公园木本植物志谱: 222. 2015

Cercis pubescens S. Y. Wang, 丁宝章等主编. 河南植物志(第二册). 2287. 1988

1.4 少花湖北紫荆　河南新记录变种

Cercis glabra Pamp. var. pauciflora (H. L. Li) T. B. Zhao, Z. X. Chen et J. T. Chen, 赵天榜等主编. 河南省郑州市紫荆山公园木本植物志谱: 223. 2015

Cercis pauciflora H. L. Li in Bull. Torrey Bot. Club 71 423. op. cit. 1944

1.5 啮齿叶湖北紫荆　新变种

Cercis glabra Pamp. var. pubescens (S. Y. Wang) T. B. Zhao, Z. X. Chen et J. T. Chen var. erosa T. B. Zhao, Z. X. Chen et J. T. Chen, var. nov.

A var. nov. recedit: ramulis juvenilibus purplenigris sparse pauci-puberulis brevissimis vel glabris. foliis juvenilibus supra purpureis vel virelli-purpureis, 7-nervis atropurpureis glabris subtus purple-rubidis, nervis nigri-purpureis sparse flavidi-pubescentibus, basi inter nervis sparse sparse pubescentibus curvativia, apicibus mucronatis basi truncatis vel cordatis, margine basibus integris, in medio non aequalibus erosis, in parte superiore undulatis minutis; petiolis 2.0～3.0 cm apice 1nodulis grossis nigri-purpureis glabris.

Henan: Xixia Xian. 2015－08－20. T. B. Zhao, Z. X. Chen et al., No. 201508201 (folia et ramula, holotypus hic disighnatus HNAC).

本新变种幼枝紫黑色，疏被很少极短柔毛，或无毛。幼叶表面紫色，或淡绿紫色，7 出脉，脉黑紫红色，无毛，背面紫红色，主脉黑紫色，疏被黄色短柔毛，基部脉腋间疏被弯曲短柔毛，先端具短尖头，基部截形，或心形，基部边缘呈波状全缘，中部边缘呈不整齐的啮齿状锯齿，上部边缘呈微波状齿；叶柄长 2.0～3.0 cm，先端 1 节膨大，黑紫色，无毛。

河南：西峡县。2015 年 8 月 20 日。赵天榜和陈志秀等。模式标本，No. 201508201 (叶和枝)，存河南农业大学。

1.6 膜叶湖北紫荆　新变种

Cercis glabra Pamp. var. glabra (Pamp.) T. B. Zhao, Z. X. Chen et J. T. Chen var. membranacea J. T. Chen, var. nov.

A var. nov. recedit: ramulis minutis, diametibus 1～2 mm, glabris. foliis rotundatis tenuiter membranaceis, 3.5～7.5 cm longis, 4.5～8.5 cm latis, bifrontibus glabris apice obtusis cum acumine rare truncatis; petiolis minutis glabris.

Henan: Zhengzhou City. 2016－05－10. J. Zhang et al., No. 201605091 (ramula et racemue, holotypus hic disighnatus HNAC).

本新变种小枝纤细，径 1～2 mm，无毛。叶近圆形，薄膜质，长 3.5～7.5 cm，径 4.5～8.5 cm，两面无毛，先端钝尖，基部心形，稀截形；叶柄纤细，长 2.5～4.0 cm，无毛。

河南：栾川县山区有。2016 年 5 月 10 日。陈俊通。模式标本，No. 201605101 (枝与叶)，存河南农业大学。

1.7 两种毛湖北紫荆　新变种

Cercis glabra Pamp. var. pubescens(S. Y. Wang)T. B. Zhao,Z. X. Chen et J. T. Chen var. dimorphotricha T. B. Zhao,Z. X. Chen et J. T. Chen,var. nov.

A var. nov. recedit:ramulis juvenilibus et 1～2-ramulis dense pubescentibus curvaturis et dense villosis longis unciformibus. foliis crasse chartaceis,supra nervibus sparse pubescentibus subtus in praecipue nervis et inter se sparse pubescentibus tortuosis;petiolis apice 1-nodis grossis flavo-virentibus dense villosis,inferrne sparse pubescentibus, glandibus paucis. floribus carneis denique albis;filamentis albis;pedicellis minutis 1.5～2.3 cm longis. leguminibus viridulis interdum pallide purpureis 7.0～9.5 cm longis, 1.0～1.3 cm latis,apice acuminatis basi anguste cuneatis;pedicellis fructibus pallide purpureis supra et subter 2-nodis grossis sparse pubescentibus,in medio sparse glabris rarepaululum pubescentibuss.

Henan:Zhengzhou City. 2014－04－15. T. B. Zhao,Z. X. Chen et al.,No. 201404155(flos et branch);2015－06－17. T. B. Zhao,Z. X. Chen et al.,No. 201506175(leaf,branchlet et pods,holotypus hic disighnatus HNAC).

本新变种幼枝、1～2年生枝密被弯曲长柔毛和密被钩状长柔毛。叶厚纸质,表面主脉疏被柔毛,背面主脉基部脉腋间及主脉疏被弯曲短柔毛;叶柄先端1节膨大、淡绿色,密被长柔毛,下部疏被短柔毛,腺点极少。花粉红色,干后白色;花丝白色;花梗细,长1.5～2.3 cm。荚果淡绿色,有时具淡紫色晕,长7.0～9.5 cm,宽1.0～1.3 cm,先端渐尖,基部狭楔形;果梗淡紫色,上节与下节膨大,疏被短柔毛,中部通常无毛,稀被很少短柔毛。

河南:郑州市有引种栽培。2014年4月15日。赵天榜和陈志秀等。模式标本,No. 201404155(花枝)。2015年6月17日。赵天榜和陈志秀等。模式标本,No. 201506175(枝、叶与果序),存河南农业大学。

1.8 垂枝湖北紫荆　河南新记录变种

Cercis glabra Pamp. var. pendula T. B. Zhao,Z. X. Chen et J. T. Chen,赵天榜等主编. 河南省郑州市紫荆山公园木本植物志谱:223～224. 2015

2. 紫荆

Cercis chinensis Bunge in Mém. Div. Sav. Acad. Sci. St. Pétersb. 2:95(Enum. Pl. Chin. Bor. 21. 1833). 1835

Cercis japonica Sieb. ex Planchon in Fl. des Serr. 8:269. t. 894. 1853

Cercis canadensis Linn. var. chinensis Ito in Bot. Mag. Tokyo,14:149. 1900

2.1 白花紫荆　河南新记录变型

Cercis chinensis Bunge f. alba Hsu in Acta Phytotax Sin. 11:193. 1966

2.2 短毛紫荆

Cercis chinensis Bunge var. pubescens C. F. Wei,广西植物,3:15. 1983

2.3 粉红紫荆　河南新记录变型

Cercis chinensis Bunge f. rosea Hsu,植物分类学报,11(2):193. 1966

2.4 密花紫荆　河南新记录变种

Cercis chinensis Bunge var. densiiflora T. B. Zhao, Z. X. Chen et J. T. Chen，赵天榜等主编. 河南省郑州市紫荆山公园木本植物志谱：227～228. 2015

2.5 '瘤密花'紫荆　河南新记录栽培品种

Cercis chinensis Bunge'Liu Mihua'，赵天榜等主编. 河南省郑州市紫荆山公园木本植物志谱：228. 2015

2.6 紫果紫荆　河南新记录栽培品种

Cercis chinensis Bunge 'Ziguo'，赵天榜等主编. 河南省郑州市紫荆山公园木本植物志谱：229. 2015

3. 黄山紫荆　河南新记录种

Cercis chingii Chun in Journ. Arn. Arb. 8：20. 1927

4. 垂丝紫荆　河南新记录种

Cercis racemosa Oliv. in Hook. Lcon. Pl. 19. t. 1894. 1899

5. 加拿大紫荆　河南新记录种

Cercis canadensis Linn., Sp. Pl. 374. 1753

Siliquastrum cordatum Moench, Méth. Pl. 54. 1794

Cercis dilatata Greene in Repert. Sp. Nov. Règ. Vég. 11：110. 1912

5.1 '紫叶'加拿大紫荆　河南新记录栽培品种

Cercis canadensis Linn.'Goldenke Stem' *，赵天榜等主编. 河南省郑州市紫荆山公园木本植物志谱：230. 2015

6. 毛果紫荆　新种　图 1

范永明，赵天榜，陈志秀

（河南农业大学林学院，河南郑州　450002）

Cercis pubicarpa Y. M. Fan, J. T. Chen et T. B. Zhao, sp. nov.

Species nov. Cercis chinensis Bunge et C. glabra Pamp. similis, sed arbusculis deciduis parvis. ramulis et ramulis juvenilibus glabris foliis rotundis, cordatis vel 5-angulasti-rotundis, basi 5～7-nervis nervisequentibus. floribusis caespitosis et racemis. 2～3-racemis caespitosis, rare 1-racemus; pedunculis dense pubescentibus aurantiis. ovariis dense pilosis pedicellis glabris. leguminibus supra medium sparse pubescentibus, infra medium dense stellato-pilis et sparse pubescentibus; pedicellis fructus glabris. pedunculi-leguminibus dense pubescentibus.

Arbuscula 5.0～6.0 m alta; cortice cinerei-albi vel cinerei-brunnei. ramuli cinerei vel cinerei-brunnei glabri in juvenilibus flavidi glabri. folia rotunda, cordata vel 5-angulasti-rotunda chartacea 5.0～8.0 cm longa 4.5～8.0 cm lata apice mucronata basi rotunda, cordata et truncata, basi 5～7-nervis, margine integra saepe a-ciliatis rare paululum ciliates brevissimis, surpa viridia glabra nitida subtus viridulia glabra, ad costam dense pilosis; petioli 2.5～4.0 cm longi viriduli glabri, apice nodules aliquantum grossiis flavo-viridulis glabris. flores ante folia aperti. flores caespitosi et racemi. 2～3-racemes caespitosis, rare 1-racemus; pedunculis 5～8 mm longis dense pubescentibus helvolis. 3～8-flores in inflorescentiis. floribus saepe 3～5-caespitosis. flores purpurascentibus; ovariis dense pubescentibus; pedicelli glabri. legumina fasciarii 5. 0～10. 5 cm longi 1. 0～1. 3 cm lati virides vel pallide purpurei, supra medium sparse pubescentibus, infra medium dense stellato-pilosis et sparse pubescentibus, apice acuminatis rostratis, basi anguste cuneatis; pedicelli fructus 1. 5～2. 0 cm longi glabri. pedunculi-leguminibus dense pubescentibus.

Henan: Yanling Xian. 2015－08－28. T. B. Zhao, Y. M. Fan et J. T. Chen, No. 201508281(leafs, branchlet et legumina, holotypus hic disighnatus HNAC). 2015－04－25. T. B. Zhao et al. , No. 201504251(flores et ramulus).

落叶小乔木，高 5. 0～6. 0 m；树皮灰白色，或灰褐色，光滑。小枝灰色，或灰褐色，无毛；幼枝淡黄色，无毛。叶近圆形、心形，或五角状近圆形，纸质，长 5. 0～8. 0 cm，宽 4. 5～8. 0 cm，先端短尖，基部圆形、心形、截形，基部 5～7 出脉，边缘全缘，通常无缘毛，稀具很少极短缘毛，表面绿色，无毛，具光泽，背面淡绿色，无毛，沿脉密被长柔毛；叶柄长 2. 5～4. 0 cm，绿色，无毛，先端关节稍粗，淡黄绿色。花先叶开放。花簇生及总状花序。总状花序 2～3 枚簇生，稀 1 枚总状花序；花序梗长 5～8 mm，密被棕黄色短柔毛；每花序具花 3～8朵。花簇生通常具花 3～5 朵。花淡紫色；子房密被短柔毛；花梗无毛。荚果带状，长 5. 0～10. 5 cm，宽 1. 0～1. 3 cm，绿色，或淡紫色，中部以上疏被短柔毛，中部以下密被簇生星状毛及疏被短柔毛，先端渐尖，具喙尖，基部狭楔形；果梗长 1. 5～2. 0 cm，无毛。总果梗密被棕黄色短柔毛。花期 4 月；果实成熟期 9 月。

本新种与紫荆 Cercis chinensis Bunge 和湖北紫荆 C. glara Pamp. 相似，但主要区别：落叶小乔木。幼枝、小枝无毛。叶近圆形、心形，或五角状近圆形，5～7 出脉，沿脉疏被长柔毛。花簇生及总状花序。总状花序 2～3 枚簇生；花序梗密被棕黄色短柔毛，稀 1 枚总状花序。花子房密被毛；花梗无毛。荚果中部以上疏被短柔毛，中部以下疏被短柔毛及密被星状毛，果梗无毛；荚果总果梗密被棕黄色短柔毛。

产地：河南。鄢陵县。2015 年 8 月 28 日。赵天榜、范永明、陈俊通。模式标本，No. 201508281(枝、叶与荚果)，存河南农业大学。郑州市有栽培。2015 年 4 月 25 日。赵天榜和陈志秀。模式标本，No. 201504251(花枝)，存河南农业大学。

五十五、蝶形花科(赵天榜、陈志秀、李小康)

Fabaceae Lindl. , Vég. Kingd. 544. 1846

(一) 槐属

Sophora Linn. , Sp. Pl. 373. 1753; Gen. Pl. ed. 5, 175. no. 456. 1754

Broussonetia Ortega, Nov. Rav. Pl. Dec. 5: 61. t. 5. 1798. non Ventenat, 1799. nom. conserv.

Edwardsia Salisnury in Trans. Linn. Soc. Lond. 9: 298. t. 26. 1808

Patrinia Rafinesque in Jour. De. Phys. Chin. Hist. Nat. 89: 97. 1918. non Jussieu, 1807

图1　毛果紫荆

Cercis pubicarpa Y. M. Fan, J. T. Chen et T. B. Zhao, sp. nov.

Ⅰ. 叶形，Ⅱ. 果序，Ⅲ. 叶和果形，Ⅳ. 荚果毛被，Ⅴ. 总状花序，Ⅵ. 叶腋毛。

Vexibia Rafinesque, Neogenyton, 3. 1825

Radiusa Reichenbach, Consp. Règ. Vég. 148. 1828

Styphnolobium H. W. Schott in Wien. Zetschr. Kunst. Litt. 3844. 1830

Pseudosphphora Sweet, Hort. Brit. ed. 2, 122. 1830. sine descript.

Zanthysis Rafinesque, New Fl. N. Am. 3:84. 1838

Agastianis Rafinesque, New Fl. N. Am. 3:85. 1838

Dermatophyllum Scheele in Linn. 21:458. 1848

Goebelia Bunge ex Boissier, Fl. Or. 2:628. 1872

Keyserlingia Bunge ex Boissier，Fl. Or. 2:629. 1872

Vibexia Rafin. ex B. D. Jackson in Index Kew. 2:1193. 1895. sphalm.

1. 槐树

Sophora japonica Linn. ,Mant. Pl. 68. 1767

Sophora ludovicea XVI. Buc'hoz,Pl. Nouv. Decouv. 23. t. 21. 1779

Styphnolobium japonicum H. W. Schott in Wieb. Zeitschr. Kunst. Litt. 3:844. 1830

Sophora Mirei Léveilé in Buyll. Acad. Intern. Geog. Bot. 25:48. 1915. . non Pampanini,1910

1.1 龙爪槐

Sophora japonica Linn. f. pendula(Sweet)Zabel in Beissner et al. ,Handb. Laubh. —Ben. 256. 1903"(f.)"

Sophora japonica Linn. β. pendul Loddiges Cat. ex Sweet,Hort. Brit. 107. 1827

Styphnolobium japonicum 2. pendulum Kirchner in Petzold & Kirchner,Arb. Muscav. 366. 1864

1.2 '黄金'槐 河南新记录栽培品种

Sophora japonica Linn. 'Huangjinhuai',名品彩叶:54. 河南名品彩叶苗木股份有限公司

(二) 草木樨属

Melilotus Mill. Gard. Dict. Abridg. ed. 4，2. 1754

1. 草木樨

Melilotus officinalis(Linn.)Pall. Reise 3:537. 1776

Trifolium officinalis Linn. Sp. Pl. 765. 1753

Melilotus suaveolens Ledeb. in Index Sem. Hort. Dorpat. Suppl. 2:5. 1824.

Melilotus graveolens Bunge，Mém. Acad. Pétersb. 6:90. 185

(三) 苜蓿属

Medicago Linn. Sp. Pl. 778. 1753;Gen Pl. ed. 5，339. 1754

Melilotoudes Heist. ex Fabr. Enum. Méth. Tax. Study 61 1979

Melissitus Medic. Phyl. Bot. 1:209. 1787. pro parte

Pocockia Ser. in DC. Prodr. 2:185. 1825. pro parte

Turukhania Vass. in Nov. Syst. Pl. Vasc. 16:132. 1979

Kamiella Vass. in Nov. Syst. Pl. Vasc. 16:134. 1979

1. 苜蓿 紫苜蓿

Medicago sativa Linn. Sp. Pl. 778. 1753

Medicago beipinensis Vass. Bot. Mat. Herb. Inst. Bot. Acad. Sci. URSS 13:141. 1950

Medicago tibetana(Alef.)Vass. Bot. Mat. Herb. Inst. Bot. Acad. Sci. URSS 13:141. 1950

Medicago afghanica(Bord.)Vass. in БОТО. жуРн. 31(3):29. 1946

2. 小苜蓿

Medicago minima(Linn.)Grufb. in Linn. Amocn. 4:105. 1795

Medicago polymorpha Linn. var. minima Linn. Sp. Pl. 780. 1753

Medicago minima(Linn.)Bartal. Cat. Piant. Siena 61. 1776

Medicago minima(Linn.)Lam. Lam. Encycl. 3:636. 1792

3. 野苜蓿

Medicago falcata Linn. Sp. Pl. 779. 1753

(四) 大豆属

Glycine Willd. Sp. Pl. ed. 4, 3:1053. 1082(nom. Cosn.), non Glycine Linn. Sp. Pl. ed. 1,753. 1753

1. 野大豆

Glycine soja Sieb. & Zucc. in Abh. Akad. Wiss. Muenchen 4(2):119. 1843

Glycine ussuriensis Regel e Maack in Regel. Tent. Fl. Ussur. 50. pl. 7. f. 5—8. 1861

Glycine formosana Hosokawa in Journ. Soc. Trop. Agr. 4:308. 1932

Rhynchosia aygyi Lévl. in Mém. Real Acad. Cienc. Art. Barcelona sér. 3, 12: 555. 1916

(五) 葛属

Pueraria DC. in Ann. Sci. Nat. 4:97. 1825

Neustanthus Benth. in Miq. Pl. Jungh. 1:234. 1852, et Fl. Hongk. 86. 1816

Pueraria DC. in Ann. Sci. Nat. 4:97. 1825

Neustanthus Bentham in [Junghubn.] Pl. Junghuhn. 1:234. 1852

1. 葛

Pueraria lobata(Willd.)Ohwi in Bull. Okyo Sci. Mus. 18:16. 1947

Dolichos hirsuus Thunb. in Trans. Linn. Soc. 2:339. 1794

Dolichos lobatus Willd. Sp. Pl. ed. 3, 2:1047. 1802

Neustanthus chinensis Benth. Fl. Hoongk. 86 1861

Pueraria humbergiana(Sieb. & Zucc.)Benh. in Journ. Linn. Soc. Bot. 9:122. 1867

Pueraria argyi Lévl. & Van. Bull. Soc. Bot. Françe 55:426. 1908

Pueraria bodinieri Lévl. & Van. Bull. Soc. Bot. Françe 55:425. 1908

Pueraria caerulea Lévl. & Van. Bull. Soc. Bot. Françe 55:427. 1908

Pueraria koen Lévl. & Van. Bull. Soc. Bot. Françe 55:426. 1908

Pueraria triloba Makino in Iinuma, Somoku-Dzusetsu ed. 3, 3:95. t. 22. 1912

(六) 木蓝属

Indigofera Linn., Sp. Pl. 751. 1753;Gen. Pl. ed. 5, 333. no. 794. 1754

Anil Ludwig, Defin. Gen. Pl. 117. 1787

Sphaeridiophorum Desvaux in Jour. De Bot. (Desvaux)1:125. t. 6. 1813

Brissonia Desvaux in Jour. De Bot. (Desvaux)3:78. 1814

Oustropsis G. Don, Gen. Hist. Dichlam. Pl. 2:214. 1832

Hemispadon Endlicher in Flora, 15, 2:385. 1832

Tricoilendus Rafinesque, Fl. Telur. 2:97. 1837

Eilemanthus Hechstetter in Flora, 29:593. 1846

Eilemanthus Schlechtendal in Bot. Zeitung., 5:150. 1847

Amecarpus Bentham ex Lindl. Vég. Kingd. 554. 1847.

Acanthonotus Bentham in Hooker, Niger Fl. 293. 1849

Indigastrum Jaubert & Spach, III. Pl. Or. 5:101. t. 492. 1857

1. 木蓝

Indigofera tinctoria Linn. Sp. Pl. 751. 1753

Indigofera indica Lam. Encycl. Ménth. 3:245 1789

Indigofera sumatrana Gaertn. Fruct. 2:317. t. 148. 1791

(七) 紫穗槐属

Amorpha Linn. ,Sp. Pl. 743. 1753;Gen. Pl. ed. 5, 319. no. 768. 1754

Bonafidia Necker, Elem. Bot. 3:46. 1790

1. 紫穗槐

Amorpha fruticosa Linn. , Sp. Pl. 713. 1753

Amorpha perforata Schkuhr, Bot. Handb. Deutschl. Gew. 2:333. 1796

Amorpha fruticosa Linn. a. vulgaris Pursh, Fl. Am. Sept. 2:466. 1814

Amorpha ornata Wenderoth in Ind. Sem. Hort. Marburg. ? 1835. nom.

Amorpha pubescens Schlechtendal in Linnaea, 24:691. 1851. non Willdenow, 1796

(八) 紫藤属

Wisteria Nutt. Gen. Amer. 2:115. 1818.

Glicine Linn. , Sp. Pl. 753. 1753. p. p.

Kraunkia Rafinesque in Med. Repos. New York, hex. 2, 5:352. 1808

Diplonyx Rafinesque, Fl. Ludovic. 101. 1817

Thyrsanthus Elliot in Jour. Acad. Nat. Sci. Philad. 1:371. 1818. non Schrank, 1814

Phaseolodes Kuntze, Rev. Gen. Pl. 1:201. 1891. p. p.

1. 紫藤

Wisteria sinensis(Sims)Sweet, Hort. Brit. 121. 1827

Glycine sinensis Sims in Bot. Mag. 46:t. 2083. 1819

Wisteria chinensis DC. , Prodr. 2:390. 1825

Wisteria consequana Loudon, Hort. Brit. 315. 1830

Millettia chinensis Benthamin Junghuhn, Pl. Junghuhn. 249. in adnot. 1852

Wistaria polystachya K. Koch,Dendr. 1:62. 1869. p. p.

Phaseolodes floribundum Kuntze,Rev. Gen. Pl. 1:201. 1891. p. p.

Kraunhia floribunda Tubert in Nat. Pflanzenfam. III. 3:271. 1894. p. p.

(九) 刺槐属

Robinia Linn. ,Sp. Pl. 722. 1753;Gen. Pl. ed. 5,322. no. 1754. exclud. spec. nonnull.

Pseudo-Acacia Medicusin Vorles. Kurpfalz. Physik. —Oekon. Ges. 2:364. 1787

1. 刺槐

Robinia pseudoacacia Linn. ,Sp. Pl. 732. 1753. "Pseudo-Acacia"

Robinia acacia Linn. ,Syst. Nat. ed. 2,1161. 1759

Pseudacacia odorata Moench,Méth. Pl. 145. 1794

Robinia fragilis Salisbury,Prodr. Stirp. Chap. Allert. 336. 1796

1.1 紫花刺槐

Robinia pseudoacacia Linn. f. purpurea (Dipp.) Rehd. in Bibliography of Cult. Trees and Shrubs. 372. 1949

2. 毛刺槐

Robinia hispida Linn. , Mant. Pl. 101. 1767

Robinia rosa Marshall, Arbust. Am. 134. 1785. non Miller, 1768

Pseudacacia hispida Moench, Méth. Pl. 145. 1794

Robinia hispida-rosea Mirbel in Dubamel, Traite Arb. Arbriss. éd. Augm. [Nouv. Duhamel] 2:64. t. 18. 1804. "R. rosea"in tab.

Robinia montana Bartram ex Pursh, Fl. Am. Sept. 2:488. 1814. pro syn.

Robinia unakae Ashe in Jour. Elisha Mitchell Sci. Soc. 39:110. 1923

(十) 锦鸡儿属

Caragana Lamarck, Encycl. Méth. Bot. 1:615. 1785

Aspalathus Kuntze, Rev. Gen. Pl. 1:161. 1892. non Linn. 1753

Robinia Linn. ,Sp. Pl. 722. 1753. p. p.

1. 锦鸡儿

Caragana sinica(Buc'hoz)Rehd. in Jour. Arnold Arb. 22:576. 1941

Robinia sinica Buchoz, Pl. Nouv. Decouv. 24,t. 22. 1779. "R. sinensis" in tab.

Caragana chamlagu Laarck,Encycl. Méth. Bot. 1:616. 1785

Robinia chamlagu Hort. Rég. [Paris] ex Lamarck,Encycl. Méth. Bot. 1:616. 1785. pro syn.

Robinia lucida Salisbury,Prodr. Stirp. Chap. Allert. 337. 1796

Robinia chinensis Persoon,Syn. Pl. 2:312. 1807. pro syn.

Berberis caraganaefolia DC. , Règ. Vég. Syst. 2:18. 1821

(十一) 胡枝子属

Lespedeza Michx. , Fl. Bor. —Am. 2:70. 1803

Hedysarum Linn. , Sp. Pl. 745. 1753. p. p.

1. 胡枝子

Lespedeza bicolor Turcz. in Bull. Soc. Nat. Moscou，13:69. 1840

Lespedeza bicolor Turcz. a. typica Maxim. in Act. Hort. Petrop. 2:356. 1873

2. 绒毛胡枝子　山豆花

Lespedeza tomentosa(Thunb.)Sieb. ex Maxim. in Act. Hort. Petrop. 2:376. 1873

Hedysarum tomentosa Thunb. Fl. Jap. 286. 1784

Lespedeza villosa Pers. Syn. Pl. 2:318. `1807

Demodium tomentosa DC. Prodr. 2:337. 1825

(十二) 臭菜属　河南新记录属

Acacia Willd. 39:22.4. *，朱家柟等编著. 拉汉英种子植物名称　第二版. 2006

1. 臭菜　河南新录记种

Acacia intsia auct. non(Linn.)Willd. 39:33. *，朱家柟等编著. 拉汉英种子植物名称　第二版. 2006

(十三) 补骨脂属

Psoralea Linn. Sp. Pl. 762. 1753

1. 补骨脂

Psoralea corylifolia Linn. Sp. Pl. 764. 1753

(十四) 黄芪属　黄耆属

Astragalus Linn. Sp. Pl. 755. 1753;Gen. Pl. 355. 1754

Neodielsia Harms in Bot. Jabrb. 36(Beibl. 82):68. 1905

1. 蒙古黄芪

Astragalus mengholicus(Fisch.)Bunge var. mongholicus(Bunge)P. K. Hsiao in Acta Pharmac. Sinica 11:117. 1964

2. 糙叶黄芪　地丁

Astragalus scaberrimus Bunge in Mém. Acad. Sci. St. Pétersb. Sav. Étrang. 2:91. 1833

Astragalus giraldianus Ulbr. in Bot. Jahzb. 36(Beibl. 82):64. 1905

Astragalus harmsii Ulbr. in Bot. Jahzb. 36(Beibl. 82):63. 1905

3. 紫云英

Astragalus sinicus Linn. Mant. 1:103. 1767

Astragalus nokoensis Sasaki in Trans. Nat. Hist. Soc. Form. 21:151. 1931

Astragalus nankozaizanensis Sasaki in Trans. Nat. Hist. Soc. Form. 21:151. 1931

(十五) 鸡眼草属

Kummerowia Schindl. in Fedde，Repert. Sp. Nov. 10:403. 1912

1. 鸡眼草　掐不齐

Kummerowia strita(Thunb.)Schindl. in Fedde，Repert. Sp. Nov. 10:403. 1912

Hedysarum striatum Thunb. Fl. Jap. 289. 1784

Lespedeza striata Hook. et Arn in Bot. Beech. Voy. 262. 1841

Microlespedeza striata(Thunb.)Makino in Bot. Mag. Tokyo，28:182. 1914

(十六) 紫檀属

Pterocarpus Select. Stirp. Amer. Hist. 283. 1763

1. 紫檀

Pterocarpus indicus Willd. Sp. Pl. 3:904. 1802

(十七) 刺桐属

Erythrina Linn. Sp. Pl. 706. 1753

1. 鸡冠刺桐

Erythrina crista-gallii Linn. Mant. Pl. 1:99. 1767

(十八) 黄檀属　河南新记录属

Dalbergia Linn. f. Suppl. 52. 1781

1. 降香　降香檀　花梨木　河南新记录种

Dalbergia odorifera T. chen in Act. Phytotax. Sin. 8:351. 1963

五十六、酢浆草科(陈志秀、李小康)

Oxalidaceae *，中国植物志　第 61 卷:3. 1998

(一) 酢浆草属

Oxalis Linn. Sp. Pl. 433. 1753

1. 酢浆草

Oxalis corniculata Linn. Sp. Pl. 435. 1753

Oxalis repens Thunb. Diss. Oxal. 16，n. 14. 1781

Oxalis chinensis Haw in Loud. Hort. Srit. Suppl. 1:595. 1832. nomen.

Acetosella chinensis(Haw)O. Kunze，Rev. Gen. Pl. 1:92. 1891

Oxalis fontana Bunge in Mén. Sav. Étr. Pétersb. 2:87. 1835

2. 红花酢浆草

Oxalis corymbosa DC. Prodr. 1:696. 1824

Oxalis martiana Zucc. in Denkschr. Akad. Wiss. Müench. 9:144. 1824

(二) 阳桃属

Averrhoa Linn. Sp. Pl. 428. 1753

1. 阳桃

Averrhoa carambola Linn. Sp. Pl. 428. 1753

五十七、牻儿苗科(陈志秀、李小康)

Geraniaceae *，中国植物志　第 43 卷　第 1 分册:19. 1998

(一) 牻儿苗属

Erodium L'Herit. in Aiton，Hort. Kew. 2:414. 1789

Geranium Linn. Sp. Pl. ed. 1,676. 1753. p. p.

1. 牻儿苗

Erpdium stephaninanum Willd. Sp. Pl. 625. 1753

Geranium stephanianum Poir. Encycl. Suool. 2:741. 1881

Geranium multifidium Parin ex DC. Prodr. 1:645. n. 11. 1824

(二) 天竺葵属

Pelargonium L'Herit. in Ai. Hor. Kew. 2:417. 1789

1. 天竺葵

Pelargonium hortorum Bailey, Sand. Cyl. Hor. 2531. 1916

2. 香叶天竺葵

Pelargonium graveolens L'Herit. Geran. t. 17. 1787～1788

(三) 老鹳草属

Geranium Linn. Sp. Pl. 676. 1753

1. 老鹳草

Erodium wilfordii Maxim. in Bull. Acad. Sci. St. Pétersb. 26:435. 1880

五十八、旱金莲科

Tropaeolaceae *，中国植物志　第43卷　第1分册:90. 1998

(一) 旱金莲属

Tropaeolum Linn. Sp. Pl. 345. 1753

1. 旱金莲

Tropaeolum majus Linn. Sp. Pl. 345. 1753

五十九、蒺藜科(陈志秀、李小康)

Zygophyllaceae *，中国植物志　第61卷:116. 1998

(一) 蒺藜属

Tribulus Linn. Sp. Pl. 386. 1753

1. 蒺藜

Tribulus terrestris Linn. Sp. Pl. 386. 1753

六十、芸香科(赵天榜、陈俊通、范永明)

Rutaceae Juss., Gen. Pl. 296. 1786

Terabintaceae Juss., Gen. Pl. 368. 1789. p. p.

Amyrideae R. Brown in Ticket, Narr. Exped. Zaire, 431(Obs. Coll. Pl. Congo). 1812

Xanthoxyleae Nees & Martius in Verh. Leop. —Carol. Akad. Naturf. II(III.): 183. 1823

Pteleaceae Kunth in Ann. Sci. Nat. 2:354. 1824

Amyridaceae Lindl., Nat. Syst. Bot. ed. 2, 165. 1836. p. p. typ.

Xanthoxyleae Lindl. ,Nat. Syst. Bot. ed. 2,135. 1836

Zanthoxylaceae Maissner,Pl. Vasc. Gen. 1:64;2:46. 1837

Correaceae Agardh,Theor. Syst. Pl. 229. 1858

Citraceae Drude in Schenk,Handb. Bot. 3,2:391. 1887

(一) 花椒属

Zanthoxylum Linn. ,Sp. Pl. 270. 1753. exclud. Z. trifoliatum

1. 花椒

Zanthoxylum bungeanum Maxim. in Bull. Acad. Sci. St. Pétersb. 16:212(in Mél. Biol. 8:2) 1871

Zanthoxylum bungei Pl. et Linden ex Hance in Journ. Bot. 13:131. 875

Zanthoxylum fraxinoides Hemsl. in Ann. Arb. 32:70. 1951. exclud. syn.

2. 竹叶椒

Zanthoxylum armatum DC. Prodr. 1:727. 1824

Zanthoxylum alatum Roxb. Ind. 3:768. 1832

Zanthoxylum planispinum Sieb & Zucc. in Abh. Akad. München 4:138. 1846

3. 野花椒

Zanthoxylum simulans Hance in Ann. Sci. Nat. Bot. sér. 5, 208. 1866

Zanthoxylum bungei Planchon in Ann. Sci. Nat. Bot. sér. 3, 19:82. 1853. nom.

Zanthoxylum bungeanum Maxim. in BullageAcad. Sci. St. Pétersb. 16 212(in Mél. Biol. 8:2) 1871

Zanthoxylum fraxinoides Hemsleyin Ann. Bot. 9:148. 1895

Zanthoxylum argyi Lévl. in Mém. Acad. Ci. Barcelona 12:560. (Cat. Pl. Kiang-Sou,20) 1916

4.'胡椒木' 河南新记录栽培品种

Zanthoxylum Linn. 'Odorum ' *

(二) 芸香属

Ruta Linn. ,Sp. Pl. 383. 1753;Gen. Pl. ed. 5,180. 1754

1. 芸香

Ruta graveolens Linn. ,Sp. Pl. 383. 1753

Ruta hortensis Miller,Gard. Dict. ed. 8,R. no. 1. 1768

(三) 金橘属

Fortunella Swingle in Journ. Wash. Acad. Sci. 5:165～176. 1915

1. 金橘

Fortunella margarita(Lour.)Swingle in Journ. Wash. Acad. Sci. 5:170. f. 2. 1915

Citrus margarita Lour. Fl. Cochinch. 2:467. 1790

(四) 枳属

Poncirus Raf. ,Sylva Tellur. 143. 1838

Pseudaegle Miqueel in Ann. Mus. Bot. Lugd. —Bat. 2:83. 1865

1. 枳　枸橘

Poncirus trifoliata(Linn.)Raf. ,Sylva Tellur. 143. 1838

Citrus trifoliata Linn. Sp. Pl. ed. 2,1101. 1763

Citrus trifolia Thunb. ,Fl. Jap. 294. 1784

Pseudaegle seplaria Miquel in Ann. Mus. Bot. Lugd. —Bat. 2:83. 1865

Citrus californica Hort. ex Carr. in Rev. Hort. 1869:15,f. 2. 1869. pro syn.

Limonia trichocarpa Hance in Jour. Bot. 15:258. 1882

Limonia trifoliata [hort. ex] C. de Vos,Handb. Boom. Heest. ed. 2,106. 1887. pro syn.

(五) 柑橘属

Citrus Linn. Sp. Pl. ed. 1,782. 1753;Gen. Pl. ed. 5, 341. 1754

1. 柑橘

Citrus reticulata Blanco, Fl. Filip. 610. 1837

Citrus nobilis Lour. Fl. Cochinch. 466. 1790

Citrus deliciosa Tenore. Ind. Sem. Haort. Bot. Nap. 9. 1840

2. 香橼

Citrus medica Linn. Sp. Pl. ed. 1,782. 1753

2.1 佛手

Citrus medica Linn. var. sarcodactylis(Noot.)Swingle in Sargent. Pl. Wilsn. 2: 141. 1914

Citrus sarcodactylis Noot. Fl. Fr. Feuill. Java Pl. 3. 1863

3. 柚

Citrus maxima Merr. in Bur. Sci. Publ. Manil. (Interp. Rumph. Herb. Amboin. 46)296. 1917

Aurantium maximum Burnm. Herb. Amboin. Auct. Index Univ. Sign. Z. 1, Verso. 1755

Citrus kwangsinensis Hu in Journ. Arn. Arb. 12:153. 1931

Citrus grandia(Linn.)Osbeck Dagbok Ost. Resa 98. 1757

4. 黎檬

Citrus limonia Osbeck Reise Ost. China 250. 1765

5. 酸橙

Citrus aurantium Linn. Sp. Pl. 2,782. 1753

Auratium acre Mill. Gard. Dict. ed. 8. 1768

6. 柠檬　河南新记录种

Citrus lomon(Linn.)Burm. f. Fl. Ind. 173. 1768

Citrus limonelloides Hayata, Icon. Pl. Form. 8:16. 1919

(六) 黄檗属

Phellodendron Rupr. in Bull. Phys. —Math. Acad. Sci. St. Pétersb. 15:353(in Mél. Biol. 2:526. 1858). 1857

1. 黄檗

Phellodendron amurense Rupr. in Bull. Phys. —Math. Acad. Sci. St. Pétersb. 15:353(in Mél. Biol. 2:526. 1858). 1857

(七) 九里香属　河南新记录属

Murraya Koenig ex Linn. Mant. 2:554. 563. 1771(Murraea)nom. et Orth. Cons.

1. 九里香　河南新记录种

Murraya exotica Linn. Mant. Pl. 563. 1771

六十一、苦木科(赵天榜、陈俊通)

Simarubaceae [L. C. Richard,Anal. Fruit. 21. 1808. "Slmaroubacees",nom. subnud. —] Lindl. ,Introd. Nat. Syst. Bot. 137. 1830

Simarubeae DC. in Ann. Mus. Hist. Nat. Paris,17:422. 1811

Terebinthaceae Horaninov,Prim. Linn. Syst. Nat. 88. 1834. p. p. quoad Ailanthus.

(一) 臭椿属

Ailanthus Desf. in Hist. Mém. Acad. Sci. Paris. 1786:265. t. 8. 1788

Pongelion Adanson,Fam. Pl. 2:319. 1763

Albonia Buc′hoz,Herb. Color. Amer. t. 57. 1783. sine descr.

1. 臭椿

Ailanthus altissima(Mill.)Swingle in Jour. Washington Acad. Sci. 6:495. 1916

Toxicodendron altissimum Miller,Gard. Dict. ed. 8. n. 10. 1768.

Rhus sinense Ellis ex Houttuyn,Natuurl. Hist. 2, 2:212. 1774, pro syn. dub.

Rhus cacodendron Ehrhart in Hannov. Mag. 1783:227. 1783

Ailbonia peregrina Buc′hoz, Herb. Color. Amér. t. 57. 1783. sine descr.

Rhus succedaneum Linn. ex Buc′hoz, Herb. Color. Amer. t. 57. 1783. pro syn.

Ailanthus glandulosus Desf. in Hist. Mém. Acad. Sci. Paris 1786:265. t. 8. 1788

Ailanthus glandulosus Desf. in Mém. Math. Phys. Acad. Sci. Paris 265. 1786

Ailanthus pongelion Gmelin in Linn. , Syst. Nat. ed. 13, 2:726. 1791

Ailanthus procera Salisbury, Prodr. Stirp. Chap. Allert. 171. 1796

Ailanthus japonica Hort. ex Rehd. in Bailey, Cycl. Am. Hort. [1]. 37. 1900. pro syn.

Ailanthus cacodendron Schinz & Thellung ex Thellung in Mém. Soc. Sci. Nat. Cherbourg, 38:637. 679. 1912

Ailanthus peregrina(Buc′hoz)Barkley in Ann. Missouri Bot. Gard. 24:264. t. 9. 1937

Pongelion glandulosum Pierre, Fl. For. Cochinch. 4:t. 294. in textu 1892

Pongelion cacodendron Farwell in Am. Midland Nat. 12:67. 1930

Rhus peregrina Stapf ex Barkley, in Ann. Missouri Bot. Gard. 24:264. t. 9. 1937. pro syn.

1.1 千头臭椿

Ailanthus altissima(Mill.)Swingle var. myriocephala B. C. Ding et T. B. Chao (T. B. Zhao),河南植物志(第二册):447. 1988

1.2 红果臭椿

Ailanthus altissima(Mill.)Swingle var. erythrocarpa(Carr.)Rehd., Man. Cult. Trees and Shrubs. 527. 1927.

Ailanthus rhodoptera F. Mueller in Fragm. Phytog. Austral. 3:43. 1862

Ailanthus erythrocarpa Carr. in Rev. Hort. 1867:419. 1867

Ailanthus rubra Jäger in Jäger & Beissner, Ziergeh. ed. 2, 18:1884

1.3 ‘红叶’臭椿　新栽培品种

Ailanthus altissima(Mill.)Swingle‘Hongye’,赵天榜等主编. 河南省郑州市紫荆山公园木本植物志谱:230. 2015

六十二、橄榄科　河南新记录科

Burseraceae nom. conserv. *,中国植物志　第43卷　第3分册:17. 1997

(一)橄榄属　河南新记录属

Canarium Linn. Amoen. Acad. 4:121. 1759

1. 橄榄　河南新记录种

Canarium album(Lour.)Rauesch. Nom. Bot. ed. 3:287. 1797

Pimela alba Lour. Fl. Cochinch. 408. 1790. et ed. 2:495. 1793

2. 印度橄榄　河南新记录种

Canarium sp. *

现栽培地:河南、郑州市、郑州植物园。

六十三、楝科(赵天榜、陈俊通、陈志秀)

Meliaceae Vent., Tabl. Règ. Vég. 3:159. 1799

Melieae Juss., Gen. Pl. 263. 1789

Cedreleae R. Brown in Flinders, Voy. Terra Austral. 2:595. 1814

(一)楝属

Melia Linn., Sp. Pl. 384. 1753;Gen. Pl. ed. 5,182. no. 473. 1754

Azedarach Miller, Gard. Dict. abridg. ed. 4. 1754

Azedarae Adanson, Fam. Pl. 2:342. 1763

Azedara Rafinesque, Fl. Ludovic. 135. 1817

Azedaraca Rafinesque, Med. Fl. 2:199. 1830

1. 楝树

Melia azedarach Linn. Sp. Pl. 384. 1753

Melia azedarach Linn. β. sempervirens Linn. ,Sp. Pl. 384. 1753

Melia sempervirens Swartz,Nov. Gen. Sp. Pl. 67. 1788

Melia florida Salisbury,Prodr. Stirp. Chap. Allert. 317. 1796

Azedara speciosa Rafinesque,Fl. Ludovic. 135. 1817

Melia sambucina Blume, Bijdr. Fl. Nederl. Ind. 162. 1825

Melia australis Sweet, Hort. Brit. ed. 2, 85. 1830

Azedaraca amena Rallanesque, Med. Fl. 2:199. 1830

Melia japonica G. Don, Gen. Hist. Dichlam. Pl. 1 680. 1831

Melia buikayun Royle, III. Bot. Himal. 144. 1835. nom. nud.

Melia commelini Medicus ex Steudel,Nomencl. Bot. ed. 2,2:118. 1841. pro syn.

Melia cochinchinensis Roemer,Fam. Nat. Règ. Vég. 1:95. 1846

Melia orientalis Roemer,Fam. Nat. Règ. Vég. 1:95. 1846

Melia toosendan Sieb. & Zucc. ,Abh. Math. —Phys. Cl. Akad. Wiss. Münch. 4, 3:159(Fl. Jap. Fam. Nat. 2:51)1846

Melia chinensis Sieb. ex Miquel in Ann. Mus. Bot. Lugd. —Bat. 3:23(Prol. Fl. Jap. 211)1867. pro syn.

Melia floribunda Carr. in Rev. Hort. 1872:472. t. 1872

Azedara chsempervirens Kuntze,Rev. Gen. Pl. 1:109. 1981

Azedarach vulgaris(Linn.)Gomez de la Maza in Repert. Med. —farm. Havana,5: 296. 1894

(二) 米兰仔属

Aglaia Lour. Fl. Cochinch. 173. 1790

1. 米兰

Aglaia odorata Lour. Fl. Cochinch. 173. 1790

(三) 香椿属

Toona Reom. ,Fam. Nat. Règ. Vég. Syn. 1:131. 139. 1846

Cedela P. Browne,Civ. Nat. Hist. Jamaica,158. t. 10,f. 1. 1756

Cedrus Miller,Gard. Dict. ed. 8. 1768. p. p.

Johnonia Adanson,Fam. Pl. 2:343. 1763

Cedrella Scopoli,Introd. Nat. Hist. 3:24. 1777

Miaptrila Rafinesque,Am. Man. Mulberry,37. 1839

Pterosiphon Turczaninov in Bull. Soc. Nat. Moscou,36,1:589. 1863

Surenus Kuntze,Rev. Gen. 1:110. 1891

Cedrela O. Br. , His. Jamaic. 158. 1756

1. 香椿

Toona sinensis A. Juss. in Mém. Mus. Hist. Nat. Paris,19:255. 1830

Toona sinensis Roemer, Fam. Nat. Règ. Vég. Syn. 1:131. 1846

Cedrela sinensis A. Juss. in Mém. Mus. Hist. Nat. Paris, 19:255. 294. 1830

Toona sinensis(A. Juss.)Roem., Fam. Nat. Règ. Vég. Syn. 1:139. 1846

Cedrela chinensis Franchet in Nouv. Arch. Mus. Hist. Nat. Paris, sér. 2, 5:220 (Pl. David. 1:68. 1884)1883

Mioptrila odorata Rafinesque, Am. Man. Mulberry, 37. 1839. p. p. max.

Ailanthus flavescens Carr. in Rev. Hort. 1865:366. 1865

Cedrela chinensis Franchet in Nouv. Arch. Mus. Hist. Paris, sér. 2, 5:220(Pl. David. 168. 1884)1883

Cedrela glaziovii C. DC. in Mar., Fl. Brasil. 11(1):224. 65. f. 2. 1878 158. 1756

1.1 密果香椿　新变种

Toona sinensis(A. Juss.)Reom. var. densicarpa T. B. Zhao Z. X. Chen et J. T. Chen, var. nov.

A var. floribus densis in inflorescentiis. inflorescentiis capsulis inflorescentibus globosis, diam. 20.0～25.0 cm. capsulis densis; brevi-pedicellis rructibus.

Henan: Zhengzhou City. 2015－10－05. T. B. Zhao, Z. X. Chen et J. T. Chen, No. 201510053(HANC).

本新变种花序上花密。果序球状，径 20.0～25.0 cm。蒴果密；果梗短。

河南：郑州市。2015 年 10 月 5 日。赵天榜、陈志秀和陈俊通。模式标本，No. 201510053，存河南农业大学。

1.2 垂枝香椿　新变种

Toona sinensis(A. Juss.)Reom. var. pendula T. B. Zhao Z. X. Chen et J. T. Chen, var. nov.

A var. ramulis et paripinnatis pendulis.

Henan: Zhengzhou City. 2015－10－05. T. B. Zhao, Z. X. Chen et J. T. Chen, No. 201510055(HANC).

本新变种枝和偶数状复叶下垂。

河南：郑州市。2015 年 10 月 5 日。赵天榜、陈志秀和陈俊通。模式标本，No. 201510055，存河南农业大学。

1.3 ‘光皮’香椿　河南新记录栽培品种

Toona sinensis(A. Juss.)Reom.‘Guangpi’，赵天榜等主编. 河南省郑州市紫荆山公园木本植物志谱. 230. 2015

1.4 ‘粗皮’香椿　新栽培品种

Toona sinensis(A. Juss.)Reom.‘Cūpi’cv. nov.

本新栽培品种树皮灰褐色，光滑，细纹裂缝。

河南：郑州市。选育者：赵天榜、陈志秀和陈俊通。

六十四、大戟科（赵天榜、陈俊通、李小康、陈志秀）

Euphorbiaceae Jaume St. －Hilaire，Expos. Fam. Nat. Pl. 2：276. t. 108(1805，after March)

Euphorbiae B. Juss.，Ord. Nat. Hort. Trianon，1759. IXX(nom. subnud.) in Juss.，gen. Pl. 1789

Tricoccae Scopoli，Fl. Carniol. 428. 1760

Tricocca Linn.，Philos. Bot. ed. 2，36. no. 47. 1763. nom. subnud.

Tithymaloideae Ventenat，Tabl. Règ. Vég. 3：483. 1794

Stilagineae Agardh，Aphor. Bot. 199. 1824

Trewiaceae Lindl.，Nat. Syst. Bot. ed. 2，174. 1836

Stilaginaceae Lindl.，Vég. Kingd. 259. 1846

Daphniphyllaceae J. Müller Argov. in DC.，Prodr. 16，1：1. 1869

Hamamelidacaeae-Daphniphyllaeae Hallier in Bot. Mag. Tokyo，18：55. 1904

(一) 白饭树属

Fluggea Wills.，Sp. Pl. 4：637. 757. 1805

Acidoton P. Br. Civ. Nat. Hist. Jamaica 335. 1756

1. 一叶萩

Fluggea suffruticosa(Pall.)Baill. Etud. Dem. Euphorb. 502. 1858

Fluggea suffruticosa Baill.，et. Gen. Euphorb. 592. 1858

Chenopodium suffruticosa Pall.，Reise Russ. Reich. 3，1：424. 1776. nomen.

Xylophylla ramiflora Ait. Hort. Kew. 1：376. 1789. nom. illeg.

Pharnaceum suffruticosa Pall.，Reise Russ. Reich. 3，2：716. t. E，f. 2. 1776

Phyllanthus ramiflorus Pers. Syn. Pl. 2：591. 1807

Geblera suffruticosa Fisch. & Mey. in Ind. Sem. Hort. Petrop. 1：28. 1835

Geblera chinensis Rupr. in Bull. Cl. Phys. －Math Acad. Imp. Sci. Saint-Pétersb. 15：357. 1857

Phyllanthus fluggeoides Muell. Arg. in Linn. 32：16. 1862

Securinega fluggeoides(Muell. －Arg.)Muell. Arg. in DC. Prodr. 15(2)：450. 1866

Securinega ramiflora(Ait.)Muell. Arg. in DC. Prodr. 15(2)：449. 1866

Securinega suffruticosa(Pall.)Rehd. in Journ. Arn. Arb. 13：338. 1923

Phyllanthus argyi Lévl. in Mém. Acad. Ci. Barcelona 12：550. 1916

Fluggea suffruticosa Baillon，Étrang. Gén. Euphorb. 592. 1858

Fluggea flueggeoides Webster in Brittonia 18：373. 1967

(二) 叶下珠属

Phyllanthus Linn. Sp. Pl. 981. 1753

Niruri Adans. Fam. Pl. 2：356. 1763

Urinaria Medic. Malvenfam. 80. 1787

Diasperus Kuntze, Rev. Gen. 2:596. 1891

1. 叶下珠

Phyllanthus urinaria Linn. Sp. Pl. 982. 1753

Phyllanthus cantoniensis Hornem. Enum Pl. Hort. Hafn. 29. 1807

Phyllanthus cantoniensis Schweigg. Enum. Pl. Hort. Regiom. 54. 1812

(三) 重阳木属　秋枫属

Bischofia Bl. Bijdr. Fl. Nederf. Ind. 1168. 1825

Microelus Wight. et Arn. in Edinb. New Philos. Journ. 14:298. 1833

Stylodiscus Benn. in Horst. Pl. Jav. Raf. 133. tab. 29. 1838

1. 重阳木

Bischofia polycarpa(Lévl.)Airy-Shaw in Shaw in Kew Bull. 27(2):271. 1972

Celtis polycarpa Lévl. in Fedde,Rep. Sp. Nov. 2:296. 1912

Bischofia racemosa Cheng et C. D. Chu in Sylvae 8(1):13. 1963

(四) 乌桕属

Sapium P. Browne, Civ. Nat. Hist. Jamaica, 338. 1756

Triadica Loureiro, Fl. Cochinch. 610. 1790. p. p.

Stillingfleetia Bojer, Hort. Maurit. 284. 1837

Falconeria Royle, III. Bot. Himal. 354. 1839

Sapiopsis J. Muller Argov. in Linnaea, 32:84. 1863

1. 乌桕

Sapium sebiferum(Linn.)Roxb., Fl. Ind., [ed. 2] 3:693. 1832

Croton sebiferum Linn., Sp. Pl. 1004. 1753

Triadica sinensis Lour., Fl. Cochinch. 610. 1790

Stillingia sebifera Michaux, Fl. Bor.—Am. 2:213. 1803

Stilinng fleetia sebifera Bojer, Hort. Maurit. 284. 1837

Excoecaria sebifera J. Muller, Argov. in DC., Prodr. 15, 2:1210. 1866

Stillingia sinensis Baillon, Étrang. Gén. Euphorb. 512. t. 7. f. 26—30. 1858

Carumbium sebiferum Kurz, Prelim. Rep. For. Vég. Pegu, App. A:cxiv

Triadica sebifera Small. Man. Southeast. Fl. 789. 1933

1.1 大叶乌桕　新变种

Sapium sebiferum(Linn.)Roxb. var. magnifolia T. B. Zhao Z. X. Chen et J. T. Chen, var. nov.

A var. ramulis patentibus. foliis late rhombeis,7.0～12.0 cm longis,5.0～10.0 cm latis.

Henan:Zhengzhou City. 2015—10—05. T. B. Zhao,Z. X. Chen et J. T. Chen, No. 201510055(HANC).

本新变种小枝开展。叶大,菱形,长 7.0～12.0 cm,宽 5.0～10.0 cm。

河南:郑州市。2015 年 10 月 5 日。赵天榜、陈志秀和陈俊通。模式标本,No. 201510055,存河南农业大学。

1.2 小果乌桕　新变种

Sapium sebiferum(Linn.)Roxb. var. microcarpa T. B. Zhao Z. X. Chen et J. T. Chen, var. nov.

A var. ramulis minutis, brevibus foliis rhombeis . 3.0～5.0 cm longis, 3.0～5.0 cm latis. fructibus globosis parvis, diam. 1.0 cm.

Henan: Zhengzhou City. 2015－10－05. T. B. Zhao, Z. X. Chen et J. T. Chen, No. 201510057(HANC).

本新变种小枝细而短。叶菱形,长 3.0～5.0 cm,宽 3.0～65.0 cm。果实球状,小,径 1.0 cm。

河南:郑州市。2015 年 10 月 5 日。赵天榜、陈志秀和陈俊通。模式标本,No. 201510057,存河南农业大学。

1.3 垂枝乌桕　新变种

Sapium sebiferum(Linn.)Roxb. var. pendula T. B. Zhao Z. X. Chen et J. T. Chen, var. nov.

A var. lateri-ramia reclinatis. ramulis et fructibus inflorescentiis pendulis.

Henan: Zhengzhou City. 2015－10－05. T. B. Zhao, Z. X. Chen et J. T. Chen, No. 201510059(HANC).

本新变种侧枝拱形下垂。小枝和果序下垂。

河南:郑州市。2015 年 10 月 5 日。赵天榜、陈志秀和陈俊通。模式标本,No. 201510059,存河南农业大学。

1.4 两次花乌桕　新变种

Sapium sebiferum(Linn.)Roxb. var. bitempiflora T. B. Zhao Z. X. Chen et J. T. Chen, var. nov.

A var. ramulis patentibus. bifloribus in annotinis.

Henan: Zhengzhou City. 2015－10－05. T. B. Zhao, Z. X. Chen et J. T. Chen, No. 2015100511(HANC).

本新变种小枝开展。1 年内开 2 次花。

河南:郑州市。2015 年 10 月 5 日。赵天榜、陈志秀和陈俊通。模式标本,No. 2015100511,存河南农业大学。

1.5 ‘金叶’乌桕　河南新记录栽培品种

Sapium sebiferum(Linn.)Roxb. ‘Jinye’ *

(五) 山麻杆属

Alchornea Sw. Prodr. 98. 1788

1. 山麻杆

Alchornea davidii Franch. Pl. David. 1:264. t. 6. 1884

(六) 变叶木属　河南新记录属

Codiaeum A. Juss. Euphorb. Gen. Tent. 33. 1824

1. 变叶木　河南新记录种

Codiaeum variegatum(Linn.)A. Juss. Euphorb. Gen. Tent. 80, 111. 1824

Croton variegatum Linn. Sp. Pl. ed. 3, 1424. 1764

Codiaeum variegatum(Linn.)Bal. Bijdr. Pflanzenr. 47(VI. 147. II):23. 1911

Croton pictus Lodd. Bot. Cab. t. 870. 1824

1.1 '柳叶'变叶木　河南新记录栽培品种

Codiaeum variegatum(Linn.)Bl. f. taeniosum Muell-Arg. 'Graciosum' *

(七) 麻疯树属　河南新记录属

Jatropha Linn. Sp. Pl. 1006. 1753

1. 佛肚树　珊瑚油桐　河南新记录种

Jatropha podagrica Hook. in Curt. Bot. Mag. 74:t. 4376. 1848

2. 琴叶珊瑚　南洋樱　日本樱　河南新记录种

Jatropha integerrima *，黄福贵，任志锋编著. 多肉植物鉴赏与景观应用志:157. 2013

3. 小桐子　河南新记录种

Jatropha curcas Linn. 44(2):148. *，朱家柟等编著. 拉汉英种子植物名称　第二版. 2006

(八) 橡胶树属　河南新记录属

Hevea Aubl. Hist. Pl. Guiane 871. t. 335. 1775

1. 橡胶树　河南新记录种

Hevea brasiliensis(Willd. ex A. Juss.)Muell. —Arg. in Linn. 34:204. 1865

Siphonia brasiliensis Willd. ex A. Juss. Euphorb. Gen. Tent. t. 12. pl. 38b, f. 1-6. 1824

(九) 木奶果属　河南新记录属

Baccaurea Lour. Fl. Cochinch. 661. 1790

1. 木奶果　河南新记录种

Baccaurea ramiflora Lour. Fl. Cochinch. 661. 1790

Baccaurea cauliflora Lour. Fl. Cochinch. 661. 1790

Baccaurea sapida(Roxb.)Muell. Arg. in DC. Prodr. 15(2):459. 1866

Baccaurea oxycarpa Gagnep. in Bull. Soc. Bot. França 70. 431. 1923

Gatnaia annamica Gagnep. Bull. Soc. Bot. França 71. 870. 1924

(十) 海漆属　河南新记录属

Excoecaria Linn. Syst. ed. 10. 1288. 1759

1. 红背桂　河南新记录种

Excoecaria cochinensis Lour Fl. Cochinch. 612. 1790

Antidesma bicolor Hsssk. Cat. Bogor. 81. 1844

Excoecaria bicolor(Hassk.)Zoll. ex Hassk. Retzia 1:158. 185

(十一)大戟属

Euphorbia Linn. Sp. Pl. 450. 1753;Gen. Pl. ed. 5,243. 1754

Tithymalus Scop. Fl. Carn. ed. 2,1:322. 1772

Galarrhaeus Haw. Syn. Pl. Succ. 143. 1812

Esula Haw. Syn. Pl. Succ. 153. 1812

Chamaesyce S. F. Gray,Nat. Arr. Brit. Pl. 2:260. 1821

Poinsettia Grah. in Edinb,New Philos. Journ. 20:412. 1836

Agaloma Raf. Fl. Tellur. 4:116. 1836

Licanthis Raf. Fl. Tellur. 4:94. 1836

1. 虎刺 铁海棠

Euphorbia milii Ch. des Moylius in Bull. Hist. Nat. Soc. Linn. Bordeaux 1:27. pl. 11826

Euphorbia splendens Bojer ex Hook. in Curtis's Bot. Mag. 56:t. 2902. 1829

2. 霸王鞭 金刚纂

Euphorbia nerifolia Linn. Sp. Pl. 451. 1753

3. 一品红

Euphorbia pulcherrima Wild. ex Klotzsch in Ottop & Dietr. Allgem. Gartenz. 2:27. 1834

Poinsettia pulcherrima(Willd. ex Klotzsch)Graham in Edinb. New Philos. Journ. 20:412. 1836

4. 地锦

Euphorbia humifusa Willd. ex Schlecht. Enum. Pl. Hort. Berol. Suppl. 27. 1814

Euphorbia pseudochamaesyce Fisch. Meyer & Ave-Lall. Ind. Sem. Hort. Petrop. 9:72. 1843

Euphorbia tashiroi Hayata,Icon. Pl. Form. 9:73. 1843

Chamaesyce tashiroi Hara in Journ. Jap. Bot. 14:356. 1938

5. 泽漆 猫眼

Euphorbia helioscopia Linn. Sp. Pl. 459. 1753

6. 月腺大戟 河南新记录种

Euphorbia *

7. 肖黄栌 河南新记录种

Euphorbia cotinifolia Linn. *

8. 白雪木 河南新记录种

Euphorbia leucocephala *

9. 帝锦 河南新记录种

Euphorbia lactea Haw. *,黄福贵等编著. 多肉植物鉴赏与景观应用:128. 2013

10. 春峰锦　河南新记录变型

Euphorbia lactea Haw. f. cristata *

11. 彩云阁　龙骨　三角霸王鞭　河南新记录种

Euphorbia trigona *，黄福贵等编者. 多肉植物鉴赏与景观应用:137. 2013

11.1 '健状'彩云阁　河南新记录栽培品种

Euphorbia trigona'Rubra' *

11.2 '红彩云阁'　河南新记录栽培品种

Euphorbia trigona'Rubra' *

12. 单刺麒麟　河南新记录种

Euphorbia unispina *

13. 帝氏麒麟　新拟　河南新记录种

Euphorbia tirucallii Linn. *

14. 乳白麒麟　新拟　河南新记录种

Euphorbia lactea Haw *

14.1 '重影'鸡冠乳白麒麟　新拟　河南新记录栽培品种

Euphorbia lactea Haw'White Ghost' *

15. 日出　河南新记录种

Ferocactus latispinus(Haw.)Br. & R. 1922，田国行、赵天榜主编. 仙人掌科植物资源与利用:237～238. 图 3. 296. 2011

Bisnaga recurva P. Mill. subsp. latispina(Haw.)Doweold 1999

Bisnaga recurva P. Mill. 1999

16. 虎刺梅　河南新记录种

Euphorbia milli *

16.1 大花虎刺梅　河南新记录变种

Euphorbia milii　var. splendens *

17. 布纹球　河南新记录种

Euphorbia obesa *，黄福贵等编者. 多肉植物鉴赏与景观应用:263. 2013

18. 狗奴子麒麟　狗奴子　河南新记录种

Euphorbia knuthii *，黄福贵等编者. 多肉植物鉴赏与景观应用:149. 2013

19. 绿玉树　光棍树　河南新记录种

Euphorbia tirucallii Linn. Sp. Pl. 452. 1753

20. 柳麒麟　河南新记录种

Euphorbia hedyotoides *

(十二) 铁笕菜属

Acalypha Linn. Sp. Pl. 1003. 1753

1. 铁笕菜

Acalypha australis Linn. Sp. Pl. 1004. 1753

Urtica gemina Lour. Fl. David. 1:264. 1884

Acalypha pauiflora Hornem. Hort. Hafn. 2:909. 1815
Acalypha chinensis Roxb. Fl. Ind. 3:880. 1826
Acalypha minima H. Keng in Taiwania 36:83. 1991. syn. nov.
2. 红桑　狗尾红　河南新记录种
Acalypha wikesiana Muell. －Arg. in DC. Prodr. 15(2):817. 1866
(十三) 红雀珊瑚属　河南新记录属
Pedianthus Neck. ex Poit. in Ann. Mus. Par. 19:390. 1812
Euphorbia Linn. Sp. Pl. 453. 1753. p. p.
1. 红雀珊瑚　河南新记录种
Pedianthus tithymaloides(Linn.)Polt. in Ann. Mus. Par. 19:390. t. 19. 1821
Euphorbia tithymaloides Linn. Sp. Pl. 453. 1753

六十五、黄杨科(赵天榜、陈俊通)

Buxaceae Dumortier, Comment. Bot. 54. 1822
(一) 黄杨属
Buxus Linn., Sp. Pl. 983. 1753;Gen. Pl. ed. 5, 423. no. 934. 1754
Crantzia Swartz, Prodr. Fl. Ind. Occ. 38. 1788. non Scopoli, 1777
Tricera Sweartz, Fl. Ind. Occ. 1:331. t. 7. 1797
1. 黄杨
Buxus sinica(Rehd. & Wils.)Cheng, sat. nov., 中国植物志　第67卷:37. 1980
Buxus microphylla Sieb. & Zucc. var. sinica Sieb. & Zucc. in Sargent. Pl. Wils. 2:165. 1914
2. 雀舌黄杨
Buxus bodinieri Lévl. in Fedde, Rep. Sp. Nov. 11:549. 1913
Buxus harlandii Hance in Journ. Linn. Soc. 13:123. 1873. p. p.

六十六、马桑科(赵天榜、陈俊通)

Coriariaceae Horaniov, Prim. Linn. Syst. Nat. 99. 1834
Coriarieae DC., Prodr. 1:739. 1824
(一) 马桑属
Coriaria Linn., Sp. Pl. 1037. 1753;Gen. Pl. ed. 5, 459. no. 1002. 1754
Heterocladus Turczaninov in Bull. Soc. Nat. Moscou, 29, 1:152. 1847
Heterophylleia Turczaninov in Bull. Soc. Nat. Moscou, 21, 1:591., in obs. 1848
1. 马桑
Coriaria sinica Maxim., in Mém. Acad. Sci. St. Pétersb. sér. 7, 29, 3:9. f. 1881
Morus calva Lévellé in Repert. Sp. Nov. Règ. Vég. 11:549. 1913

六十七、漆树科(赵天榜、李小康、陈志秀)

Anacardiaceae Lindl., Introd. Nat. Syst. Bot. 127. 1830

Terebintaceae Juss. Gen. Pl. 368. 1789

Spondiaceae Kunth in Ann. Sci. Nat. 2:333. 1824

Cassuvieae Bartling,Ord. Nat. Pl. 395. 1830

Juglandaceae Horaninov,Prim. Linn. Syst. Nat. 64. 1834. p. p. quoad Pistacia

Lentiscaceae Horaninov,Tetractys Nat. 25. 1843. nom.

Pistaceae Link & Mart. ex Horaninov,Tetractys Nat. 25. 1843. pro syn.

Pistaceae Marchand in Bull. Soc. Bot. Françe,16:118. 1868

Terebintheae Parlatore,Fl. Ital. 5:376. 1872

Pistaciaceae Caruel in Nuov. Giorn. Bot. Ital. 111:22. 1879

(一) 盐肤木属

Rhus Linn. ,Sp. Pl. 265. 1753;Gen. Pl. ed. 5,129. no. 331. 1754

Duchera Barkley in Am. Midland Nat. 28:472. 1942

Sersia Barkley in Am. Midland Nat. 28:472. 1942

1. 盐肤木

Rhus chinensis Mill. ,Gard. Dict. ed. 8,R. no. 7. 1768. "Chinense"

Rhus javanica Thunb. ,Fl. Jap. 121. 1784

Rhus semialata Murray in Comm. Soc. Sci. Goetting. 6:27. t. 3. 1784

Rhus osbeckii Decaisne ex Steudel,op. cit. 2:452. 1841. pro syn.

Toxicodendron semialatum Kuntze, Rev. Gen. Pl. 1:154. 1891

2. 火炬树

Rhus typhina Linn. (praes. [rsp.] Torner), Gent. Pl. II. 14. 1756

Datisca hirta Linn. , Sp. Pol. 2:1037. 1753. forma mounstr.

Rhus typhium Carantz, Inst. Erb. 2:275. 1766

Rhus viridiflorum Hort. Paris ex Mirbel in Duhamel, Traite Arb. Arbust. Ed. Augm. [Nouv. Duhanel] 2:163. 1804

Rhus canadense Hort. Paris ex Mirbel in Duhamel, Traite Arb. Arbust. Ed. Augm. [Nouv. Duhanel] 2:163. 1804

Rhus gracilis Hort. ex Engler in A. DC. , Monog. Phaner. 4:377. 1883. pro syn.

Toxicodendron typhinum Kuntze, Rev. Gen, Pl. 1:154. 1891

Rhus frutescens Hort. ex[Nicholson in] Kew Hand-list Trees and Shrubs. 1:103. 1892. pro syn.

Rhus hirta Sudworth in Bull. Torrey Bot. Club, 19:81. 1892. non Harvey ex Engler 1883. pro syn.

Schmaltsia hirta Small, Fl. Southeast. U. S. 729, 1334. 1093.

(二) 黄栌属

Cotinus Mill. ,Gard. Dict. abridg. ed. 4,1. 1754

Rhus Linn. , Sp. Pl. 265. 1753. p. p.

Rhus-Cotinus Weston,Bot. Univ. 1:244. 1770

1. 黄栌

Cotinus coggygria Scop. ,Fl. Carnio. ed. 2,1:220. 1772

Rhus cotinus Linn. ,Sp. Pl. 267. 1753

Rhus-cotinus cotinus Weston,Bot. Univ. 1:244. 1770

Rhus simplifolia Salisbury,Prodr. Stirp. Chap. Allert. 170. 1796

Rhus obovatifolia Stokes,Bot. Mat. Med. 2:159. 1812

Rhus laevis Wallich ex G. Don,Gen. Hist. Dichlam. Pl. 2:69. 1832

Cotinus coccygea K. Koch. Dendr. 1:582. 1869

Cotinus cotinus Sargent in Gard. For. 4:340. 1891

1.1 红叶黄栌 河南新记录变种

Cotinus coggygria Scop. var. cinerea Engl. in Bot. Jahrb. 1:403. 1881

Cotinus cinereaF. A. Barkl. in Lilloa 23:253. 1950

1.2 红毛黄栌 河南新记录变种

Cotinus coggygria Scop. f. purpureus(Dupuy-Jamin)Rehd. in Jour. Arnold Arb. 3:212. 1922

Rhus cotinus Linn. f. purpureus Dupuy-Jamin in Rev. Hort. 1870:567. 1871

Rhus cotinus Linn. f. atropurpurea Burvenich in Rev. Hort. Belg. 11:257. 1885

Cotinus coggygria Scop. a. atropurpurea Dippel,Handb. Laubh. 2:382. 1892

Cotinus coggygria Scop. f. atropurpurea Schneder,III. Hadb. Laubh. 2:146. 1907

1.3 毛黄栌

Cotinus coggygria Scop. var. pubescens Engl. in Bot. Jahrb. 1:403. 1881

1.4 紫序黄栌 新变种

Cotinus coggygria Scop. var. purple-inflorescentia T. B. Zhao, Z. X. Chen et Y. M. Fan,var. nov.

A var. inflorescentis dense villosis purpurascentibus. fructibus juvenilibus purpurascentibus.

Henan:Zhengzhou City. 2015—10—05. T. B. Zhao,Z. X. Chen et J. T. Chen, No. 2015100511(HANC).

本新变种花序密被淡紫色长柔毛。幼果淡紫色。

河南:郑州市。2015 年 10 月 5 日。赵天榜、陈志秀和陈俊通。模式标本,No. 2015100511,存河南农业大学。

2. 美国黄栌 河南新记录种

Cotinus obovatus Rafinesque,Autik. Bot. 82. 1840

Rhus cotinoides Nuttall ex Torrey & Gray, Fl. N. Am. 1:216. 1838

Cotinus americanus Nuttall, N. Am. Sylva, 3:1. t. 81. 1849

Rhua americana Sudworth in Bull. Torrey Bot. Club, 19:80. 1892

(三) 黄连木属

Pistacia Linn. ,Sp. Pl. 1025. 1753;Gen. Pl. ed. 5,450. no. 982. 1754

Lentiscus Miller, Gard. Dict. abridg. ed. 4, 2. 1754

Terebinthus Miller, Gard. Dict. abridg. ed. 3. 1754

Evrardia Adanson, Fam. Pl. 2:342. 1763

Therminthos St. —Lager in Ann. Soc. Bot. Lyon, 7:133. 1880

1. 黄连木

Pistacia chinensis Bunge in Mém. Div. Sav. Acad. Sci. St. Pétersb. 2:89(Enum. Pl. Bor. 15. 1833)1835

Lentiscus chinensis Kuntze, Rev. Gen. Pl. 1:153. 1891

Pistacia formosana Matsumura in Bot. Mag. Tokyo, 15:40. 1901

Pistacia philippinensis Merril & Rolfe in Philipp. Jour. Sci. Bot. 3:107. 1908

Rhus gummifera Léveillé in Repert. Sp. Nov. Règ. Vég. 10:474. 1912

Rhus argyi Léveilléin Mém. Acad. Ci. Art. Barcelona, sér. 3, 12:563(Cat. Pl. Kiang-Sou, 7:22)1916

2. 清香木　河南新记录种

Pistacia weinmannifolia J. Poisson ex Franch. in Bull. Soc. Bot. France 33:467. 1886

(四) 杧果属　河南新记录属

Mangifera Linn. Sp. Pl. 200. 1753

1. 杧果　河南新记录种

Mangifera indica Linn. Sp. Pl. 200. 1753

Mangifera austro-yunnanensis Hu in Bull. Fam. Mém. Inst. Biol. 10:160. 1940

六十八、冬青科(赵天榜、陈俊通、陈志秀)

Aquifoliaceae [DC., Theor. Elem. Bot. 217. 1813. "Aquifoliacées"

Frangulaceae DC. in Lamarck DC., Fl. France, ed. 3, 4, 2:619. 1805. p. p.

Iliceae Dumortier, Comment. Bot. 59. 1822. nom.

Iicineae Brongniart in Ann. Sci. Nat. 10:329(Mém. Fam. Rhamn. 16. 1826). 1827. exclud. gen. Nonnull.

Celastraceae Horaninov, Prim. Linn. Syst. Nat. 95. 1834. p. p. quoad Ilex.

Ilicaceae Lowe, Man. Fl. Madeira, 2:11. 1868. nom. altern.

(一) 冬青属

Ilex Linn., Sp. Pl. 125. 1753; Gen. Pl. ed. 5, 60. no. 158. 1754

Paltoria Ruiz & Pavon, Prodr. Fl. Peruv. 13. 1790

Chomelia Vellozo, Fl. Flum. 1:t. 107. 1827. non Jacquin, 1760

Byronia Endlicher in Ann. Wien. Mus. Nat. 1:184. 1835

Ageria Rafinesque, Sylva Tellur. 46. 1838

Braxylis Rafinesque, Sylva Tellur. 51. 1838

Polystigma Meissner, Pl. Vasc. Gen. 1:252. 1839

Leucodermis Planchon ex Bentham & Hooker f. ,Gen. Pl. 1:357. 1862. pro syn.

1. 枸骨

Ilex cornuta Lindl. in Paxton's Fl. Gard. 1:43. f. 27. 1850

Ilex cornuta Lindl. f. a. typica Loesener,Monog. Aquifol. 1 280 1901

1.1 无刺枸骨

Ilex cornuta Lindl. et Paxt. var. fortunei(Lindl.)S. Y. Hu in Journ. Arm. Arb. 30:356. 1949

1.2 两型叶枸骨　新变种

Ilex cornuta Lindl. et Paxt. var. biformifolia T. B. Zhao,Z. X. Chen et J. T. Chen, var. nov.

A var. foliis 2-formis:① margine spinis duris,② margine integria.

Henan:Zhengzhou City. 2015－10－10. T. B. Zhao,Z. X. Chen et J. T. Chen, No. 201510101(HANC).

本新变种叶2种类型。① 叶边缘具硬刺,② 叶边缘全缘。

河南:郑州市。2015年10月10日。赵天榜、陈志秀和陈俊通。模式标本,No. 201510101,存河南农业大学。

1.3 '弯枝'枸骨　河南新记录品种

Ilex cornuta Lindl. et Paxt. 'Wanzhi',赵天榜等主编. 河南省郑州市紫荆山公园木本植物志谱. 283. 2017

2. 冬青

Ilex chinensis Sims in Bot. Mag. 46. pl. 2043. 1918

Ilex purpurea Hassk. ,Cat. Pl. Hort. Bogor. 230. 1844

Ilex oldhami Mique in Ann. Mus. Bot. Lugd. －Bat. 3:105(Prol. Fl. Jap. 269) 1867

Cllicarpa cavaleriei Lévl. in Repert. Sp. Nov. Règ. Vég. 9:455. 1911

Embelia rubro-violacea Lévl. in Repert. Sp. Nov. Règ. Vég. 10:375. 1912

Celastrus bodinieri Lévl. in Repert. Sp. Nov. Règ. Vég. 13:263. 1914

Symplocos courtoisii Lévl. in Mém. Acad. Cienc. Art. Barc. III. 12:256(Cat. Pl. Kiangsou 22). 1916

六十九、卫矛科(赵天榜、陈志秀、范永明)

Celastraceae Horaninov,Prim. Linn. Syst. Nat. 95. 1834

Arillatae Batsch,Dispos. Gen. Pl. Jenens. 38. 1786

Frangulaceae DC. inLamarck & DC. , Fl. Françe 4, 2:619. 1805. p. p.

Celastrinae R. Brown in Flinders, Voy. Terra Austral. 2(app.):554. 1814

Celastrineae DC. , Prodr. 2:2. 1825. p. p.

(一) 卫矛属

Euonymus Linn. , Sp. Pl. 197. 1753. "Evonymus ";Gen. Pl. ed. 5, 91 1754

Evonimus Necher in Acta Acad. Elect. Sci. Theod. —Palat. 2:490. 1770

Vynomus C. Presl in Abh. Bohm. Gen. Wiss. sér. 5，3:462(Bot. Bemerk. 32. 1844). 1845

Vynomus C. Presl. Bot. Bemerk in Kew Bull. 1928:294 1928

Vynomus C. Presl. Bot. Bemerk 32. 1844. type species:V. pendula Presl.

Melanocarya Turczaninov in Bull. Soc. Nat. Moscou，31，1:453. 1858，type species M. pendula Turcz.

Pragmotessara Pierre，Fl. For. Cochinch. 4:t. 309. p. [2] 1894

Pragmatropa Pierre，Fl. For. Cochinch. 4:t. 309. p. [2] 1894

Genitia Nakai in Act. Phytotax. Geobot. 13:20. f. 1943

1. 扶芳藤

Euonymus fortunei(Turcz.)Hand. —Mazz.，Symb. Sin. 7:660. 1933. exclud. E. kioutschovica et var. et specim. cit.

Elaeodendron fortunei Turczaninov in Bull. Soc. Nat. Moscou，36，1:603. 1863

1.1 爬行卫矛

Euonymus fortunei(Turcz.)Hand. —Mazz. var. radicans(Miq.)Rehd. in Journ. Arnold Arb. 19:77. 1939

Euonymus gracilis Sieb.，Cat. Rais. Pl. Jap. Chine，33. 1863. nom.

Euonymus radicans Sieb. ex Siebold，Cat. Rais. Pl. Jap. Chine，33. 1863. pro syn.

Euonymus repens Carr. in Rev. Hort. 1885:296. 1885

1.2 斑叶扶芳藤

Euonymus fortunei(Turcz.)Hand. —Mazz. var. reticulatus(Reg.)Rehd. in Journ. Arnold Arb. 19:78. 1939. “E. F. var. radicans f. r.”

1.3 花叶扶芳藤

Euonymus fortunei(Turcz.)Hand. —Mazz. var. gracilis(Reg.)Rehd. in Journ. Arnold Arb. 19:78. 1938

Euonymus gracilis Sieb.，Cat. Rais. Pl. Jap. Chine，33. 1863. nom.

1.4 紫叶扶芳藤

Euonymus fortunei(Turcz.)Hand. —Mazz. var. colorata(Rehd.)Rehd. in Jour. Arnold. Arb. 19:77. 1939

Euonymus radicans(Miq.)Rehd. var. acuta f. colorata Rehd. in Jour. Arnold Arb. 7:30. 1926

2. 冬青卫矛　大叶黄杨

Euonymus japonica Thunb. in Nov. Act. Soc. Upsal. 3:218. 1781

Euonymus japonica Thunb.，Fl. Jap. 100. 1784

Pragmotessara japonica Pierre，Fl. For. Cochinch. 4:t. 309，p. [2] 1894

Masakia japonica(Thunb.)Nakai in Journ. Jap. Bot. 24:11. 1949

2.1 金边冬青卫矛

Euonymus japonica Thunb. f. aureo-marginata (Regel) Rehd. in Bibligrapty of Cult. Trees and Shrubs. 408. 1949

Euonymus japonica Thunb. var. aureo-marginata Nicholson, III. Dict. Gard. 2: 540. 1885. nom.

2.2 金心冬青卫矛

Euonymus japonica Thunb. f. aureo-variegatus (Regel) Rehd. in Bibligrapty of Cult. Trees and Shrubs. 408. 1949

Euonymus japonica Thunb. var. aureo-variegatus Regel in Gartenfl. 15:260. 1866

2.3 银边冬青卫矛

Euonymus japonica Thunb. f. albo-marginata (T. Moore) Rehd. in Bibligrapty of Cult. Trees and Shrubs. 408. 1949

Euonymus japonica Thunb. latifolius aibo-marginatus T. Moore in Proc. Hort. Soc. Lond. 3:282. 1863

2.4 银心冬青卫矛

Euonymus japonica Thunb. f. albo-variegatus (Regel.) Rehd. in Bibligrapty of Cult. Trees and Shrubs. 408. 1949

3. 白杜　丝棉木

Euonymus maackii Rupr. in Bull. Phy. —Math Acad Sc. St. Pétrsb. 15:358. 1857

Euonymus bungeana Maxim. in Mém. Div. Sav. Acad. Sci. St. Pétersb. 9:470 (Prim. Fl. Amur.) 1859

Evonymus forbesii Hance in Journ. Bot. 18:259. 1880

Euonymus micranthus Bunge, Enum. Fl. China Bor. 14. 1833, non D. Don 1825

Euonymus bungeana Maxim. Prim. Fl. Amur. 470. 1859

Euonymus mongolicus Nakai in Rep. Ist. Sci. Exped "Machopukou" Sest. 4, pt 1: t. 2. 1934

Euonymus oukiakiensis Pamp. in Nouv. Giorn. Bot. Ital. n. s. 17: 119. 1910. syn. nov.

4. 陕西卫矛　河南新记录种

Euonymus schensianus Maxim. in Bull. Acad. Sci. St. Pétersb. 27:445. 1881

Euonymus crinitus Pamp. in Nuov. Giorn. Bot. Ital. 17:417. 1910

Euonymus elegantissma Loes. et Rehd. in Sarg. ,Pl. Wilson. 1:496. 1913

Euonymus kwichowensis C. H. Wang in China Journ. Bot. 1:51. 1936

Euonymus haoi Loes. ex Wang in China Journ. Bot. 1:50. 1936

5. 胶州卫矛　河南新记录种

Euonymus kiautschovica Loes. in Bot. Jahrb. 30:453. 1902

Euonymus patens Rehder in Sargent, Trees and Shrubs. 1:127. t. 64. 1903

Euonymus sieboldianus hort. ex Rehd. in Sargent, Trees and Shrubs, 1:127. t.

64. 1903. pro syn. ;non Blume, 1826

6. 栓翅卫矛

Euonymus phellomana Loes. in Bot. Jahrb. 29:444. t. f. D—E. 1900

7. 垂丝卫矛　河南新记录种

Euonymus oxyphylla Miq. in Ann. Mus. Bot. Lugd. —Bat. 2:86(Prim. Fl. jap. 18). 1866

8. 大花卫矛　河南新记录种

Euonymus grandiflorus Wall. in Roxburgh, Fl. Ind. 2:404. 1824

Lophopetalum grandiflorum Arnott in Ann. Nat. Hist. 3:151. 1839

Evonymus Mairei Léveillé in Repet. Sp. Nov. Rég. Vég. 13:260. 1914. exclud. specim. "Siao-ho."

9. 毛脉卫矛　河南新记录变种

Euonymus alatus (Thunb.) Sieb. var. pubscens Maxim. in Bull. Acta Sci. St. Pétresb. 27:454(in Mel. Biol. 11. 197)1881

Euonymus sacrosantus Kiodz. in Bot. Mag. Tokyo,39:12. 1925

七十、省沽油科(赵天榜、陈志秀)

Staphyleaceae(DC.)Lindley,Syn. Brit. Fl. 75. 1829

Frangulaceae DC. in Lamarck DC., Fl. France 4,2:619. 1805. p. p.

Celastraceae Horaninov,Prim. Linn. Srst. Nat. 95. 1834. p. p. quoad Staphylea

Ochranthaceae Lindl.,Nat. Syst. Bot. 2,78. 1836

(一) 银鹊树属　河南新记录属

Tapiscia Oliv. in Hookers Icon. Pl. 20:t. 1928.

1. 银鹊树　河南新记录种

Tapiscia sinensis Oliv. in Hookers Icon. Pl. 20:t. 1928.

(二) 省沽油属

Staphylea Linn.,Sp. Pl. 270. 1753;Gen. Pl. ed. 5,130. no. 336. 1754"Staphylaea"

Staphylodendron Miller,Gard. Dict. abridg. ed. 4,3. 1754

Staphylea Allioni in Misc. Philos. —Math. Soc. Taurin. 2:68. 1761

Staphylea Weston,Bot. Univ. 1:286. 1770

Staphylodendron Scopoli,Fl. Carnio. ed. 2,1:223. 1772

Staphyllaea Scopoli,Introd. Hist. Nat. 253. 1777

Bumalda Thunb. (praeses;resp. J. G. Lodin),Diss. Nov. Gen. Pl. 3:63. 1783

Staphilea Necker,Elem. Bot. 2:300. 1790

Staphyllea J. Rein in Petermann Geogr. Mitt. 25:375. 1879

Staphylis St. —Lager in Ann. Soc. Bot. Lyon,8:159. 1881

Staphylia Knowiton in Proc. U. S. Nat. Mus. 51:295. 1917

1. 省沽油

Staphylea bumalda DC. ,Prodr. 2:2. 1825

Bumalda trifolia Thunb. (praeses; resp. J. G. Lodin) Diss. Nov. Gen. Pl. 3:63. 1783

Bumalda trifoliata Thunb. Nov. Gen. Pl. 2:63. 1783 et Fl. Jap. 114. 1784

Bumalda trifoliata Lamarck, Encucl. Méth. Bot. 1:514. 1785

2. 膀胱果

Staphylea holocarpa Hemsl. in Kew Bull. 1895:15. 1895

Staphylea holocarpa Hemsl. in Kew Bull. Misc. Inform. Misc. Inform. 1895:15. 1895 et 1910:175. 1910

Xanthoceras enkianthiflora Lével. in Repert. Sp. Nov. Rég. Vég. 12:34. 1913

Tecoma cavaleriei Lével. ,Fl. Kouy-Tchéou,50. 1914

七十一、槭树科(赵天榜、陈俊通、王华、范永明、陈志秀)

Aceraceae Jaume St. Hilaire, Expos. Fam. Nat. Pl. 2:15, t. 73. 1805. eclud. gen. nonnull.

Acerineae [Jussieu in Ann. Mus. Hist. Nat. Paris, 18: 477. 1811. "Acerinees". —] DC. , Prodr. 1:593. 1824

Sapindaceae subfam. Aceroideae A. Braun in Ascherson, Fl. Prov. Brandenb. 1: 52. 1864

(一) 槭属

Acer Linn. ,Sp. Pl. 1054. 1753;Gen. Pl. ed. 5,474. no. 1023. 1754

Acer Linn. ,Sp. Pl. 1054. 1753. p. p. ,A. Negundo exclud.

1. 三角枫

Acer buergerianum Miq. in Ann. Mus. Lugd. —Bat. 2:88(Prol. Fl. Jpa.)1866

Acer trifidum Hook. ex Dippel, Handb. Laubh. 2:428. f. 200. 1892. exclud. syn. K. Koch.

Acer trifidum Hook. & Arnott f. buergerianum Schwerin in Gartenfl. 42:258. (Var. Acer, 19) 1893

Acer buergerianum Miq. var. trinervein (Dipp.) Rehd. in Journ. Arnold Arb. 3: 217. 1922

Acer trifidum Hook. angl. ex Dippel, Handb. Laubh. 2:428. 1892. pro syn.

1.1 垂枝三角枫 河南新记录变种

Acer buergerianum Miq. var. pendula J. T. Chen, T. B. Zhao et J. H. Mi, 赵天榜等主编. 河南省郑州市紫荆山木本植物志谱:293. 2017

1.2 两型叶三角枫 新变种

Acer buergerianum Miq. var. biforma T. B. Zhao, Z. X. Chen et H. Wang, var. nov.

A var. foliis 2-formis:① foliis margine integris,② foliis margine 3-lobis.

Henan:Zhengzhou City. 2015－10－10. T. B. Zhao,Z. X. Chen et J. T. Chen, No. 201510101(HANC).

本新变种叶 2 种类型。① 叶边缘全缘,② 叶边缘具 3 枚裂。

河南:郑州市。2015 年 10 月 10 日。赵天榜、陈志秀和陈俊通。模式标本,No. 201510101,存河南农业大学。

2. 元宝枫

Acer truncatum Bunge in Mém. Div. Sav. Acad. Sci. St. Pétersb. 2:84(Enum. Pl. Chin. Bor. 10. 1833)1835

Acer laetum C. A. Meyer ß. truncatum Regel in Bull. Phys.－Math. Acad. Sci. St. Pétersb. 15:217.(in Mél. Biol. 2:601)1857

Acer truncatum Bunge in Mém. Acad. Sci. St. Pétersb. Sav. Étr. 2:84(Enum. Pl. Chin. Bor. 10. 1833)1835

Acer lobu-latum Nakai in Journ. Jap. Bot. 18:608. 1942

3. 梣叶槭 复叶槭

Acer negundo Linn. ,Sp. Pl. 1056. 1753

Negundo aceroides Moench,Méth. Pl. 334. 1794

Negundo virginianum Medicus,Beytr. Pflanz.－Anat. 439. 1800

Negundium fraxinifolium Rafinesque in Med. Pepos. New York,hex 2,5:352. 1808

Acer fraxinifolium Nuttall,Gen. N. Am. Pl. 1:253. 1818

Negundium americanum DC. ex Loudon,Hort. Brit. 398. 1830. pro syn.

Negundium trifoliatum Rafinesque,New Fl. N. Am. 1:48. 1836. nom. altem.

Negundium lobatum Rafinesque,New Fl. N. Am. 1:48. 1836. nom. altem

Negundium fraxineum Rafinesque,Med. Fl. 2:245. 1830

Negundo negundo Karsten,Deutsche Fl. 596. 1883

Negundo fraxinifolium C. de Vos,Handb. Boom. Heest. ed. 2,124. 1887

Acer fraxinifolium Nuttall,Gen. N. Am. Pl. 1:253. 1818

Acer fauriei Lévl. in Bull. Soc. Bot. France,53:590. 1906

3.1 金叶梣叶槭 河南新记录栽培品种

Acer negundo Linn. f. auratum(Späth)Schwerin in Gartenfl. 42:202. 1893

Acer negundo auratum Späth,Kat. (1819)ex Schwerin in Gartenfl. 42:202. 1893

4. 血皮槭

Acer griseum(Franch.)Pax. in Engler,Pflanzenreich,IV. 163(Heft 8):30. f. 5. 1902

Acer nikoënse Maxim. var. griseum Franch. in Jour. de Bot. 8:294. 1894

5. 鸡爪槭

Acer palmatum Thunb. in Nov. Act. Rég. Soc. Sci. Upsal. 4:40. 1783

Acer polymorphum Sieb. & Zucc. in Abh. Phys. — Math. Cl. Akad. Wiss. Münch. 4,2:50(Fl. Jpa. Fam. Nat. 1:158)1854 [2]

5.1 红枫

Acer palmatum Thunb. f. atropurpureum(Vanh.)Schwer in Gartenfl. 42:653. 1893

Acer polymorphum palmatum atropurpureum Van Houtte in Fl. des Serr. 12:173. t. 1273. 1857

Acer palmatum Thunb. var. nigrum Hort. ex Rwehd., Man. Cult. Trees and Shrubs. 570. 1927. pro syn.

5.2 小叶鸡爪槭　河南新记录变种

Acer palmatum Thunb. var. thunbergii Pax. in Bot. Jagrb. 7:202. 1886

Acer palmatum Thunb. var. heptalobum Rehd. in Journ. Arnold Arb. 19:86. 1938

5.3 多裂鸡爪槭　河南新记录变种

Acer palmatum Thunb. var. dissectum(Thunb.)Miquel in Arch. Néerl. Sci. Nat. 2:469. 1867

Acer dissectum Thunb.,Fl. Jap. 16:1784

5.4 三红鸡爪槭　河南新记录变种

Acer palmatum Thunb. var. trirufa J. T. Chen,T. B. Zhao et J. H. Mi，赵天榜等主编. 河南省郑州市紫荆山木本植物志谱. 293. 2017

5.5 密齿鸡爪槭　新变种

Acer palmatum Thunb. var. densi-serrata Y. M. Fan,T. B. Zhao et Z. X. Chen, var. nov.

A var. foliis atratis lobis margine dense serrstis.

Henan:Zhengzhou City. 2017—08—10. T. B. Zhao,Z. X. Chen et J. T. Chen, No. 201708101(HANC).

本新变种叶裂片边缘密具细锯齿。

河南:郑州市。2017 年 8 月 10 日。范永明、赵天榜和陈志秀。模式标本,No. 2017081011,存河南农业大学。

6. 葛萝槭

Acer grosseri Pax in Engler,Pflanzenreich,IV. 163(Heft 8.):80. 1902

Acer pavolinii Pamp. in Nuov. Giorn. Bot. Ital. n. sér. 17:422. 1910

Acer hertsii Rehd. in Journ. Arn. Arb. 3:217. 1922. p. p.

7. 重齿槭

Acer duplicato-serrstum Hayata in Journ. Coll. Sc. Tokyo, 30(1):65. 1911.

Acer maximowiczii Pax in Hookers Icon. Pl. 19:t. 1897. p. 7 [4]. 1889. Oct.

Acer urophyllum Maxim. in Act. Petrop. 11:105. 1889. Nov.

8. 飞蛾槭

Acer oblongum Wall. ex DC. , Prodr. 1:593. 1824

Acer laurifolium D. Don,Prodr. Fl. Nepal. 249. 1825

Acer buzimbala Hamilto msc. ex D. Don,Prodr. Fl. Nepal. 249. 1825. pro syn.

9. 长柄槭

Acer longipes Franch. ex Rehd. in Sargent,Trees and Shrubs. 1:178. 1905

10. 长梗槭

Acer micranthum Sieb. & Zucc. in Abh. Math. —Phys. Cl. Akad. Wiss. Münch. 4，2:155(Fl. Jap. Fam. Nat. 1:47)1845

11. 茶条槭

Acer ginnala Maxim. in Bull. Phys. —Math. Acad. Sci. St. Pétersb. 15:126(in Mém. Biol. 2:415. 1857)1856

12. 青皮槭

Acer cappadocicum Gled. in Schrift. Ges. Naturf. Freunde Berunde Berlin 6:116. f. 2. 1785

Acer davidi Franch. in Nouv. Arch. Mus. Hist. Nat. Paris,sér. 2,8:212(Pl. David. 2:30. 1888). 1886

Acer cultratum Wall. Pl. As. —Rar. 2:4. 1830

Acer laetum C. A. Mey. Verz. Kauk. Pflanz. 206. 1831

(二) 金钱槭属

Dipteronia Oliv. in Hooker's Icon. Pl. 29:t. 1898. 1889

1. 金钱槭

Dipteronia sinensis Oliv. in Hooker's Icon. Pl. 19:t. 1898. 1889

Acer dielsii Lévl. in Fedde，Repert. Sp. Nov. Rég. Vég. 10:432. 1915

Dipteronia chinensis Erdtman，Poll. Morph. & Pl. Taxon. Upsala 33. 1952. nom. nud.

七十二、七叶树科(王华、范永明、陈俊通、李小康)

Hippocastanaceae Torrey & Gray,Fl. N. Am. 1:250. 1838

Spindaceae Juss. in Ann. Mus. Hist. Nat. Paris,18:476. 1811. p. p.

Hippocastaneae [DC. , Theor Elem. Bot. , ed. 2,44. 1819]，"Hippocastanees" DC. , Prodr. 1:597. 1824

Castaneceae Link,Enum. Pl. Hort. Berol. 1:354. 1821. nom. subnud. et Illegit. , quia Castanea Linn. est genus Fagacearum(cf. rt. 66)

Paviaceae Horaninov,Prim. Lin. Syst. 100. 1834

Aesculaceae Lindl. ,Nat. Syst. Bot. ed. 2,84. 1836

(一) 七叶树属

Aesculus Linn. ,Sp. Pl. 344. 1753

Esculus Linn. ,Gen. Pl. ed. 5,161. no. 420. 1754

Oesculus Necker,Elem. Bot. 2:232. 1790

1. 七叶树

Aesculus chinensis Bunge in Mém. Div. Sav. Acad. Sci. St. Pétersb. 2:84(Enum. Pl. Chin. Bor. 10. 1833). 1835

1.1 毛七叶树　新变种

Aesculus chinensis Bunge var. pubens Y. M. Fan,T. B. Zhao et H. Wang, var. nov.

A var. petiolis et petiolulatis dense pubipubentibus. foliis subteribus pubipubentibus. inflrescentiis dense pubipubentibus brevissimis.

Henan:20170804. T. B. Zhao, Y. M. Fan et H. Wang,No. 201708041(HANC).

本新变种叶柄和小叶柄密被很短柔毛。叶背面疏被短柔毛。果序密被很短柔毛。

河南:郑州市、郑州植物园。2017 年 8 月 4 日。范永明、赵天榜和王华。模式标本,No. 201708041,存河南农业大学。

1.2 星毛七叶树　新变种

Aesculus chinensis Bunge var. stellato-pilosa X. K. Li,J. T. Chen et H. Wang, var. nov.

A var. ramulis rare pubipubentibus. petiolis et petiolulatis dense pubipubentibus. foliis subteribus cinerei-viridibus,dense stellato-pilosis sinuosis,margine serratis;petiolulatis sparse pubipubentibus. pedunculis fructibus et pedicellis fructibus dense pubipubentibus brevissimis.

Henan:20170804. X. K. Li,J. T. Chen et H. Wang,No. 201708047(HANC).

本新变种小枝疏被短柔毛。叶背面灰绿色,密被星状毛,毛弯曲,边缘具尖锯齿;小叶柄疏被短柔毛。果序及果梗密被很短柔毛。

河南:郑州市、郑州植物园。2017 年 8 月 4 日。李小康、陈俊通和王华。模式标本,No. 201708047,存河南农业大学。

1.3 ‘秋红’七叶树　新栽培品种

Aesculus chinensis Bunge‘Qiuhong’,cv. nov.

本新栽培品种小枝无毛。叶两面无毛,秋季叶变为红褐色;小叶柄疏被极短柔毛。果序轴及果梗密被极短柔毛。

河南:郑州市、郑州植物园。选育者:李小康、陈俊通和王华。

1.4 ‘大叶’七叶树　新栽培品种

Aesculus chinensis Bunge‘Daye’,cv. nov.

本新栽培品种小叶长椭圆形,长 7.0～17.5 cm,宽 3.5～7.0 cm;叶柄密被短柔毛。果序轴淡黄绿色,表面褐色,密被极短柔毛。果实球状,锈褐色,密被凹状小突起及锈褐色短柔毛,3 棱明显,或具不明显棱;果梗长 2.0～3.0 cm,密被极短柔毛。

河南:郑州市、郑州植物园。2017 年 8 月 4 日。选育者:李小康、范永明和王华。

1.5 ‘狭叶’七叶树 新栽培品种

Aesculus chinensis Bunge‘Xiaye’,cv. nov.

本新栽培品种1年生小枝无毛;皮孔大而多,突起,橙黄色。小叶6枚,狭长椭圆形,长14.0～23.0 cm,宽5.0～8.0 cm,先端长渐尖,两面深绿色,无毛;叶柄疏被极短柔毛。果序轴疏被极短柔毛。果实球状,表面密被凹状小突起及锈褐色很短柔毛,3钝棱与沟纹明显;果梗密被极短柔毛。

河南:郑州市、郑州植物园。2017年8月4日。选育者:李小康、范永明和王华。

1.6 ‘紫叶’七叶树 河南新记录栽培品种

Aesculus chinensis Bunge‘ziye’,cv. nov.

河南:郑州市、郑州植物园。2017年8月4日。选育者:李小康、王华和王珂。

1.7 ‘反柄’七叶树 新栽培品种

Aesculus chinensis Bunge‘Fanbing’,cv. nov.

本新栽培品种小叶向反向开展。

河南:郑州市、郑州植物园。2017年8月4日。选育者:李小康、王华和王珂。

2. 天师栗

Aesculus wilsonii Rehd. in Sargent,Pl. Wilson. 1:498. 1913

Aesculus chinensis sensu Diels in Bot. Jahrb. 29:450. 1900. non Bunge 1833

Aesculus sinensis Oliv. in Hooker's Icon. Pl. 18: t. 1740. 1887

七十三、无患子科(李小康、王华、王珂)

Sapindaceae Juss. in Ann. Mus. Hist. Nat. Paris,18:476. 1811

Saponaceae Ventenat,Tabl. Règ. Vèg. 3:125. 1799

Saponaceae Ventenat subfam. Sapindoideae A. Braun in Ascherson, Fl. Prov. Brandenb. 1:53. 1864

Koelreuterieae J. G. Agardh,Theor. Syst. Pl. 227. 1858

(一) 栾树属

Koelreuteria Laxm. in Nov. Comment. Acad. Sci. Petrop . 16. 1771:561. t. 18. 1772

1. 栾树

Koelreuteria paniculata Laxm. in Nov. Comment. Acad. Sci. Petrop . 16:561—564. t. 18. 1772

Sapindus chinensis Murray in Linn. ,Syst. Vég. ed. 13,315. 1774

Koelreuteria paullinioides L'Hh'ritier,Sert. Angl. 11. t. 19. 1788. “K. paniculata” in t. 19.

Koelreuteria chinensis Hoffmannsegg,Verzeich. Pflanzenkult. 70. 1824

Koelreuteria apiculata Rehd. & Zucc. in Sargent, Pl. Wilson. 2:191. 1914

1.1 金叶栾树 新栽培品种

Koelreuteria paniculata Laxm. ‘Jinye’,cv. nov.

本新栽培品种叶金黄色、黄色。

河南:郑州市、郑州植物园。2017 年 8 月 4 日。选育者:李小康、王华和王珂。

1.2 ‘紫红果’栾树　新栽培品种

Koelreuteria paniculata Laxm.‘Zihongguo’,cv. nov.

本新栽培品种果实紫色、紫红色。

河南:郑州市、郑州植物园。2016 年 8 月 20 日。选育者:赵天榜、范永明和陈俊通。

1.3 ‘红果’栾树　新栽培品种

Koelreuteria paniculata Laxm.‘Hongguo’,cv. nov.

本新栽培品种果实鲜红色。

河南:郑州市、郑州植物园。2017 年 8 月 15 日。选育者:赵天榜、范永明和陈志秀。

1.4 ‘粉果’栾树　新栽培品种

Koelreuteria paniculata Laxm.‘Fenguo’,cv. nov.

本新栽培品种果实鲜红色。

河南:郑州市、郑州植物园。2017 年 8 月 15 日。选育者:赵天榜、范永明和陈志秀。

2. 全缘叶栾树

Koelreuteria integrifoliola Merr. in Philip. Journ. Sci. 21:500. 1922

Koelreuteria bipinnata Franch. var. integrifoliola(Merr.)T. Chen in Acta Phytotax. Sinica 17:38. 1979

3. 台湾栾树　河南新记录种

Koelreuteria elegans(Seem.)A. C. Smith subsp. formosana(Hayata)Meyer in Journ. Arn. Arb. 57:162. 1976

(二)文冠果属

Xanthoceras Bunge in Mém. Div. Sav. Acad. Sci. St. Pétersb. 2:85(Enum. Pl. Chin. Bor. 11. 1833). 1835

1. 文冠果

Xanthoceras sorbifolium Bunge in Mém. Div. Sav. Acad. Sci. St. Pétersb. 2:85 (Enum. Pl. Chin. Bor. 11. 1833). 1835“sorbifolia”

七十四、清风藤科(李小康、赵天榜)

Sabiaceae Blume,Mus. Bot. Lugd.-Bat. 1:368. 1851

Millingtoniaceae Wight,III. Ind. Bot. 1:142. 1840

Wellingtoniaceae Meissner,Gen. Vasc. Pl. 2(Comm.):207. 1840;in nota.

Meliosmeae Liebmann in Vidensk. Meddel. Naturh. Kjøbenh. 2:65. 1850

(一)清风藤属

Sabia Colebr. in Trans. Linn. Soc. Lond. 12:355. t. 14. 1818

Meniscosta Blume,Bijdr. Fl. Nederl. Ind. 28. 1825

Enantia Falconer in Journ. Bot.(Hooker)4:75. 1841

Androglossum Bentham in Hooker′s Jopur. Bot. Kew. Gard. Misc. 4:42. 1851

1. 清风藤

Sabia japonica Maxim. in Bull. Acad. St. Pétersb. 11:430. 1867

Sabia bullockii Hance in Journ. Bot. 16:9. 1878

Sabia spinosa Stapf ex Anon. in Acta Phytotax. Geobot. 5:78. 1936. nom. nud.

七十五、凤仙花科(李小康、陈志秀)

Balsaminace DC., Fl. Françe 4,2:619. 1805. p. p. typ.

Rhamneaece D. Don,Prodr. Fl. Nepal. 188. 1825. exclud. Ilex;nom. subnud.

Phylicaceae Agardh,Theor. Syst. Pl. 186. 1858

(一) 凤仙花属

Impatiens Linn. Sp. Pl. 9037. 1753. et Gen. Pl. ed. 5:403. 1754

注:据中国植物志　第73卷记载,我国凤仙花属物种在220种以上。

1. 凤仙花　指甲花

Impatiens balsamina Linn. Sp. Pl. 938. 1753

Balsamina hortensis Desk. in Dect. Sci. Nat. 3:485. 1816

注:凤仙花栽培品种很多。

2. 金黄凤仙花

Impatiens xanthina Comber in Not. Bot. Gard. Edibn. 18:248. 1934

七十六、鼠李科

Rhamnaceae *,中国植物志　第73卷:1. 1982

(一) 枣属

Zizyphus Mill.,Gard. Dict. abridg. ed. 4,3. 1754

Rhamnus Linn.,Sp. Pl. 193. 1753. p. p.

Mansana J. F. Gmelin in Linn.,Syst. Nat. ed. 13,2:580. 1791

Sarcomphalus Rafinesque,Sylva Tellur. 29. 1838. p. p.;non P. Browne,1756

Decorima Rafinesque,Sylva Tellur. 31. 1838. p. p. quoad D. trinevis.

1. 枣树

Ziziphus jujuba Mill.,Gard. Dict. ed. 8. Z. no. 1. 1768

Rhamnus zizyphus Linn.,Sp. Pl. 194. 1753

Ziziphus sativa Gaertner,Fruct. Sem. 1:202. 1788

Ziziphus vulgaris Lamarck,Encycl. Méth. Bot. 3:316. 1789

Ziziphus sinensis Lamarck,Encycl. Méth. Bot. 3:316. 1789

Ziziphus lucidus Salisbury,Prodr. Stirp. Chap. Allert. 139. 1796

Ziziphus chinensis Lamarck ex Sprengel, Syst. Vég. 1:770. 1827

1.1 酸枣

Ziziphus jujuba Mill. var. spinosa(Bunge)Hu ex H. F. Chow, Fam. Trees Hopei 307. f. 118. 1934

Zizyphus vulgaris Lam. var. spinosa Bunge in Mém. Div. Sav. Etr. Acad. Sci. St. Pétersb. 2:88. 1833

Zizyphus vulgaris Lam. a. spinosus Bunge in Mém. Div. Sav. Acad. Sci. St. Pétersb. 2:8(Enum. Pl. Bor. 14. 1833). 1835

Zizyphus sativa Gaertner var. spinosus Schneider,III. Handb. Laubh. 2:261. 1909

1.2 无刺枣

Ziziphus jujuba Mill. var. inermis(Bunge)Rehd. in Jour. Arn. Arb. 3:220. 1922

Zizyphus sativa Gaertner var. inermis Schneider,III. Handb. Laubh. 2:261. 1909

Ziziphus vulgaris Lamarck β. inermis Bunge in Mén. Div. Sav. Acad. Sci. St. Petersb. 2:88(Enum. Pl. Chin. Bor. 14. 1833). 1835

1.3 龙爪枣　龙须枣

Ziziphus jujuba Mill. var. tortuosa Hoprt. *

Ziziphus jujuba Mill. cv. Tortuosa *,中国植物志　第73卷:136. 1982

枣树栽培群

(1) 灰枣

Ziziphus jujuba Mill.'灰枣',河北农业大学主编. 果树栽培学　下册　各论:256. 1963

(2) 灵宝圆枣

Ziziphus jujuba Mill.'灵宝圆枣',河北农业大学主编. 果树栽培学　下册　各论:256. 1963

(3) 鸡心枣

Ziziphus jujuba Mill.'鸡心枣',河北农业大学主编. 果树栽培学　下册　各论:256. 1963

(二) 鼠李属

Rhamnus Linn.,Gen. Pl., ed. 1, 58. 1737;Sp. Pl. ed. 1, 193. 1753

Rhamnus Linn.,Sp. Pl. 193. 1753. exclud. sp. Nonnull.;Gen. Pl., ed. 5, 89. no. 235. 1754

Cardiolepis Rafinesque, First Cat. Bot. Gard. Transylv. 12. 1824. nom.

Sacomphalus Rafinesque, Sylva Tellur. 29. 1838. p. p.;non P. Browne 1756

1. 鼠李

Rhamnus davurica Pall., Reise Russ. Reich. 3(app.):721. 1776

(三) 枳椇属

Hovenia Thunb. Not. Gen. 1:7. 1781

Hovenia Thunb., Fl. Jap. 101. 1784

1. 枳椇

Hovenia dulcis Thunb., Fl. Jap. 101. 1784

Hovenia acerba Lindl. in Bot. Règ. 6:t. 501. 1820

Zizyphus esquirolii Lévl. in Fedde, Rep. Sp. Nov. 10:148. 1911. pro syn.

七十七、葡萄科(李小康、王华、赵天榜)

Vitaceae Lindl. ,Nat. Syst. Bot. ed. 2,30. 1836

Vites Juss. ,Gen. Pl. 267. 1789

Srmentaceae Ventenat,Tabl. Règ. Vég. 3:167. 1799

Viniferae Juss. in Mém. Mus. Hist. Nat. Paris, 3:444. 1817

Ampelideae Kunth in Humboldt, Bonpland, Kunth, Nov. Gen. Pl. 5:223(fol. ed. P. 172). 1821

Leeaceae Horaninov, Prim. Linn. Syst. Nat. 95. 1834

Cissaceae Horaninov, Char. Ess. Fam. Règ. Vég. 184. 1847

Ampelidaceae Lowe, Man. Fl. Madeira, 80. 1868

Vitideae Drude in A. Schenk, Handb. Bot. 3, 2:390. 1887

(一) 葡萄属

Vitis Linn. ,Sp. Pl. 293. 1753. exclud. sp. Nonnull.

Spinovitis Romanet du Caillaud in Compt. Rend. Acad. Sci. Paris, 92:1096. 1881. nom.

Ampelovitis Carr. in Rev. Hort. 1888:537. f. 134. 1888

1. 葡萄

Vitis vinifera Linn. ,Sp. Pl. 293. 1753

Vitis praecox Poiteau & Tupin in Duhamel, Traité Arb. Fruit. Nouv. éd. 3:V. no. 1;t. 10. fasc. 2. 1807

Vitis tinctoria Poiteau & Turpin in Duhamel, Traité Arb. Fruit. Nouv. éd. 3:V. no. 2;t. 150. fasc. 25. 1807

Vitis thomeryana Popit. & Turp. ex Poiteau,Pmol. Fraance,2:V. no. 5;p. 79,t. 17.(18 [38～46])

Vitis mensarum Popit. ,Fraançe,2:V. no. 13;p. 0,t. "Chasselat de Fontainebleau" (18 [38～46])

Vitis promeryana Duraned & Jackson in Index Kew. Suppl. 1. Add. :490. 1906, sphalm. Prothomeryana Poiteau.

注:葡萄栽培品种很多。

(二) 蛇葡萄属

Ampelopsis Michx. ,Fl. Bor. —Am. 1:159. 1803

Allosampela Rafinesque, Méd. Fl. 2:122. 1830

Nekemias Rafinesque, Sylva Trllur. 87. 1838

1. 蛇葡萄

Ampelopsis sinica(Miq.)W. T. Wang 48(2):37. *

(三) 地锦属　爬山虎属

Parthenocissus Planch. in A. C. de Candolle, Monog. Phaner. 5:447. 1881

Hedera Sp. Pl. 202. 1753. quoad sp. 2.

Psedera Necker, Elem. Bot. 1:158. 1790

Ampelopsis Michaux, Fl. Bor. —Am. 1:159. 1803. p. p.

Quinaria Raflinesque, Am. Man. Grape Vines, 6. 1830

1. 地锦　爬山虎

Parthenocissus tricuspidata (Sieb. & Zucc.) Planch. in A. & C. de Candolle, Monog. Phaner. 5:452. 1887. 12:88. 1845

Cissur thunbergii Sieb. & Zucc. in Abh. Math—Phys. Cl. Akad. Wiss. Münch. 4, 2:195(Fl. Jap. Fam. Nat. 12:87). 1845

Vitis inconstans Miquel in Ann. Mus. Bot. Lugd. —Bat. 1:91. 1863

Ampelopsis roylei Hort. ex Kirchnerin Petzold & Kirchner, Arb. Muscav. 152. 1864

Ampelopsis japonica Veitch ex Gard. Chron. 1868:1118. 1868. nom.

Quinaria tricuspidata Koehne, Deutsche Dendr. 383. 1893

Psedera tricuspidata Rehd. in Rhodora, 10:29. 1908

Vitis taquetii Lévl. in Bull. Acad. Intern. Geog. Bot. 20:11. 1910

Ampelopsis inconstans Hort. ex Rehder in Bailey, Stand. Cycl. Hort. 5:2479. 1916. pro syn.

Ampelopsis hoggii Hort. ex Rehder in Bailey, Stand. Cycl. Hort. 5:2479. 1916. pro syn.

Psedera thunbergii(Sieb. & Zuccc.)Nakai, Fl. Sylv. Kor. 12:11. t. 1. 1922

2. 五叶地锦

Parthenocissus quinquefolia (Linn.) Planch. in A. & C. de Candolle, Monog. Phaner. 5:448. 1887. exclud. var. γ et δ.

Hedera quinquefolia Linn. ,Sp. Pl. 202. 1753.

Vitis hederacea Ehrhart, Beitr. Naturk. 6:85. 1791

Vitis quinquefolia Lama. , Tabl. Encycl. Méth. Bot. 2:135. 1797

Ampelopsis quinquefolia Michaux, Fl. Br-Am. 1:160. 1803

Cissus hederacea Persoon, Syn. Pl. 1:143. 1805

Ampelopsis hederacea DC. , Man. Grape Vines, 6. 1830

Ampelopsis virginiana Hort. ex Dippel, Handb. Laubh. 2:575. 1892. pro syn.

Psedera quinquefolia Greene, Leafl. Bot. Obs. 1:220. 1906

3. 三叶地锦　三叶爬山虎

Parthenocissus himalayana(Royle)Planch. in A. & C. de Candolle, Monog. Phaner. 5:450. 1887

Ampelopsis himalayana Royle, III. Bot. Himal. 1:149. 1835

(四) 乌蔹莓属

Cayratia Juss. ex Guillemin in Dict. Class. Hist. Nat. 4:346. 1823. nom. event.

Sub. Columella

Columella Loureiro, Fl. Cochinch. 1:86. 1790. non Columellia Ruiz Pavon 1794

Lagenula Loureiro, Fl. Cochinch. 1:88. 1790

Fusanus Sprengel, Syst. Vég. 1:490. 1825. p. p. quoad"F pedatus"; non Murray 1774

Causonis Rafinesque, Med. Fl. 2:122. 1830

1. 乌蔹莓

Cayratia japonica (Thun.) Gagnep. in Notul. Syst. Mus. Hist. Nat. Paris, 1:349. 1911

Vitis japonica Thunb., Fl. Jap. Pl. 1:659. 1789

Cissus japonica Willdenow, Sp. Pl. 1:659. 1789

Iissus leucocarpa Blume, Bijdr. Fl. Nederl. Ind. 189. 1825

Causonia japonica Rafinesque, Sylva Tellur. 87. 1838

Cissus cyanocarpa Miquel, Fl. Nederl. Ind. 1,2:603. 1859

Causonis japonica Rafinesque, ex B. D. Jackson in Index Kew. 1:463. 1893. pro syn.

Columella japonica (Thunb.) Merrill in Philipp. Jour. Sci. Bot. 13:145. 1918

(五) 崖爬藤属　河南新记录属

Tetrastigma Planch. (Miq.) Planchon in A. DC., Monog. Phaner. 5:423. 1887

1. 扁担藤　河南新记录种

Tetrastigma planicaule (Hook.) Gagnep. in Lecomte, Not. Syst. 1:319. 1911

Vitis planicaule Hook. in Curtiss Bot. Mag. 94:t. 5685. 1868

(六) 白粉藤属　锦屏藤属　河南新记录属

Cissus Linn., Sp. Pl. 117. 1753

Irsiola P. Browne, Civ. Nat. Hist. Jamaica, 47. t. 4. f. 1,2. 1756

Saelanthus Forskal, Fl. Aegypt. —Arab. 34. 1775

Ingenhoussia Dennstedt, Schlussei Hort. Ind. Mal. 33. no. 48. 1818. nom.

Sphondylanthus Presl, Reliq. Haenk. 2:35. t. 53. 1834

Kemoxis Rafinesque, Sylva Tellur. 86. 1838

Gonoloma Rafinesque, Sylva Tellur. 86. 1838

Rinxostylis Rafinesque, Sylva Tellur. 86. 1838

Adenopetalum Turczaninov in Bull. Soc. Nat. Moscou, 21,2:416. 1858

1. 白粉藤　河南新记录种

Cissusrepens Lamk. Encycl. 1:31 1783

Cissus corpens Roxb. Fl. Ind. ed. 2,1:407. 1832

Vitis repens Wight-Arn. Prodr. 1:125. 1834

1.1 '锦屏藤'　河南新记录栽培品种

Cissus sicyoides 'Ovata' *

(七) 葡萄瓮属　河南新记录种

Cyphostemma

1. 葡萄瓮　河南新记录种

Cyphostemma juttae *

七十八、杜英科　河南新记录科(李小康、陈志秀)

Elaeocarpaceae * ,中国植物志　第75卷:1～2. 1989

(一) 杜英属　河南新记录属

Elaeocarpa Linn. Sp. Pl. 565. 1753

Adenodus Lour. Fl. Cochinch. 294. 1790

Craspedum Lour. Fl. Cochinch. 336. 1790. Ganitrus Gaertn. Fruct. 2:291. t. 139. 1791

Monocera Jack Malay. 1(v):42. 1820

1. 杜英　河南新记录种

Elaeocarpa decipiens Hemsl. in Journ. Soc. Bot. 23:94. 1886

Elaeocarpa hayatae Kanehira et Sasaki in Trans. Nat. Hist. Soc. Form. Taiwan, 534. 1963

七十九、椴树科(李小康、陈俊通、赵天榜)

Tiliaceae Juss. ,Gen. Pl. 289. 1789. exclud. gen. Nonnull.

Sparmaniaceae Agardh,Thcor. Syst. Pl. 260. 1858

Tiliaceae Juss. 1. Tiliariae Reichebbach,Handb Nat. Plflanznen. Syst. 303. 1837

(一) 扁担杆属

Grewia Linn. ,Sp. Pl. 964. 1753;Gen. Pl. ed. 5,412. no. 914. 1754

Chadara Forskal,Fl. Aegypt. —Arab. 105. 1775

Mallococca Forster,Char. Gen. Pl. 77. t. 39. 1776

Charadra Scopoli,Introd. Hist. Nat. 270. 1777

Graevia Necker,Elem. Bot. 253. 1791

Tridermia Rafinesque,Sylv. Tellur. 145. 1838

1. 扁担杆

Grewia biloba G. Don,Gen. Hist. Dichlam. Pl. 1:549. 1831

Grewia esquirolii Lévl. ,Fl. Kouy-Tcheou,419. 1915. pro syn.

Celastrus euonymoidea Lévl. ,Fl. Kouy-Tchèou,419. 1915. pro syn.

Grewia glabrescens Benh. Fl. Hongk. 42. 1861

Grewia tenuifolia Kanehira et Sasaki in Ttans. Nat. Hist. Soc. Form. 13:377. 1928

1.1 小花扁担杆

Grewia biloba G. Don var. parviflora(Bunge)Hand. —Mazz. ,Symb. Sin. 7:612.

1933

Grewia parviflora Bunge in Mém. Div. Sav. Acad. Sci. St. Pétersb. 2:83(Enum. Pl. Shin. Bor. 9. 1833).1835

Rubus umbellifer Léveillé in Repert. Sp. Nov. Règ. Vég. 6:111. 1908

Grewia chanetii Léveillé in Repert. Sp. Nov. Règ. Vég. 10:147. 1911

Grewia parviflora Bunge in Mém. Sav. Etr. Acad. Sci. St. Pétersb. 2:83 1833

Grewia chanetii Lévl. in Fedde, Rep. Sp. Nov. 10:147. 1911

(二) 椴树属

Tilia Linn. ,Sp. Pl. 514. 1753;Gen. Pl. ed. 5,230. no. 587. 1754

1. 华椴

Tilia chinensis Maxim. in Act. Hort. Petrop. 11:83. 1890

Tilia baroniana Diels in Bot. Jahrb. 29:468. 1900

2. 毛糯米椴

Tilia henryana Szyszyl. in Hooker's Icon. Pl. 20:t. 1927. 1890

3. 蒙椴

Tilia mongolica Maxim. in Bull. Acad. Sci. St. Péteèsb. 26:443. (in Mél. Biol. 10:587) 1880

4. 南京椴

Tilia miqucliana Maxim. in Bull. Acad. Sci. St. Pétèrsb. 26:443. 1880

Tilia kinaskii Lévl. & Vaniot in Bull. Sci. Bot. França 41:422. 1904

Tilia kwangtungensis Chun et Wong in Sunyatsenia 3:41. 1935. syn. nov.

5. 紫椴

Tilia amurensis Rupr. Fl. Cauc. 253. 1869

6. 心叶椴

Tilia cordata Miller,Gard. Dict. ed. 8,T. no. 1. 1768

Tilia officinarum Crantz,Stirp. Austr. 2:96. 1762. p. p.

Tilia ulmifolia Scopoli,Fl. Carniol. 1:374. 177

Tilia parvifolia Ehrhart,Beitr. Naturk. 5,159. 1790

Tilia stipulata Gilibert,Exerc. Phytol. 1:329. 1792

Tilia intermedia Palmstruch & Venus,Svensk. Bot. 1:40. 1802

Tilia microphylla Ventenatin Mém. Acad. Sci. Paris,4:5. t. 1(Monog. Tilleul). 1803

Tilia sylvestris Desfontaines,Tabl. Êc. Bot. Mus. Hist. Nat. 152. 1804. nom.

Tilia floribunda Fronius,Fl. Schässb. 24. 1858. non A. Braun 1843

7. 欧洲大叶椴

Tilia europaea Linn. ,Sp. Pl. 514. 1753. p. p. quoadsyn. nonn.

八十、锦葵科(李小康、赵天榜、陈志秀)

Malvaceae Neck. in Act. Acad. Elect. Sci. Theod. —Palat. 2:488. 1770. nom.

subnud.

Columniferae Scopoli,Fl. Carniol. 483. 1760. pref. June

(一) 锦葵属

Malva Linn.

1. 锦葵

Malva sinensis Cavan. Diss. 2:77. t. 25. f. 1786

现栽培地:河南、郑州市、郑州植物园。

2. 野葵

Malva verticillata Linn. Sp. Pl. 689. 1753

Malva pulchella Bernh. Sel. Sem. Hort. Érfurt. no. 8. 1832

(二) 蜀葵属

Althaea Linn. Sp. Pl. 686. 1753

1. 蜀葵

Malva sinensis(Linn.)Cavan. Diss. 2:91. 1790

Althaea sinensis Cavan. , Diss. 2:91. 29. f. 3. 1790

Alcea rosea Linn. Sp. Pl. 687. 1753

(三) 秋葵属

Abelmoschus Medic. , Malv. 45. 1787

1. 黄秋葵

Abelmoschus manihot(Linn.)Medic. Maiv. 46. 1787

Hibiscus japonicus Miq. in Ann. Mus. Lugd. —Bat. 3:19. 1867

(四) 木槿属

Hibiscus Linn. ,Sp. Pl. 693. 1753;Gen. Pl. ed. 5,310. no. 756. 1754

Kemia Miller,Gard. Dict. abridg. ed. 4,2. 1754

1. 木槿

Hibiscus syriacus Linn. ,Sp. Pl. 693. 1753

Althea frutex Hort. ex Miller,Gard. Dict. ed. 8 [46, 520]. 1768. prosyn.

Ketmia syriaca Scopoli,Fl. Carniol. ed. 2,2:45. 1772

Ketmia syrorum Medicus,Einig. Kuünstl. Geschl. Malven-Fam. 45. 1787

Hibiscus rhombifolius Cavanilles,Monadelph. Diss. 3:156. t. 69. f. 3. 1787

Kemia arborea Moench,Méth. Pl. 617. 1794

Hibiscus floridus Salisbury,Prodr. Stirp. Chap. Allcrt. 383. 1796

Hibiscus acerifolius W. Hooker,Parad. Londin. 1:33. t. 33. 1806

1.1 大花木槿

Hibiscus syriacus Linn. f. grandiflirus Hort. ex Rehd. Manual Cult. Trees & Shrubs. 619. 1927

1.2 白花单瓣木槿　河南新记录变型

Hibiscus syriacus Linn. f. totus—albus T. Moore in Gard. Chron. n. s. 10, 524.

f. 91. 1878

1.3 白花重瓣木槿　河南新记录变型

Hibiscus syriacus Linn. f. albus－plenus Loudon Trees & Shrubs 62. 1875

1.4 粉紫重瓣木槿　河南新记录变型

Hibiscus syriacus Linn. f. amplissimus Gagnep. f. in Rev. Hort. Paris 1861:132. 1861

1.5 牡丹木槿　河南新记录变型

Hibiscus syriacus Linn. f. paeoniflorus Gagnep. f. in Rev. Hort. Paris 1861:132. 1861

1.6 紫花重瓣木槿　河南新记录变型

Hibiscus syriacus Linn. f. violaceus Gagnep. f. in Rev. Hort. Paris 1861:132. 1861

2. 扶桑　朱槿

Hibiscus rosa-sinensis Linn. Sp. Pl. 694. 1753

Hibiscus jqavanicus Miller Gard. Dict. ed. 8. n. 7. 1768. ex descr.

Hibiscus festivalis Salisb. Prodr. 383. 1796

Hibiscus rosiflorus Stokes in Bot. Mat. Méd. 3:543. 1812

Hibiscus fragilis DC. Prodr. 1:446. 1824. descr.

2.1 重瓣朱槿　河南新记录变种

Hibiscus rosa-sinensis Linn. var. rubro-plenus Sweet Hort. Brit. 51. 1826

3. 木芙蓉

Hibiscus mutabilis Linn. Sp. Pl. 694. 1753

Hibiscus sinensis Miller Gard. Dict. ed. 8. Hib. 1768

Ketmia mutabilis(Linn.)Moench. 617. 1794

3.1 重瓣木芙蓉　河南新记录变种

Hibiscus mutabilis Linn. f. plenus(Andrews)S. Y. Hu Fl. Family 153:51. 1955

Hibiscus muabili sLinn. var. flore-pleno Andrew in Bot. Repos. 4, 228. 1802

4. 野西瓜苗　鬼灯笼

Hibiscus trionum Linn. Sp. Pl. 697. 1753

Rionum annuum Medicus Malv. 47. 1787

5. 吊灯花　吊灯扶桑　河南新记录种

Hibiscus schizopetalus(Masters)Hook. f. in Curtiss Bot. Mag. 106. t. 6524. 1880

Hibiscus rosa-sinensis Linn. var. schizopetalus Masters in Gard. Chron. n. s. 12: 272. f. 45. 1879

八十一、木棉科　河南新记录科(李小康、王华、王志毅、王珂)

Bombaeadeae *,中国植物志　第76卷:102. 1984

(一) 中美木棉属　水瓜果属　河南新记录属

Pachira Aubl. , Hist. Pl. Gui. Françe 2:725. 1775

1. 水瓜果　河南新记录种

Pachira aquatica(Cham. et Schlecht.)Walp. Repert. Bot. 1:329. 1842

Cololinea macrocarpa Cham. et Schlecht. in Linn. 6:423. 1831

Pachira longifolia Hook. in Curt. Mag. 76. t. 4549. 1850

(二) 木棉属　河南新记录属

Bombax Linn. Sp. Pl. ed. ,511. 1753

1. 木棉　河南新记录种

Bombax malabaricum DC. Prodr. 1:479. 1824

Gossampinus malabarica(DC.)Merr. in Lingnan Sci. Journ. 5:126. 1927

2. 椭叶木棉　河南新记录种

Bombax ellipticum * ,黄福贵，任志锋编著. 多肉植物鉴赏与景观应用志:202. 2013

Gossampinus ellipticum *

(三) 吉贝属　异木棉属　爪哇木棉属　新记录属

Ceiba Mill. Gard. Dic. Abrid. ed. 4. 1754

1. 吉贝　美丽木棉　新记录种

Ceiba pentandra(Linn.)Gaertn. Fruct. 2:244. t. 133. 1701

Bombax pentandrum Linn. Sp. Pl. ed. 1,511. 1753

Eriodendron anfractuosum DC. Prodr. 1:479. 1824

八十二、梧桐科(李小康、陈志秀)

Sterculiaceae Lindl. ,Introd. Nat. Syst. Bot. 36. 1830

Malvacae Cavanille,Monadeph. Diss. 5:267. 1788. p. p.

Buttneriaceae R. Brown in Flinders,Voy. Terra Austral. 2(appx.):540. 1814

Hermanniaceae Juss. ex Kunth. 1. c. 1822. pro syn.

(一) 梧桐属

Firmiana Marsili in Saggi Accad. Sci. Padov. 1:106. t. 1786

1. 梧桐

Firmiana plantanifolia(Linn. f.)Schott & Endl. Melet. Bot. 33. 1832

Sterculia plantanifolia Linn. f. ,Suppl. Pl. 423. 1781

Sterculia Firmiana J. F. Gmelin,Syst. Nat. ed. 13,2,2:1034. 1791. sphalm. “Fioriniana”

Sterculiatomentosa Thunb. Icon. Pl. Jap. 4:t. 8. 1802

Firnian chinensi Medicus ex Steudel,Nomencl. Bot. 814. 1821. pro syn.

Sterculia pyriformis Bunge in Mém. Div. Sav. Acad. Sci. St. Pétersb. 2:83 (Enum. Pl. Chin. Bor. 9. 1833). 1835

Firmiana simplex W. F. Wight in U. S. Dept. Agric. Bur. Pl. Imp. Inv. 15:67.

1909

(二) 午时花属

Pentapetes Linn. Sp. Pl. ed. 1, 698. 1753

1. 午时花

Pentapetes phoenicea Linn. Sp. Pl. ed. 1, 698. 1753

(三) 苹婆属　胖大海属　河南新记录属

Sterculia Linn. Sp. Pl. ed. 1, 1007. 1753

1. 苹婆　河南新记录种

Sterculia nobilis Smith in Rees's Cyclop. no. 4. 1816

2. 胖大海　河南新记录种

Sterculia lychnophora *

(四) 可可属　河南新记录属

Theobroma Linn. Sp. Pl. ed. 1, 511. 1753

1. 可可　河南新记录种

Theobroma cacao Linn. Sp. Pl. ed. 1, 511. 1753

(五) 瓶干树属　河南新记录属

Brachychiton *,黄福贵,任志锋编著. 多肉植物鉴赏与景观应用志:236. 2013

1. 昆士兰瓶干树　河南新记录种

Brachychiton rupestris *,黄福贵,任志锋编著. 多肉植物鉴赏与景观应用志:205～206. 2013

八十三、猕猴桃科(李小康、王华)

Actinidiaceae[Van Tioeghem in Jopurn. De Bot. 13:173. 1899 "Actinidiacees". —] Gilg &Werdermar. in Nat. Pfianzenfam. ed. 2,21:36. 1925

Dilleniaceae [subfam.] Actinidioideae Gilg. in Nat. Pflanzenfam. III. 6:125. 1893

(一) 猕猴桃属

Actinidia Lindl. ,Nat. Syst. Bot. ed. 2,21. 439. 1836

Trochostigma Sieb. & Zucc. in Abh. Phys. —Mat. Cl. Akad. Wiss. Münch. 3,2: 726. t. 2. f. 2. 1843

Kolomikta Rég. in Bull. Phys. —Math. Acad. Sci. St. Pétersb. 15:219. 1857. errore"Kalomikta"

1. 猕猴桃

Actinidia chinensis Planch. in Lond. Jour. Bot. 6:303. 1847

八十四、山茶科(李小康、王华、陈俊通、赵天榜)

Theaceae[Mubel in Nouv. Bull. Sci. Soc. Philom. Paris[sér. 2 3 31. 1813]. "Theacées. "—] D. Don,Prodr. Fl. Nepal. 224. 1825. nom. subnud.

(一) 山茶属

Camellia Linn. ,Sp. Pl. 698. 1753;Gen. Pl. ed. 5,311. no. 759. 1754

Tkea Linn. ,Sp. Pl. 515. 1753;Gen. Pl. ed. 5,232. no. 593. 1754

Tsubaki Adauson,Fam. Pl. 399. 1763

Tsia Adauson,Fam. Pl. 450. 1763

Calpandria Blume,Bijdr. Fl. Nederl. Ind. 178. 1825

Sasanqua Nees in Flora,17,19(Literatuber.):144. 1834

Desmitus Rafinesque,Sylv. Tellur. 139. 1838

Kemela Rafinesque,Sylv. Tellur. 139. 1838

Drupifera Rafinesque,Sylv. Tellur. 139. 1838

Kalpandria Walpers, Repert. Bot. Syst. 1:435. 1842

Salceda Blanco, Fl. Filip. ed. 2, 374. 1845

Camelliastrum Nakai in Journ. Jap. Bot. 16:699. 1940

1. 山茶

Camellia japonica Linn. ,Sp. Pl. 698. 1753

Camellia florida Salisbury, Prodr. Stirp. Chap. Allert. 370. 1806

Tkea camellia Hoffmannsegg, Verz. Pflanzenkult. 117. 1824

Thea japonica Baillon, Hist. Pl. 4:229. f. 23. 1873

2. 茶树

Camellia sinensis(Linn.)Kuntze, Um. Die Erde, 500. 1881

Thea sinensia Linn. ,Sp. Pl. 515. 1753

Thea bohea Linn. , Sp. Pl. ed. 2, 734. 1762

Thea cochinchinensis Loureiro,Fl. Cochinch. 338. 1790

3. 金茶花　河南新记录种

Camellia nitidissma Chi in Subyatsenia 7(1—2):19. 1948

(二) 旃檀属　紫茎属　河南新记录属

Stewartia Linn. ,Sp. Pl. 698. 1753;Gen. Pl. ed. 5,311. no. 758. 1754

Malachodendron Cavanilles,Monadelph. Diss. 5:302. 1788

Stuartia L'Héritier,Stirp. Nov. 153. 1791

Cavanilla Salisbury, Prodr. Stirp. Chap. Allert. 385. 1796. non. J. F. Gmelin 1794. nec Thunb. 1795.

1. 紫茎　河南新记录种

Stewartia sinensis Rehd. & Wils. in Sargent, Pl. Wils. 2:395. 1915

八十五、厚皮香科　河南新记录科(李小康、王华)

Ternstroemiaceae R. Brown in Abel, Narrat. Jour. China, 378. 1818 "Ternströmaceae"

Gprdpniaceae Presl,Wšeob. Rostlin. 11:180. 1864

(一) 厚皮香属　河南新记录属

Ternstroemia Mutis ex Linn. f. Suool. 39. 1781

Cleyera Thunb. , Nov. Gen. 3:68. 1783

1. 厚皮香　河南新记录种

Ternstroemia gymnanthera(Wight. et Amn.)Beddome, Sylv. 19. 1871

Ternstroemia gymnanthera(Wight. et Amn.)Sprague in Journ. Bo. 61:18. 1923. s. str.

Cleyera gymnanhera Wigh et Arn. , Prodr. Pl. Ind. Occ. 87. 1834. p. p.

Ternstroemia parvifolia Hu in Fan Mém. Ins. Biol. Bot. 8:144. 1938. syn. nov.

Ternstroemia pseudomicrophylla H. T. Chang in Journ. Sun. Yatsen Univ. Not. Sci. (Sunyatsenia)2:26. 1959

Hoferia japonica Franch. , Pl. Dalav. 105. 1889

2. 日本厚皮香　河南新记录种

Ternstroemia japonica Thunb. in Trans. Linn. Soc. 2:335. 1794. p. p.

Cleyera japonica Thunb. , Nov. Gen. Pl. 3:69. 1783. quoad fr.

Cleyera fragrans Champ. in Trans. Linn. Soc. 21:115. 1855

Ternstroemia fragrans(Champ.)Choisy in Mém. Soc. Phys. Gen. 14:109. 1855

Ternstroemia dubia(Champ.)Choisy in Mém. Soc. Phys. Gen. 14:109. 1855

Mokofua japonica(Thunb.)O. Kuntze, Rev. Gen. Pl. 1:64. 1891

Taonabo japonica(Thunb.)Szyszylowicz in Engl. , Pflanzenfam. 3(6):188. 1893

Ternstroemia gymnathers(Wight et Arn.)Sprague in Journ. Bot. 61:18. 1923. p. p.

Ternstroemia mokof(Adans.)Nakai Sylv. Korea. 17:86. 22. 1928

八十六、金丝桃科　藤黄科(李小康、陈志秀)

Guttiferae Choisy in DC. , Prodr. 1:557. 1824

Hypericineae Choisy, Prodr. Monog. Hyperic. 32. 1821

Hypericaceae Chamisso & Schlechtendal in inn. , 8:180. 1823

Clusiaceae Lindl. , Nat. Syst. Bot. ed. 2, 74. 1836. nom. altern. ; Vég. Kingd. 400. 1846

(一) 金丝桃属

Hypericum Linn. ,Sp. Pl. 783. 1753;Gen. Pl. ed. 5,341. no. 808. 1754

Androsaemum Miller, Gard. Dict. abridg. ed. 4, 1. 1754

Elodea Adanson, Fam. Pl. 2:444. 1763

Myriondra Spach in Ann. Sci. Nat. Bot. sér. 2, 5:364. 1836

Triadenia Spach in Ann. Sci. Nat. Bot. sér. 2, 5:172, 354. 1836

Brathydium Spach in Ann. Sci. Nat. Bot. sér. 2, 5:365. 1836

Norysca Spach in Ann. Sci. Nat. Bot. sér. 2, 5:363. 1836

Roscna Spach in Ann. Sci. Nat. Bot. sér. 2，5:364. 1836

1. 金丝桃

Hypericum chinense Linn.，Syst. Nat. ed. 10，2:1184. 1759

Hypericum monogynum Linn.，Sp. Pl. ed. 2，1107. 1763

Hypericum aureum Loureiro，Fl. Cochinch. 472. 1790

Norysca chinensis Spach，Hist. Nat. Vég. Phan. 5:427. 1836

Norysca aurea Blume，Mus. Bot. Lugd.－Bat. 2:23. 1852

Norysca punctata Blume，Mus. Bot. Lugd.－Bat. 2:23. 1852

2. 元宝草

Hypericum sampsoni Hance in Journ. Bot. Lond. 3 378. 1865v

Hypericum electrocarpum Maxim. in Bull. Acad. Sci. St. Pétersb. 12:60. 1867

3. 金丝蝴蝶　河南新记录种

Hypericum ascyron Linn.，Sp. Pl. 783. 1753

Hypericum pyramidatum Aiton，Hort. Kew. 3:103. 1789

Hypericum Ascyroides Willdenow，Sp. Pl. 3，2:1443. 1820

Hypericum macrocarpum Michaux，Fl. Bor.－Am. 2:82. 1803

Ascyrum amplexiceule Lamarck，Encycl. Méth. Bot. 4:147. 1797

Ascyrum sibiricum Lamarck，Encycl. Méth. Bot. 4:147. 1797. pro syn.

Roscyna gmelini Spach，Hist. Nat. Vég. Phan. 5:430. 1836

Roscyna americana Spach，Hist. Nat. Vég. Phan. 5:431. 1836

Roscyna japonica Blume，Mus. Bot. Lugd.－Bat. 2:21. 1852

八十七、藤黄科　河南新记录科(李小康、王华)

Guttiferae Choisy in DC.，Prodr. 1:557. 1824

Hypericineae Choisy，Prodr. Monog. Hyperic. 32. 1821

Hypericineae Chamisso Schlechtendal in Linn.，8:180. 1823

Clusiaceae Lindl.，Nat. Syst. Bot. ed. 2，74. 1836. nom. altern.

(一) 藤黄属　河南新记录属

Garcinia Linn. Gen. Pl. ed. 5，526. 1754

Oxycarpus Lour. Fl. Cochinch. 647. 1790

Xanthochymus Roxb. Coronl. 2:51. 1798

1. 福木　河南新记录种

Garcinia subelliptica Merr. in Philipp. Journ. Sci. 3:261. 1908

2. 大叶藤黄

Garcinia xanthochymus Hook. f. ex T. Anders. in Hook. f. Fl. Brit. Ind. 1:269. 1874

Xanthochymus pictorius Roxb. Corom. Pl. 2:51. tab. 196. 1820 et Fl. Ind. 2:633. 1824

Garcinia tinctoria(DC)Dunn in Kew Bull. 2:64. 1916. comb. poster.

(二)铁力木属　河南新记录属

Mesua Linn. 50(2):79,1. *,朱家柟等编著. 拉汉英种子植物名称　第二版. 2006

1. 铁力木　河南新记录种

Mesua ferrea Linn. 50(2):80,81. *,朱家柟等编著. 拉汉英种子植物名称　第二版. 2006

八十八、龙脑香科　河南新记录科(李小康、王华)

Dipterocarpaceae *,中国植物志 第50卷　第2分册:113. 1990

(一)坡垒属　河南新记录属

Hopea Garden ex Linnaeus,Mant. Pl. 105. 1767

1. 坡垒　河南新记录种

Hopea hainanensis Merr. et Chun in Sunyatsnia 5:134. 1940

(二)柳安属　河南新记录属

Parashorea Kurz in Journ. As. Soc. Beng. 39(2):66. 1870

1. 望天树　河南新记录种

Parashorea chinensis Wang et Hsie in Acta Phytotax Sin. 15(2):10. t. 1. 1977

(三)龙脑香属　河南新记录属

Dipterocarpus Gaertn. f. 50(2):114, 113. *,朱家柟等编著. 拉汉英种子植物名称　第二版. 2006

1. 龙脑香　河南新记录种

Dipterocarpus turbinatus Gaerth. f. 50(2):118, 115. 114. *,朱家柟等编著. 拉汉英种子植物名称　第二版. 2006

八十九、柽柳科(赵天榜、王华、王珂)

Tamaricaceae Horaninov, Prim. Linn. Syst. Nat. 85. 1834

Tamariscineae Desvayx in Ann. Sci. Nat. 348. 1825

Reaumuriaceae Endlicher, Gen. Pl. 1037. 1840

(一)柽柳属

Tamarix Linn., Sp. Pl. 270. 1753. exclud. sp. 2;Gen. Pl. ed. 5, 131. no. 337. 1754

Tamariscus Miller, Gard. Dict. abridg. ed. 4, 3:1754. p. p.

Trichaurus Arnott in Wight & Arnott, Prodr. Fl. Ind. Or. 1:40. 1834

1. 柽柳

Tamarix chinensis Lour., Fl. Cochinch. 1:228. 1790

Tamarix elegans Spach, Hist. Nat. Véget. Phan. 5:481. 1836

Tamarix juniperina Bunge in Mém. Acad. Sci. Pétersb. Sav. Etr. 2:103. 1835

九十、堇菜科(陈志秀、李小康)

Violaceae DC. in Lamarck & DC., Fl. Françe, ed. 3, 4:801. 1805

Violarieae De Gingins in DC., Prodr. 1:287. 1824

(一) 堇菜属

Viola Linn. Sp. Pl. 933. 1753

1. 三色堇

Viola tricolor Linn. Sp. Pl. 935. 1753

2. 紫花地丁

Viola philippica Cav. Lcons et Descr. Pl. Hisp. 6:19. 1801

Viola patrinii Cav. Lcons et Descr. Pl. Hisp. 6:19. 1801

Viola confusa Champ. ex Benth in Journ. Bot. Kew Misc. 3:260. 1851. p. p.

Viola yedoensis Makino in Bot. Mag. Tokyo,26:148. 1912

Voila alisoviana Kiss. in Bot. Kozlem. 19:93. 1921

Voila stenocentra Hayata ex Nakai in Bot. Mag. Tokyo,36:38. 1922

九十一、大风子科(赵天榜、陈志秀、李小康)

Flacourtiaceae Dumortier, Anal. Fam. Pl. 44, 49. 1829. "Flacurtiaceae"

Samydeae Ventenat in Mém. Inst. Nat. Sci. Françe, 1807. 2, 149. 1808

Flacurtianae Richard in Mém. Mus. Nat. Paris, 1:366. 1815. nom.

Homalinae R. Brown in Tuckey, Narr. Exped. Zaire Congo(app. 5)438. 1818

Flacourtianeae DC., Prodr. 1:255. 1824

Samydaceae Dumortier, Anal. Fam. Pl. 16, 18. 1829

Paropsiaceae Dumortier, Anal. Fam. Pl. 37, 42. 1829

Kiggelariaceae Link, Handb. Erkenn. Gew. 2:221. 1831

Blackwelliaceae K. H. Schultz-Schultzenstein, Nat. Syst. Pflanzenfam. 444. 1832

Pangieae Blume in Tidjdschr. Nat. Geschied. 1:132. 1834

Patrisiaceae Martius, Consp. Règ. Vég. 58. 1835. nom. subnud.

Homaliaceae Lindl., Nat. Syst. Bot. ed. 2, 55. 1836

Pangiaceae Lindl., Vég. Kingd. ed. 3, 323. 1853

Bixineae Bentham Hooker f., Gen. Pl. 1:123. 1862. p. p. quoad trib. II－TV (Flacourtieae-Pangieae)

Bixaceae Eichler in Martius, Fl. Brasil. 13, 1:443. 1872 p. p. quoad trib. III－VII(Flacourtieae-Abatieae)

(一) 山桐子属

Idesia Maxim. in Bull. Acad. Sci. St. Pétersb. sér. 3, 10:485(in Mél. Biol. 6:19). 1866

Polycarpa Linden ex Carr. in Rev. Hort. 330. 1868 *

1. 山桐子

Idesia polycarpa Maxim. in Bull. Acad. Sci. St. Pétersb. sér. 3, 10:485(in Mél. Biol. 6:19). 1866

Polycarpa maximowiczii Linden ex Carr. in Rev. Hort. 1868:300. [err. "Polygama M."],330. f. 36. 1868

Flacourtia japonica Hort. ex Lavallée Icon. Arb. Segrez. 41. 1881. pro syn.

1.1 毛叶山桐子

Idesia polycarpa Maxim. var. vestita Diels in Bot. Jahrb. 39:478. 1900

九十二、西番莲科 河南新记录科(李小康、王华)

Passifloraceae *,中国植物志 第81卷:97. 1999

(一) 西番莲属 河南新记录属

Passiflora Linn. Sp. Pl. 2:955. 1753

1. 西番莲 河南新记录种

Passiflora coerulea Linn. Sp. Pl. 2:959. 1753

Passiflora chinensis Hort. ex Mast. in Journ. Hort. Soc. 4:145. 1877

Passiflora loureirii Pon Gen. Syst. 3:54. 1834

九十三、番木瓜科 河南新记录科(李小康、赵天榜和陈志秀)

Caricaceae *,中国植物志 第52卷 第一分册:121. 1999

(一) 番木瓜属 河南新记录属

Carica Linn. Gen. Pl. ed. 5, 458. 1754

Papaya Tourn. ex Linn. Syst. ed. 1. 1735

1. 番木瓜 图版4:1、2 河南新记录种

Carica papaya Linn. Sp. Pl. 1036. 1753

Papaya carica Gaertn. in Fruct. t. 122. 1791

1.1 番木瓜 原亚种

1.2 雄性番木瓜 图版4:3、4 新亚种

Crica papaya Linn. subsp. masculaY. M. Fan,T. B. Zhao et Z. X. Chen,subsp. nov.

Subspeciebus nov. inflorescentiis stamineis: ① inflorescentiis stamineis longis, 20.0～120.0 cm longis;② inflorescentiis stamineis mediocribus,5.0～20.0 cm longis; ③ breviter inflorescentiis stamineis 5.0 cm longis vel 2～3-floribus caespitosis;④ inflorescentiis stamineis nullis,1-flore,vel 2～3-floribus caespitosis,rare 5-floribus caespitosis.

Hainan:Tunchang Xian. 20160216. T. B. Zhao,Z. X. Chen et X. D. Zhao,No. 201602161(HNAC).

本新亚种与原亚种主要区别:花均为雄花。雄花序有:① 长雄花序,其长雄花序长

20.0～120.0 cm,每花序具花 10 余朵至几十朵;并有具 1～3 枚短雄花序簇生;② 一般雄花序,其一般雄花序长 5.0～20.0 cm 与 1～3 枚短雄花序簇生;③短雄花序,其花序长小于 5.0 cm,或 2～3 枚短雄花序簇生。每花序具雄花 5～11 朵组成多歧伞房花序。④无花序,其花单生,或 2～3 朵,稀 5 朵簇生。

海南:屯昌县。郑州植物园有栽培。2016 年 2 月 16 日。赵天榜、陈志秀和赵东欣。模式标本,No. 201602161,存河南农业大学。

1.3 雌性番木瓜　图版 4:5、6　新亚种

Crica papaya Linn. subsp. feminea T. B. Zhao et Z. X. Chen,subsp. nov.

Subspeciebus nov. inflorescentiis feminis. 1-flore,vel 2～3-floribus cynis

Hainan:Tunchang Xian. 201602201. T. B. Zhao,Z. X. Chen et X. D. Zhao,No. 201602201(HNAC).

本新亚种与原亚种主要区别:花均为雌花。花单生,或 2～3 朵组成聚伞花序。花型肥大。花瓣 5 枚,长圆形,或椭圆形,长 2.5～3.2 cm,径 1.8～2.2 cm,乳黄色,或黄白色,表面具显著纵钝棱,基部合生;子房卵球状,或椭圆体状,长 2.0～2.5 cm,径 1.5～1.8 cm,乳白色,由 5 心皮组成,表面具 5 枚纵钝棱,无毛;花柱 5 枚,柱头多裂呈近流苏状;萼片 5 枚,长 5～9 mm,绿色,长线—三角形。

产地:海南屯昌县。2016 年 2 月 20 日。赵天榜、陈志秀和赵东欣。模式标本,No. 201602201,存河南农业大学。

1.4 杂性番木瓜　新亚种

Crica papaya Linn. subsp. polygama T. B. Zhao et Z. X. Chen,subsp. nov.

Subspeciebus nov. floribus polygamis.

Hainan:Tunchang Xian. 201602251. T. B. Zhao,Z. X. Chen et X. D. Zhao,No. 201602251.(HNAC).

本新亚种与原亚种主要区别:杂性花,是指雄花、雌花和两性花同生于一株植物体上。根据调查:杂性番木瓜植株稀少。作者在调查 358 株中,只发现 3 株具有杂性花的植株。

产地:海南屯昌县。2016 年 2 月 25 日。赵天榜、陈志秀和赵东欣。模式标本,No. 201602251,存河南农业大学。

九十四、四数木科　河南新记录科(李小康、王华)

Datiscaceae *,中国植物志　第 52 卷　第一分册:123. 1999

(一) 四数木属　河南新记录属

Tetrameles R. Br. in Benn. Pl. Jav. Rar. 79. 1838

1. 四数木　河南新记录种

Tetrameles mudiflora R. Br. in Benn. Pl. Jav. Rar. 79. t. 17. 1838

Tetrameles grahamiana Wight. Ioon. Pl. 1956. 1840

Tetrameles rufinervis Miq. Fl. Ind. Bat. 1(1):726. 1859

九十五、秋海棠科(李小康、陈志秀)

Begoniaceae *,中国植物志　第 52 卷　第 1 分册:126. 1999

(一) 秋海棠属

Begonia Linn. Gen. Pl. ed. 2，516. 1742

1. 四季海棠

Begonia semperflora Link. et Otto 52(1):127. *，朱家柟等编著. 拉汉英种子植物名称　第二版. 2006

2. 球茎秋海棠

Begonia tuberhybrida Voss. *，姬君兆等编. 花卉栽培学讲义:297. 1985

3. 裂叶秋海棠　河南新记录种

Begonia palmata D. Don Prodr. Fl. Nepel. 223. 1825

Begonia laciniata Roxb ex Wall. Num. List. No. 3678B. 1831

4. 紫叶秋海棠　毛叶秋海棠

Begonia rex Putz. Fl. Serres Jard. Eur. 2:141，pls. 1255. 1258. 1857

Begonia longiciliata C. Y. Wu in Acta Phytotax Sin. 33(3):271. f. 17. 1995. syn. nov.

5. 秋海棠

Begonia grandis Dry. in Trans. Linn. Soc. Bot. Lindon 1:163. 1791

Begonia evansiana Andr Bot. Reposit 10:pl. 627. 1811

Begonia discolox R. Brown in Ait. Mnort. Kew Ind. ed. 2，5:281. 1813

Begonia erubescens Lévl. in Fedde，Repert. Nov. Sp. 7:21. 1909

6. 龙翅秋海棠　河南新记录种

Begonia dragon Wing *

九十六、仙人掌科(李小康、赵天榜)

CactaceaeJ. Lindl. *，中国植物志　第52卷　第2分册:272～273. 1999

(一) 仙人指属　蟹爪兰属

Schlumbergera Lem. *，田国行，赵天榜主编. 仙人掌科植物资源与利用:25. 36. 189. 2011

Epiphyllum Pfeiff. 1837 *；田国行，赵天榜主编. 仙人掌科植物资源与利用:189. 2011

Eepiphyllanthus A. Berg. 1905；田国行，赵天榜主编. 仙人掌科植物资源与利用:189. 2011

1. 蟹爪　蟹爪兰　蟹爪仙人掌

Schlumbergera truncata(Haw.)Moran. 1953 *；田国行，赵天榜主编. 仙人掌科植物资源与利用:190. 2011

Cactus truncata(Haw.)Link 1822 *；田国行，赵天榜主编. 仙人掌科植物资源与利用:190. 2011

Cereus truncata(Haw.)Sweet 1826 *；田国行，赵天榜主编. 仙人掌科植物资源与利用:190. 2011

(二) 昙花属

Epiphyllum Haw. Syn. Pl. Succ. 197. 1812

Phyllocactus Link, Handb. Erkenn. 2:10. 1831

Phyllocereus Miq. in Bull. Sc. Phys. Étrang. Nat. Neerl. 112. 1839

Marniera Backbg. in Cact. et Succ. Journ. Amer. 22:153. 1950

1. 昙花

Epiphyllum oxypetalum(DC.)Haw. Syn. Pl. Succ. 197. 1829

Cereus oxypetalum DC. Prodr. 3:470. 1928

Cereus latifrond Pfeiff. 1837 *;田国行,赵天榜主编. 仙人掌科植物资源与利用: 112. 2011

Epiphyllum oxypetalum(DC.)Haw. Syn. Phil. Mag. 6:109. 1829

Phyllocactus oxypetalum(DC.)Link in Walp. Repert. Bot. 2:341. 1843

(三) 姬孔雀属 令箭荷花属

Disocactus Lindl. 1845 *;田国行,赵天榜主编. 仙人掌科植物资源与利用. 25. 2011

Wittia K. Sch. 1903 *;田国行,赵天榜主编. 仙人掌科植物资源与利用. 108. 2011

Chaiapasia Br. & R. 1923 *;田国行,赵天榜主编. 仙人掌科植物资源与利用:108. 2011

Nopalxochia Br. & R. 1923 Opuntia(Tour.)P. Mill. 1754 *;田国行,赵天榜主编. 仙人掌科植物资源与利用:37. 108. 2011

Bonifazia Standley & Steyermark 1944 *;田国行,赵天榜主编. 仙人掌科植物资源与利用:108. 2011

Lobeira Alex. 1944 *;田国行,赵天榜主编. 仙人掌科植物资源与利用:108. 2011

Pseudonopalxochia Backog. 1958 *;田国行,赵天榜主编. 仙人掌科植物资源与利用:108. 2011

Wittiocatus Rauschert 1982 *;田国行,赵天榜主编. 仙人掌科植物资源与利用: 108. 2011

1. 令箭荷花

Napalxochia ackermannii(Haw.)Bart. 1991 *;田国行,赵天榜主编. 仙人掌科植物资源与利用:25. 108. 2011

Catus ackermannii(Haw.)Lindl. 1830 *;田国行,赵天榜主编. 仙人掌科植物资源与利用:108. 2011

Cereus ackermannii(Haw.)Otto 1837 *;田国行,赵天榜主编. 仙人掌科植物资源与利用:108. 2011

(四) 乳突球属 仙人球属 银毛球属 疣仙人掌球属 长钩球属 白斜子属

Solisia Br. & R. 1923 *;田国行,赵天榜主编. 仙人掌科植物资源与利用:24. 2011

Mammillaris Haw. 1812 *;田国行,赵天榜主编. 仙人掌科植物资源与利用:242. 2011

Catus Linn. 1753 *；田国行，赵天榜主编．仙人掌科植物资源与利用：242．2011

Chilita Orcutt 1926 *；田国行，赵天榜主编．仙人掌科植物资源与利用：242．2011

Bartschella Br. & R. 1923 *；田国行，赵天榜主编．仙人掌科植物资源与利用：242．2011

Dolichothe Br. & R. 1923 *；田国行，赵天榜主编．仙人掌科植物资源与利用：242．2011

Krainzia Backbg. 1938 *；田国行，赵天榜主编．仙人掌科植物资源与利用：242．2011

Ebnerella Buxb. 1951 *；田国行，赵天榜主编．仙人掌科植物资源与利用：242．2011

Leptocladodia Buxb. 1951 *；田国行，赵天榜主编．仙人掌科植物资源与利用：242．2011

Mammillopsis Br. & R. 1923 *；田国行，赵天榜主编．仙人掌科植物资源与利用：242．2011

Neeomammillaria Br. & R. 1923 *；田国行，赵天榜主编．仙人掌科植物资源与利用：242．2011

Oehmea Buxb. 1951 *；田国行，赵天榜主编．仙人掌科植物资源与利用：242．2011

Phellosperma Br. & R. 1923 *；田国行，赵天榜主编．仙人掌科植物资源与利用：242．2011

Solisia Br. & R. 1923 *；田国行，赵天榜主编．仙人掌科植物资源与利用：242．2011

Porfiria Boedeker 1926 *；田国行，赵天榜主编．仙人掌科植物资源与利用：242．2011

Pseudomammillaria Buixb. 1951 *；田国行，赵天榜主编．仙人掌科植物资源与利用：242．2011

Hamatocactus Br. & R. *；田国行，赵天榜主编．仙人掌科植物资源与利用：24．2011

Phellosperma Br. & R. *；田国行，赵天榜主编．仙人掌科植物资源与利用：24．2011

1．玉翁

Mammillaria hahniana Werd. 1929 *；田国行，赵天榜主编．仙人掌科植物资源与利用：248．2011

Mammillaria bravoae R. T. Craig 1945 *；田国行，赵天榜主编．仙人掌科植物资源与利用：248．2011

Mammillaria hahneiena Werd. subsp. bravoae(R. T. Craig)D. R. Hunt 1997 *；田国行，赵天榜主编．仙人掌科植物资源与利用：248．2011

2．金刚石

Mammillaria uncinata Pfeiff. 1837 *；田国行，赵天榜主编．仙人掌科植物资源与利

用:255. 2011

3. 白玉兔

Mammillaria geminispina Haw. 1824 *;田国行,赵天榜主编. 仙人掌科植物资源与利用:246. 2011

Mammillaria albata Reppenh. 1987 *;田国行,赵天榜主编. 仙人掌科植物资源与利用:246. 2011

Mammillaria geminispina A. P. de Candolle 1928 *;田国行,赵天榜主编. 仙人掌科植物资源与利用:246. 2011

4. 卢氏乳突球

Mammillaria luethyi *

5. 长果乳突球　新拟　河南新记录种

Mammillaria longimamma *

6. 鸡冠长乳突球　新拟　河南新记录变型

Mammillaria elongate f. cristata *

(五) 花座球属　瓜玉属

Melocactus Link. & Otto 1827 *;田国行,赵天榜主编. 仙人掌科植物资源与利用:24. 126. 2011

Cactus Br. & R. 1922 *;田国行,赵天榜主编. 仙人掌科植物资源与利用:126. 2011

Cactus Linn. 1753 *;田国行,赵天榜主编. 仙人掌科植物资源与利用:126. 2011

1. 彩云

Melocactus intortus(P. Mill.)Urban 1919 *;田国行,赵天榜主编. 仙人掌科植物资源与利用:127. 2011

Cactus antonii Br. 1933 *;田国行,赵天榜主编. 仙人掌科植物资源与利用:127. 2011

Cactus coronatus Lam. 1783 *;田国行,赵天榜主编. 仙人掌科植物资源与利用:127. 2011

(六) 大凤龙柱属

Neobuxbaumia Backbg. 1938 *;田国行,赵天榜主编. 仙人掌科植物资源与利用:43. 206. 2011

Rooksbya Backbg. 1960

1. 大凤龙

Neobuxbaumia polylopha(A. P. DC.)Backbg. 1938 *;田国行,赵天榜主编. 仙人掌科植物资源与利用:206. 2011

Camegiea polylopha(A. P. DC.)D. R. Hunt 1988 *;田国行,赵天榜主编. 仙人掌科植物资源与利用:206. 2011

Cephalocereua polylopha(A. P. DC.)Br. & R. 1909 *;田国行,赵天榜主编. 仙人掌科植物资源与利用:206. 2011

(七)强刺球属　强刺属　强刺玉属

Ferocactus Br. & R. 1922 *;田国行,赵天榜主编. 仙人掌科植物资源与利用:24. 234. 2011

Bisnoga Orcutt 1926 *;田国行,赵天榜主编. 仙人掌科植物资源与利用:234. 2011

1. 巨鹫玉　半岛玉

Ferocactus peninsulae(F. A. C. Web.)Br. & R. 1922 *;田国行,赵天榜主编. 仙人掌科植物资源与利用:238. 2011

Echinocactus peninsulae F. A. C. Web. 1895 *;田国行,赵天榜主编. 仙人掌科植物资源与利用:238. 2011

Ferocactus horridus Br. & R. 1922 *;田国行,赵天榜主编. 仙人掌植物资源与利用:238. 2011

(八)南国玉属

Notocactus(K. Sch.)A. Berg.(syn. Brasilicatus Backbg.、Eriocactus Backbg.、Pyrrhocactus A. Berg.、Wigginsia D. M. Port.、Malaocarpus S.—D.)*;田国行,赵天榜主编. 仙人掌科植物资源与利用:62. 2011

1. 金晃

Notocactus leninghausii *

(九)仙人柱属　天轮柱属

Cereus P. Mill. 1754 *;田国行,赵天榜主编. 仙人掌科植物资源与利用:121. 2011

Cerus Herm. 1698 *;田国行,赵天榜主编. 仙人掌科植物资源与利用:121. 2011

Mirabella F. Ritt. 1979 *;田国行,赵天榜主编. 仙人掌科植物资源与利用:121. 2011

Piptanthocerus Riccob. 1909 *;田国行,赵天榜主编. 仙人掌科植物资源与利用:121. 2011

1. 仙人山

Cereus variabilis Pfeiff. 1837 *;田国行,赵天榜主编. 仙人掌科植物资源与利用:124. 2011

Cereus fernmbucensis Lem. 1839 *;田国行,赵天榜主编. 仙人掌科植物资源与利用:124. 2011

1.1 山影拳　天轮柱

Cereus variabilis Pfeiff. f. monst *;田国行,赵天榜主编. 仙人掌科植物资源与利用:125. 2011

(十)金琥属　仙人球属　绫波属　玉属　扁圆头属

Echinocatus Link　Otto 1827 *;田国行,赵天榜主编. 仙人掌科植物资源与利用:24. 227. 2011

Echinofossulocactus Lam. 1841 *;田国行,赵天榜主编. 仙人掌科植物资源与利用:227. 2011

Homalocephala Br. & R. 1922 *;田国行,赵天榜主编. 仙人掌科植物资源与利用:

227. 2011

1. 金琥

Echinocatus grusonii Hildm. 1891 ＊;田国行,赵天榜主编. 仙人掌科植物资源与利用:228. 2011

1.1 白刺金琥　奇严金琥

Echinocatusgrusonii Hildm. var. albispinus('Kigan') ＊;田国行,赵天榜主编. 仙人掌科植物资源与利用:228. 2011

1.2 无刺金琥　裸刺金琥　裸琥冠

Echinocatus grusonii Hildm. var. inermis f. cristata ＊;田国行,赵天榜主编. 仙人掌科植物资源与利用:228. 2011

(十一) 大织冠属

Neoraimondia Br. & R. 1920 ＊;田国行,赵天榜主编. 仙人掌科植物资源与利用:192～193. 2011

Neocardenasia Backbg. 1949 ＊;田国行,赵天榜主编. 仙人掌科植物资源与利用:192. 2011

1. 飞鸟阁

Neoraimondia herzogiana(Backbg.)Buxb. 1967 ＊;田国行,赵天榜主编. 仙人掌科植物资源与利用:193. 2011

Neoraimondia herzogiana Backbg. 1949 ＊;田国行,赵天榜主编. 仙人掌科植物资源与利用:193. 2011

(十二) 裸萼球属

Gymnocalycium Pfeiff. ex Mittler 1844 ＊;田国行,赵天榜主编. 仙人掌科植物资源与利用:24. 47. 153. 2011

Brachycalycium Backbg. 1942 ＊;田国行,赵天榜主编. 仙人掌科植物资源与利用:153. 2011

Gymnocalycium Pfeiff. 1845 ＊;田国行,赵天榜主编. 仙人掌科植物资源与利用:153. 2011

1. 新天地

Gymnocalycium saglione(Cels.)Br. & R. 1922 ＊;田国行,赵天榜主编. 仙人掌科植物资源与利用:159. 2011

Brachycalycium tilcarense Backbg. 1942 ＊;田国行,赵天榜主编. 仙人掌科植物资源与利用:159. 2011

Echinocactus hybogonus S. －D. 1950 ＊;田国行,赵天榜主编. 仙人掌科植物资源与利用:159. 2011

2. 瑞云　瑞云牡丹　瑞云球　绯牡丹

Gymnocalycium mihanovichii(Fri č & Gürk)Br. R. 1922 ＊;田国行,赵天榜主编. 仙人掌科植物资源与利用:157～158. 2011

Echinocactus mihanovichii Fri č & Gürk 1905 ＊;田国行,赵天榜主编. 仙人掌科植

物资源与利用:157. 2011

(十三)海胆属　仙人球属　仙人拳属　荷苞拳属　白檀属　葫芦拳属　毛花柱属　刺猬状仙人掌属

Echinopsis Zucc. 1837 *;田国行,赵天榜主编. 仙人掌科植物资源与利用:140. 2011

Acantholobivia Backbg. 1942 *;田国行,赵天榜主编. 仙人掌科植物资源与利用:140. 2011

Chamaecereus Br. & R. 1922 *;田国行,赵天榜主编. 仙人掌科植物资源与利用:140. 2011

Cerus P. Mill. subgen. Trichocereus A. Berg. 1909 *;田国行,赵天榜主编. 仙人掌科植物资源与利用:140. 2011

Echinoposis Zucc. subgen. Pseudolobivia Backbg. 1934 *;田国行,赵天榜主编. 仙人掌科植物资源与利用:140. 2011

Echinoposis Zucc. subgen. Setiechiopsis Backbg. 1938 *;田国行,赵天榜主编. 仙人掌科植物资源与利用:140. 2011

Helianthocereua Backbg. 1949 *;田国行,赵天榜主编. 仙人掌科植物资源与利用:140. 2011

Leucostele Backbg. 1953 *;田国行,赵天榜主编. 仙人掌科植物资源与利用:140. 2011

Lobivia Br. & R. subgen. Nelobivia(Backbg.)Backbg. 1957 *;田国行,赵天榜主编. 仙人掌科植物资源与利用:140. 2011

Hymenorebutia Fric ex Buining 1938 *;田国行,赵天榜主编. 仙人掌科植物资源与利用:140. 2011

Pseudolobivia(Backbg.)Backbg. 1942 *;田国行,赵天榜主编. 仙人掌科植物资源与利用:140. 2011

Seteichiopsis(Backbg.)De Haas 1940 *;田国行,赵天榜主编. 仙人掌科植物资源与利用:140. 2011

Soehrensia Backbg. 1938 *;田国行,赵天榜主编. 仙人掌科植物资源与利用:140. 2011

Terichocereus(A. Berg.)Ricoob. 1909 *;田国行,赵天榜主编. 仙人掌科植物资源与利用:140. 2011

1. 北斗阁

Echinopsis terscheckii(Parm.)H. Fried. & G. D. Rowl. 1974 *;田国行,赵天榜主编. 仙人掌科植物资源与利用:145. 2011

Cereusterscheckii Parm. 1837 *;田国行,赵天榜主编. 仙人掌科植物资源与利用:145. 2011

Echinopsis werdermannianus(Backbg.)H. Fried. & G. D. Rowl. 1974 *;田国行,赵天榜主编. 仙人掌科植物资源与利用:145. 2011

(十四) 龙神柱属

Myrtillocactus Cons. 1897 *;田国行,赵天榜主编. 仙人掌科植物资源与利用:23. 42. 205. 2011

1. 龙神柱

Myrtillocactus geometrizans(Mart.)Cons. 1897 *;田国行,赵天榜主编. 仙人掌科植物资源与利用:205. 2011

Cereus geometrizans Mart. 1837 *;田国行,赵天榜主编. 仙人掌科植物资源与利用:205. 2011

Cereus pugioniferus Lem. 1838 *;田国行,赵天榜主编. 仙人掌科植物资源与利用:205. 2011

2. 龙神柱缀化

Myrtillocactus geometrizans f. criatata *

现栽培地:河南、郑州市、郑州植物园。

(十五) 仙人掌属

Opuntia Mill. Gard. Dict. Abr. ed. 4. 1754 *;田国行,赵天榜主编. 仙人掌科植物资源与利用:89. 2011

Opuntia(Tour.)P. Mill. 1754 *;田国行,赵天榜主编. 仙人掌科植物资源与利用:35. 89. 2011

Opuntia P. Mill. subgen. Platyopunitia Eng. 1859 *;田国行,赵天榜主编. 仙人掌科植物资源与利用:89. 2011

Nopalaea Salm-Dyck, Cact. Hort. Dyck 1849:63. 1850

1. 仙人掌

Opuntia dillenii(Ker. —Gaw.)Haw. , Suppl. Pl. Succ. 79. 1819;田国行,赵天榜主编. 仙人掌科植物资源与利用:91. 2011

Opuntia stricta(Haw.)Haw var. dillenii(Ker. —Gaw.)Bensob in Cact. et Succ. Journ. (Los Angeles)41:126. 1968

Cactus dillenii Ker-Gawl. in Edwrds, Bot. Reg. 3:pl. 255. 1818;田国行,赵天榜主编. 仙人掌科植物资源与利用:35. 91. 2011

Opuntia anahuacensis Griff. 1916 *;田国行,赵天榜主编. 仙人掌科植物资源与利用:91. 2011

Opunitia dillenii(Ker. —Gaw.)Haw. ,Suppl. Pl. Succ. 79. 1819

Opunitia dillenii K. Gaw. 1818 *;田国行,赵天榜主编. 仙人掌科植物资源与利用:91. 2011

2. 金乌帽子　白桃扇　黄毛仙人掌

Opuntia microdasys(Lechm.)Pfeiff. 1837;田国行,赵天榜主编. 仙人掌科植物资源与利用:96. 2011

Catus microdasys Lechm. 1827 *;田国行,赵天榜主编. 仙人掌科植物资源与利用:96. 2011

Opuntia microdasys Griff. 1908 *；田国行，赵天榜主编. 仙人掌科植物资源与利用：96. 2011

3. 梨果仙人掌

Opuntia ficusindica(Linn.)Mill. *

（十六）尤伯球属　银装殿属

Uebelmannia Buining 1967 *；田国行，赵天榜主编. 仙人掌科植物资源与利用：133. 2011

1. 栉刺尤伯球

Uebelmannia pectinifera Buining 1967 *；田国行，赵天榜主编. 仙人掌科植物资源与利用：133. 2011

Uebelmannia flavispina Buining & Bred. 1973 *；田国行，赵天榜主编. 仙人掌科植物资源与利用：133. 2011

Uebelmannia flavispina Buining var. pseudopectinifera Buining 1972 *；田国行，赵天榜主编. 仙人掌科植物资源与利用：133. 2011

（十七）星球属

Astrophytum Lem. 1839 *；田国行，赵天榜主编. 仙人掌科植物资源与利用：218. 2011

1. 鸾凤玉

Astrophytum myriostigma Lem. 1839 *；田国行，赵天榜主编. 仙人掌科植物资源与利用：220. 2011

Astrophytum columnare(K. Sch.)Sadvovsky & Schutz 1979 *；田国行，赵天榜主编. 仙人掌科植物资源与利用：220. 2011

Astrophytum myriostigma Lem. subsp. tulensis K. K Aayser 1932 *；田国行，赵天榜主编. 仙人掌科植物资源与利用：220. 2011

1.1 三角鸾凤玉

Astrophytum myriostigma Lem. var. tricostatum *；田国行，赵天榜主编. 仙人掌科植物资源与利用：220. 2011

1.2 四角鸾凤玉

Astrophytum myriostigma Lem. var. quadricostatum *；田国行，赵天榜主编. 仙人掌科植物资源与利用：220. 2011

1.3 '龟甲'鸾凤玉

Astrophytum myriostigma Lem. 'Fissuratus' *；田国行，赵天榜主编. 仙人掌科植物资源与利用：220. 2011

2. 兜　星球

Astrophytum asterias(Zucc.)Lem. 1868 *；田国行，赵天榜主编. 仙人掌科植物资源与利用：218. 2011

Echinocactus asterias Zucc. 1845 *；田国行，赵天榜主编. 仙人掌科植物资源与利用：218. 2011

(十八) 帝冠属

Obregonia Frič 1925 *;田国行,赵天榜主编. 仙人掌科植物资源与利用:257. 2011

1. 帝冠

Obregonia denegrii Frič 1925 *;田国行,赵天榜主编. 仙人掌科植物资源与利用:257. 2011

(十九) 乌羽玉属　鸡冠玉属

Lophophora Lem. 1891 *;田国行,赵天榜主编. 仙人掌科植物资源与利用:23. 241. 2011

Lophophora J. M. Coulter 1894 *;田国行,赵天榜主编. 仙人掌科植物资源与利用:241. 2011

1. 乌羽玉

Lophophora williamsii Lem. 1885 *;田国行,赵天榜主编. 仙人掌科植物资源与利用:241. 2011

Ariocarpus williamsii(Lem.)Voss 1872 *;田国行,赵天榜主编. 仙人掌科植物资源与利用:241. 2011

Echinocactus williamsii Lem. 1845 *;田国行,赵天榜主编. 仙人掌科植物资源与利用:241～242. 2011

(二十) 量天尺属　三角柱属

Hyloceseus(A. Berg.)Br. & Rose in Contr. U. S. Nat. Herb. 12:428. 1909;田国行,赵天榜主编. 仙人掌科植物资源与利用:23. 37. 113. 2011

Wilmattea Br. & R. 1920 *;田国行,赵天榜主编. 仙人掌科植物资源与利用:113. 2011

Cereus P. Mill. subgen. Hylocereus A. Berg. 1905 *;田国行,赵天榜主编. 仙人掌科植物资源与利用:113. 2011

1. 量天尺　三角柱　三棱箭　火龙果

Hyloceseus undatus(Haw.)Br. & R. 1918 *;田国行,赵天榜主编. 仙人掌科植物资源与利用:115. 2011

Creus undatusHaw. 1830 *;田国行,赵天榜主编. 仙人掌科植物资源与利用:115. 2011

Cactus triangularia Goss. 1907 *;田国行,赵天榜主编. 仙人掌科植物资源与利用:115. 2011

(二十一) 玉麒麟属　河南新记录属

Eephorbia *

1. 玉麒麟　河南新记录变种

Eephorbia neriifolia var cristata *

(二十二) 光山属　河南新记录属

Leuchtanbergia *

1. 光山　河南新记录属

Leuchtanbergia principis *

(二十三) 毛刺柱属

Pilosocereus Byles & G. D. Rowl. 1957

1. 蓝柱　蓝立柱　河南新记录种

Pilosocereus pachycladus F. Ritter *

九十七、瑞香科(李小康、赵天榜)

Thymelaeaceae C. F. Meissner in DC. ,Prodr. 14:493. 1857

Thymelaeae Juss. ,Gen. Pl. 76. 1789

Dphnoideae Ventenat,Tabl. Règ. Vég. 2:235. 1799. p. p.

Dphnoideae Jame St. Hilaire,Expos. Fam. Nat. 1:180. 1805

ThymeleaeL. C. Richard,Demonst. Bot. Anal. Fruit,× 1808

Aquilarinae R. Brown in Tuckey,Narr. Exped. Zaire Congo,4:441. in textu 1818. nom. event.

Thymelinae Link,Enum. Pl. Hort. Berol. 1:356. 1821

Thymeleaceae Reichenbach,Consp. Règ. Vég. 82. 1828

Thymelineae Dumorticr,Anal. Fam. Pl. 15,18. 1829

Thymelineae Lindl. ,Nat. Syst. Bot. ed. 2,194. 1836

Aquilariaceae Lindl. ,Nat. Syst. Bot. ed. 2,196. 1836

(一) 结香属

Edgeworthia Meissn. in Denksch. Regensb. Bot. Ges 3:280. 1841

1. 结香

Edgeworthia chrysantha Lindl. in Journ. Jhort. Soc. Lond. 1:148. 1846

Edgeworthia papyrifera (Sieb.) Sieb. & Zuzz. Abh. Bay. Akad. Wiss. Math. Phys. 4(3):199. 1846

Edgeworthia tomentosa(Thunb.)Nakai in Bot. Mag. Tokyo 33:206. 1919

(二) 狼毒属

Stellera Linn. Sp. Pl. 559. 1753

1. 狼毒

Stellera chamaejasme Linn. Sp. Pl. 559. 1753

Chamaejasme stelleriana Kuntze,Rev. Gen. 584. 1891

Stellera bodinieri Lévl. in Fedde,Repert. Sp. Nov. 10:369. 1912

Wikstroemia chamaejasme (Linn.) Domke in Notizbl. Bot. Gart. Berlin 2:363. 1913

九十八、胡颓子科(李小康、赵天榜)

Elaeagnaceae Horaninov,Prim. Lin. Syst. Nat. 60. 1834

Elaeagnoideae Ventenat,Tabl. Règ. Vég. 2:232. 1799

Elaeagneae Batsch,Tab. Aflin. Règ. Vég. 183. 1802

Eleagnideae Dumortier,Anal. Fam. Pl. 15,18. 1829

(一) 胡颓子属

Elaeagnus Linn. , Sp. Pl. 121. 1753;Gen. Pl. ed. 5, 57. no. 148. 1754

Octarillum Loureiro,Fl. Cochinch. 90. 1790

Aeleagnus Cavanilles,Descr. Pl. Lecc. Publ. 350. 1802

1. 胡颓子

Elaeagnus pungens Thunb. ,Fl. Jap. 68. 1784

Elaeagnus glabra Hort. ex Dippel,Deutsche Dendr. 428. 1893. pro syn.

2. 羊奶果　河南新记录种

Elaeagnus sarmentosa Rehd. *

九十九、千屈菜科(李小康、陈志秀)

Lythraceae Lindl. ,Nat. Syst. Bot. ed. 2,100. 1836

Salicariae Adanson,Fam. Pl. 2:232. 1763

Lythratae Necker in Act. Acad. Elect. Scl. Theed.—Palst. 2:490. 1770

Plyrontophyta Necker,Elem. Bot. 2:107. 1791. p. p.

Calycanthemae Ventenat,Tabl. Règ. Vég. 3:298. 1799. p. p.

Lythrariae Jaume,St. Hilaire,Expos. Fam. Nat. 2,175. t. 101. 1805

Salicarieae A. St. Hilaire in Mém. Mus. Hist. Nat. Paris,2:377. 1815

Salicarieae Link,Enum. Pl. Hort. Bot. Berol. 142. 1821

Lythreae Reichenbach in Mössler,Gemein. Handb. Gewächsk. ed. 2,1:liv. 1827. P. P.

Lythrarieae DC. ,Prodr. 3:75. 1828

Ammanniaceae Horaninov,Prim. Linn. Syst. Nat. 86. 1834

Lythrariaceae Blume,Mus. Bot. Lugd. —Bat. 2:124. 1852

Salicariaceae K. Koch,Hort. Dendr. 108. 1855

(一) 紫薇属

Lagerstroemia Linn. ,Syst. Nat. ed. 10,2:1076,1372. 1759

Munchoausia Linn. ex Muenchhausen,Hausvater,5,1:536. 1770

Adambea Lamarck,Encycl. Méth. Bot. 1:39. 1783

Velaga Gaertner,Fruct. Sem. Pl. 245. 1791. p. p.

Arjuna Jones in As. Research. As. Soc. Bengal,4:301. 1795

Bonava Camelli ex Juss. ,Dict. Sci. Nat. 27:454. 1823. nom.

Patioa DC. in Denkschr. Allg. Schweis,Ges. Naturw. 1,1:89. 1828

Sotularia Rafinesque,Sylva Tellur. 98. 1838

Pterocalymna Turczaninov in Bull. Soc. Nat. Moscou,18:508. 1846

Murtughas Kuntze,Rev. Gen. Pl. 1:219. 1891

1. 紫薇

Lagerstroemia indica Linn. , Sp. Pl. ed. 2,734. 1762

Lagerstroemia minor Retzius,Obs. Bot. 1. 20. 1779

Lagerstroemia chinensis Lamarck,Encycl. Méth. Bot. 3:375. 1789

Lagerstroemia minor Retzius var. chinensis Retzius,Obs. Bot. 5:25. 1789. pro syn.

Velaga globosa Gaertner,Fruct. Sem. Pl. 2:246. t. 133. 1791

Lagerstroemia pulchra Salisbury,Prodr. Stirp. Chap. Allert. 365. 1796

Murtughas indica Kuntze,Rev. Gen. Pl. 1:249. 1891

1.1 红薇　河南新记录变种

Lagerstroemia indica Linn. var. amabilis Makino *,陈俊愉等编. 园林花卉(修订本):533. 1980

1.2 银薇　河南新记录变种

Lagerstroemia indica Linn. var. alba Nicholson,III. Dict. Gard. 2:231. 1885

Lagerstroemia indica Linn. var. alba(Nicholson)Rehd. in Bibligrapty of Cult. Trees and Shrubs. 484. 1949

1.3 翠薇　河南新记录变种

Lagerstroemia indica Linn. var. rubra Lav. *,陈俊愉等编. 园林花卉(修订本):533. 1980

1.4 二色紫薇　河南新记录变种

Lagerstroemia indica Linn. var. *

1.5 粉色紫薇　河南新记录变种

Lagerstroemia indica Linn. var. *

1.6 兰色紫薇　河南新记录变种

Lagerstroemia indica Linn. var. *

1.7 斑叶紫薇　河南新记录变种

Lagerstroemia indica Linn. var. *

1.8 矮化紫薇　河南新记录变种

Lagerstroemia indica Linn. var. *

2. 大花紫薇　河南新记录种

Lagerstroemia speciosa(Linn.)Pers. ,Synops. 272. 1807

Munchausia speciosa Linn. in Münch. Hausv. 5:357. 1770

Lagerstroemia flos-reginae Retz. ,Obs. 5:25. 1789

(二) 千屈菜属

Lythrum Linn. Gen. Pl. 138. 1737

1. 千屈菜

Lythrum salicaria Linn. Sp. Pl. ed. 1,446. 1753

Lythrum argyi Lévl. Fedde,Repert. Sp. Nov. 4:330. 1907

Lythrum salicaria. Linn. var. mairei Lévl. Cat. ,Pl. Yunnan. 172. 1916

(三) 水苋菜属

Ammannia Linn. Gen. Pl. 337. 1737

1. 水苋菜

Ammannia baceifera Linn. Sp. Pl. 120. 1753

(四) 萼距花属　河南新记录属

Cuphea Adamnhea ex P. Br. ,Nat. Hist. Jamaic. 216. 1756

1. 细叶萼距花　河南新记录种

Cuphea hyssopifolia *

一百、石榴科　安石榴科(李小康、陈志秀、赵天榜)

Punicaceae Horaninov,Prim. Linn. Syst. Nat. 81. 1834

Myrtoideae Ventenat,Tabl. Règ. Vég. 3:317. 1799. p. p. quoad Punica(p. 328)

Granteae D. Don in Edinb. New Philos. Jour. 1:134. 1826

Lythrarieae Bentham & Hooker f. , Gen. Pl. 1:784. 1867. p. p. quoad gen. Anom. Punica.

(一) 石榴属

Punica Linn. , Sp. Pl. 472. 1753;Gen. Pl. ed. 5, 212. no. 544. 1754

1. 石榴

Punica granatum Linn. , Sp. Pl. 472. 1753

Punica florida Salisnury, Prodr. Stirp. Chap. Allert. 354. 1796

Punica spinosa Lamarck, Fl. Françe, 3:483. 1778

1.1 玛瑙石榴　河南新记录变种

Punica granatum Linn. var. legrelliae(Lemaire)Rehd. in Bibligrapty of Cult. Trees and Shrubs. 484. 1949

Punica granatum Linn. var. legrelliae Lemaire in III. Hort. 5:t. 156. 1818, Jan.

Punica granatum Legrelli Van Houtte in Fl. des Serr. 13:175. t. 1385. 1858

Punica granatum Linn. cv. legrellei Vanhoutte *,中国植物志　第52卷　第2分册:121. 1983

1.2 月季石榴

Punica granatum Linn. var. nana(Linn.)Pers. , Syn. Pl. 2:3. 1806. "Legrellii "

Punica nana Linn. , Sp. Pl. 472. 1753

Punica granatum Linn. cv. nana Pers. *,中国植物志　第52卷　第2分册:121. 1983

1.3 重瓣红石榴

Punica granatum Linn. f. pleniflora(Hayne)Rehd. in Bibligrapty of Cult. Trees and Shrubs. 484. 1949

1.4 白石榴

Punica granatum Linn. f. albescens(DC.)Rehd. in Bibligrapty of Cult. Trees and Shrubs. 484. 1949

Punica granatum Linn. cv. albescens DC. *,中国植物志　第52卷　第2分册：121. 1983

1.5 重瓣白花石榴

Punica granatum Linn. f. multiplex(Sweet.)Rehd. in Bibligrapty of Cult. Trees and Shrubs. 484. 1949

Punica granatum Linn. cv. multiplex Sweet. *,中国植物志　第52卷　第2分册：121. 1983

1.6 重瓣两色花石榴

Punica granatum Linn. f. plena Voss in Puttlitz. & Meyer,Landlex. 3:260. 1912. "var. nana f. pl."

一百零一、蓝果树科(李小康、陈志秀、赵天榜)

Nyssaceae Endlicher, Gen. Pl. 328. 1837

Nyssaceae Juss. ex Lindl., Introd. Nat. Syst. Bot. 73. 1830. pro syn. sub "Santalaceae"

Alangiaceae Lindl., Vég. Kingd. ed. 3, 719. 1853. p. p. quoad Nyssa

(一) 喜树属

Camptotheca Decne. in Bull. Soc. Bot. Fr. 20:157. 1873

1. 喜树

Camptotheca acuminata Decne. in Bull. Soc. Bot. Fr. 20:157. 1873

Camptotheca yunnanensis Dode,op. cit. 55:551. f. c. 1908

(二) 珙桐属

Davidia Baill. in Adansonia 10:114. 1871

1. 珙桐

Davidia involucrata Baill. in Adansonia 10:114. 1871

Davidia tibetana David in Nuov. Arch. Mus. Hist. Nat. Paris II. 5:1884. 1882. nom. nud.

一百零二、八角枫科(李小康、陈志秀、赵天榜)

Alangiaceae Lindl., Nat. Syst. Bot. ed. 2, 39. 1836

Myrtoideae Ventenat, Tabl. Règ. Vég. 3:317. 1799. p. p. quoad Alangim.

Myrteae Jaume St. Hilaire,Expos. Fam. Nat. 2:159. 1805. p. p.

Alangieae DC.,Prodr. 3:203. 1828

Cornaceae Bentham & Hooker f.,Gen. Pl. 1:947. 1867. p. p.

(一) 八角枫属

Alangium Lamarck,Encycl. Méth. Bot. 1:174. 1783

Kara-Angolam et Angolam Adanson, Fam. Pl. 2:84. 1763

Angolamia Scopoli, Introd. Hist. Nat. 107. 1777

Stylidium Lourelro, Fl. Cochinch. 220. 1790

Stelanthes Stokes, Bot. Mat. Med. 2:339. 1812

Stylis Poiret, Encycl. Méth. Bot. Suppl. 5:260. 1817

Pautsauvia Juss. in Mém. Mus. Hist. Nat. Paris, 3:443. 1817

Marlea Roxb. , Hort. Bengal. 28. 1814. nom.

Diacicarpium Blume, Bijdr. Naderl. Fl. 657. 1825

Rhytitandra Gray in Wilkes, U. S. Expl. exped. 1838 × 42 [15] Bot. 1:303. 1854

Karangolum Kuntze,Rev. Gen. Pl. 1:272. 1891

1. 八角枫

Alangium chiense(Lour.)Harms in Ber. Deutsch. Bot. Ges. 15:24. in textu 1897

Stylidium chinensis Lour. ,Fl. Cochinch. 220. 1790

Marlea begoniifolia Roxb. ,Hort. Bengal. 28. 1814. nom.

Stylis chinensis Poiret,Encycl. Méth. Bot. Suppl. 5:260. 1817

Marlea affinis Decaisne in Jacquemont,Voy. Inde,4:74. t. 83. 1844

Alangium begoniifolium Baillon,Hist. Pl. 6:270. 1877

Karangolum chinensis Kuntze,Rev. Gen. Pl. 1:273. 1891

一百零三、桃金娘科 河南新记录科(李小康、王华、赵天榜)

Myrtaceae R. Brown in Flinders,Voy. Terra Austral. 2.(App.)546. 1814

Myrtoideae Ventenal,Tabl. Règ. Vég. 317. 1799. exclud. gen. Nonnull.

Myrteae Lindl. , Introd. Nat. Syst. Bot. 63. 1830. pro syn.

Lecythideae Richard ex Poiteau in Mém. Mus. Hist. Nat. Paris, 13:141. 1825

Lecythidaceae Lindl. , Nat. Syst. Bot. ed. 2, 46. 1836

Chamaelauciaceae Lindl. Vég. Kingd. ed. 3, 721. 1853

Belvislaceae Lindl. Vég. Kingd. ed. 3, 728. 1853

Barringtoniaceae Lindl. Vég. Kingd. ed. 3, 754. 1853

(一) 番石榴属 河南新记录属

Psidium Linn. Gen. Pl. 140. 1737

1. 番石榴 河南新记录种

Psidium guajava Linn. Sp. Pl. 470. 1753

Psidium pomiferum Linn. Sp. Pl. ed. 2, 672. 1762

Psidium pyriferum Linn. Sp. Pl. ed. 2, 672. 1762

(二) 蒲桃属　河南新记录属

Syzygium Gaertn. In Fruct. 1:166. t. 33. 1788

1. 洋蒲桃　莲雾　河南新记录种

Syzygium samarangense(Blume) Merr. & Perry iin Journ. Arn. Arb. 19:115. 216. 1938

Myzygium samarangensis Blume Bijdr. 1084. 1926

Jambosa samarangensis DC. Prodr. 3:286. 1828

Eugenia javanica Lam. Encycl. 3:200. 1789

2. 蒲桃　河南新记录种

Syzygium jambos(Linn.)Alston in Trimen Fl. Ceyl. 6(Suppl.):115. 1931

Eugenia jambos Linn. Sp. Pl. 470. 1753

Myrtus jambos HBK. Nov. Gen. Sp. Pl. 6:144. 1823

Jsmbosa vulgaris DC. Prodr. 3:286. 1828

Syzygium okudai Mori in Trans. Nat. Hist. Soc. Form. 28:440. f. 1938

(三) 红千层属　河南新记录属

Callistemon R. Br. in App. Flind. Voy. 2:547. 1814

1. 红千层　河南新记录种

Callistemon rigidus R. Br. in Bot. Rég. t. 393. 1819

(四) 白千层属　河南新记录属

Melaleuca Linn. Mant. 1:14. 1767

1. 白千层　河南新记录种

Melaleuca leucadendron Linn. Mant. 1:105. 1767

Mytrus leucadendron Linn. Sp. Pl. ed. 2:676. 1762

2. 黄金香柳　河南新记录种

Melaleuca bracteata *

一百零四、野牡丹科　河南新记录科(李小康)

Melastemataceae *,中国植物志　第53卷　第1分册:135～136. 1894

(一) 野牡丹属　河南新记录属

Melastoma Linn. Sp. Pl. 389. 1753;Gen. Pl. 544. 1754

1. 展毛野牡丹　河南新记录种

Melastoma normale D. Don Prodr. Fl. Nepal. 220. 1825

Melastoma cavaleriei Lévl. in Fedde Rep. Sp. Nov. 3:21. 1906

Melastoma esquirolii Lévl. in Fedde Rep. Sp. Nov. 8:61. 1910

2. 野牡丹　河南新记录种

Melastoma candidum D. Don in Mem. Wern. Soc. 4:288. 1823

Melastoma septemnervium Llour. Fl. Cochinch. 273. 1790

(二) 巴西野牡丹属　河南新记录属

Tibouchina *

1. 巴西野牡丹　河南新记录种

Tibouchina semidecandra *

一百零五、使君子科　河南新记录科(李小康、王华)

Combretaceae *,中国植物志　第53卷　第1分册:1. 1984

(一) 榄仁树属　诃子属　河南新记录属

Terminalia Linn. Syst. Nat. ed. 12, 2:647. 1767

Pentaptera Roxb. Fl. Ind. 2:437. 1832. p. p.

Myrobalanus Gaertn. In Fruct. 2:90. 1791

1. 榄仁树　河南新记录种

Terminalia catappa Linn. Syst. Nat. ed. 12, 2:647. 1767

2. 锦叶榄仁　河南新记录种

Terminalia *

3. 小叶榄仁　河南新记录种

Terminalia mantaly *

(二) 使君子属　河南新记录属

Quisqualis Linn. Sp. Pl. ed. 2, 1:556. 1762

1. 使君子　河南新记录种

Quisqualis indica Linn. Sp. Pl. ed. 2, 1:556. 1762

Quisqualis sinensis Lindl. Bot. Rég. 30:t. 15. 1844

一百零六、菱科(李小康、陈志秀)

Hydrocaryaceae *,中国植物志　第53卷　第2分册:1. 4. 2000

(一) 菱属

Trapa Linn. Sl. Pl. 120. 1753;Gen. Pl. ed. 5, 56. 1754

1. 菱

Trapa bispinosa Roxb. Corom. Pl. 234. 1789

2. 野菱　河南新记变种

Trapa incisa Seib. & Zucc. var. quadricaudata Glück. In Hand. －Mazt. Symb. Sin, 7(2):605. 1929

一百零七、柳叶菜科(李小康、陈志秀)

Onagraceae Dumortier, Anal. Fam. Pl. 39. 1829

(一) 倒挂金钟属

Fuchsia Linn. Sp. Pl. 1191. 1753;Gen. Pl. ed. 5, 698. no. 1097. 1754

1. 倒挂金钟

Fuchsia hybrida Hort. ex Sieb. & Voss. in Vilm, Blumengart. 3, 1:332. 1896

2. 白萼倒挂金钟　河南新记录种

Fuchsia albo-coccinia Hort. *

3. 短筒倒挂金钟　河南新记录种

Fuchsia magellanica Lam. ,Encycl. Méth. Bot. 2:565. 1788

Fuchsia coccinea Schneevoogt,Icon. Pl. Rar. 1:21. t. 1792. exclud. syn. Aiton.

Fuchsia macrostemma Ruiz & Pavon,Fl. Peruv. 3:88. t. 342. f. b. 1803

4. 长筒倒挂金钟　河南新记录种

Fuchsia fulgens DC. *

(二) 月见草属

Oenothera Linn. Sp. Pl. 346. 1753;Gen. Pl. ed. 5, 163. 1754

Onagra Miller,Gard. Dict. Abr. ed. 4, 2:1754

1. 月见草

Oenothera biennis Linn. Sp. Pl. 346. 1753

Oenothera muricata Linn. , Syst. Nat. ed. 12, 263. 1767

Onagra biennis(Linn.)Scop. Fl. Carniol. , ed. 2, 1:269. 1772

Onagra muricata(Linn.)Moench, Mechodus 675. 1794

2. 夜来香

Oenothera odorata Jacq. 53(2):70. * ,朱家柟等编著. 拉汉英种子植物名称　第二版. 2006

(三) 柳叶菜属

Epilobium Linn. Sp. Pl. 347. 1753;Gen. Pl. ed. 5, 163. 1754

Chamaenrion Seg. Pl. Veron 3:168. 1754

1. 柳叶菜

Epilobium hirsutum Linn. Sp. Pl. 347. 1753

Chamaenerion hirsutum(Linn.)Scop. Fl. Carnidol. ed. 2, 270. 1772

Epilobium tomentosa Vent. , Descr. Pl. Nouv. Jard. Cels. t. 90. 1802

Epilobium velutinum Nevski in Trudy Bot. Inst. Akad. Nauk SSSR, sér. 1, Fl. Sist. 4:312. 1937. nom. superfl.

一百零八、小二仙草科(李小康、陈志秀)

Halorgidaceae * ,中国植物志　第 53 卷　第 2 分册:134. 2000

(一) 狐尾藻属

Myriophyllum Linn. Sp. Pl. 1,992. 1753;Gen, Pl. ed. 5, 429. 1754

1. 狐尾藻

Myriophyllum spicatum Linn. Sp. Pl. 992. 1753

Myriophyllum limosum Hec. ex P. DC. France Suppl. 530.

一百零九、杉叶藻科(李小康、陈志秀)

Hippuridaceae *，中国植物志 第53卷 第2分册:144. 2000

(一) 杉叶藻属

Hippuris Linn. Sp. Pl. 4. 1753;Gen. Pl. ed. 5，4. 1754

1. 杉叶藻

Hippuris vulgaris Linn. Sp. Pl. 4. 1753

Hippuris eschscholtzii Cham. ex Lam. Fl. Ross. 2(1):120. 1844

Hippuris montana Lam. in Rchb. Ic. Bot. Pl. Crit. 1:71. 1823

Hippuris fluitans Liljbl. ex Hising. Fl. Fagervik 32. 1885

一百一十、五加科(李小康、陈志秀、范永明、赵天榜)

Araliaceae Vent.，Tabl. Règ. Vég. 3:2. 1799

Hederaceae Gisecke in Linn.，Praelect. Ord. Pl. 519. 1792. exclud. Zanthoxylum，Vitis et Cissus;nom. subnud.

Caprifoliaceae DC. in Lama. & De Candolle，Fl. Françe，ed. 3，4:268. 1805，p. p. quoad Hedera

(一) 五加属

Acanthopanax Miq. in Ann. Mus. Bot. Lugd. —Bat. 1:10. 1863，excl. charac. Femin.

Acanthopanax Decne. & Planch. ex Benth. in Benth. & Jhook. f. Gen. Pl. 1:938. 18967

Cephalopanax Baili. in Adansonia 12:149. 1879

Evodiopanax Nakai in Journ. Arn. Arb. 5:7. 1924

1. 刺五加

Acanthopanax senticosus(Rupr. & Maxim.)Harms in Nat. Pflanzenfam. III. 8:50. 1897

Eleuherococcus senticosus Maxim. in Mém. Div. Sav. Acad. Sci. St. Pétersb. 9:132(Prim. Fl. Amur.)1859

Acanthopanax eleutherococcus Makino in Bot. Mag. Tokyo，12:19. 1898

2. 五加

Acanthopanax gracilistylus W. W. Smith in Notes Bot. Gard. Edinb. 10:6. 1917 & 14:85. 1924

Acanthopanax hondae Matsuda in Bot. Mag. Tokyo 31:333. 1927

(二) 八角金盘属

Fatsia Decne. & Planchon in Rev. Hort. 1854:105. 1854. nom. subnud.

Diplofatsia Nakai inJourn. Arn. Arb. 5:18. 1924

1. 八角金盘

Fatsia japonia(Thunb.)Decaisne & Planchon in Rev. Hort. 1854:105. 1854

Aralia japonica Thunb., Fl. Jap. 128. 1784

Aralia sieboldii Anon. in Wochenschr. Ver. Beförd. Gartenb. Preuss. 2:407. 1859

(三)通脱木属

Tetrapanax K. Koch in Wochenschr. Gärtn. Pflanzenk. 2:371. 1859

1. 通脱木

Tetrapanax papyrifer(Hook.)K. Koch in Wochenschr. Gärtn. Pflanzenk. 2:371. 1859

Aralia papyrifera Hook. in Journ. Bot. Kew Gard. Misc. 4:53. t. 1, 2. 1852

Fatsia papyrifera Benth. & Hook. f. ex Forb. & Hemsl. in Journ. Linn. Soc. Bot. 23:341. 1888

Aralia mairei Lévl. in Fedde, Rep. Spee. Nov. 13:342. 1914

(四)常春藤属

Hedera Linn., Sp. Pl. 202. 1753. exclud. spec. 2;Gen. Pl. ed. 5, 94. no. 249. 1754

1. 常春藤

Hedera nepalensis K. Koch var. sinensis(Tobl.)Rehd. in Jour. Arnold Arb. 4:250. 1923

Hedera himalaica Tobl. var. sinensis Tobl., Gatt. Hefera, 79. f. 39—42. 1912

1.1 '金边'常春藤

Hedera nepalensis K. Koch'Aureo-varicgata' *

1.2 '银边'常春藤

Hedera nepalensis K. Koch'Silves Queen' *

1.3 '花叶'常春藤

Hedera nepalensis K. Koch'Aureo-varicgata' *

2. 河南常春藤 新种

范永明,赵天榜,陈志秀

(河南农业大学林学院,河南郑州 450002)

Hedera henanensis T. B. Zhao,Z. X. Chen et Y. M. Fan,sp. nov.

Species nov. ramulis atro-purpureis glabris leprosis nullis. foliis orbicularibus, crasse carnosis 4.0～5.0 cm longis et latis, atro-purpureis, nitidis, massulatis aureis sparsis parvis, glabris leprosis nullis.

Henan:2015—08—12. T. B. Zhao et Z. X. Chen, No. 201508123(HNAC).

本新种小枝黑紫色,具光泽,无毛,无鳞片。叶圆形,厚肉质,长、宽 4.0～5.0 cm,黑紫色,具光泽,散生金黄色小斑块,无毛,无鳞片。

河南:郑州市、郑州植物园。2015 年 8 月 12 日。赵天榜和陈志秀。模式标本,No.

201508123，存河南农业大学。

（五）鹅掌柴属 河南新记录属

Scheffera J. R. & G. Forst. Forst. Char. Gen. 45. t. 23. 1775

Sciodaphyllum P. Br. Hist. Jam. 190. pl. 19. f. 1，2 1756

Heptapleurum Gaertn. Fruct. & Sem. 2:472. t. 178. 1791

Agalma Miq. Fl. Ind. Bat. 1:752. 1855

1. 鹅掌柴 河南新记录种

Schefflera arboriiicols Hay. Icon. Pl. Formos. 6:23. 1916. as syn.

Heptapleurum arboricolum Hay. Icon. Pl. Formos. 6:23. 1916

Heptapleurum sasakii Hay. Icon. Pl. Formos. 6. pl. 4. 1916

2. 大叶伞 河南新记录种

Scheffera actinophylla(Endl.)Harms 54:58. *，朱家柟等编著. 拉汉英种子植物名称 第二版. 2006

（六）八宝树属 河南新记录属

Duabanga Buch.－Ham. 52(2):115,112. *，朱家柟等编著. 拉汉英种子植物名称 第二版. 2006

1. 八宝树 河南新记录种

Duabanga grandiflora(Roxb. ex DC.)Walp. 52(2):116,115. *，朱家柟等编著. 拉汉英种子植物名称 第二版. 2006

（七）广叶参属 刺痛草属 河南新记录属

Trevesia Vis. 54:10. 3. 5. 17. *，朱家柟等编著. 拉汉英种子植物名称 第二版. 2006

1. 广叶参 刺痛草 河南新记录种

Trevesia palmata(Roxb.)Vis. 54:10. 25. *，朱家柟等编著. 拉汉英种子植物名称 第二版. 2006

（八）南洋参属 河南新记录属

Polyscias J. R. et G. Forst. *，中国植物志 第 54 卷:136. 1978

1. 圆叶南洋参 圆叶福禄桐 河南新记录种

Polyscias balfouriana Bailey *，中国植物志 第 54 卷:136. 1978

一百一十一、伞形科(李小康、陈志秀)

Umbelliferae *，中国植物志 第 55 卷 第 1 分册:1. 1979

（一）水芹属

Oenanthe Linn. Sp. Pl. 254. 1753

Phellandrium Linn. Sp. Pl. 255. 1753

Dasyloma DC. Prodr. 4:140. 1830

1. 水芹

Oenanthe javanica(Bl.)DC. Prodr. 4:138. 1830

Phellandrium stoloniferum Roxb. Hort. Beng. 21. 1814. nom. nud.
Sium javanicum Blume Birdt. Fl. Ned. Ind. 5:881. 1826
Dasyloma subbipinnatum Miq. Ann. Mus. Lugd.－Bat. 3:59. 1867
Oenathe stolonifera(Roxb.)DC. Prodr. 4:138. 1830

(二) 胡萝卜属

Daucus Linn. Sp. Pl. 242. 1753;Gen. Pl. ed. 5,113. 1754

1. 野胡萝卜

Daucus carota Linn. Sp. Pl. 242. 1753

(三) 窃衣属

Torilis Adans. Fam. Pl. 2:99. 1763

1. 窃衣

Torilis scabra(Thunb.)DC. Prodr. 4:219. 1830
Chaerophyllum scabrum Thunb. Fl. Jap. 119. 1784
Caucalis scabra Makino in Bot. Tokyo, 7:44. 1893
Torilis henryi Norman in Journ. Bot. 67:147. 1929

(四) 柴胡属

Bupleurum Linn. Sp. Pl. 236. 1753;Gen. Pl. ed. 2, 78. 1737

1. 北柴胡

Bupleurum chinensis DC. Prodr0. 4:128. 1930
Bupleurum falcatum Shan in Sinensis 11:143. 1940. non Linn.

(五) 蛇床属

Cnidium Cuss. in Mém. Soc. Med. Par. 280. 1782

1. 蛇床

Cnidium monnieri(Linn.)Cuss. in Mém. Soc. Med. Par. 280. 1782
Selinum monnieri Linn. Amoen. Acad. 4:269. 1755

一百一十二、鹿蹄草科(李小康、陈志秀)

Pyrolaceae *,中国植物志 第56卷:157. 2008

(一) 鹿蹄草属

Pyrola Linn. Sp. Pl. 396. 1753;Gen. Pl. ed. 5, 188. 1754
Braxilia Rafin. Autik. Bot. 102. 1840
Erxlebenia Opiz,Seznam 41. 1852
Amelia Alef. in Linn. 28:25. 1856
Thelaia Alef. in Linn. 28:33. 1856

1. 鹿蹄草

Pyrola calliantha H. Andr. in Act. Hort. Gothob. 1:173. f. 1:9. 1924
Pyrola hopeiensis Nakai in Journ. Jap. Bot. 15:743. 1939
Pyrola rockii Krisa in Bot. Jahrb. 89(1):70. 1969

2. 圆叶鹿蹄草　河南新记录种

Pyrola rotundifolia Linn. Sp. Pl. 396. 1753

Thetaia rotundifolia(Linn.)Alef. in Linnaea 28:60. 1856

Pyrola rotundifolia Linn. var. grandiflora auct. non DC. :Miura, List Pl. Mauch. And Mongol. 128. 1925

一百一十三、杜鹃花科(李小康、赵天榜)

Ericaceae DC. in Lamrck & DC. , Fl. França, ed. 3, 3:675. 1805

Bicornes Linn. , Philos. Bot. ed. 2, 34. 1763. p. p.

Rhodoraceae Ventenat, Tabl. Règ. Vég. 2:458. 1799. exclud. Itea

Siphonandraceae Klotzsch in Linn. ,24:13 1851

(一) 杜鹃花属

Rhododendron Linn. , Sp. Pl. 392. 1753; Gen. Pl. ed. 5, 185. no. 484. 1754. "Rhododendrum"

Chamaerhododendron Miller, Gard. Dict. abridg. ed. 4, 1:1754. exclud. C. no. 3.

Brachycalyx Sweet ex Steudel, Nomencl. Bot. ed. 2, 1:220. 1840. nom.

1. 毛叶杜鹃

Rhododendron radendum Fang in Contr. Biol. Lab. Sci. Soc. China Bot. 12:62. 1939

2. 杜鹃花

Rhododendron simsii Planch. in Fl. des Serr. 9:78. 1854

Rhododendron calleryi Planchon in Fl. des Serr. 9:81. 1854

Azalea simsii Copeland in Am. Midland Nat. 30:597. 1943

3. 兴安杜鹃　河南新记录种

Rhododendron dauricum Linn. Sp. Pl. 392. 1753

现栽培地:河南、郑州市、郑州植物园。

一百一十四、紫金牛科(李小康、陈志秀)

Myrsinaceae Lindl. , Nat. Syst. Bot. ed. 2, 224. 1836

Ardisiaceae Roemet & Schultes, Syst. Vég. 4 xlviii 1819. in nota; pro syn.

Myrsineae R. Brown, Prpdr. Fl. Nov. Holl. 533. 1810

Ophiospermeae Dumortier, Comment. Bot. 59. 1822

Myrsineaceae G. Don, Gen. Hist. Dichlam. Pl. 4:7. 1838

(一) 紫金牛属

Ardisia Sw. in Prodr. Vég. Ind. Occ. 3:48. 1788

Tinus Burm. , Thes. Zeyl. 222. pl. 103. 1737

Bladhia Thunb. , Nov. Gen. Pl. 6. 1781

Ardisia Sw. ,Nov. Gen. Pl. Prodr. Vég. Ind. Occ. 48. 1788
Katoutheka Adanson,Fam. Pl. 2:159. 1763
Icacorea Aublet,Hist. Pl. Guian. 2:[Suppl.] 1. t. 368. 1775
Bladhia Hornstedt, Diss. Nov. Gen. Pl. 7. 1781
Pyrgus Loureiro, Fl. Cochinch. 1:120. 1790
Anguillaria Lamarck, Tabl. Encycl. Méth. Bot. 2:108. 1797
Niara Dennstaedt, Schluas. Hort. Ind. Malab. 31. 1818. nom.
Stigmatococca Willdenow ex Roemer & Schultes, Syst. Vég. Mant. 3:3, 55. 1827
Pickeringia Nuttall in Jour. Acad. Sci. Nat. Philad. 7:95. 1834
Galiztola Rafinesque, Sylva Tellur. 167. 1838
Pimelandra A. DC. in Ann. Sci. Nat. sér. 2, 16:79. 88. 1841
Climacandra Miquel, Pl. Junghuhn. 1:199. 1853
Tinus Burmann ex Kuntze, Rev. Gen. Pl. 2:404. 1891. non Miller

1. 紫金牛

Ardisia japonica(Thunb.)Blume, Bijdr. Fl. Nederl. Ind. 690. 1825
Ardisia japonica(Hornsted.)Blume, Bijdr. Fl. Nederl. Ind. 690. 1825
Bladhia japonica Thunb. (Diss. ;resp. C. F. Hornstedt)Nov. Gen. Pl. 1:6. 1781
Bladhia japonica Thunb. , Nov. Gen. Pl. 1:6. 1781
Bladhia glabra Thunb. in Trans. Linn. Soc. Lond. 2:331. 1794
Ardisia glabra A. DC. in Trans. Linn. Soc. Lond. 17:123. 1834
Ardisia montana Sieb. ex Miquel, in Ann. Mus. Bot. Lugd. —Bat. 2:263(Prol. Fl. Jap. 151). 1866
Tinus japonica Kuntze, Rev. Gen. 2:405. 1891
Tinus japonica O. Kuntze, Rev. Gen. Pl. 2:405. 1891
Tinus montana O. Kuntze, Rev. Gen. 2:974. 1891
Bladhia montana Nakai, Trees and Shrubs Jap. 1:203. f. 117. 1922

一百一十五、报春花科　樱草科(李小康、陈志秀)

Primulaceae Ventenat, Tabl. Règ. Vég. 2:285. 1799

(一) 报春花属

Primula Linn. Sp. Pl. 142. 1753;Gen, Pl. ed. 5, 70. 1754

1. 报春花　河南新记录种

Primula malacoides Franch. in Bull. Soc. Bot. Françe 33:64. 1886
Primula delimula delicaa Petitm. in Le Monde des Planes 10:7. 1908
Primula pseudomalacoides Sewar. in Not. Roy. Bot. Gard. Edinb. 9:36. 1915

2. 陕西报春花　河南新记录种

Primula handeliana W. W. Smith et Forr. in Not. Roy. Bot. Gard. Edinb. 16:45. 1928

（二）仙客来属

Cyclamen Linn. Sp. Pl. 145. 1753

1. 仙客来

Cyclamen persicum Mill. Gard. Dict. ed. 8,1:n. 3. 1768

注:仙客来栽培品种很多。

（三）珍珠菜属

Lysimachia Linn. Sp. Pl. 146. 1753

1. 珍珠菜

Lysimachia clethroides Duby *

2. 过路黄

Lysimachia christinae Hance in Journ. Bot. London, 11:167. 1873

Lysimachia fargesii Franch. in Journ. Bo. Moro. 9:453. 1895

Lysimachia latronum Lévl. et Van. in Bull. Soc. Agr. Sci. ars Sarthe 34:317. 1904

Lysimachia legendrei Bonai in Bull. Soc. Bot. Geneve 2 sér. 5:299. 1913

3. 虎尾草　狼尾花

Lysimachia barystachus Bunge in Mém. Acad. Sc. St. Pétersb. 2:127. 1835

现分布地:河南、郑州市、郑州植物园。

一百一十六、蓝雪科　白花丹科(李小康、陈志秀)

Plumbaginaceae Lindl., Nat. Syst. Bot. ed. 2, 269. 1836

Plumbagineae Ventenat, Tabl. Règ. Vég. 276. 1799

Armeriaceae Horaninov, Prin. Linn. Syst. Nat. 68. 1834

（一）蓝雪花属

Ceratostigma Bunge in Mém. Acad. Sci. St. Pétersb. Saav. Étrang. 2:129

Ceratostigma Bunge in Mém. Div. Sav. Acad. Sci. St. Pétersb. 2:129(Enum. Pl. Chin. Bor. 55. 1833). 1835

Valoradia Hochstetter in Flora, 25, 1:239. 1842

Valoradia Hochstetter in Flora, 25:239. 1842

1. 蓝雪花

Ceratostigma plumbagioides Bunge in Mém. Div. Sav. Acad. Sci. St. Pétersb. 2:129(Enum. Pl. Chin. Bor. 55. 1833). 1835

Ceratostigma plumbagioides(Bunge)Boiss. in DC.,Prodr. 12:129. 659. 1848

Plumbago larpentae Lindl. in Gard. Chron. 7:732. 1847

Valoradia plumbaginoides Boissier in DC., Prodr. 12:695. 1848

一百一十七、山榄科　河南新记录科(李小康、王华、王志毅、王珂)

Sapotaceae Dumortier, Anal. Fam. Pl. 21. 1829

(一) 蛋黄果属 河南新记录属

Lucuma Molina Sagg. Chil. 186. 1782

1. 蛋黄果 河南新记录种

Lucuma nervosa A. DC. in DC. Prodr. 8:169. 1864

(二) 神秘果属 河南新记录属

Synsepalum *

1. 神秘果 河南新记录种

Synsepalum dulcificum Denill *,中国植物志 第60卷 第1分册:48. 1987

(三) 铁线子属 河南新记录属

Manilkara Adans. Fam. Pl. 2:166. 1763. nom. conserv.

1. 人心果 河南新记录种

Manikara zapota(Linn.)van Royen in Blumea 7:410. f. 1 - q. 1953

Achras zapota Linn. Sp. Pl. App. 1190. 1753

2. 铁线子 河南新记录种

Manikara hexandra(Roxb.)Duband in Ann. Mus. Colon. Marseille 23:9,f. 2. 1915

Mimusops hexandra Roxb. Pl. Coromamdel 1:16,f. 15. 1795

现栽培地:河南、郑州植物园。

一百一十八、山茱萸科(李小康、王华、赵天榜)

Cornaceae Link., Handb. Erkenn. Gew. 2:2. 1831

Caprifoliaceae DC. in Lama. & DC., Fl. França, ed. 3, 4:268. 1805. p. p. quoad Cornus

Hederaceae A. Richard, Bot. Med. 2:449. 1823. p. p. quoad Cornus.

Carneae DC., Prodr. 4:271. 1830

Aucubaceae Agardh, Theoria Syst. Pl. 303. 1858

Helwingaceae Morren & Decaisne in Bull. Acad. Sci. Belg. 3:169(Obs. Pl. Jpa.) 1836

(一) 山茱萸属

Cornus Linn., Sp. Pl. 117. 1753;Gen. Pl. ed. 5, 54. no. 139. 1754

Chamaepericlymenum Hill, Brit. Herbal, 331. 1756

Eukrania Rafinesque ex B. D. Jackson, Index Kew. 1:912. 1894

Corneila Rydberg in Bull. Torrey Bot. Club, 33:147. 1906

Arctocrania(Endl.)Nakai in Bot. Mag. Tokyo,23:39. 1909

Afrocrania(Harms)Hutchinson in Ann. Bot. 29:89. 1942

1. 山茱萸

Cornus officinalis Sieb. & Zucc., Fl. Jap. 1:100. t. 50. 1839

Macrocarpium officinale Nakai in Bot. Mag. Tokyo 23:38. 1909

(二) 梾木属

Swida Opiz in Bercht. et Opiz, Oekon. — Techn. Bohmens 2(1): 174("Swjda"). 1838

Cornus Linn. Sp. Pl. 117. 1753; Gen. Pl. ed. 5, 54. num. 139. 1754. pro parte.

1. 红瑞木

Swida alba Opiz in Seznam., 94. 1852

Cornus alba Linn. Mant. 1:40. 1767

2. 梾木

Swida macrophylla(Wall.) Sojak in Novit. Bot. & Del. Sem. Horr. Bot. Univ. ol. Prag. 10. 1960

Cornus macrophylla Wall. in Roxb., Fl. Ind. ed. Carey et Wallich, 1:431. 1820

3. 毛梾

Swida walteri(Wanger.) Sojak in Novit. Bot. Del Sem. Hort. Bot. Univ. Carol. Prag. 11. 1910

Cornus walteri Wanger. in Fedde, Repert. Sp. Nov. 6:99. 1908 et Engl. Plfanzenreich, 41(IV. 229): 71. 1910

Cornus yunanensis Li in Journ. Arn. Arb. 25(3): 312. 1944

(三) 桃叶珊瑚属　河南新记录属

Aucuba Thunb. (praes.; resp. J. G. Lodin), Diss. Nov. Gen. Pl. 3:6. 1783

Aukuba Thunb., Fl. Jap. 64. 1784

Eubasis Salisbury, Prodr. Stirp. Chap. Allert. 68. 1796

1. 桃叶珊瑚　河南新记录种

Aucuba chinensis Benth., Fl. Hongk. 138. 1861

2. 青木　河南新记录种

Aucuba japonica Thunb. (praes.; resp. J. G. Lodin), Diss. Nov. Gen. Pl. 3:6. 1783

Eubasis dichotoma Salisbury, Prodr. 68. 1796

Eubasis dichotoma Salisbury, Prodr. Stirp. Chap. Allert. 68. 1796

2.1 花叶青木　河南新记录变种

Ancuba japonica Thunb. var. variegata Dombrain in Fl. Mag. 5: t. 277. 1866

Ancuba japonica Thunb. var. variegata(Dombrain) Rehd. in Bibliography of Cult. Trees and Shrubs. 495. 1949

2.2 金叶青木　河南新记录变型

Ancuba japonica Thunb. f. luteo-marginata(Regel) Rehd. in Bibliography of Cult. Trees and Shrubs. 495. 1949

Ancuba japonica Thunb. f. luteo-marginata Regel in Gartenfl. 13:38. 1864. Febr.

Ancuba japonica Thunb. f. limbata Bull. ex T. Moore in Proc. Hort. Soc. Lond. 4:133. 1864. June

Ancuba japonica Thunb. f. luteo-marginata Dippel, Handb. Laubh. 3:260. 1893. nom. altern.

一百一十九、柿树科(李小康、陈俊通、赵天榜)

Ebenaceae Ventenat, Tabl. Règ. Vég. 2:443. 1799

Guiacanae Juss., Gen. Pl. 155. 1789. p. p.

Diospyraceae Drude in A. Schenk, Handb. Bot. 3, 2:377. 1887

(一) 柿属

Diospyros Linn., Sp. Pl. 1057. 1753;Gen. Pl. ed. 5, 478. no. 1027. 1754

Paralea Aublet, Hist. Pl. Guiane, 1:576. t. 231. 1775

Dactylus Forakal, Fl. Aegypt. —Arab. XXXVI. 1775

Maba J. R. et G. Forst., Charact. Gen. Pl. 121. t. 61. 1776

Embryopteris Gaertner Fruct. Sem. 1:145. t. 29. 1788

Cavanillea Desrousseaux in Lamarck, Encycl. Méth. Bot. 3:663. 1791

Cargillia R. Brown, Prodr. Fl. Nov. Holl. 526. 1810

Leucoxylum Blume, Bijdr. Fl. Nederl. Ind. 1169. 1826

Noltia Schumacher in Danske Vedensk. Selsk. Skrift. Naturvid. Math. Aid. 3: 209(Beskr. Guin. Pl. 189). 1827

Mabola Rafinesque, Sylva Tellur. 11. 1838

Presimon Rafinesque, Sylva Tellur. 164. 1838. nom. tentat. vel. subgen.

Patonia Wight, III. Ind. Bot. 1:18. 1838

Gunisanthus DC. in DC., Prodr. 8:219. 1844

Rospidios DC. in DC., Prodr. 8:220. 1844

Dansleria Bertero ex DC. in DC., Prodr. 8:224. 1844

Thespesocarpus Pierre in Bull. Soc. Linn. Paris, 1897:1258. 1897

Brayodendron Small in Bull. Torrey Bot. Club. 28:356. 1901

1. 君迁子

Diospyros lotus Linn., Sp. Pl. 1057. 1753

Dactylus trapezuntinus Forskâl, Fl. Aegypt. —Arab. XXXVI. 1775

Diospyros microcarpa Sieb. in Jaarb. Matsch. Anmoed. Tuinb. 1844:28. 1844. nom.

Diospyros japonica Sieb. & Zucc. in Abh. Math. — Phys. Kl. Akad. Wiss. Münch. 4, 3:136(Fl. Jap. Fam. Nat. 2:12)1846

Diospyros umlovok Griffith, Itin. Notes, 355. no. 137. 1848

Diospyros pseudolotus Naudin in Nouv. Arch. Mus. Hist. Nat. Paris, sér. 2, 3: 220. 1880

2. 柿树

Diospyros kaki Thunb. in Nova Acta Soc. Sc. Upsal. 3:208. 1780

Diospyros kaki Linn. f. , Suppl. Pl. 439. 1781

Diospyros lobata Lour. Fl. Cochinch. 1:227. 1790

Diospyros chinensis Pl. Cat. Buitenz. 110. 1823. nom. nud.

Diospyros chinensis Blume, Cat. Een. Markw. Gewass. Buitenz. 110. 1823

Diospyros schi-tse in Mém. Div. Sav. Acat. Sci. St. Pétersb. 2:116. 1835(Enum. Pl. Chin. Bor. 42. 1833)

Diospyros schi-tse Bunge in Mém. Div. Sav. Acat. Sci. St. Pétersb. 2: 116 (Enum. Pl. Chin. B or. 42. 1833)

Embryopteris Kaki G. Don, Gen. Hist. Dichlam. Pl. 4:41. 1837

Diospyros roxburghii Carr. in Rev. Hort. 1872:253, f. 28—29. 1872

Embryopteris Kaki G. Don β. domestica Makino in Bot. Mag. Tokyo, 22:159. 1908

2.1 特异柿　河南新记录亚种

Diospyros kaki Linn. subsp. insueta T. B. Zhao, Z. X. Chen et J. T. Chen,赵天榜等主编. 河南省郑州市紫荆山公园木本植物志谱:370. 2017

2.2 盘柿

Diospyros kaki Linn. var. constricta Tsen *,河北农业大学主编. 果树栽培学各论 下册:275. 北京:农业出版社,1963

2.3 四棱柿

Diospyros kaki Linn. var. constata Andre. *,河北农业大学主编. 果树栽培学各论 下册:275. 北京:农业出版社,1963

2.4 普通柿

Diospyros kaki Linn. var. vulgaris Tsen *,河北农业大学主编. 果树栽培学各论 下册:275. 北京:农业出版社,1963

2.5 八棱柿

Diospyros kaki Linn. var. mazelli Mouillef. *,河北农业大学主编. 果树栽培学各论 下册:275. 北京:农业出版社,1963

柿栽培群

(1) 大磨盘柿

河北农业大学主编. 果树栽培学各论 下册:276. 北京:农业出版社,1963

(2) 灰柿

河北农业大学主编. 果树栽培学各论 下册:277～278. 北京:农业出版社,1963

(3) 水柿

河北农业大学主编. 果树栽培学各论 下册:278. 北京:农业出版社,1963

3. 乌柿

Diospyros cathayensis Steward in Journ. Arn. Arb. 35:86. 1954

一百二十、野茉莉科　安息香科(李小康、赵天榜)

Styracaceae A. DC. , Prodr. 8:244. 1844. exclud. trib. 1.

Guiacanae Juss. , Gen. Pl. 155. 1789, p. p.

Styracinae Richard ex Kunth in Humboldt, Bonpland, Kunth, Nov. Gen. Spec. 3: 256(fol. ed. 201). 1818. exlud. Symplocos.

Halesiaceae D. Don in Edinb. New Philos. Journ. 6:49(Dec. 1828)nom. subnud.

Styracineae Dumortier, Anal. Fam. Pl. 29. 1829. nom. subnud.

(一) 秤锤树属

Sinojackia Hu in Hu et Chun, Icon. Pl. Sin. 2:48. t. 98. 1929

1. 秤锤树

Sinojackia xylocarpa Hu in Hu et Chun, Icon. Pl. Sin. 2:48. t. 98. 1929

一百二十一、木樨科(李小康、陈俊通、赵天榜、陈志秀)

Oleaceae Lindl. ,Introd. Nat. Syst. Bot. 224. 1830. Jasminoideae exclus.

(一) 雪柳属

Fontanesia Labill. ,Icon. Pl. Syr. 1:9. t. 1. 1791

Desfontainesia Hoffmannsegg,Verzeich. Pflanzenkult. 56,170. 1824. non Desfontaenea Ruiz Pavon 1794

1. 雪柳

Fontanesia fortunei Carr. in Rev. Hort. Paris 1859:43. f. 9. 1859

Fontanesia chinensis Hance in Jounr. Bot. 17:136. 1879

Fontanesia californica Hort. ex Dippel,Handb. Laubh. 1:103. f. 58. 1889. pro syn.

Fontanesia phillyreoides Labillardiere f. fortunei Hort. ex Schelle in Beissner et al. Handb. Laubh. —Ben. 405. 1903

Fontanesia argyi in Mém. Acad. Cl. Art. Barcelona,sér. 3,12(no. 22)557(Cat. Pl. Kiang-Sou,17). 1916

(二) 白蜡树属

Fraxinus Linn. ,Sp. Pl. 1057. 1753;Gen. Pl. ed. 5,447. no. 1026. 1754

Fraxinoides Medikus in Vorles. Kurpf. Ptys. —Oekon. Ges. 1:198. 1791

1. 白蜡树

Fraxinus chinensis Roxb. ,Fl. Ind. 1:150. 1820

1.1 窄翅白蜡树　河南新记录变种

Fraxinus chinensis Roxb. var. angustisamara T. B. Zhao, Z. X. Chen et J. T. Chen, 赵天榜等主编. 河南省郑州市紫荆山公园木本植物志谱:376. 2017

2. 光蜡树

Fraxinus griffithii C. B. Clarke in Hook. f. ,Fl. Brit. Ind. 3:605. 1882

Fraxinus bracteata Hemsley in Journ. Linn. Soc. Lond. Bot. 26:84. 1889

Fraxinus eedenii Boerlage & Koorders in Natuvrk. Tijdschr. Ned. Ind. 56:185. t. 1,2:1896

Fraxinus phiolippinensis Merill in Puhl. Bur. Gov. Lab. Philipp. Isl. 35. 1905 (New Notew. Philipp. Pl. IV.)1906

Fraxinus formosana Hayata in Journ. Coll. Sci. Tokyo,30:189. 1911

Fraxinus minute-punctata Hayata in Journ. Coll. Sci. Tokyo,30:190. 1911

Ligustrum Vanioti Lévl. , Cat. Pl. Yun-Nan, 181. 1916

Fraxinus formosana Hayata in Journ. Coll. Sci. Univ. Tokyo,30:189. 1911

Fraxinus guilingensis S. Lee & F. N. Wei in Guihaia 2(3):130. 1982

2.1 密果光蜡树 新变种

Fraxinus griffithii C. B. Clarke var. densicarpa T. B. Zhao, Z. X. Chen et J. T. Chen, var. nov.

A var. nov. inflorescentibus fructibus brevissimis. sacsris parvis; pedicellis fructibus e brevissimis.

Henan:20150804. T. B. Zhao, Y. M. Fan et H. Wang, No. 201508041(HANC).

本新变种果序很短。翅果小;果梗很短。

河南、郑州植物园。2015 年 8 月 4 日。赵天榜、陈俊通和王华。模式标本, No. 201508205,存河南农业大学。

3. 绒毛白蜡

Fraxinus velutina Torr. in Emory, Not. Reconn. Leavenworth to San Diego 149. 1848

Fraxinus pistaciaefolia Torrey in U. S. Rep. Expl. Railr. Mississippi Pacif. Oc. 4:128(Descr. Gen. Bot. Coll.). 1856

Fraxinus americana Linn. var. pistaciaefolia Wenzig in Bot. Jahrb. 4:182. 1883

Calycomelia pistaciaefolia Nieuwland in Am. Midland Nat. 3:187. 1914

4. 象蜡树

Fraxinus platypoda Oliv. in Hooker's Icon. Pl. 20:t. 1929. 1890

Fraxinus inopinata Lingelsh. in Publ. Arn. Arb. 4(4):262. 1914

5. 水曲柳

Fraxinus mandshurica Rupr. in Bull. Phys. -Math. Acad. Sci. St. Pétersb. 15: 371(in Mél. Biol. 2551. 1858). 1857

Fraxinus excelsa Thunb. , FL. Jap. 23. 1784. non F. excelsior. 1753

Fraxinus elatior Thunb. ex Palibin in Hort. Petrop. 18:155. 1901. pro syn.

Fraxinus nigra Marshall var. β. mandschurica Lingelsheim in Bot. Jahrb. 40:223. 1907

(三) 连翘属

ForsythiaVahl, Enum. Pl. 39. 1804

Rangium Juss. in Dict. Sci. Nat. 24:200. 1822

1. 连翘

Forsythia suspensa(Thunb.)Vahl, Enum. Pl. 1:39. 1804

Ligustrum suspensum Thunb. in Nov. Acta Soc. Sci. Upsal. 3:207. 209. 1780

Syringa suapensa Thunb. , Fl. Jap. 19. t. 3. 1784

Lilac perpensa Lamarck, Encycl. Méth. Bot. 3:513. 1789

Rangium suspensum Ohwiin Acta Phutotax. Geobot. 1:140. 1932

Rangium suspensum(Thunb.)Ohwiin in Acta Phutotax. Geobot. 1:140. 1932

Forsythia sieboidii Dipp. Handb. 1:109. f. 63. 1889

1.1 耐冬连翘　新变种

Forsythia suspensa(Thunb.)Vahl var. frigida T. B. Zhao, Z. X. Chen et J. T. Chen, var. nov.

A var. bis florescentiis:① April,② Decembri. floribus aureis.

Henan:20150804. T. B. Zhao, J. T. Chen et H. Wang,No. 201512041(HANC).

本新变种花期2次:① 4月,② 12月。花金黄色。

河南:郑州植物园。2015年12月4日。赵天榜、陈俊通和王华。模式标本,No. 201512041,存河南农业大学。

1.2 二色花连翘　新变种

Forsythia suspensa(Thunb.)Vahl var. bicolor T. B. Zhao,Z. X. Chen et X. K. Li, var. nov.

A var. floribus aureis et erythro-fasciariis.

Henan:20150415. T. B. Zhao, J. T. Chen et H. Wang,No. 201504151(HANC).

本新变种花金黄色,并有红色带。

河南:郑州市、郑州植物园。2015年4月15日。赵天榜、陈俊通和王华,No. 201504151。模式标本,存河南农业大学。

1.3 '金叶'连翘　河南新记录栽培品种

Forsythia suspensa(Thunb.)Vahl,'Aurea' *

2. 金钟花

Forsythia viridissima Lindl. in Journ. Hort. Soc. Lond. 1:226. 1846

Rangium viridissimum(Lind.)Oahwi in Acta Phytotax Geobot, 1:140. 1932

(四)丁香属

Syringa Linn. ,Sp. Pl. 9. 1753;Gen. Pl. ed. 5,9. no. 22. 1754

Lilac Miller, Gard. Dict. abridg. ed. 4, 2. 1754

Liliacum Renault, Fl. Dep. Orne, 100. 1800

Busbeckia Hecart, Bosquets Agrem. 94. 1808. nom subnud.

Lilca Rafinesque, Méd. Bot. 2:238. 1830

1. 欧丁香

Syringa vulgaris Linn. ,Sp. Pl. 9. 1753

Syringa caerulea Jonston, Hist. Nat. Arb. 219. t. 122. f. 1769

Lilac vulgaris Lamarck,Fl. Françe,2:305. 1778

Lilac vulgare Allioni,Fl. Pedemont. 1:83. 1785

Syringa latifolia Salisbury, Prodr. Stirp. Chap. Allert. 13. 1796

Siringa ulgaris [Thiriart], Cat. Pl. Arbus. Jard. Bo Cologne, sér. 3 (Arb.) 1. 1806. "Syringa" in indice.

Busneckia lilacinis Hecart, Bosquets Agrem. 94. 1808. nm. subnud.

Lilaca vulgaris Rafinesque, Med. Bot. 2:238. 1830

Syringa cordifolia Stokes, Bot. Comment. 31. 1830

Syringa officinalis Linnaeus ex Thompson, Fl. Pl. Riviera, 156. 1914

Liae coerulea Lunell in Am. Midland Nat. 4:506. 1916

2. 紫丁香

Syringa oblata Lindl. in Gard. Chron. 1859:868. 1859

2.1 白丁香

Syringa oblata Lindl. var. alba Hort. ex Rehd. in Bailey, Cycl. Amer. Hort. 4: 1763. 1902

Syringa affinis Linn. Henry in Journ. Soc. Ort. França, sér. 4, 2:731. 1901

Syringa affinis Linn. Henry in Journ. Soc. Hort. França, sér. 4, 2:731. 1901

3. 暴马丁香

Syringa amurensis Rupr. in Bull. Phys. —Math. Acad. Sci. St. Pétersb. 15:371 (in Mél. Biol. 2:551. 1858) 1857

Ligustrina amurensis Ruorecht in Beitr. Pflanzenk. Russ. Reich. 11:55, 72. 1859

Syringa ligustrina Leroy, Cat. 1868:99. 1868

Syringa ligustriflora Hort. ex Carr. in Rev. Hort. 1877:454. 1877. pro syn.

Pseudosyringa Amurensis Carr. msc. ex Carr. in Rev. Hort. 1877:454. 1877. pro syn.

Syringa reticulata (Blume) Hara var. amurensis (Rupr.) Pringle in Phytologia 52 (5):285. 1983

3.1 '翘皮'暴马丁香　新栽培品种

Syringa amurensis Rupr. 'Qiaopi', cv. nov.

本新栽培品种树皮粗糙，带状翘裂。

河南：郑州植物园。选育者：王华、王珂和范永明。

4. 蓝丁香

Syringa meyeri C. K. Schneid. in Sargent, Pl. Wils. 1:301. 1912

5. 北京丁香

Syringa pekinensis Rupr. in Bull. Phrs. —Math. Acad. Sci. St. Petrsb. 15:371. 1857

Liogustrina amurensis Rupr. ß. pekinensis Maxim. in Bull. Acad. Sci. St. Péterb. 20:432. 1875

(五) 木樨属

Osmanthus Lour., Fl. Cochinch. 1:29. 1790

Pausia Rafinesque,Sylv. Tellur. 9,184. 1838

Cartrema Rafinesque,Sylv. Tellur. 9,184. 1838

Amarolea Small,Man. Southeast. Fl. 1043:1507. 1933

1. 木樨　桂花　木犀

Osmanthus fragrans(Thunb.)Lour., Fl. Cochinch. 1:29. 1790

Olea fragrans Thunb. in Nov. Act. Soc. Sci. Upsa. 4:39. 1783

Olea fragrans Thunb. Fl. Jap. 18. t. 2. 1784

Olea acuminata Wallich, no. 2809. 1830. nom.

Olea acuminata Wallich ex G. Don,Gen. Hist. Dichlam. Pl. 4:49 1837

Olea ovalis Miquel in Jour. Bot. Neerl.. 1:111. 1861

Olea acuminata(Wall. ex G. Don)Nakai in Bot. Mag. Tokyo,44:14. 1930

Olea Longibracteatum H. T. Chang in Acta Sci. Nat. Sunyatsebn. 2:5. 1982

Pittosporum yunnanense Franch. in Bull. Oc. Bot. Françe, 33:413. 1886

Osmanthus asiaticus Nakai, Trees and Shrbs Jap. 1:264. f. 144. 1922

Osmanthus latifolius Koidzumi in Bot. Mag. Tokyo,11:337. 1926

1.1 金桂　变种

Osmanthus fragrans(Thunb.)Lour. var. thunbugii Mak. *，陈俊愉等编. 园林花卉(增订本):550. 1980

1.2 银桂　变种

Osmanthus fragrans(Thunb.)Lour. var. latifolius Mak. *，陈俊愉等编. 园林花卉(增订本):549～550. 1980

1.3 丹桂　变种

Osmanthus fragrans(Thunb.)Lour. var. aurantiacus Mak. *，陈俊愉等编. 园林花卉(增订本):550. 1980

1.4 四季桂　变种

Osmanthus fragrans(Thunb.)Lour. var. semperflorens Hoprt. *，陈俊愉等编. 园林花卉(增订本):550. 1980

2. 柊树

Osmanthus heterohyllus(G. Don)P. S. Green in Not. Bot. Gard. Edinb. 22(5):508. 1958

Ilex heterohyllus G. Don. Gen. Syst. 2:17. 1832

Olea ilicifolia Hassk. Cat. Hort. Bogor. 118. 1844

Olea aquifolium Sieb. & Zucc. in Abh. Bayer. Akad. Wiss. Math. Phys. 4(3):166. 1846. pro syn.

Osmanthus aquifolium Sieb. ex Sieb. & Zucc. in Abh. Bayer. Akad. Wiss. Math. Phys. 4(3):166. 1846

Osmanthus ilicifolius Standish in Proc. Hort. Soc. Lond. 2:370. 1862. nom. nud.

Osmanthus integrifolius Hayatain Journ. Coll. Sci. Tokyo 30:191. 1911

(六) 流苏树属

Chionanthus Linn. , Sp. Pl. 8. 1753. xclud. Sp. 2; Gen. Pl. ed. 5, 9. no. 21. 1754

1. 流苏树

Chionanthus retusus Lindl. & Paxt. in Paxton's Flow. Gard. 3:85. f. 273. 1853

Chionanthus duclouxii Hickel in Bull. Soc. Dendr. France, 1914:72. f. 1914

Chionanthus chinensis Maxim. in Bull. Acad. Imp. Sc. St. Pétersb. 20:430. 1875

Chionanthus coreanus Lévl. in Fedde, Rep. Sp. Nov. 8:280. 1910

Chionanthus serrulatus Hayata, Icon. Pl. Formos. 3 150. t. 28. 1913

(七) 女贞属

Ligustrum Linn. , Sp. Pl. 7. 1753; Gen. Pl. ed. 5, 8. no. 18. 1754

Faulia Rafinesque, Fl. Tellur. 2:84. 1837

Ligustridium Spach, Hist. Nat. Vég. Phan. 8:271. 1839

Visiania DC. in DC. , Prodr. 8:289. 1844

Phlyarodoxa S. Moore in Jour. Bot. 13:229. 1875

Esquirolia Lévl. in Repert. Sp. Nov. Règ. Vég. 10:441. 1912

Parasiringa W. W. Smitf in Trans. Bot. Soc. Edinb. 27:1 93. 1916

1. 女贞

Ligustrum lucidum Ait. f. , Hort. Kew. ed. 2, 1:19. 1810

Phillyrea paniculata Roxb. , Fl. Ind. 1:100. 1820

Olea clavata G. Don, Gen. Hist. Nat. Vég. Phan. 8:271. 1839. p. p.

Olea clavata G. Don, Gen. Hist. Dichlam. Pl. 4:48. 1837

Ligustrum japonicum Spach, Hist. Nat. Vég. Phan. 8:271. 1839. p. p.

Visiania paniculata DC. , Prodr. 8:289. 1844

Ligustrum roxburghii Blume, Mus. Bot. Lugd. —Bat. 1:315. 1850. nn C. B. Clarke, 1882

Ligustrum hooker Decaisne in Fl. des Serr. 22:10. 1877

Ligustrum magnoliaefolum Hort. et Linn. spicatum Hort. ex Schneider, III. Handb. Laobh. 23:797. 1911. pro syn.

Ligustrum esquirolii Lévl. in Repert. Sp. Nov. Règ. Vég. 10:147. 1911

Esquirolia sinensis Lévl. in op. cit. 10:441. 1912

Ligustrum roxbughii Blume, Mus. Bot. Lugd. —Bat. 1:315. 1850. non C. B. Clarke 1882

1.1 金叶女贞　河南新记录变种

Ligustrum lucidum Ait. f. var. aureo-marginatumHort. ex Rehd. in Bailey, Cycl. Am. Hort. [2]:913. 1900

Ligustrum lucidum Ait. f. f. aureo-marginatum (Rehd.) Rehd. in Bibliography of Cult. Trees and Shrubs. 572. 1949

Ligustrum lucidum Ait. f. var. aureo-variegatum Bean, Trees and Shrubs. Brit. Isl. 227. 1914

2. 小叶女贞

Ligustrum quihoui Carr. in Rev. Hort. 1869:377. 1869

Ligustrum argyi Lévl. in Mém. Acad. Cl. Art. Barcelona, sér. 3, 12(no. 22)557 (Cat. Pl. Kiang-Sou, 17)1916

Ligustrum brachystachyum Decaisnein Nouv. Arch. Mus. Hist. Nat. Paris, sér. 2, 2:35. 1879

3. 小蜡

Ligustrum sinense Lour. ,Fl. Cochinch. 1:23. 1790

Ligustrum villosum May in Rev. Hort. 1874:299. 1874

Ligustrum calleryanum Decne. in Nouv. Arch. Mus. Hist. Paris ser. 2, 2:35. 1879

Ligustrum stauntoni DC. Prodr. 8:294. 1844

Ligustrum deciduum Hemsl. in Journ. Linn. Soc. Bot. 26:90. 1889

Ligustrum microcarpum Kanehira & Sasaki in Trans. Nat. Hist. Soc. Formos. 21:146. 1931

Ligustrum fortunei Hort. ex Rehder, in Bailey, Cycl. Am. Hort. 2:913. 1900. pro syn.

Faulia sinensis Rafinesque ex Merrill in Trans. Am. Philos. Soc. n. sér. 24, 2:307 (Comment. Lour. Fl. Cochinch.)1935. pro syn.

3.1 ‘金叶’小蜡　河南新记录栽培品种

Ligustrum sinense Lour. ‘Jinye’ *

4. 水蜡树

Ligustrum obtusifolium Sieb. & Zucc. *

(八) 素馨属

Jasminum Linn. , Sp. Pl. 7. 1753; Gen. Pl. ed. 5, 7. no. 17. 1754

Mogori Adanson, Fam. Pl. 223. 1763

Mogorium Juss. ,Gen. Pl. 106. 789

Jacksonia Hort. ex Schlechtendal in Linn. 27:512. 1854. pro syn. ; non R. Brown 1811

1. 迎春花

Jasminum nudiflorum Lindl. in Jour. Hort. Soc. Lond. 1:153. 1846

Jasminum sieboldianum Blume, Mus. Bot. Lugd. —Bat. 1:280. 1850

Jasminum angulare Bunge in Mém. Acad. Sci. St. Pétersb. Sav. Étrang. 2:116. 1833. non Vahl

2. 迎夏　探春花

Jasminum floridum Bunge in Mém. Acad. Sci. St. Pétersb. Sav. Étrang. 2:116. 1833

Jasminum subulatum Lindl. in Bot. Rég. 18(misc. notes):57. 1842

3. 野迎春

Jasminum mesnyi Hance in Journ. Bot. 20:37. 1862

Jasminum prinulinum Hemsl. in Kew Bull. 1895:109. 1895

4. 素馨　河南新记录种

Jasminum srandiflorum Linn. Sp. Pl. ed. 2,1:9. 1762

Jasminum officinace var. grandiflorum(Linn.)Stokes,Bot. Comment 1:21. 1830

Jasminum Kobuski in Journ. Arn. Arb. 13:161. 1932

一百二十二、马钱科(李小康、陈志秀)

Loganiaceae *,中国植物志　第61卷:223. 1992

(一) 醉鱼草属

Buddleja Linn. Sp. Pl. 112. 1753

1. 醉鱼草

Buddleja intermedia Carr. in Rev. Hort. 45:151. 1873, non H. B. K. Nec. Lorenz 1881

Buddleja insignis Carr. in Rev. Hort. 50:330. f. 76. 77. 1878

Buddleja insignis Hort. ex Dipp. Handb. Laubh. 1:153. 1889. non Vahl 1794, nec Jacq. 1797

Adenoplea lindleyana(Fortune)Small, Shrubs Florida 109, 133. 1913

2. 大花醉鱼草

Buddleja colvilei Hook. f. & Thoms. in Hook. Illistr. Himal. Pl. tab. 18. 1855

Buddleja sessilifolia B. S. Sun ex S. Y. Pao in Fl. Yunnanica 3:465. pl. 134, 1～4. 1983

(二) 灰莉属　河南新记录属

Fagraea Thunb. Vet. Acad. Handl. Stochh. 3:132. 1782 et Nov. Gen. Pl. 2:34. 1782

1. 灰莉　河南新记录种

Fagraea ceilanica Thunb. Vet. Acad. Handl. Stochh. 3:132. tab. 4. 1782;Gen. Pl. 2:35. 1782

一百二十三、龙胆科　河南新记录科(李小康)

Gentianaceae *,中国植物志　第62卷:310. 2008

(一) 亚龙木属　河南新记录属

Alluaudia Linn. *

1. 亚龙木　河南新记录种

Alluaudia procera *

(二) 獐芽菜属　河南新记录属

Swertia Linn. *

1. 米里獐芽菜　河南新记录种

Swertia mileensis T. N. No et W. L. Shi *

现栽培地:河南、郑州市、郑州植物园。

2. 青叶胆

Swertia mileensis T. N. Ho et W. L. Shi,植物分类学报,14(2):63. 图 1. 1976.

一百二十四、夹竹桃科(李小康、陈志秀)

Apocynaceae Lindl. ,Nat. Syst. Bot. ed. 2,299. 1836

Apocineae Juss. ,Gen. Pl. 143. 1789. p. p.

Apocyneae Persoon,Syn. Pl. 1:264. 1805

Plumeriaceae(Apocyneae)Horaninov,Prim. Linn. Syst. Nat. 70. 1834

(一) 杠柳属

Periploca Linn. ,Sp. Pl. 211. 1753;Gen. Pl. ed. 5,100. no. 267. 1754

Campelepis Falconer in Trans. Linn. Soc. Lond. 19:101. 1845

Socotora Balfour f. in Proc. Roy. Soc. Edinb. 12:77. 1884

1. 杠柳

Periploca sepium Bunge in Mém. Div. Sav. Acad. Sci. St. Pétersb. 2:117(Enum. Pl. Chin. Bor. 43. 1833). 1835

(二) 夹竹桃属

Nerium Linn. Sp. Pl. 209. 1753

1. 夹竹桃

Nerium indicum Mill. Gard. Dict. ed. 8. no. 2. 1786

Nerium odorum Soland. in Aiton Hort. Kew 1:297. 1789

Nerium odorum Soland. var. indicum Degener & Greenwell in Degener,Fl. Hawaii. Family 305. 1952

1.1 '白花'夹竹桃

Nerium indicum Mill. cv. Baihua,中国植物志　第 63 卷:149. 1977

1.2 '重瓣白花'夹竹桃

Nerium indicum Mill. 'Baihua' *

1.3 '重瓣红花'夹竹桃

Nerium indicum Mill. 'Honghua' *

2. 欧洲夹竹桃

Nerium oleander Linn. Sp. Pl. 209. 1753

(三) 黄花夹竹桃属

Thevetia Linn. Opera Varia(Soulsby no. 9)212. 1758

1. 黄花夹竹桃

Thevetia peruviana(Pesr.)K. Schum. in Engl. & Prantl. Nat. Pflanzenfam. 4,2: 159. 1895

Cebera thevetia Linn. Sp. Pl. 209. 1753

Cebera peruviana Pesr. Syn. 1:267. 1805

Thevetia nereifolia Juss. ex Steud. Nom. ed. 2(2):680. 1841

Thevetia nereifolia Juss. ex A. DC. Prodr. 8:343. 1844

Thevetia thevetia Millsp. in Field Columb. Mus. Bot. 2:83. 1900

(四) 棒槌树属　河南新记录属

Pachypodium *

1. 棒槌树　河南新记录种

Pachypodium lamerei Drake *

2. 亚阿相界　河南新记录种

Pachypodium geayi *

3. 哈氏棒槌树　新拟　河南新记录种

Pachypodium hagfgeii *

(五) 沙漠玫瑰属　河南新记录属

Adenium *

1. 沙漠玫瑰　河南新记录种

Adenium obesum *

(六) 罗布麻属

Apocynum Linn. Sp. Pl. ed. 1:213. 1753;Gen. Pl. ed. 5, 101. 1754

1. 罗布麻

Apocynum venetum Linn. Sp. Pl. 213. 1753

Trachomitum venetum (Linn.) Woodson in Ann. Missouri Bot. Gard. 17: 158. 1930

(七) 络石属

Trachelosprmus Lem. in Jard. Fleur. 1:t. 61. 1851

1. 络石

Trachelospermum jasminoides(Lindl.)Lem. in Jard. Pleur. 1:t. 61. 1851

Rhynchospermum jarminoides Lindl. in Journ. Hort. Soc. Lond. 1:74. 1846

(八) 蕊木属　河南新记录属

Kopsia Bl. Catal. Buitenzorg 12. 1823

1. 蕊木　河南新记录种

Kopsia lancibracteolata Merr. in Philip. Journ. Sci. 23:262. 1923

(九) 黄婵属　河南新记录属

Allemanda Linn. Mant. 2:146. 1771

1. 黄婵　河南新记录种

Allemanda neriifolia Hook. in Curtis′s Bot. Mag. 77:t. 4594. 1851

2. 软枝黄婵　河南新记录种

Allemanda cathartica Linn. Mant. Pl. 2:214. 1771

3. 紫婵　河南新记录种

Allamanda violacea *

(十) 毛车藤属　河南新记录属

Alamanda Pierre in Bull. Soc. Linn. Paris n. s. 1:1898

1. 毛车藤　河南新记录种

Alamanda yunnanensis Tsiang,静生汇报，9:19. 1939

(十一) 萝芙木属　河南新记录属

Rauvolfia Linn. Sp. Pl. 208. 1753;Gen. Pl. ed. 5,98. 1754

1. 萝芙木　河南新记录种

Rauvolfia verticillata(Lour.)Baill. in Bull. Soc. Linn. Paris 1:768. 1888

Dissolaena verticillata Klour. Fl. Cochinch. 138. 1790

Ophioxylon chinense Hance in Journ. Bot. 3:380. 1865

Rauwolfia chinensis Hemsl. in Journ. Linn. Soc. Bot. 26:95. 1889

(十二) 飘香藤属　河南新记录属

Mondevilla *

1. 飘香藤　河南新记录种

Mondevilla sp. *

(十三) 狗芽花属　河南新记录属

Ervatamia(A. DC.)Stapf in This. —Dyer Fl. Trop. Afr. 4(1):126. 1902

Pagiantha Markgr. in Notizbl. Bot. Gart. Mus. Berlin-Dahlem 12(115):546. 549. 1935

1.1 狗芽花　河南新记录栽培品种

Ervatamia divaricata(Linn.)Burk. cv. Gouyahus; Tsiang in Phytotax. Sinica 8: 249. 1963

Tabernaemotana coronaria Willd. β. flore-pleno Lind. Bot. Rég. 13:tab. 1064. 1827

(十四) 蔓长春花属　河南新记录属

Vinca Linn.,Sp. Pl. 209. 1753;Gen. Pl. ed. 5,98. no. 261. 1754

1. 蔓长春花　河南新记录种

Vinca major Linn.,Sp. Pl. 209. 1753

1.1 黄斑蔓长春花　花叶蔓长春　河南新记录变种

Vinca major Linn. f. variegata(West.)Rehd. in Bibligraphy of Cult. Trees and Shrubs. 580. 1949

Vinca major Linn. 6. variegata West.,Bot. Univ. 1:351. 1770

(十五) 鸡蛋花属　河南新记录属

Plumeria Linn. Sp. Pl. 209. 1753;Gen. Pl. 5:99. 1754

1. 红鸡蛋花　河南新记录种

Plumeria rubra Linn. Sp. Pl. 209. 1753

1.1 ‘鸡蛋花’　河南新记录栽培品种

Plumeria rubra Linn. ‘Acutifolia’ *,中国植物志　第63卷:79. 1977

Plumeria acutifolia Poir. in Lamk. Encycl. Suppl. 2:667. 1811

Plumeria acuminata Ait. Hort. Kew ed. 2, 2:70. 1811

一百二十五、萝摩科(李小康、陈志秀)

Asclepiadaceae Lindl. ,Vég. Kingd. 623. 1847

Asclepiadeae R. Brown in Mém. Wwrner. Nat. Hist. Soc. 1:12. 1809

Stapeliaceae Horaninov,Prim. Linn. Syst. Nat. 70. 1834

Periplocaceae Schlechter in Notizb. Bot. Gart. Mus. Berlin,9:23. 1924

Asclepiadineae Drude in A. Schenk,Handb. Bot. 3,2:375. 1887

(一) 杠柳属

Periploca Linn. ,Sp. Pl. 211. 1753;Gen. Pl. ed. 5,100. no. 267. 1754

Campelepis Falconer in Trans. Linn. Soc. Lond. 19:101. 1845

Socotora Balfour f. in Proc. Roy. Soc. Edinb. 12:77. 1884

1. 杠柳

Periploca sepium Bunge in Mém. Sav. Acad. Sci. St. Pétersb. 2:117. 1835

Periploca sepium Bunge in Mém. Div. Sav. Acad. Sci. St. Pétersb. 2:117(Enum. Pl. Chin. Bor. 43. 1833). 1835

(二) 萝摩属

Metaplexis R. Br. in Mem. Wern. Soc. 1:48. 1810

Urostelma Bunge,Enum. Pl. China Bor. 44. 1831

Aphanostelma Schltr. in Lévl. Fl. Kouy-Tchéou 40. 1914. non Malme in Arkiv. Bot. Stockh. 25. A, 9:10. 1933

1. 萝摩

Metaplexis japonica(Thunb.)Makino in Bot. Mag. Tokyo,17:87. 1903

Pergularia japonica Thunb. Fl. Jap. 1:11. 1784

Metaplexis stauntoni Roem. et Schult. Syst. Vég. 6:111. 1820

Urostelma chinensis Bunge,in DC. Prodr. 8:511. 1844

(三) 鹅绒藤属　河南新记录属

Cynanchum Linn. ,Sp. Pl. 212. 1753. p. p. quoad sp. 5

1. 徐长卿　河南新记录种

Cynanchum paniculatum(Bunge)Kitagawa in Journ. Jap. Bot. 16:20 1940

Asclepias paniculata Bunge in Mem. Acad. Sci. St. Petersb. Sav. Étrang. 2:117

(Enum. Pl. Bor.). 1832

Pycnostelma chinense Bunge ex Decne. in DC. Prodr. 8:512. 1844

Pycnostelma paniculatum K. Schum. in Engl. & Prantl, Nat. Pflanzenfam. 4, 2: 243. 1895

Vincetoxicum pycnostelma Kitagawa in Journ. Jap. Bot. 16:19 1940

2. 牛皮消 河南新记录种

Cynanchum auriculatum Royle ex Wight,Contr. Bot. Ind. 58. 1834

Diploglossum auriculatum Meissn. Gen. Comm. 176. 1840

Endotropis auriculata Decne. in DC. Prodr. 8:546. 1844

Vincetoxicum auriculatum O. Kuntze,Rev. Gen. Gen. Pars 1:424. 1891

Cynanchum boudieri Lévl. et Van. in Bull. Soc. Bot. Françe 51:144. 1904

(四) 马利筋属 河南新记录属

Asclepias Linn. Sp. Pl. 214. 1753

1. 马利筋 河南新记录种

Asclepias curassavica Linn. Sp. Pl. 215. 1753

(五) 肉珊瑚属 河南新记录属

Sarcostemma R. Br. in Mem. Wern. Soc. 1:50. 1810

Sarcolemma Griseb. ex Lorentz,Veget. Prov. Entre-Rios 80. 1878

1. 澳大利亚肉珊瑚 河南新记录种

Sarcostemma australe *

(六) 水牛掌属 河南新记录属

Caralluma *

1. 铜威麒麟 河南新记录种

Caralluma speciosa *

现栽培地:河南、郑州植物园。

一百二十六、旋花科(李小康、陈志秀)

Convolvulaceae *,中国植物志 第64卷 第1分册:3. 2008

(一) 打碗花属

Calystegia R. Br. Prodr. Fl. Nov. Hill. 483. 1810.. nom. cons.

1. 旋花

Calystegia sepium(Linn.)R. Br. Prodr. Fl. Nov. Holl. 483. 1810

Convolvulus sepium Linn. Sp. Pl. 153. 1753

现分布地:河南、郑州市、郑州植物园。

2. 打碗花

Calystegia hederacea Wall. Cat. n. 1328. 1828. nom. ,ex Roxb. Fl. Ind. ed. Carey et Wall. 2:94. 1824

Convolvulus jponicus Thunb. Fl. Jap. 85. 1784

Convolvulus scammonia Lour. Fl. Cochinch. 106. 1790. non Linn. 1753

Convolvulus loureri G. Don, Syst. 4:290. 1836

Convolvulus acetosaefolius Turcz. in Bull. Soc. Nat. Mosc. 73. 1840

Convolvulus calystegioides Choisy in DC. Prodr. 9:413. 1845

Calystegia acetosaefolias Turcz. Fl. Baical. —Dahur. 2(2):289. 1856

Calystegia jponicus (Thunb.) Koidz. in Bot. Mag. Tokyo, 39: 304. 1925. non Choisy 1854

Convolvulus argyi Lévl. in Fedde, Repert. Sp. Nov. 12:99. 1913

Calonyction Choisy in Mém. Soc. Phys. Genève 6:440. 1833

3. 河南打碗花

范永明[1],戴慧堂[2],赵天榜[1*],陈志秀[1]

(1. 河南农业大学林学院,河南郑州 450002;2. 信阳市森林病虫害防治检疫站,河南信阳 464000)

摘要:该文描述了在河南鸡公山国家自然保护区发现的打碗花属 Calystegia R. Br. 一新种,即河南打碗花 Calystegia henanensis T. B. Zhao et Y. M. Fan, sp. nov.。该新种在形态上与篱打碗花 Calystegia sepium(Linn.)R. Br. 相似,但主要区别:聚伞花序,具 2 花,着生于叶腋内;花序梗疏被长柔毛;花梗纤细,具细条纹或狭翅,疏被柔毛;花苞片边缘全缘、波状起伏或具细圆锯齿,疏被缘毛;萼长匙状卵圆形或长椭圆形,被短柔毛,先端长渐尖;花柱线状,很长,先端微被短柔毛,柱头头状,疏被短柔毛。

Abstract: In this paper a new species——Calystegia henanensis T. B. Zhao, Z. X. Chen et H. T. Dai ex T. B. Zhao et Y. M. Fan, sp. nov. of Calystegia R. Br. from Henan was introduced, and its morphological characteristics were described. The species morphologically is similar to Calystegia sepium(Linn.)R. Br., but its flowers are cymes with 2 flowers and born in the axils; its penduncle with sparsely villous; pedicels are slender with thin stripes or narrowly winged and sparsely pubescence; flowers bracts marign are undulated, marign entire or with rounded serrated and sparsely ciliate; calyx are spoon-shaped ovoid or elliptic with pubescent, and their apexes are long acuminate; styles are linear, very long, and their apexes with slightly pubescent, stigmas are capitate with sparsely pubescent.

河南打碗花 新种 图 2

Calystegia henanensis T. B. Zhao, Z. X. Chen et H. T. Dai ex T. B. Zhao et Y. M. Fan, sp. nov., Fig. 2.

Species Calystega sepio(Linn.)R. Br. [1～6] affinis, sed cymis, floribus 2, axillaris; pedunculis 1～2 mm longis sparse villosis; pedicellis gracilibus 2.0～4.0 cm longis pusilli-striatis vel anguste alatis sparse pilosis; bracteis floribus 2 in quoque flore, foliiformibus late ovati-rotundatis margine integris, repandis vel crenulatis sparse ciliatis; calycibus longe spathulati-ovatis vel longe ellipticis pubescentibus apice longe acuminates; stylis filiformibus longissimis 2.2～3.7 cm longis apice minute pubescentibu, stigmatibus capitatis saepe sparse pubescentibus.

Herbae, caules terietes tenuies volubies flavo-virescenteus in juventute villosis post glabris vel persistentibus; stipulis trianguste ovatis persistentibus sparse pilosis. folia trianguste ovata 6.0～9.0 cm longa 4.0～7.0 cm lata, apice longe acuminata margine integra ciliatis, basi cuneati-hastata saepe in utroque 4 lateri-lobis; lobis deltatis majoribus supra viridia subtus viridulia, in juventute sparse villosis post glabris costis elevatis sparse pilosis; petioli graciles 2.5～4.5 cm longi saepe petoli folia aequqtia vel eis breviora, sparse pilosis. Cymae, 2-flores, axillares; pedunculi 1～2 mm longi sparse villosis; pedicellis gracilibus 2.0～4.0 cm longis pusilli-striatis vel anguste alatis sparse pilosis; bracteis floribus 2 foliiformibus viridibus late ovati-rotundatis 2.0～2.5 cm longis 1.8～2.3 cm latis apice acutis margine integris repandis vel crenulatis sparse ciliatis; calycibus 5 longe spathulati-ovatis vel longe ellipticis subaequilihus pubescentibus 1.2～1.8 cm longis 2～3 mm latis apice longe acuminatis margine supra medium ciliatis; corollis infundibuliformibus 5.0～8.0 cm longis purpurascentibus vel purpureis; staminibus 5 filamentis infra medium sufflatis pubescentibus et dense squamulosis, antheris longe ovoideis vel longe ellipsoideis, pollinis granulis ovoideis, discis annulatis, ovariis subglobulosis glabris, stylis filiformibus longissimis 2.2～3.7 cm longis apice minute pubescentibus; stigmatibus capitatis diam. ca. 1 mm 2-lobis, lobis semi-globulosis saepe sparse pubescentibus.

Henan: Mt. Jigongshan. 1999－07－20. T. H. Dai et al., No. 199007202(folia et flores, holotypus hie disignatus, HNAC).

草本植物。茎圆柱状，纤细，缠绕，淡黄绿色；幼时被长柔毛，后无毛，或宿存；托叶三角状卵圆形，宿存，疏被柔毛。叶三角形，长 6.0～9.0 cm，宽 4.0～7.0 cm，先端长渐尖，边缘全缘，具缘毛，基部楔状戟形，通常两侧具 4 枚裂片；裂片三角形，较大，表面绿色，背面淡绿色，通常无毛，幼时疏被长柔毛，后无毛，主脉凸起，疏被柔毛；叶柄纤细，长 2.5～4.5 cm，通常叶柄短于叶片，或与于叶片等长，疏被柔毛。聚伞花序，花 2 朵，着生在叶腋内；花序梗长 1～2 mm，疏被长柔毛；花梗纤细，长 2.0～4.0 cm，具细条纹，或狭翅，疏被柔毛；花苞片 2 枚，叶状，绿色，宽卵圆一圆形，长 2.0～2.5 cm，宽 1.8～2.3 cm，先端急尖，边缘全缘、波状起伏，或具细圆锯齿，疏生缘毛；萼片 5 枚，长匙一卵圆形，或长椭圆形，被短柔毛，长 1.2～1.8 cm，宽 2～3 mm，先端长渐尖，边缘中部以上具缘毛；花冠漏斗状，长 5.0～8.0 cm，淡紫色，或紫色，长 5.0～8.0 cm；雄蕊 5 枚，花丝中部以下膨大，被短柔毛和密被小鳞片，花药长卵球状，或长椭圆体状，花粉粒球状，花盘环形；子房近球状，无毛，花柱线状，很长，长 2.2～3.7 cm，先端微被短柔毛；柱头头状，径约 1 mm，2 裂，裂片半球状，疏被短柔毛。

本新种与篱打碗花 Calystegia sepium(Linn.)R. Br. [1-6]相似，但区别：聚伞花序，具 2 花，着生于叶腋内；花序梗长 1～2 mm，疏被长柔毛；花梗纤细，长 2.0～4.0 cm，具细条纹，或狭翅，疏被柔毛；花苞片 2 枚，叶状，宽卵圆一圆形，边缘全缘、波状起伏，或具细圆锯齿，疏生缘毛；萼长匙—卵圆形，或长椭圆形，被短柔毛，先端长渐尖；花柱线状，很长，长

2.2～3.7 cm，先端微被短柔毛，柱头头状，疏被短柔毛。

河南：鸡公山。1990 年 7 月 20 日。戴慧堂等。模式标本，No. 199007202（叶和花），存河南农业大学。

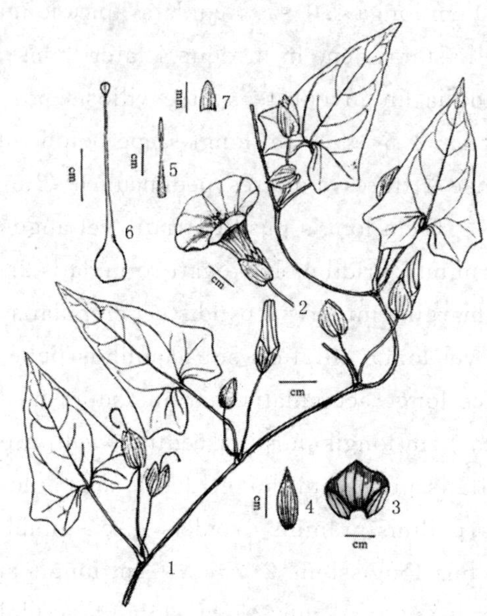

图 2　河南打碗花

1. 聚伞花序、叶和茎，2. 花，3. 花苞片，4. 萼片，5. 雄蕊，6. 雌蕊，7. 托叶。

Fig. 1 Calystegia henanensis T. B. Zhao，H. T. Dai et Z. X. Chen ex T. B. Zhao et Y. M. Fan

1. Cymes，leaves and stem，2. Flower，3. Bract of flower，4. Calyx，5. Stamen，6. Pistil，7. Stipule.

参考文献

[1] 中国科学院中国植物志编辑委员会. 中国植物志　第六十四卷　第一分册[M]. 北京：科学技术出版社，1983：525～527.

[2] 丁宝章，王遂义主编. 河南植物志　第三册[M]. 郑州：河南科学技术出版社，1981：297～298.

[3] 朱长山，杨好伟主编. 河南种子植物检索表[M]. 兰州：兰州大学出版社，1994：331～332.

[4] 中国科学院植物研究所主编. 中国高等植物图鉴 第三册[M]. 北京：科学技术出版社 1983：525～527.

[5] Linne Carl von，Convolvulus sepium Linn. Sp. Pl. [M]. 1753：153.

[6] Brown R，Calystegia sepium（Linn.）R. Br.，Prodr. Fl. Nov. Holl. [M]. 1910：483.

（二）月光花属

Calonyction Choisy in Mém. Soc. Phys. Genève 6：440. 1833

1. 月光花

Calonyction aculeatum（Linn.）House in Bull. Torr. Club 31：590. 1904

Convolvulus aculeatum Linn. Sp. Pl. 155. 1753

Ipomoea alba Linn. Sp. Pl. 161. 1753

Calonyction speciosum Choisy in Mém. Soc. Phus. Genève 6：441. t. 1. f. 4. 1833. excl. var. b.

Calonyction bona-nox(Linn.)Boj. Hort. Maurit. 227. 1837

(三) 茑萝属

Quamoclit Mill. in Gard. Diction. 1768

1. 茑萝松

Quamoclit pennata(Desr.)Boj. Hort. Maurit. 224. 1873

Convolvulus pennatus Desr. in Lam. Encycl. 3:567. 1791

Ipomoea quamoclit Linn. Sp. Pl. ed. 2, 227. 1762

Convolvulus quamoclit Spreng. Syst. 1:591. 1825

Quamoclitulgaris Choisy in Mém. Soc. Phys. Genève 6:434. 1833

2. 五星花　河南新记录种

Pentas lanceolata(Forsk.)K. Schum. *

(四) 菟丝子属

Cuscuta Linn. Sp. Pl. 124. 1753

1. 菟丝子

Cuscuta chinensis Lam. Encycl. 2:229. 1786

(五) 牵牛属

Pharbitis Choisy in Mém. Soc. Phys. Geneve 6:438. 1833

1. 牵牛

Pharbitis nil(Linn.)Choisy in Mém. Soc. Phys. Geneve 6:439. 1833

Convolvulus nil Linn. Sp. Pl. ed. 2:219. 1762

Ipomoea triloba Thunb. Fl. Jap. 86. 1784. non Linn.

Ipomoea nil(Linn.)Roth, Cat. Bot. 1:36. 1797

Pharbitis triloba(Thunb.)Miq. in Ann. Mus. Bot. Lugd. —Batav. 2:93. 1856

Pharbitis hederacea Franch. Pl. David. 217. 1884

(六) 马蹄金属　河南新记录属

Dichondra J. R. et G. Forst. in Char. Gen. Pl. 39. t. 20. 1776

1. 马蹄金　河南新记录种

Dichondra repens Forst. in Char. Gen. Pl. 39. t. 20. 1776

Sipthorpia evolvulacea Linn. f. Suppl. 288. 1781

Steripha renifomia Gaertn. Fruct. 2:81. t. 94. 1788

Dichondra evolvulacea Brittpn in Mém. Torr. Bot. Club 5:268. 1894

一百二十七、花葱科(李小康)

Polemoniaceae Ventenat, Tabl. Règ. Vég. 2:398. 1799. “Polemonaceae”

Cobaeaceae Dumortier, Anal. Fam. Pl. 20. 1829

(一) 天蓝绣球属

Phlox Linn. Gen. Pl. ed. 1,52. 1737

1. 小天蓝绣球 福禄考

Phlox drummondii Hook. in Curtis's Bot. Mag. 62:t. 3441. 1835

一百二十八、紫草科(李小康、陈志秀)

Borraginaceae Necker in Act. Acad. Elect. Sci. Theod. Palat. 2:478. 1770. nom. subnud.

Boraginaceae Lindl. ,Nat. Syst. Bot. ed. 2,274. 1836

Asperifoliae Scopoli,Fl. Carniol. 438. 1760,pref. June

Asperifoliaceae Reichenbach,Consp. Règ. Vég. 118. 1828. p. p.

Onosmaceae Horaninov,Prim. Linn. Syst. Nav. 75. 1834

Ehretiaceae Lindl. ,Nat. Syst. Bot. ed. 2,273. 1836

(一) 紫草属

Lithospermum Linn. ,Sp. Pl. 132. 1753;Gen. Pl. ed. 5,64. no. 166. 1754

Batsekia G. F. Gmelin in Linn. ,Syst. Nat. ed. 13,2:315. 1791

Buglossoides Moench,Méth. Pl. 418. 1894

Cyphorima Rafinesquein Am. Monthly Mag. 4:191,357. 1819

Aegonychon S. F. Gray,Nat. Arr. Brit. Pl. 2:354. 1821

Rhytispermum Link,Handb. Erkenn. Gew. 1:579. 1829

Margarospermum Spach,Hist. Nat. Vég. Phan. 9:31. 1840

Lithodora Grisebach,Spicil. Fl. Rumel. 2:85. 1844

Gymnoleima Decaisnein Jacquemont,Voy. Pinde,4(Bot.):122. 1844

Pentalophus A. DC. in DC. ,Prodr. 10:86. 1846

1. 紫草

Lithospermum erythrorhizon Sieb. & Zucc. in Abh. Bayer, Akad. Wiss. 4(3): 149. 1846

(二) 基及树属 河南新记录属

Canona Cav. Icon. 5:22. f. 438. 1799

1. 基及树 福建茶 河南新记录种

Canona microphylla(Lam.)G. Don,Gen. Syst. 4:391. 1837

Ehretia microphylla Lam. Encycl. Méth. 1:425. 1783

Ehretia buxifolia Roxb. Pl. Corom. 1:42. pl. 57. 1795

Carmona heterophylla Cav. Icon. 5:22. pl. 438. 1799

一百二十九、马鞭草科(李小康、陈志秀)

Verbenaceae Juss. in Ann. Mus. Hist. Nat. Paris,5:254. 1804

Vitices Juss. ,Gen. Pl. 106. 1789

Pyrenaceae Ventenat,Tabl. Règ. Vég. 2:315. 1799

Stilbineae Kunth,Handb. Bot. 393. 1831

Durantaceae J. G. Agardh, Theor. Syst. Pl. 295. t. 22. f. 8, 9. 1858

Petraeaceae J. G. Agardh, Theor. Syst. Pl. 364. 1858

Stilbinaceae Warming(& Möbius), Handb. Syst. Bot. ed. 2, 414. 1902

(一) 牡荆属

Vitex Linn., Sp. Pl. 638. 1753; Gen. Pl. ed. 5, 285. no. 708. 1754

Limia Vandelli, Fl. Lusit. Bras. 42. t. 3. f. 21. 1788

Allasia Loureiro, Fl. Cochich. 107. 1790

Tripinna Loureiro, Fl. Cochich. 476. 1790

Nephramdra Willdenow in Cothenius, Dispos. Vég. 8. 1790

Chrysomallum Du Petit-Thouars, Gen. Nov. Madag. 8. 1806

Tripinnaria Persoon, Syn. Pl. 2:173. 1806

Pyrostoma G. F. W. Meyer, Prim. Fl. Esseq. 219. 1818

Wallrothia Roth, Nov. Pl. Sp. 317. 1821

Psilogyne DC. Bibl. Univ. Genève, n. sér. 17:132(Rev. Bignon. 13). 1838

Casarettoa Walpers, Repert. Bot. Syst. 4:91. 1844

Agnus castus Carr. in Rev. Hort. 1870:415. 1871

1. 黄荆

Vitex negundo Linn., Sp. Pl. 638. 1753

Vitex paniculata Lamarck, Encycl. Méth. Bot. 2:612. 1788

Vitex gracilis Salisbury, Prodr. Stirp. Chap. Allert. 107. 1796

Vitex arborea Fischer ex Desfontaines, Cat. Hort. Paris, ed. 3, 391. 1829

Vitex leucoxylon Blanco, Fl. Filip. 516. 1837

Agnus castus Negundo Carr. in Rev. Hort. 1870:416. 1871

1.1 荆条

Vitex negundo Linn. var. heterophylla(Franch.)Rehd. in Jour. Arnold Arb. 28: 258. 1947

Vitex chinensis Miller, Gard. Dict. ed. 8, V. no. 1768

Vitex sinuata Medicusin Hist. Comm. Acad. Elect. Theodoro-Palat. 4(Phys.) 202. t. 8(Bot. Beob.). 1780

Vitex incisa Lamarck, Encycl. Méth. Bot. 2:612. 1788

Vitex laciniatus Hort. ex Schauerin De Candolle, Prodr. 11:684. 1847. pro syn.

1.2 大麻叶牡条　河南新记录变种

Vitex negundo Linn. var. cannabifolia(Sieb. & Zucc.)Hand. — Mazz. in Act. Ort. Gotoburg. 9:67. 1934

Vitex cannafolia Sieb. & Zucc. in Abh. Akad. Münch. sér. 3, 4:152. 1846

(二) 马鞭草属

Verbena Linn. Sp. Pl. 15. 1753; Gen. Pl. ed. 5, 12. no. 30. 1754

Buscria Loefling, Iter Hisp. 194. 1758

Obltia Rozler in Introd. Obs. Phys. Hist. Nat. (ed. Rozier)1:367. t. 1771

Patya Necker, Elem. Bot. 1:296. 1790

Billardiera Moench, Méth. Pl. 369. 1794

Glandularia Gmelin in Linn. , Syst. Nat. ed. 13, 2:920. 1791

Stylodon Raflnesque, Neogenyt. 2. 1825

Styleurodon Rafinesque, Fl. Tellur. 2:104. 1836

Shuttleworthia Meissner, Pl. Vasc. Gen. 1:290; 2:198. 1840?

Uwarowia Bunge in Bull. Acad. Sci. St. Pétersb. 7:278. t. 1840

Junellia Moldenke in Lilloa, 5:392. 1940

1. 马鞭草

Verbena officinalis. Linn. Sp. Pl. 20. 1753

(三) 假马鞭草属　河南新记录属

Stachytarpheta Vahl, Enum. Pl. 1:206. 1805

1. 假马鞭草　河南新记录种

Stachytarpheta jamaicensis(Linn.)Vahl, Enum. Pl. 1:206. 1805

Stachytarpheta indica C. B. Clarke in Hook. f. Fl. Brit. Ind. 4:564. 1885

Verbana jamaicensis Linn. Sp. Pl. 19. 1753

(四) 紫珠属

Callicarpa Linn. , Sp. Pl. 111. 1753; Gen. Pl. ed. 5, 50. no. 127. 1754

Johnsonia Miller, Gard. Dict. abridg. ed. 4, 2. 1754

Burcadia Heister ex Dubamel, Traite Arb. Arbust. 111. t. 4. 1755

Porphyra Lour. , Fl. Cochinch. 70. 1790

Amictonis Rafinesque, Sylva Tellur. 161. 838

1. 紫珠

Callicarpa bodinieri Lévl. in Fedde, Sp. Nov. Règ. Vég. 9:456. 1911

Callicarpa longifolia Forbes & Hemsl. in Journ. Linn. Soc. Bot. 26 253. 1890. Pro parte, quoad specim. A. Henry 3999. non Lamk.

Callicarpa seguini Lévl. in Repert. Sp. Nov. Règ. Vég. 9:456. 1911

Callicarpa feddei Lévl. in Repert. Sp. Nov. Règ. Vég. 10:439. 1912

Callicarpa tonkinensis P. Dop in Trav. Lab. For. Toulouse 1. art. 21:12. 1932

Callicarpa tsiangii Moldenkein Phytologia 3:109－110. et 22(5):285. 1971. syn. nov.

(五) 大青属　赪桐属

Clerodendron Linn. , Sp. Pl. 637. 1753; Gen. Pl. ed. 5:285. 1754

Siphonanthus Linn. , Sp. Pl. 109. 1753

Ovieda Linn. , Sp. Pl. 188. 1753

Volkameria Linn. , Sp. Pl. 637. 1753

Valdia Adanson, Fam. Pl. 2:157. 1763

Douglassia Adanson,Fam. Pl. 2:157. 1763

Montalbania Necker,Elem. Bot. 1:273. 1790

Volkmannia Jacquin,Pl. Rar. Hort. Schoenbr. Descr. 3:t. 338. 1798

Agricolaea Schrank in Denkschr. Akad. Wiss. Munch. 1808 [1]:98. 1809

Torreya Sprengel,Neu. Entdeck. Pflanzenk. 2:121. 1821

Cornacchinia Savi in Mém. Mat. Fis. Soc. Ital. Sci. Modena,21:184. t. 7. 1837

Egena Rafinesque,Fl. Tellur. 2:85. 1837

Rotheca Rafinesque,Fl. Tellur. 4:65. 1838

Cyclonema Hochstetter in Flora,25,1:225. 1842

Spironema Hochstetter in Flora,25,1:226. 1842

Cyrtostemma Kunze in Bot. Zeitung in Flora,25,1:272. 1842

Tetrahyranthus Gray in Proc. Am. Acad. Aers Sci. 6:50. 1862

1. 海州常山

Clerodendron trichotomum Thunb. ,Fl. Jap. 256. 1784

Clerodendron serotinum Carr. in Rev. Hort. 1867:351. f. 34. 1867

Siphonanthus trichotoma Nakai,Trees and Shrubs. Jap. 1:345. f. 188. 1922

2. 臭牡丹

Clerodendron bungei Steud. ,Nomencl. Bot. ed. 2,1:382. 1840

Clerodendron foetidum Bunge in Mém. Div. Sav. Acad. Sci. St. Pétersb. 2:126 (Enum. Pl. Chin. Bor. 52. 1833). 1835

Paetta Esquiroliii Lévl. ,in Repert. Sp. Nov. Règ. Vég. 13:178. 1914

Clerodendron yatschuense H. Winkler in Repert. Sp. Nov. Règ. Vég. Beih. 12: 474. 1922

3. 龙吐珠　河南新记录种

Clerodendron thomsonae Baif. in Edinb. New Phil. Journ. n. 5,15:233. 1862

4. 赪桐　河南新记录种

Clerodendron japonicum(Thunb.)Sweet,Hort. Brit. 322. 1826

Volkameria japonica Thunb. Fl. Jap. 255. 1784

Volkameria kaemoferi Jacq. Collect. Bot. 3:207. 1789 et Icon. Pl. Rar. 3:7. 1793

Clerodendron squamatum Vahl. Symb. 2:74. 1791

Clerodendron esquirolii Lévl. in Fedde,Rep. Sp. Nov. 11:302. 1912. non 298.

Clerodendron leveillei Fedde ex Lévl. Fl. Kouy-Cheou 442. 1914～15.

Clerodendron darrisii Lévl. in Fedde,Rep. Sp. Nov. 11:301. 1912

Clerodendron kaempferi(Jacq.)Sieb. in Verh. Bat. Genoots. 1:31. 1830

5. 烟火树　星烁山茉莉

Clerodendrum quadriloculare(Blanco)Merr. *

(六) 莸属

Caryopteris Bunge in Uchen. Zapisk. Kazan. Univ. 1835,4:178(Pl. Monghol. —

Chin. Dec. I. 28). 1835

Barbula Lour. ,Fl. Cochinch. 367. 1790. non Hedwig 1782

Mstacanthus Endlicher,Gen. Pl. 638. 1839

1. 金叶莸

Caryopteris divaricata(Sieb. & Zucc.)Maxim. *

(七) 假连翘属　河南新记录属

Duranta Linn. Gen. Pl. ed. 5，704. 1754

1. 假连翘　河南新记录种

Duranta erpens Linn. Sp. Pl. 637. 1753

1.1 '花叶匍匐'连翘　河南新记录栽培品种

Duranta repens Linn. 'Variegata' *

1.2 '金叶匍匐'连翘　河南新记录栽培品种

Duranta repens Linn. 'Goldenleares' *

1.3 '彩叶匍匐'连翘　河南新记录栽培品种

Duranta repens Linn. 'Goldenleares *

(八) 马缨丹属　河南新记录属

Lantana Sp. Pl. 626. 1753

1. 马缨丹

Lantana camara Linn. Sp. Pl. 627. 1753

(九) 绒苞藤属 *　河南新记录属

Congea Roxb. Pl. Corom. 3：90. 1819

1. 绒苞藤 *

Congea tomentosa Roxb. Pl. Corom. 3：90. t. 293. 1819

Roscoea tomentosa Roxb. Hort. Bengal. 95. 1814，nom. nud.

Congea azurea Wall. Cat. no. 1733.1828，nom. nud.

Congea tomentosa Roxb. var. oblongifolia Schauer in DC. Prodr. 11：624. 1847.

一百三十、唇形科(李小康、陈志秀)

Labiatae Juss. ,Gen. Pl. 110. 1789

Verticillatae Scopoli,Fl. Carniol. 446. 1760. pref. June

Gymnospermae J. G. Gmelin,Fl. Sibir. 3:226. 1768

Labiaceae Necker in Act. Acad. Elect. Sci. Theod. —Palat. 2:473. 1770. nom. subnud. illeg. Non de nom. generico derivatum

Nepetaceae Horauuuuuuuuuninov,Prim. Linn. Syst. Nat. 76. 1834,nom. altern. Legit.

Laemiaceae Lindl. ,Nat. Syst. Bot. ed. 2,275. 1836. nom. altern.

Salviaceae Drude in A. Schenk,Handb. Bot. 3,2:374. 1887

Menthaceae Safford in Contrib. U. S. Nat. Herb. 9:324. (Usef. Pl. Guam)1905

(一) 夏枯草属

Prunella Linn. Sp. Pl. 600. 1753

Brunella Moench. Méth. 414. 1794

1. 夏枯草

Prunella vulgaris Linn. Sp. Pl. 600. 1753

Prunella japonica in Bot. Makinoin Bot. Mag. Tokyo 28:158. 1914

(二) 夏至草属

Lagopsis Bunge ex Benth Labiat Gen. et Sp. 586. 1836

1. 夏至草

Lagopsis supina(Steph.)Ik. —Gal. ex Knorr. in Fl. URSS 20:250. 1954

Leonurus supinus Steph. ex Willd. Sp. Pl. 3:116. 1800

Marrubium incisum Benth. Labiat. Gen. et Sp. 586. 1836

Marrubium supinum(Willd.)Hu ex Pei，科学社生物所论文集，10:53. 1935. non Linn. 1753

(三) 益母草属

Leonurus Linn. Gen. Pl. 254. 1754

Cardiaca Lam. in Lam. et DC. Fl. Françe 2:38. 1778

1. 益母草

Leonurus artemisia(Lour.)Y. Hu in Sourn. Chin. Univ. Hongk. 2(2):381 1974

(四) 鼠尾草属

Salvis Linn. Sp. Pl. 23. 1753

1. 日本鼠尾草

Salvis japonica Thunb. Fl. Jap. 22. t. 5. 1784

Salvia fortunei Benth. in DC. Prodr. 12:354. 1848

2. 一串红

Salvis splendens Ker-Gawl. in Bot. Reg. 7:pl. 687. 1822

(五) 薄荷属

Mentha Linn. Sp. Pl. 576. 1753

1. 薄荷

Mentha haplocalyx Briq. in Bull. Soc. Bot. Genève 5:39. 1889

Mentha pedunculata Hu et Tsai in 静生汇报，2:259. 1931

1.1 花叶薄荷

Mentha haplocalyx Briq. *

(六) 紫苏属

Perilla Linn. Sp. Pl. 579. 1753

1. 紫苏

Perilla frutescens(Linn.)Britt. in Mém. Torr. Club. 5:277. 1894

Ocimum frutescens Linn. Sp. Pl. 597. 1753. excl. syn. Rheede

Perilla ocymoides Linn. Gen. Pl. ed. 6，578. 1764

Melissa maxima Ard.，Animadv. Bot. Sp. 2:28. t. 13. 1764

Melissa cretica Lour. Fl. Cochinch. 368. 1790. non Linn.

Mentha perilloides Lam. Encycl. 4:112. 1796. non Linn. 1759

Perilla urticaefolia Salisb. Prodr. 80. 1796

Perilla macrostachys Benth. in Wall. Cat. n. 1559. 1828. nom. nud.

Perilla avium Dunn in Notes Bot. Gard. Edinburgh 8:161. 1913

1.1 野生紫苏

Perilla frutescens(Linn.)Britt. var. acuta(Thunb.)Kudo in Mém. Fac. Sci. Agr. Taihoku

Univ. 2:74. 1929. excl. descr. Et plantis Suis

Ocimum acutum Thunb. Fl. Jap. 248. 1784

Perilla heteromorpha Carr. in Rev. Hort. 51:273 1879

Perilla cavaleriei Lévl. in Fedde，Repert. Sp. Nov. 8:425. 1910

Perilla schimadae Kudo in Journ. Soc. Trop. Agr. 7:84. 1935

(七) 鸡脚参属　河南新记录属

Orthosiphona Benth. in Bot. Rég. sub. t. 1200. 1830

1. 猫须草　河南新记录种

Orthosiphonari status *

一百三十一、茄科(李小康、陈志秀)

Solanaceae Persoon,Syn. Pl. 1:214. 1805

Solaneae Juss.,Gen. Pl. 124. 1789

Cestrineae Schlechtendal in Linn.,8:250. 1833

Cestrineae Lindl.,Nat. Syst. Bot. ed. 2,296. 1836

(一) 枸杞属

Lycium Linn. Sp. Pl. 191. 1753;Gen. Pl. ed. 5,88. no. 232. 1754

Jasminoides Medicus,Philos. Bot. 1:134. 1789

Panzeria Gmelin in Linn.,Syst. Nat. ed. 13.(ed. Gmelin)2:247. 1791

Oplukion Rafinesque,Sylva Tellur. 53. 1838

Teremis Rafinesque,Sylva Tellur. 53. 1838

1. 枸杞

Lycium chinense Mill.,Gard. Dict. ed. 8,Linn. no. 5. 1768

Lycium trewianum Roemer & Schultes,Syst. Vég. 4:693. 1828

Lycium sinense Grenier & Godron,Fl. France,2:542. 1850

(二) 茄属

Solanum Linn. Sp. Pl. 184. 1753

1. 龙葵

Solanum nigrum Linn. Sp. Pl. 186. 1753

(三) 酸浆属

Physalis Linn. Sp. Pl. 182. 1753;Gen. Pl. ed. 5,85. 1754

1. 酸浆

Physalis alkengi Linn. Sp. Pl. 183. 1753

Physalis kansuensis Pojark. In not. Syst. Inst. Bot. Komar. 16:329. 1954

2. 苦蘵　河南新记录种

Physalis angulata Linn. Sp. Pl. 183. 1753

Physalis esquirolii Lévl. et Vant. in Bull. Soc. Bot. France 55:208. 1908

(四) 曼陀罗属

Datura Linn. Sp. Pl. 179. 1753;Gen. Pl. ed. 5,83. 1754

1. 曼陀罗

Datura stramonium Linn. Sp. Pl. 179. 1753

Datura tatula Linn. Sp. Pl. ed. 2, 256. 1762

Datura inermis Jacq. , Hort. Vindob. 3:44. 1776

Datura laevis Linn. f. , Suppl. Pl. 146. 1781

(五) 辣椒属

Capsicum Linn. Sp. Pl. 188. 1753;Gen. Pl. ed. 5,86. 1754

1. 辣椒

Capsicum annuum Linn. Sp. Pl. 188. 1753

Capsicum longum DC. , Cat. Hort. Monosp. 860. 1813

1.1 朝天椒

Capsicum annuum Linn. var. conoides(Mill.)Irish, Miss. Bot. Gard. 65. 1898

1.2 簇生椒

Capsicum annuum Linn. var. fasciculatum (Sturt.) Irish. Miss. Bot. Gard. 68. 1898

Capsicum fasciculatum Sturt. in Bull. Torr. Bot. Culb. 15:15. 1888

2. 观赏椒

Capsicum frutescens var. cerasiforme *

(六) 夜香树属　河南新记录属

Cestrum Linn. Sp. Pl. 191. 1753;Gen. Pl. ed. 5,216. 1754

Parqui Adanson,Fam. Pl. 2:219. 1763

Meyenia Schlechtendal in Linn. ,8:251. 1833. non Nees 1832

Wadea Rafinesque,Sylva Tellur. 56. 1838

Lomeria Rafinesque,Sylva Tellur. 56. 1838

Habrothamnus Endlicher,Gen. Pl. 667. 1839

1. 夜香树　河南新记录种

Cestrum nocturum Linn. Sp. Pl. 191. 1753

2. 黄花夜香树　河南新记录种

Cestrum aurantiacum Lindl. in Bot. Règ. 30:Misc. 71. 1844

(七) 番茉莉属　河南新记录属

Brunfelsia Linn. *

1. 番茉莉　河南新记录种

Brunfelsia hopean *

(八) 金杯藤属　河南新记录属

Solandra *49(2):88. *,朱家柟等编著. 拉汉英种子植物名称　第二版. 2006

1. 金杯花　河南新记录种

Solandra nitida Zucc. *

(九) 鸳鸯茉莉属　河南新记录属

Brunfelsia *

1. 双色茉莉　河南新记录种

Brunfelsia acuminata(Pohl.)Benth *

(十) 蕃茄属

Lycopersion Mill.,Gard. Dict. ed. 4,n. 2. 1754

1. 蕃茄

Lycopersion esculentum Mill.,Card. Dict. ed. 8,no. 2. 1768

Solanum lycopersicum Linn.,Sp. Pl. 185. 1753

现栽培地:河南、郑州市、郑州植物园。

注:本种栽培品种很多。

一百三十二、玄参科(范永明、赵天榜、陈志秀、王华)

Scrophulariaceae Lindl.,Nat. Syst. Bot. ed. 2,288. 1836

Personatae Scopoli,Fl. Carniol. 473. 1760. pref. June

Scrophulariae Juss.,Gen. Pl. 117. 1789. p. p.

Rhinanthoideae Ventenat,Tabl. Règ. Vég. 2:351. 1799

Rhinanthoideae DC. in Lamarck DC.,Fl. França,ed. 3,3:454. 1805

Antirhineae ersoon,Syn. Pl. 2:154. 1806

Scrophularineae R. Browm,Prodr. Fl. Nov. Holland. 433. 1810

Scrophurinae Br. ex Hooker,Fl. Scot. 2:213. 1821

Verbasceae Koch,Syn. Fl. Germ. Helv. 510. 1837

Veronicaceae Horaninov,Char. Ess. Fam. Règ. Vég. 119. 1847. p. p. typ.

(一) 泡桐属

Paulownia Sieb. & Zucc.,Fl. Jap. 1:25. t. 10. 1835

1. 白花泡桐

Paulownia fortunei(Seem.)Hemsl. Gard. Chron. ser. III. 7:448. 1890 et Journ. Linn. Soc. Bot. 26:180. 1890. p. p. excl. specim. Shangtung; S. Y. Hu in Ouart. Journ. Taiw. Mus. 12:42. pl. 3. 1959

Paulownia imperialis Sieb. & Zucc. auct. non Seib. & Zucc. :Hance, journ. Bot. 23:326. 1886. 27. t. 10. 1835

2. 楸叶泡桐

Paulownia catalpifolia Gong Tong,植物分类学报, 14(2):41. pl. 3. f. 1. 1976

Paulownia fortunei auct. non Seem. Hemsl. in Journ. Linn. Soc. 26:180. 1890. p. p.

Paulownia elongata S. Y. Hu in Ouart. Journ. Taiw. Mus. 12:41. pl. 3. 1959. p. p. excl. specim. shantung.

3. 兰考泡桐

Paulownia elongata S. Y. Hu in Ouart. Journ. Taiw. Mus. 12:41. pl. 3. 1959. p. p.

Paulownia fortunei auct. non Hemsl. Pai in Contr. Inst. Bot. Nat. Acad. Peiping 2:187. 1934. p. p.

4. 毛泡桐

Paulownia tomentosa(Thunb.)Steud. ,Nomencl. Bot. ed. 2,2:278. 1841

Bignonia tomentosa Thunb. ,Nov. Act. Rég. Soc. Asci. Upsal. 4:35. 39. 1783

Bignonia tomentosa Thunb. ,Fl. Jap. 252. 1785

Incarvillea tomemtosa(Thunb.)Sprengel,Syst. Vég. 2:836. 1825

Paulownia imperialis Sieb. & Zucc. ,Fl. Jap. 1:27. t. 10. 1835

Paulownia grandifolia Hort. ex Wettst. in Pflanzenfam. IV. 35. 67. 1891. in obs.

4.1 黄毛泡桐

Paulownia tomentosa (Thunb.) Steud. var. lnata (Dode) Schneid. , III. Handb. Laubh. 2:618. 1911

Paulownia imperialis Sieb. & Zucc. var. γ lanata Dode in Bull. Soc. Dendr. Françe,1908:160. 1908

4.2 白花毛泡桐

Paulownia tomentosa(Thunb.)Steud. f. paliida(Dode)Rehd. in Bibliography of Cult. Trees and Shrubs. 592. 1949

Paulownia imperialis Sieb. & Zucc. var. β. pallida Dode in Bull. Soc. Dendr. Françe,1908:160. 1908

5. 山明泡桐

Paulownia photeinophylla Gong Tong,泡桐. 8. 1978

Paulownia lamprophylla Z. X. Chang et S. L. Shi,河南农业大学学报,23(1):53. 1989

6. 齿叶泡桐　河南新记录种

Paulownia serrata T. B. Zhao et Dali Fu, Paulownia serrata—a New Species from China. Nature and Science, 1(1): 37～38. 2003

(二) 金鱼草属　河南新记录属

Antirrhinum Linn. *

1. 金鱼草　河南新记录种

Antirrhinum majus Linn. *

(三) 地黄属

Rehmannia Libosch. ex Fisch. et Mey. Libosch. ex Fisch. e Mer., Ind. Sem. Hor. Petrop. 1:36. 1835

1. 地黄

Rehmannia(Gaert.) Libosch. ex Fisch. et Mey. Ind. Sem. Hort. Petrop. 1:36. 1835

Digitalis glutinosa Gaertn. Nov. Comm. Acad. Petrop. 14:544. t. 20. 1770

Rehmannia chinensis Libosh. ex Fisch. et Mey. Ind. Sem. Hort. Petrop. 1:36. 1835

2. 野地黄　河南新记录种

Rehmannia glutinosa Libosch.

(四) 毛地黄属

Digitalis Linn. Sp. Pl. 621. 1753

1. 毛地黄　河南新记录种

Digitalis purpurea Linn. Sp. Pl. 621. 1753

(五) 婆婆纳属

Veronica Linn., Sp. Pl. 9. 1753; Gen. Pl. ed. 5, 10. no. 25. 1754

1. 婆婆纳

Veronica didyma Tenore, l. Napol. Prodr. 6. 1811

Veronica polita ries Nov. Fl. Suec. 4:63. 1819

一百三十三、紫葳科(陈俊通、赵天榜、陈志秀)

Bignoniaceae Pers., Syn. Pl. 2:168. 1806. p. p.

Bignonieae Juss., Gen. Pl. 137. 1789. exclud. Gen. Pl. 137. 1789. exclud. gen. Nonnull.

Crescentiaceae Gardner in Hooker, Jour. Bot. 2:423. 1840

Martyniaceae Horaninov, Char. Ess. Fam. Règ. Vég. 130. 1847. nom. altern.

(一) 梓树属

Catalpa Scop., Introd. Hist. Nat. 170. 1771

Bignonia Linn., Sp. Pl. 622. 1753. p. p. quoad sp. 1.

Catalpium Rafinesque, Princip. Fond. Somiol. 27. 1814

1. 楸树

Catalpa bungei C. A. Meyer in Bull. Acad. Sci. St. Pétersb. 2:49. 1837

Catalpa srringifolia Bunge in Mém. Div. Sav. Acad. Sci. St. Pétersb. 2:119. 1835

1.1 裂褶楸树　河南新记录新变种

Catalpa bungei C. A. Mey. var. plicata T. B. Zhao,Z. X. Chen et J. T. Chen,赵天榜等主编. 河南省郑州市紫荆山公园木本植物志谱:424. 2017.

2. 黄金树

Catalpa speciosa Ward. (ex Berney)ex Engelm. in Bot. Gaz. 5:1. 1880

Catalpa speciosa J. C. Teas(Nurs. Cat.)? 1866. nom. ?

Catalpa cordifolia Jaume St. Hilairein Duhamel,Traité Arb. Arbriss. éd. Augm. [Nouv. Duhamel] 2:13. t. 5. 1804. non Moench 1794

3. 灰楸

Catalpa fargesii Bureau in Nouv. Arch. Mus. Hist. Nat. Paris,sér. 3,6:195. t. 3. 1894

3.1 白花灰楸　河南新记录变种

Catalpa fargesii Bureau var. alba T. B. Zhao,J. T. Chen et J. H. Mi,赵天榜等主编. 河南省郑州市紫荆山公园木本植物志谱:426. 2017.

4. 梓树

Catalpa ovata G. Don,Gen. Hist. Dichlam. Pl. 4:230. 1837 ?

Catalpa kaempferi Sieb. & Zucc. in Abh. Phys. —Math. Cl. Akad. Münch. 4,3:142(Fl. Jap. Fam. Nat. 2:18). 1846

Catalpa henryi Dode in Bull. Soc. Dendr. Françe 1907. 199. f. D, E. 1907

Bignonia catalpa Tuhnb. Fl. Jap. 251. 1784. non Linn. 1753

5. 杂种楸　河南新记录杂种

Catalpa bungei C. A. Meyer × Catalpa speciosa Ward. (ex Berney)ex Engelm. ,潘庆凯等编著. 楸树: * 1991

(二) 凌霄属

Campsis Lour. ,Fl. Cochinch. 377. 1790

Bignonia Linn. ,Sp. Pl. 624. 1753. quoad sp. 10.

1. 凌霄

Campsis grandiflora(Thunb.)K. Schum. in Nat. Pflanzenfam. IV. 3b:230. 1894

Bignonia grandiflora Thunb. , Fl. Jap. 253. 1784

Bignonia chinensis Lamarck, Encycl. Méth. Bot. 1:423. 1785

Campsis adrepens Lour. , Fl. Cochinchin. 2:377. 1790

Tecoma grandiflora Loiseleur, Herb. Amat. 5:t. 286. 1821

Tecoma chinensis K. Koch, Dendr. 2:307. 1872

Campsis chinensis Voss, Vilmor. Blumengart. 1:801. 1896

2. 美国凌霄

Campsis radicans(Linn.)Seem. in journ. Bot. 5:372. 1867

Bignonia radicans Linn., Sp. Pl. 624. 1753

Tecoma radicans Juss., Gen. Pl. 139. 1779

Tecoma radicans Juss. ex Spreng. Vég. Syst. 2:834. 1823

(三) 菜豆树属　河南新记录属

Radermachera Zoll. & Mor. in Zoll. Syst. Verz. 3:53. 1855

1. 菜豆树　河南新记录种

Radermachera sinica(Hance)Hemsl. in Hook. f. Icon. Pl. 28:subpl. 2728. 1902

Steropermum sinicum Hance in Journ. Bot. 20:16. 1882

Radermachera tonkinensis Dop. in Bull. Mus. Hist. Nat. Paris 32:233. 1926

(四) 角蒿属

Incarvillea Juss. Gen. 138. 1783

Amphicome Royle,Ill. Bot. Himal. Tab. 72. f. 1. 1835

Neidzwedzkia B. Fedtsch. in Bull. Jard. Bot. PierreGrand. 15:399. 1915

1. 角蒿

Incarvillea sinensis Lam. Encycl. 3:243. 1789

Incarvillea variabilis Batalin in Acta Hort. Petrop. 7:177. 1892

(五) 火烧花属　河南新记录属

Mayodendron Kurz,Prel. Rep. Veget. Pegu,App. D:tab. 1. et 2. 1875

1. 火烧花　河南新记录种

Mayodendron igneum(Kurz.)Kurz. in Prel. Pegu For. Rep. App. D:1. 1875

Spathodea igneum Kaurz in Journ. Asiat. Soc. Beng. 40(2):77. 1871

Radermachera ignea(Kurz)van Steenis in Blumea 23(1):127. 1976

(六) 火焰树属　河南新记录属

Spathodea Beauv. Fl. Oware Benin Afr. 1 46. tab. 27. 1805

1. 火焰树　河南新记录种

Spathodea campanulata Beauv. Fl. Oware Benin Afr. 1 46. tab. 27. 1805

(七) 蓝花楹属　河南新记录属

Jacaranda Juss. Gen. 138. 1789

1. 蓝花楹　河南新记录种

Jacaranda mimosifolia D. Don,Bot. Reg. 8:tab. 631. 1822

Jacaranda ovalifolia R. Br. in Curtis's Bot. Mag. 49:tab. 2327. 1822

(八) 炮仗花属　河南新记录属

Pyrostegiagnea C. Presl in Abh. Bochm. Ges. 5:523. 1845

1. 炮仗花　河南新记录种

Pyrostegiagnea venusta(Ker-Gawl.)Miers in Proc. Roy. Hort. Soc. 3:188. 1863

Bignonia venusta Ker-Gawl Bot. Règ. tab. 249. 1818

Pyrostea ignea(Vell.)Presl, Bot. Bemerk. 93. 1845

(九) 蒜香藤属　河南新记录属

Pseudocalymma *

1. 蒜香藤　河南新记录种

Pseudocalymma alliaceum *

(十) 炮弹果属　葫芦树属　河南新记录属

Crescentia Linn. Syst. ed. 3, 1753

1. 炮弹果　河南新记录种

Crescentia cujete Linn. Sp. Pl. 626. 1753

一百三十四、苦苣苔科(李小康、陈志秀)

Gesneriaceae *,中国植物志　第69卷:125. 126. 1990

(一) 金鱼花属　河南新记录属

Columnea *

1. 金鱼花　河南新记录种

Columnea gloriosa *

一百三十五、石钟花科　河南新记录科

Tuineraceae *

(一) 石钟花属　河南新记录属

Tuinera *

1. 黄石钟花　河南新记录种

Tuinera ulmifolia Linn. *

一百三十六、爵床科(李小康、陈志秀)

Acanthaceae *,中国植物志　第70卷:1. 2002

(一) 穿心莲属

Andrographis Wall. ex Nees in Wall., Pl. As. Rar. 377. & 116. 1832

Haphlanthoides H. W. Liin Acta Phytotax. Sin. 21(4):471. 1983

1. 穿心莲

Andrographis paniculata(Burm. f.)Nees in Wall., Pl. As. Ras. 3:116. 1832

Justicia paniculata Burm. F. Fl. Ind. 9:1763

(二) 黄脉爵床属　河南新记录属

Sanchezia Ruiz et Pavon. Prod. 5. t. 32. 1794

1. 黄脉爵床　河南新记录种

Sanchezia nobilis Hook. f. in Curtiss Bot. Mag. t. 5594. 1866

(三) 银脉爵床属　河南新记录属

Kudoacanthus Hosokawa in Trans. Nat. Hist. Soc. Taiwan,23:94. 1933

1. 银脉爵床 河南新记录种

Kudoacanthus albo-nervosa Hosok. in Trans. Nat. Hist. Soc. Form. 23:94. 133

(四) 十字爵床属 河南新记录属

Crossandra Salisb. *

1. 半边黄 河南新记录种

Crossandra infundibuliformis(Linn.)Nees *

(五) 爵床属

Rostellularia Reichenb., Handb. Nat. Pflr. Syst. 190. 1—7. Oct. 1837

1. 爵床

Rostellularia procumbens(Linn.)Nees in Wall.,Pl. As. Rar. 3:101. 1832

Justicia proxumbens Linn. Sp. Pl. 15. 1753

(六) 麒麟吐珠属 河南新记录属

Calliaspidia Bremek. in Verh. Ned. Akad. Wetensch. Naturk. Afd. Sect. 2, 45(2):54. 1948

1. 虾衣花 河南新记录种

Calliaspidia guttata(Brandegee)Bremek. in Verh. Ned. Akad. Wetensch. Naturk. Afd. Sect. 2, 45(2):54. 1948

Beloperone guttata F. S. Brandegee in Univ. Calf. Publ. Bor. IV. 278. 1912

Justicia brandgesana Wassh. et L. B. Smith in Fl. Illustr. Catar. Pt. 1. Acantac.:102. 1969

(七) 钩粉草属 紫云藤属 河南新记录属

Pseuderanthemum Rqadlk. *

1. 紫云藤 河南新记录种

Pseuderanthemum laxiflorum(Gray)Hubb *

一百三十七、车前科(李小康、陈志秀)

Plantaginaceae *,中国植物志 第70卷:318. 2008

(一) 车前属

Plantago Linn. Sp. Pl. 112. 1753;Gen. Pl. ed. 5, 52. 1754

1. 车前

Plantag asiatica Linn. Sp. Pl. 113. 1753

Plantag formosana Tateishi et Masamune in Journ. Soc. Rop. Agr. 4:192. 1932

Plantag asiaica Linn. f. paniculaa(Makino)Hara in Bot. Mag. Tokyo, 51:639. 1937

Plantag hostifolia Nakai et Kiag. in Rep. First. Sci. Exped. Manch. Sect. 4, 1:55. t. 16. 1934

Plantag asiaica Linn. f. foliscopa(T. Ito)Honda, Nom. Pl. Jap. 513. 1939

2. 大车前　牛舌头棵

Plantag major Linn. Sp. Pl. 112. 1753

Plantag sinuata Lam. Illustr. Genr. 338. 1791

Plantag intermedia Gilib. , His. Pl. Europ. ed. 2, 1:125. 1806

Plantag gigas Lévl. in Feddes Reper. Sp. Nov. 2:114. 1906

Plantag sawadai(Yamamoto)Yamamoto in Trans. Nat. Hist. Soc. Trop. Agr. 4: 190. 1932

Plantag villifera Kitag. in Rep. First. Sci. Exped. Manch. Sect. 4. , 30. t. 9. 1935. non Franch.

Plantag macro-nipponicaYamamoto in Journ. Soc. Trop. Agr. 10(3):274. 1938

Plantag jepohlensis Koidz. in Acta Phytot. Geobot. 10:142. 1941. ut"jopohle,sis"

一百三十八、茜草科(李小康、陈志秀)

Rubiaceae B. Juss. , Ord. Nat. Hort. Trianon. 1759. 1xv(nom. subnud.)in A. Juss. , Gen. Pl. 1789

Stellatae Scopoli, Fl. Carniol. 339. 1760. pref. June

Rubiaceae div Stellatae R. Brownin Tuckey, Narr. Exped. Zaire, 447(Obs. Coll. Pl. Congo). 1818

Cinchonaceae Lindl. , Introd. Nat. Syst. Bot. 203. 1830

Galiaceae Lindl. , Nat. Syst. Bot. ed. 2, 249. 1836. nom. altern.

Coffeaceae Horaninov, Tetractys Nat. 26. 1843

(一) 栀子属

Gardenia Bartram ex Marshall, Arbust. Am. 48. 1785. pro syn. ;non Ellis 1761

1. 栀子

Gardenia jasminoides Ellis in Philos Trans. 51(2):935. t. 23. 1761

Gardenia florida Linn. Sp. Pl. ed. 2, 305. 1762

Gardenia radicans Thunb. Fl. Cochinch. 147. 1790

Gardenia schlechteri Lévl. in Fedde, Repert. Sp. Nov. 10:146. 1911

Gardenia augusta Merr. Interpr. Rumph. Herb. Amb. 485. 1917

(二) 虎刺属

Damnacanthus Gaertn. f. Suppl. Carpol. 3:18. tab. 182. f. 7. 1805

Baurnannia DC. in Mém. Soc. Phys. Hist. Nat. Genev. 4:583. 1833

Tetraplasia Rehd. in Journ. Arn. Arb. 1, 190. 1919

1. 虎刺

Damnacanthus indicua(Linn.)Gaertn. f. Suppl. Carpol. 3:18. t. 182. f. 7. 1805

Damnacanthus formosanus(Nakai)Koidz. In Acta Phutotax. Geobot. 2:225. 1933

(三) 茜草属

Rubia Linn. Sp. Pl. 109. 1753;Gen. Pl. ed. 5, 47. 1754

1. 茜草

Rubia cordifolia Linn. Syst. Nat. ed. 12，3:229. 1768

Rubia pratensis(Maxim.)Nakai in Journ. Jap. Bot. 13:781. 783. 1937

(四) 拉拉藤属　河南新记录属

Galium Linn. Sp. Pl. 105. 1753;Gen. Pl. ed. 5，117. 1754

1. 猪殃殃

Galium aparine Linn. var. tenerum(Gren. Et Godr.)Rchb. Ic. Fl. Germ. E Helv. 17:94. pl. 146. f. 4. 1855

Galium pauciflorum Bunge，Enum. Pl. China Bor. Coll 109. 1833

Galium oliganthum Nakai et Kitagawa in Report. First. Sci. Exped. Manch. Seect. 4(1):56. 1934

Galium Hurusawa in Journ. Jap. Bot. 26:88. 1951

(五) 玉叶金花属　河南新记录属

Mussaenda Linn. 71(1):283. 5. 12. * ,朱家柟等编著. 拉汉英种子植物名称　第二版. 2006

1. 粉叶金花　粉纸扇　河南新记录种

Mussaenda hybrida Hort. *

2. 红纸扇　河南新记录种

Mussaenda erythrophylla Schum. et Thonn. *

(六) 长膈木属　河南新记录属

Hamelia Jacq. Select. Arn. 71. t. 50. 1763

1. 长膈木　河南新记录种

Hamelia patens Jacq. Select. Arn. 72. 1763

2. 希茉莉　河南新记录种

Hamelia patens Jacq. *

(七) 咖啡属　河南新记录属

Coffea Linn. Sp. Pl. 172. 1753

1. 小粒咖啡　河南新记录种

Coffea arabica Linn. Sp. Pl. 172. 1753

2. 中粒咖啡　河南新记录种

Coffea canephora Pierre ex Froehn. In Notizbl. Bot. Gart. Berlin 1:237. 1894

(八) 六月雪属　白马骨属　河南新记录属

Serissa Comm. ex A. Linn. Juss. ,Gen. 209. 1789

1. 六月雪　河南新记录种

Serissa japonica(Thunb.)Thunb. Nov. Gen. Pl. 9:132. 1798

Lycium japonicum Thunb. in Nov. Ac. Règ. S. Sci. Upsal. 2:207. 1979

Lycium foetidum Linn. f. Suppl. Pl. 150. 1781

Serissa foetida(Linn. f.)Lam. Tab. Encycl. 2:211. 1819

(九) 香果树属　河南新记录属

Emmenopterys Oliv. in Hookers Icon. Pl. 19:t. 1823. 1889

1. 香果树　河南新记录种

Emmenopterys henryi Oliv. in Hookers Icon. Pl. 19:t. 1823. 1889

Mussaenda cavaleriei Lévl. in Repert. Sp. Nov. Règ. Vég. 13:178. 1914

Mussaenda mairei Lévl. in Bull. Acad. Intern. Geog. Bot. 25:47. 1915

(十) 风箱树属　河南新记录属

Cephalanthus Linn. ,Sp. Pl. 95. 1753;Gen. Pl. ed. 5,42. no. 105. 1754

1. 风箱树　河南新记录种

Cephalanthus occidentalis Linn. ,Sp. Pl. 95. 1753

Cephalanthus oppositifolius Moench,Méth. Pl. 487. 1794

Cephalanthus acuminatus Rafinsque, New Fl. N. Am. 3:25. 1838. nom.

Cephalanthus obtusifolia Rafinsque, New Fl. N. Am. 3:25. 1838

2. 紫叶风箱树　河南新记录种

Cephalanthus occidentalis Linn. *

(十一) 龙船花属　河南新记录属

Lxora *

1. 龙船花　河南新记录种

Lxora chinensis Lam. *

一百三十九、忍冬科(范永明、陈俊通、赵天榜、陈志秀)

Caprifopliaceae Ventenat, Tabl. Regne Vég. 2:593. 1799. gen. Nonnull. Exclud.

Caprifoliae Persoon, Syn. Pl. 1:213. 1805

Lonicereae Endlicher, Gen. Pl. 566. 1838

Caprifolieae Presl, Wseob. Rostl. 1:785. 1846. Viburneae exclus.

Loniceraceae Horaninov, Char. Ess. Fam. Règ. Vég. 95. 1847

(一) 接骨木属

Sambucus Linn. ,Sp. Pl. 269. 1753;Gen. Pl. ed. 5,42. no. 105. 1754

Tripetalus Indl. in T. L. Mitchell, Three Exped. E. Austral. 2:14. 1839

Ebulum Garcke, Fl. Nord— & M. —Deutschl. ed. 7, 184. 1865

Ebulus(Pontedera)Nakai in Jour. Coll. Sci. Tokyo,42, 2:13(Tent. Syst. Caprifol. Jap.). 1921

1. 接骨木

Sambucus williamsii Hance in Ann. Sci. Nat. sér. 5, 5:217. 1866

2. 河南接骨木　新种　图 3

范永明[1]，李小康[2]，赵天榜[1*]，陈志秀[1]

(1. 河南农业大学林学院，河南郑州　450002;2. 郑州植物园，河南郑州　450042)

Sambucus henanensis J. T. Chen,Y. M. Fan et X. K. Li ex Y. M. Fan et T. B.

Zhao, sp. nov.

Species nov. Sambucus williamsii Hance similis, sed ramulis basi in 1～2-nudis sparse pubescentibus, superne nudis glabris. gemmis glabris. imparipinnati-foliis, seorsim 24-formis. foliolis in 1-formis 5- vel 7-foliolis, rare 6-foliolis. foliolis. foliolis formatis: ellipticis, anguste ellipticis, fasciariis、anguste ellipticis longis, ovati-ellipticis, late ellipticis; formis lobis margine, magnitudonibus et serratis diversis (lobis), seorsim 90-speciebus. Frutices deciduas, 2.0～3.0 m alti. ramuli basi in 1～2-nudis sparse pubescentibus, superne nudis glabris. gemmae glabra. imparipinnati-folia, seorsim 23-formae. foliolis in 1-formis 5- vel 7-foliolis, rare 6- foliolis. foliola seorsim 23-formae: 1. elliptica glabri apice mucronata base cuneata margine serrata maculiformes, serrata, longe serrata tringulata et longe serrata inflexi-tringulata; 2. elliptica angustata glabri apice acuminata, caudata longa base rotundata vel cuneiforme margine serrata magnitudines inaequales; 3. elliptica angustata glabri apice acuminata longa, caudata longa, base rotundata vel cuneiforme margine biserrata magnitudines; 4. elliptica angustata, lorata glabri apice acuminata longa, mucronata base rotundata vel cuneiforme margine serrata magnitudines inaequales vel median et base integerrima in foliolis; 5. elliptica glabri apice acuminata longa base cuneata, margine serrata magnitudines inaequales, crenata obtusa, base integra: 6. elliptica, elliptici angustata glabra apice acuminata longa, caudata longa, base cuneata inaequales, margine serrata maculiformes, serrata obtusa magnitudines inaequales et longi-brevitates inaequales, base margine integra; 7. elliptica angustata glabra apice acuminata longa, base cuneata inaequales, margine serrata maculiformes, serrata obtusa magnitudines inaequales et longi-brevitates inaequales, rare biserrata, base margine integra; 8. anguste elliptica longa glabra apice acuminata longa, base cuneata inaequales, margine serrata maculiformes, serrata obtusa magnitudines inaequales et longi-brevitates inaequales, rare biserrata base margine integra; foliola in medio margine serrata maculiformes, retorti-serrata obtusa magnitudines inaequales et longi-brevitates inaequales, base margine integra vel lobi lorata margine integra rare 3～5-serrata parva; 9. anguste elliptica longa glabra, apice acuminata longa, base cuneata, rare subrotundata, margine serrata maculiformes, serrata obtusa magnitudines inaequales et longi-brevitates inaequales, rare bisettata, base margineintagra; 10. anguste elliptica longa glabra, apice acuminata longa, base cuneata, inaequales, margine serrata maculiformes, magnitudines inaequales et longi-brevitates inaequales, rare biserrata, base margine integra, vel lorata, lobi fissasaepead costas vel , vel lorata, foliola margine integra; 11. anguste elliptica glabra, apice acuminata longa margine integra, base cuneata, margine serrata maculiformes, magnitudines inaequales et longi-brevitates inaequales, base margine lobi integra lorata, saepe sub ad costas; inter foliola base lobi lorata, margine integra rare serrata parva; 12. anguste elliptica glabra, apice acuminata longa, margine integra, base cuneata parva, margine serrata maculiformes, magnitudines inaequales et longi-brevitates inaequales, dentata retorta, rare bidentata retorta, base margine lobi integra lorata, saepe sub ad costas; foliola media base lobi lorata, 1. 0～2. 0 cm longa, foliola anomala, 1. 5～2. 0 cm longa, margine serrata parva; 13. anguste elliptica, 6-foliola, glabra, apice acuminata longa, margine serrata maculiformes, base cuneata parva, margine serrata maculiformes, magnitudines inaequales et longi-brevitates inaequales, dentata retorta, rare bidentata retorta, base margine lobi integra lorata, lorata, saepe sub ad costas, 1. 0～2. 0 cm longa, foliola anomala, 1. 5～2. 0 cm, longa, margine serrata parva, lobi integra lorata, saepe sub ad costas; foliola media base lobi lorata, 2. 5～4. 5 cm longa, margine integra; 14. elliptica, glabra, apice acuminata, margine serrata, base cuneata, margine magnitudines inaequales et longi-brevitates inaequales, retorti-dentata, base margine lobi integra lorata, lorata, saepe sub ad costas, base lobi lorata, margine integra; 15. elliptica, ovati-elliptica, 5. 0～11. 0 cm longa, glabra, apice acuminata, margine integra, base cuneata, margine serratura, magnitudinesstaturae inaequales et longi-brevitates inaequales, dentata retorta, base margine lobi integra lorata, saepe sub ad costas, base lobi lorata, 0. 5～1. 5 cm longa, foliola anomala, 1. 5～2. 0 cm longa, margine serrata lobi lorata, saepe sub ad costas, base lobi lorata, minute retorta, 1. 5～2. 0 cm longa, margine integra; 16. elliptica, 12. 0～16. 0 cm longa. glabra, apice acuminata, margine integra, base cuneata, margine, serratura, magnitudines staturae discrimina et longi-brevtates inaequales dentata retorta, rare biserrata, base margine integra; foliola mediis inaequala, apice et suypra medium margine serrata, rare crenata retorta, base margine lobi integra lorata, 5. 5～6. 0 cm longa, 5～8 mm lata; 17. anguste elliptica, lorata glabra, apice acuminata longa, margine integra, base cuneata, margine serratura, magnitudines staturae discrimina et longi-brevitates inaequales dentata retorta, lobi lorata longa, base margine intagra rare lobi longa retorta pungentes; foliola media inaequala, apice et suypra medium margine integra rare biserrataacera, base lobi lorata, 5. 0～6. 0 cm longa, 5～6 mm lata, margine integra; 18. anguste elliptica, glabra, apice acuminata, margine integra, base cuneata, margine serratura, magnitudines staturae discrimina et longi-brevtates inaequales dentata retorta, base margine integra; 19. anguste elliptica, glabra, apice acuminata, margine integra, base cuneata, margine serratura, magnitudines staturae discrimina et longi-brevtates inaequales dentata retorta, lobi longa lorata, base lobi loratamargine integra; foliola mediis rhomboidea, apice acuminata longa, margine serraturae maculae biserrata mucronata, base lobi lorata, 1. 0～2. 5 cm longa, 2～3 mm lata, margine integra; 20. elliptica lata, glabra, apice acuminata longa, margine integra, infra medium margine lobi loratastaturae discrimina inaequales et longi-brevtates inaequales et longi-brevtates margine integra; 21. elliptica lata, glabra, apice acuminata longa, margine integra, et longi-brevtates infra medium lobi lorata staturae discrimina et longi-brevtates inaequales et longi-brevtates, lobi profunda 1/2, margine integra; foliolis mediis specifica, apice margine integra, infra medium margine lobi lorata staturae discrimina et longi-brevtates inaequales, lobi profunda 1/2, margine integra, base lobi lorata retorta，5.0～6.0 cm longa，5～7 mm lata；22. 6-foliolis，elliptica，glabra，apice acuminata，margine mediis staturae discrimina et longi-brevtates inaequales retorti-serratura，rare biserrata，base inaequales，margine integra，vel serrata parva；23. elliptica，glabra，apice acuminata，margine infra medium staturae discrimina et longi-brevtates inaequales retorti-serratura，rare biserr biserrata minuta，base inaequales，margine integra vel serrata minuta；foliolis mediis apice et mediis margine staturae discrimina et longi-brevtates inaequales et longi-brevtates，lobi profunda ad costas，margine integra，base lobi lorata，5.0～6.0 cm longa，5～7 mm lata. foliolis margine forma，margine serratura，lobi facta，staturae discrimina，separata 90 species。

Henan：Zhengzhou City. 2017－08－15. J. T. Chen，Y. M. Fan et T. B. Zhao，No. 201708155(HNAC).

落叶灌丛，高2.0～3.0 m。当年生小枝第一、二节疏被短柔毛，其余节无毛。芽无毛。叶为奇数羽状复叶，可分23类。每类具小叶5枚，或7枚，稀6枚。小叶有23种类型：1. 椭圆形，无毛，先端短尖，基部楔形，边缘具点状齿、细锯齿、三角形长尖齿及三角形弯长尖齿；2. 狭椭圆形，无毛，先端长渐尖、长尾尖，基部圆形，或楔形，边缘具大小不等的尖锯齿；3. 狭椭圆形，无毛，先端长渐尖、长尾尖，基部圆形，或楔形，边缘具大小不等的重钝锯齿；4. 窄椭圆形、带形，无毛，先端渐尖、短尖，基部圆形，或楔形，边缘具大小不等的小锯齿，或叶中、基部全缘；5. 椭圆形，无毛，先端长渐尖，基部楔形，边缘具大小不等的弯钝锯齿，基部边缘全缘；6. 椭圆形、狭椭圆形，无毛，先端长渐尖，基部楔形，不对称，边缘具点状齿、大小及长短不等的弯钝锯齿，基部边缘全缘；7. 椭圆形、狭椭圆形，无毛，先端长渐尖，基部楔形，不对称，边缘具点状齿、大小及长短不等的弯钝锯齿，稀重锯齿，基部边缘全缘；8. 狭长椭圆形，无毛，先端长渐尖，基部楔形，不对称，边缘具点状齿、大小及长短不等的弯钝尖锯齿，稀重锯齿，基部边缘全缘；中部小叶边缘具点状齿、大小及长短不等的弯钝锯齿，稀重锯齿，基部边缘全缘，或裂片呈带状小叶，边缘全缘，稀具3～5枚小细齿；9. 狭长椭圆形，无毛，先端长渐尖，基部楔形，稀近圆形，边缘具点状齿、大小及长短不等的弯钝锯齿，稀重锯齿，基部边缘全缘；10. 狭长椭圆形，无毛，先端渐尖，基部楔形，不对称，边缘具点状齿、大小及长短不等的弯钝锯齿，稀重锯齿，基部边缘全缘，或长带形，锯齿裂片通常近达中脉，或呈带形、全缘小叶；11. 狭椭圆形，无毛，先端长渐尖，其边缘全缘，基部楔形，边缘具点状齿、大小及长短不等的弯钝锯齿，基部边缘裂片全缘，呈带形，通常近达中脉；中部小叶基部裂片呈带形，小叶边缘全缘，稀具小锯齿；12. 狭椭圆形，无毛，先端长渐尖，其边缘全缘，基部小楔形，边缘具点状齿、大小及长短不等的弯钝锯齿，稀重弯钝锯齿，基部边缘裂片全缘，呈带形，通常近达中脉，中部小叶基部裂片呈带形，长1.0～2.0 cm，具畸形小叶，长1.5～2.0 cm，边缘具小细锯齿；13. 狭椭圆形，具小叶6枚，无毛，先端长渐尖，其边缘具点状齿，基部小楔形，边缘具点状齿、大小及长短不等的弯钝锯齿，稀重弯钝锯齿，锯齿基部边缘裂片全缘，呈带形，通常近达中脉基部，基部裂片呈带形，长1.0～2.0 cm，具畸形小叶，长1.5～2.0 cm，边缘具小细锯齿裂片全缘，呈带形，通常近达中脉，中部小叶基部裂片呈带形，长2.5～4.5 cm，边缘无锯齿；14. 椭圆形，无毛，先端渐尖，其边缘具细锯齿，基部楔形，边缘具大小及长短不等的弯钝锯齿，基部边缘裂片全缘，呈带形，通常近达中脉基部，基部裂片呈带形，长 1.5～2.5 cm，边缘裂片全缘；15. 椭圆形、卵椭圆形，长 5.0～11.0 cm，无毛，先端渐尖，其边缘全缘，基部楔形，边缘具细齿、大小及长短不等的弯钝锯齿，基部边缘裂片全缘，呈带形，通常近达中脉基部，基部裂片呈带形，长 0.5～1.5 cm，具畸形小叶，长 1.5～2.0 cm，边缘具小细锯齿裂片全缘，呈带形，通常近达中脉，基部裂片带形，微弯，长 1.5～2.0 cm，边缘全缘；16. 椭圆形，长 12.0～16.0 cm，无毛，先端渐尖，其边缘全缘，基部楔形，边缘具大小及长短不等的弯钝锯齿，稀重锯齿，基部边缘全缘，中部小叶特异，先端与上部边缘具尖锯齿，稀弯曲锯齿，基部裂片呈带

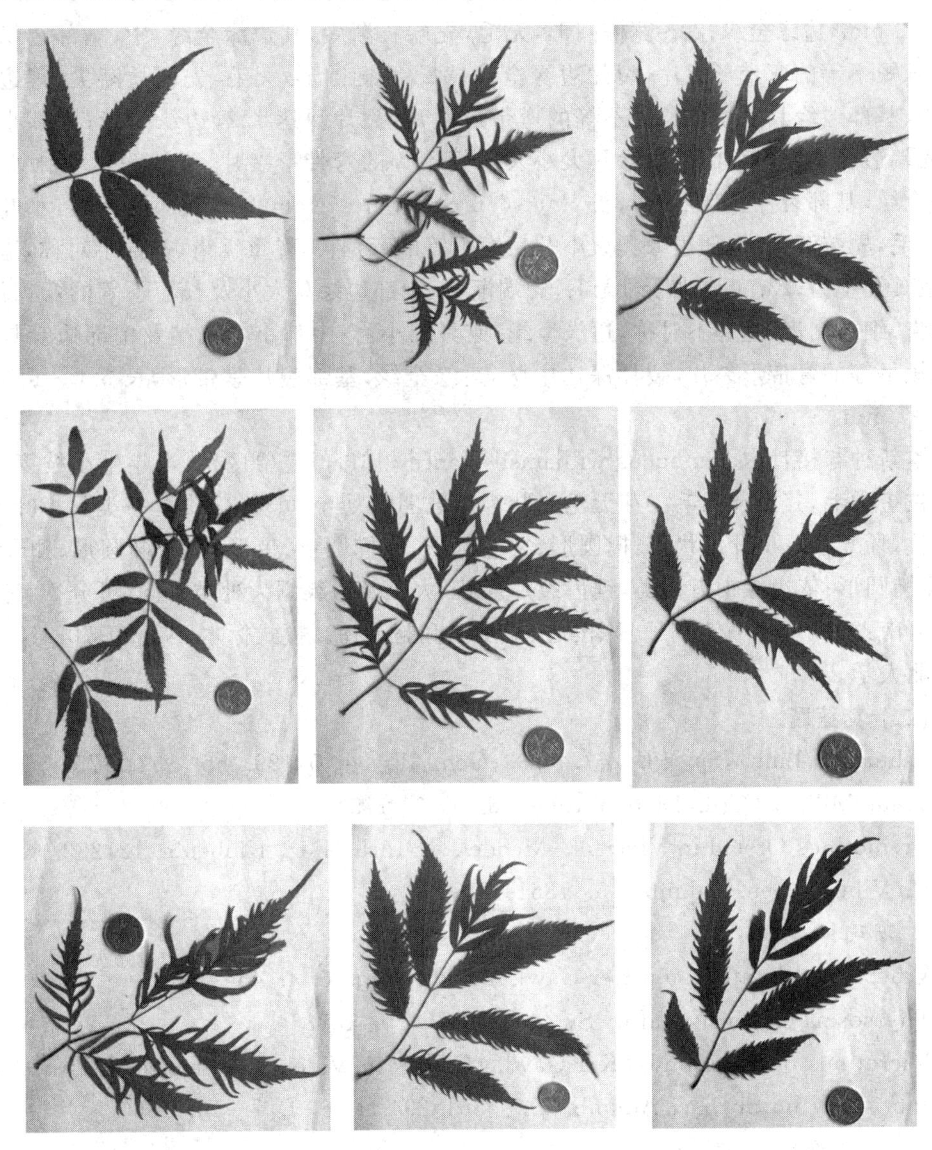

图 3　河南接骨木

Sambucus henanensis J. T. Chen, Y. M. Fan et X. K. Li ex Y. M. Fan et T. B. Zhao（部分叶形叶片）

形，长 5.5～6.0 cm，宽长 5～8 mm，全缘；17. 狭椭圆形、带形，无毛，先端渐尖，其边缘全缘，基部楔形，边缘具大小及长短不等的弯钝锯齿、长带形裂片，基部边缘全缘，稀弯曲尖长裂片；中部小叶特异，先端与上部边缘全缘，稀具尖重锯齿，基部裂片呈带形，长 5.0～6.0 cm，宽 5～6 mm，全缘；18. 狭椭圆形，无毛，先端渐尖，其边缘全缘，基部楔形，边缘具大小及长短不等的弯钝锯齿，长带形锯齿，基部边缘全缘；19. 狭椭圆形，无毛，先端渐尖，其边缘全缘，基部楔形，边缘具大小及长短不等的弯钝锯齿，长带形裂片，基部边缘全缘；中部小叶菱形，先端长渐尖，边缘具点状齿、尖重锯齿，基部裂片呈带形，长 1.0～2.5 cm，宽 2～3 mm，边缘全缘；20. 宽椭圆形，无毛，先端长渐尖，其边缘全缘，中、基部边缘具大小及长短不等的弯带形裂片，裂片边缘全缘；21. 宽椭圆形，无毛，先端长渐尖，其边缘全缘，中、基部边缘具大小及长短不等的弯带形裂片，裂片深达 1/2，边缘全缘；中部小叶特异，先端边缘全缘，上、中部边缘具大小及长短不等的弯带形裂片，裂片深达中脉处 1/2，边缘全缘，基部裂片呈带形、弯，长 5.0～6.0 cm，宽 5～7 mm；22. 具小叶 6 枚，小叶椭圆形，无毛，先端渐尖，中部边缘具大小及长短不等的弯锯齿，稀重锯齿，基部不对称，边缘全缘，或具细小齿；23. 叶椭圆形，无毛，先端渐尖，中部边缘具大小及长短不等的弯锯齿，稀重锯齿、细重锯齿，基部不对称，边缘全缘，或具细小齿；中部小叶先端及中部边缘具大小及长短不等的弯带形裂片，裂片深达中脉，边缘全缘，基部裂片呈带形，长 5.0～6.0 cm，宽 5～7 mm。

本新种与接骨木 Sambucus williamsii Hance 相似，但主要区别：当年生小枝第一、二节疏被短柔毛，其余节无毛。芽无毛。叶为奇数羽状复叶，可分 23 类。每类具小叶 5 枚，或 7 枚，稀 6 枚。小叶形状有：椭圆形、狭椭圆形、窄椭圆形、带形、狭长椭圆形、卵－椭圆形、宽椭圆形；依边缘锯齿种类，锯齿裂片形状、大小及边缘锯齿种类不同，可分 90 种。

河南：2017 年 8 月 15 日。陈俊通、范永明和赵天榜。模式标本，No. 201708155，存河南农业大学。

（二）荚蒾属

Viburnum Linn. ,Sp. Pl. 267. 1753;Gen. Pl. ed. 5,129. no. 332. 1754

Tinus Miller, Gard. Dict. abridg. ed. 4, 3. 1754

Oreinotinus Orsted in Vidensk. Meddel. Naturh. For. Kiobenh. 12:282. t. 6. f. 11～12(Viburni Gen. Adunb. 15. 1861). 1860

1. 珊瑚树

Viburnum odoratissmum Ker-Gawl. in Sot. Règ. 6. t. 456. 1820

Thyrsosma chinensis Rafin. Sylv. Tellur. 120. 1838

Microtinus odoratissimus(Ker-Gawl.)Oerst. in Vidensk. Meddel. Maturb. For. Rjobenb. 12(Viburni Gen, Adumb. 29. 1861)294. t. 6. f. 7～10. 1860

1.1 日本珊瑚树

Viburnum odoratissmum Ker-Gawl. var. awabuki(K. Koch)Zabei ex Rumpl. III. Gartenbau-Lex. ed. 3, 877. 1902

Viburnum arboricolum Hayata, 1. c. Pl. Formos. 4 12. 1914

2. 绣球荚蒾

Viburnum macrocephalum Fort. in Journ. Hort. Soc. Lond. 2:244. 1847

Viburnum Fortuneihort. ex Nicholson, III. Dict. Gard. 4:155. 1887. pro syn.

2.1 天目琼花　河南新记录变型

Viburnum macrocephalum Fort. f. keteleeri(Carr.)Rehd. in Bibliography of Cult. Trees and Shrubs. 603. 1949

Viburnum keteleeri Carr. in Rev. Hort. 1863:269. f. 31. 1863

Viburnum arborescens Hemsley in Jour. Linn. Soc. Lond. Bot. 23:349. 1888

2.2 小瓣天目琼花　河南新记录变型

Viburnum macrocephalum Fort. f. parva T. B. Zhao,J. T. Chen et J. H. Mi,赵天榜等主编. 河南省郑州市紫荆山公园木本植物志谱:426. 2017.

3. 荚蒾

Viburnum dilatatum Thunb. ,Fl. Jap. 124. 1784

现栽培地:河南、郑州市、郑州植物园。

4. 欧洲荚蒾　河南新记录种

Viburnum erubescens Wallich,Pl. As. Rar. 2:29. t. 134. 1830

Viburnum wightianum Wallich,Num. List,no. 434. 1829. nom.

Viburnum pubigerum Wight & Arnott,Prodr. Fl. Ind. 389. 1834

Solenotinus erubescens Orsted in Vidensk. Meddel. Naturh. For. Kjobenh. 12:295(Viburni Gen. Adumb. 29. 1861). 1860

Viburnum botryoideum Lévl. ,Cat. Pl. Yun-Nan,28. 1915

(三)锦带花属　河南新记录属

Weigela Thunb. in Svenska Vetensk. Acad. Handl. [sér. 2] 1:137. t. 5. 1780

1. 锦带花　河南新记录种

Weigela florida(Bunge)A. DC. in Ann. Sci. Nat. Bot. sér. 2,11:241. 1839

Clysphyrum floridum Bunge in Mém. Div. Sav. Acad. Sci. St. Pétersb. 2:108(Enum. Pl. Chin. Bor. 34. 1833). 1835

Diervilla florida Sieb. & Zucc. ,Fl. Jap. 1 75. 1838

Weigela pauciflora A. DC. in Ann. Sci. Nat. Bot. sér. 2,11:241. 1839

Calysphyrum pauciflorum Bunge mss. ex Walpers,Repert. Bot. Syst. 2:450. 1843

Weigela rosea Lindl. in Journ. Hort. Soc. Lond. 1:65. 189. t. 6. 1846

Diervilla rosea Walpers,Ann. Bot. Syst. 1:365. 1848

Calysphyrum roseum C. A. Meyer in Bull. Phys.—Méth. Acad. Sci. St. Pétersb. 13:220. 1855

1.1 ‘红王子’锦带　河南新记录栽培品种

Weigela florida(Bunge)A. DC. ‘Red Prince’ *

1.2 白花锦带　河南新记录变型

Weigela florida(Bunge)A. DC. f. alba(Carr.)Rehd. in Jour. Arnold Arb. 20:

431. 1939

Weigela alba Carr. in Rev. Hort. 1861:331. t. 1861

2. 海仙花 河南新记录种

Weigela coraeensis Thunb. in Trans. Linn. 2:52. f. 25d. 1929

Diervilla coraeensis DC. ,Prodr. 4:330. 1830

Diervilla grandiflora Sieb. & Zucc. ,Fl. Jap. 1:71. t. 31. 1837

Weigela grandiflora K. Koch,Hort. Dendr. 298. 1853

Diervilla amabilis Carr. in Rev. Hort. 1853:305. 1853

Weigela amabilis Planchon in Fl. des Serr. 8:287. t. 855. 1853

2.1 '花边'海仙花 河南新记录栽培品种

Weigela coraeensis Thunb. 'Yellow White Marginted' *

(四) 忍冬属

Lonicera Linn. ,Sp. Pl. 173. 1753. exclud. sp. nonnull. ;Gen. Pl. ed. 5,80. no. 210. 1754

Caprifolium Zinn,Cat. Pl. Gotting. 210. 1757

Euchylia Dulac,Fl. Haut. -Pyrén. 463. 1867

1. 忍冬 二花

Lonicera japonica Thunb. ,Fl. Jap. 89. 1784

Caprifolium japonicum Dumont de Courset,Bot. Cult. ed. 2,7:209. 1814

Nintooa japonica Sweet,Hort. Brit. ed. 2,258. 1830

Lonicera cochinchinensis G. Don,Gen. Hist. Dichlam. Pl. 3:447. 1834

1.1 紫叶忍冬 新变种

Lonicera japonica Thunb. var. purpurascens T. B. Zhao, Z. X. Chen et Y. M. Fan, var. nov.

A var. nov. ramulis et foliis purpuratis et purpurascentibus.

Henan:Zhengzhou City. 2015-08-10. T. B. Zhao,J. T. Chen et D. F. Zhao, No. 201508103(HNAC).

本新变种枝、叶紫色及淡紫色。

河南:郑州市、郑州植物园。赵天榜、陈志秀和赵东方。模式标本,No. 201508103,存河南农业大学。

2. 金银忍冬 金银木

Lonicera maackii(Rupr.)Maxim. in Mém. div. Sav. Acad. Sci. St. Pétersb. 9:136(Prim. Fl. Amur.)1859

Xylosteum maackii Ruprechtin Bull. Phys. -Math. Acad. Sci. St. Pétersb. 15:369. 1857

Caprifolium maackii Kuntze,Rev. Gen. Pl. 1:274. 1891

2.1 红花金银忍冬 河南新记录变型

Lonicera maackii(Rupr.)Maxim. f. erubescens Rehd. in Mitt. Deutsch. Dendr.

Ges. 1913(22):263. 1914

3. 新疆忍冬　河南新记录种

Lonicera tatarica Linn. ,Sp. Pl. 173. 1753

Xylosteon cordatum Moench,Méth. Pl. 502. 1794

Xylostweum tartaricum Medicus,Beytr. Pflanzen-Anat. 97. 1799. nom. altern.

Lonicerapyrenaica hort. ex Regel in Gartenfl. 18:258. 1869. pro syn. ;non Linn. 1753

Caprifolium tataricum Kuntze,Rev. Gen. Pl. 1:274. 1891

4. 亮叶忍冬　河南新记录种

Lonicera nitida Wilson in Gard. Chron. sér. 3,50:102. 1911

(五) 六道木属

Abelia R. Br. in Abel,Narr. Jour. China,App. B. 376. 1818

1. 六道木

Abelia biflora Turcz. in Bull. Soc. Nat. Moscou,10,7:152. 1837

Abelia davidiui Hance in Jour. Bot. 6:329. 1868

Abelia shikoana Makino in Bot. Mag. Tokyo,6:55. 1892. nom.

Linnaea biflora Koehne,Deutsche Dendr. 559. 1893

2. 大花六道木　河南新记录种

Abelia grandiflora(André) Rehd. in Bailey,Cycl. Am. Hort. [1]:1. 1900. (A. chinensis R. Brown × A. uniflora R. Brown)

3. 糯米条

Abelia chinensis R. Br. in Abel. Narr. Journ. China App. B. 376. t. 1818

Abelia rupestris Lindl. in Bot. Règ. 32:t. 8. 1846

Abelia hanceana Martius ex Hance in Ann. Sci. Nat. Bot. sér. 5,5:216. 1866

Linnaea chinensis A. Braun & Vatke in Oester. Bot . Zeitschr. 22:291. 1872

(六) 蝟实属

Kolkwitzia Graebn. in Bot. Jahrb. 29:593. 1900

1. 蝟实

Kolkwitzia amabilis Graebn. in Bot. Jahrb. 29:593. 1900

一百四十、败酱科(李小康)

Valerianaceae * ,中国植物志　第73卷:5. 1986

(一) 缬草属

Valeriana Linn. Sp. Pl. 31. 1753;Gen. Pl. ed. 5,19. no. 43. 1754

1. 缬草

Valeriana officinalis Linn. Sp. Pl. 31. 1753

Valeriana alternifolia Bunge in Ldb. Fl. Alt. 1:52. 1829

Valeriana stolonifera Czxern. in Bull. Soc. Nat. Mosc. 18:133. 1845. in nota

Valeriana coreana Briq. in Ann. Conserv. et Gard. Bot. Geneve 17:327. 1914

Valeriana chinensis Kreyer ex Komarov in Bull. Jard. Bot. Acad. Sci. URSS 30: 215. 1932

Valeriana tianschanica Kreyer ex Hand. —Mazz. in Act. Hort. Gothob. 9:175. 1934

Valeriana nipponica Nakai ex Kitagawa in Rep. First. Exped. Sci. Manch. Sect. 44:49. 1936

Valeriana leiocarpa Kitagawa in Rep. Inst. Sci. Res. Manch. 5:158. 1941

Valeriana pseudofficinalis C. Y. Cheng et H. B. Cheng *

(二) 败酱属

Patrinia Juss. in Ann. Mus. Par. 10:311. 1807

Fedia Adans. ,Fam. 2:152. 1763

1. 异叶败酱

Patrinia heterophylla Bunge in Mém. Acad. Sci. St. Pétersb. Sav. Étrang. 2:109. 1833

2. 败酱

Patrinia scabiasaefolia Fisch. ex Trev. in Ind. Sem. Hort. Bot. Vratisl. App. 2: 2. 1820

Fedia serratulaefolia Trev. in Ind. Sem. Hort. Bot. Vratisl. App. 2:2. 1820

Patrinia scabiasaefolia Fisch. ex Link,Enum. Pl. Hort. Bot. Berol. 1:131. 1821

Fedia scabiasaefolia Trev. in Nov. Acta Soc. Nat. Cur. 13:165. 1826

Patrinia serratulaefolia(Trev.)Fisch. ex DC. , Prodr. 4:634. 1830

Patrinia hispida Bunge,Pl. Mongh. —China Dec. 1:25. t. 3. 1835

Patrinia paviflora Sieb. & Zucc. in Abh. Math. Akad. Wiss. Muench. 4(3):195. 1846

一百四十一、葫芦科(李小康)

Cucurbitaceae * ,中国植物志 第 73 卷 第 1 分册:84. 1986

(一) 金瓜属

Gymnopetalum Arn. in Hook. , Journ. Bot. 3:278. 1841

Tripodanthera Roem. , Fam. Syn. Mon. 2:11, 48. 1846

Scotanthus Naud. in Ann. Sc. Nat. Ser. 4, 16:172. 1862

1. 金瓜

Gymnopetalum chinensis(Lour.)Merr. in Philip. Journ. Sc. 15:256. 1919

Evonymus chinensis Lour. , Fl. Cochinch. 156. 1790

Bryonia cochinchinensis Lour. , Fl. Cochinch. 595. 1790

Tripodanthera cochinchinensis(Lour.)Roem. , Fam. Syn. Mon. 2:48. 1846

Gymnopetalum quinquelobum Miq. , Fl. Ind. Bot. 1:681. 1855

Gymnopetalum chinchinnensis (Lour.) Kurz. in Journ. As. Soc. Bengal 40: 57. 1871

Gymnopetalum quinquelobum Merr Arn. Arb. 19:70. 1938

(二) 葫芦属

Lagenaria Ser. Mém. Soc. Phys. Genve 3(1):25. t. 2. 1825

1. 小葫芦

Lagenaria siceraria (Molina) Standl. var. microcarpa (Naud.) Hara in Bot. Mag. Tokyo, 61:5. 1948

(三) 沙葫芦属　河南新记录属

Xerosicyos *

1. 沙葫芦　河南新记录种

Xerosicyos danguyi *

(四) 碧雷鼓属　河南新记录属

Xerosicyos

1. 碧雷鼓　河南新记录种

Xerosicyos danguyi Humbert *

一百四十二、桔梗科(李小康)

Campanulaceae *,中国植物志　第73卷　第2分册:1~2. 1983

(一) 桔梗属

Platycodon A. DC.,Monogr. Camp. 125. 1830. p. p.

1. 桔梗

Platycodon grandiflorus(Jacq.)DC.,Monogr. Camp. 125. 1830

Platycodon glaucus Nakao 38:301. 1924

Platycodon chinensis Lindl. et Paxton,Fl. Gard. 2:121. t. 61. 1853

Platycodon autumnalis Decaisne,Rev. Hort. Vindb. 3:4. t. 2. 1776

Platycodon grandiflora Jacq.,Hort. Vindb. 3:4. 2. 1776

Platycodon glauca Thunb.,Fl. Jap. 88. 1784

(二) 党参属

Codonopsis Wall. in Roxb.,Fl. ed. Ind. Carey 2:103. 1842

Glossocomia D. Don.,Prodr. Fl. Nepal. 158. 1825

1. 党参

Codonopsis pilosula(Franch.)Nannf.,Act. Hort. Goth. 5:29. 1929

Campanumoea pilosula Franch.,Pl. David. 1:192. 1884

Campanumoea silvestris Kom.,Act. Hort. Pétrop. 18. 425. 1901

(三) 沙参属

Adenophora Fisch.,Mem. Soc. Nat. Mosc. 6:165. 1823

Floerkea Spreng.,Anleit. ed. 2,2:523. 1818. non Willd. 1801

1. 沙参

Adenophora stricta Miq. ,Ann. Mus. Bot. Lugd. —Bat. 2:192. 1866

Adenophora axilliflora Borb. Magyar Bot. Lap. 3:192. 1904

Adenophora argyi Lévl. ,Bull. Ac. Geogr. Bot. 23:292. 1914

Adenophora rotundifolia Lévl. ,Bull. Ac. Geogr. Bot. 23:292. 1914

一百四十三、菊科(李小康、王志毅、陈志秀)

Compositae * ,中国植物志　第74卷:1. 1985

(一) 苍耳属

Xanthium Linn. Sp. Pl. 987. 1753;Gen. Pl. ed. 5，424. 1754

1. 苍耳

Xanthium sibiricum Patrin ex Widder in Fedde，Repert. Sp. Nov. 20:32. 1923

Xanthium strumarium Linn. Sp. Pl. 987. 1753. p. p.

Xanthium indicum Klatt. in Nov. Act. Kais. Leop. —Carol. Deutch. AK. Nat. 380. 1880. non Koenig apud. Roxb.

Xanthium japonicum Widder，in Fedde，Repert. Beih. 20:31. 1923

(二) 金光菊属

Rubeckia Linn. Sp. Pl. 906. 1753

1. 金光菊

Rubeckia laciniata Linn. Sp. Pl. 906. 1753

2. 黑心金光菊

Rubeckia hirta Linn. Sp. Pl. 907. 1753

Rudbeckia serotina Nutt. in Journ. Acad. Philed. 7:80.

(三) 肿柄菊属

Tithonia Desf. ex Juss. , Gen，189. 1789

1. 肿柄菊

Tithonia diversifolia A. Gray in Prodr. Am. Acad. 19:5. 1883

(四) 向日葵属

Helianthus Linn. Sp. Pl. 904. 1753

1. 向日葵

Helianthus annuus Linn. Sp. Pl. 904. 1753

注:向日葵栽培品种很多。

(五) 金鸡菊属

Coreopsis Linn. Sp. Pl. 907. 1753

1. 大花金鸡菊

Coreopsis grandiflora Hogg. in Sweet，Brit. Fl. North. Gard. 2:175. 1825

2. 两色金鸡菊

Coreopsis tinctoria Nutt. in Journ. Acad. Sci. Philadelph. 2:114. 1821

Calliopsis tinctoria(Nutt.)DC., Prodr. 5:568. 1836

2.1 瓣筒两色金鸡菊　河南新记录变种

Coreopsis tinctoria Nutt. var. *

3. 剑叶金鸡菊

Coreopsis lanceolata Linn. Sp. Pl. 908. 1753

4. 金鸡菊

Coreopsis tinctoria Nutt. in Journ. Acad. Sc. Philadelph. 2:114. 1821

Coreopsis basalis(A. Dietrich)S. F. Blake,Proc. Amer. Acad. Arts 51(10):525. 1916

(六) 大丽花属

Dahlia Cav. l. c. et Descr. Pl. 1:56. 1791

Georgina Willd. Sp. Pl. 3 , 3:124. 1803

1. 大丽花

Dahlia pinnata(Wtbz)Cav. l. c. et Descr. Pl. 1:57. 1791

Dahlia pinnata Cav. Icon. 1(3):57. t. 80. 1791

Georgina variabilis Willd. Sp. Pl. 3:3124. 1803

Dahlia purpurea Polr., Encycl. Méth. Suppl. 2:444. 1811

Dahlia variabilia Desf., Cat. Hort. Paris ed. 3:182. 1829

注:大丽花栽培品种很多。

(七) 秋英属　波斯菊属

Cosmos Cav. Icon. et Descr. Pl. 1:9. t. 14. 79. 1791

Cosmea Willd. Sp. Pl. 3:2250. 1803

1. 秋英　波斯菊

Cosmos bipinnata Cav. Icon. 1(1):10. pl. 14. 1791

2. 黄秋英

Cosmos sulphurous Cav. Icon. 1(1):10. pl. 14. 1791

(八) 万寿菊属

Tagetes Linn. Sp. Pl. 887. 1753

1. 万寿菊

Tagetes erecta Linn. Sp. Pl. 887. 1753

(九) 无人菊属

Gaillardia Foug. in Obs. Phys. 29:55. 1786

1. 无人菊

Gaillardia pulchella Foug., Mém. Acad. Sci. Paris 1786:5. t. 1. 1788

(十) 木茼蒿属　河南新记录属

Argyranthemum Webb. ex Sch. —Bip. in Webb et Berth. Phyt. Canar. 2:258, 1842

Chrysanthemum frutescens(Linn.)Sch. —Bip. in Webb et Berth., Phyt. Canar. 2:

264. 1824

Pyrethrum frutescens(Linn.)Willd. Sp. Pl. 3:2150. 1803

1. 木茼蒿 河南新记录种

Argyranthemum frutescens(Linn.)Sch. —Bip. in Webb et Berth. ,Phyt. Canar. 2:264. 1842

Chrysanthemum frutescens Linn. ,Sp. Pl. 877. 1753

Pyrethrum frutescens(Linn.)Willd. Sp. Pl. 3:2150. 1803

(十一) 菊属

Dendranthema(DC.)Des Moul. in Act. Son. 20, 561. 1855. p. p.

1. 菊花

Dendranthema morifolium(Ramat.)Tzvel. in Fl. URSS 26:373. 1961

Chrysanthemum morifolium Ramat. in Journ. Hist. Nat. 2:240. 1792

Chrysanthemum sinense Sabine in Trans. Linn. Soc. Bot. 14:142. 1823

Pyrethum sinense(Sabine)DC. in Prodr. 6:62. 1837

Tanacetum sinense(Sabine)Sch. —Bip. , Tanacet, Pl. David. 1:167. 1844

Dendranthema(Sabine)Des Moul. in Act. Soc. Linn. Bord. 20 562. 1855

Tanacetum morifolium(Ramat.)Kitam. in Mém. Coll. Sci. Kyoto Univ. sér. B. 15:373. 1940 in syn.

注:菊花栽培品种很多。

2. 野菊花

Dendranthema indicum(Linn.)Des. — Moul. in Act. Soc. Linn. Bord. 20:561. 1855

Chrysanthemum indicum Linn. Sp. Pl. 889. 1753

Chrysanthemum procumbens Lour. , Fl. Cochinch. 499. 1790

Matricaria indica(Linn.)Desr. in Lam. Encycl. 3:734. 1792

Pyrethrum indica(Linn.)Cass. in Dict. Sci. Nat. 44:149. 1826

Chrysanthemum sabinii Lindl. in Bot. Reg. 15. t. 1287. 1829

Tanacetum indicum(Linn.)Sch. —Bip. , Tanacet. 50. 1844

Chrysanthemum lushanense Kitam. in Journ. Jap. Bot. 13:163. 1937

Chrysanthemum nankingense Hand. —Mazz. in Acta Hort. Gothob. 12:257. 1938

(十二) 蒿属

Artemisia Linn. Sp. Pl. 845. 1753;Gen. Pl. ed. 5, 3:367. 1754

1. 青蒿

Artemisia carvifolia Buch. —Ham. ex Roxb. Hort. Beng. 61. 1814. nom. nud

Artemisia apiacea Hance in Walp. Ann. 2:895. 1852

Artemisia thubergiana Maxim. in Bull. Acad. Sci. Pétersb. 8:528. 1872

2. 黄花蒿

Artemisia annua Linn. Sp. Pl. 847. 1753

Artemisia wadei Edgew. in Trans. Linn. Soc. Bot. 20:72. 1846
Artemisia stewartii C. B. Clarke, Comp. Ind. 162. 1876
Artemisia chamomilla C. Winkl. in Act. Hort. Petrop. 10:87. 1887
3. 野艾蒿
Artemisia lavandulaefolia DC. Prodr. 6:110. 1837
4. 茵陈蒿
Artemisia capillaris Thunb. Fl. Jap. 309. 1784
Artemisia sacchalinensis Tiles ex Bes. in Bull. Soc. Nat. Nosc. 8:48. 1835
Ologosporus capillaris(Thunb.)Poljak. B. Mat. ФЛ. Pact. Казах. 11:167. 1967
5. 猪毛蒿　河南新记录种
Artemisia scoparia Waldst. et Kit. Pl. rar. Hung. 1:66. Tab. 5. 1802
Artemisia trichophylla Wall. ex DC. 1. c. 6:100. 1837
Artemisia elegans Roxb. Fl. Ind. 3:421. 1831
Artemisia scopariaeformis M. Pop. Descr. Pl. Nov. Turkest. 1:50. 1915
6. 艾
Artemisia argyi Lévl. et Van. in Van. in Fedde, Rep. Sp. Nov. 8:138. 1910
Artemisia nutantiflora Nahai Fl. Sylv. Kor. 14:101. 1923

(十三) 茼蒿属　河南新记录属

Chrysanthemum Linn.,Sp. Pl. 887. 1753. p. p.
Ismelia Cass. in Dect. Sc. Nat. 41:40. 1826
Glebionis Cass. in Dect. Sc. Nat. 41:14. 1826
Chrysanthemum Linn. sect. Pinardia(Cass.)Boiss.,Fl. Or. 3:336. 1875. p. p.
1. 茼蒿　河南新记录种
Chrysanthemum coronaria Linn.,Sp. Pl. 890. 1753
Matricaria coronaria(Linn.)Desr. in Lam. Ency cl. 3:737. 1792
Chrysanthemum spanthemum auct. non Bailey *,北京植物志　中册:1002. 1964

(十四) 瓜叶菊属

Pericallis D. Don in Sweet, Brit. Flow. Gard. sér. 2, text to Plate 228. 1834
1. 瓜叶菊
Pericallis hybrida B. Nord. in Opera Bot. 44:21. 1978
Cineraria cruenta Mass. ex L'Herit. Sers. Angl. 26. 1860
Senecio cruentus(Masson ex L'Herit.)DC. Prodr. 6:410. 1938

(十五) 金盏花属

Calendula Linn.,Sp. Pl. 2:921. 1753
1. 金盏花
Calendula officinalis Linn.,Sp. Pl. 2:921. 1753

(十六) 蓟属

Cirsium Mill., Gard. Dict. Arb. ed. 4, 1. 1754

Cnicus Linn. Sp. Pl. 826. p. p. 1753

Carduus Linn. Sp. Pl. 820. p. p. 1753

Serratula Linn. Sp. Pl. 816. p. min. p. 1753

Cephalonoplos Neck. , Elem. Bot. 1:68. 1790

Echenais Cass. in Bull. Soc. Philom. Paris. 33, 1818:4. 1820

Orthocentron Cass. in Dict. Sc. Nat. 36:480. 1825

Eriolepis Cass. in Dict. Sc. Nat. 36:146. 1825

Onotrophe Cass. in Dict. Sc. Nat. 36:145. 1825

Lophiolepis Cass. in Dict. Sc. Nat. 41:313. 1826

Breca Less. , Syn. Comp. 9. 1832

Spanioptilon Less. , Syn. Copm. 10. 1832

Epitrachys C. Koch in Linn. 24. 336. 1851

1. 刺儿菜

Cirsium setosum(Willd.)MB. , Fl. Taur. —Cauc. 3:560. 1819. p. p. excl. pl. cauc.

Serratula setosa Will. , Sp. Pl. 3(3):1664. 1803

Cnicus setosus Prim. Fl. Galic. 2:172. 1809

Cirsium laevigatum Tausch. in Flora 11:483. 1828(excl. syn. Gme.)

Cirsium argunense DC. , Prodr. 6:644. 1837

Ciarduus segetum(Bunge)Franch. in Nouv. Arch. Mus. Hist. Nat. Paris 6:57. 1833

Cephalonoplos setosum(MB.)Kitam. in Act. Phytotax. et Geobot. 3:8. 1934

Cephalonoplos setosum(Bunge)Kitam. in Act. Phytotax. et Geobot. 3:8. 1934

(十七)矢车菊属

Centaurea Linn. Sp. Pl. 909. 1753. p. p. ;Gen. Pl. ed. 6, 442. 1764. p. p.

Solstitiaria Hill, Vég. Syst. 4:21. 1762

Calcirapa Adans. , Fam. 2:116. 1763

Jacca Juss. , Gen. Pl. 173. 1789

Cyanus Juss. , Gen. Pl. 174. 1789

Lepteranthus Neck. Elem. 1:73. 1790

Psephellus Cass. in Dict. Sc. Nat. 43:488. 1826

Platylophus Cass. in Dict. Sc. Nat. 44:36. 1826

Tetramorphae DC. IN Guill. Archiv. Bot. 2:331, 1833

Hyalea(DC.)Jaub et Spach, III. Pl. Or. 3:19. 1847～1850. p. p.

1. 矢车菊

Centaurea cyanus Linn. Sp. Pl. 911. 1753

Cyanus segetum Hill, Vég. Syst. 4:29. 1762

Jacea segetum(Hill)Lam. , Fl. Fr. 2:54. 1778

Centaurea segetalis Salisb., Prodr. 207. 1796

Centaurea pulchra DC., Prodr. 6:578. 1837

Centaurea umbrosa Huct. et Reut., Cat. Grai. Jard. Bot. Genev. 4. 1856

Centaurea cyanocephala Vel., Fl. Bulg. 309. 1891

(十八) 蒲公英属

Taraxacum F. H. Wigg. in Prim. Fl. Holsat. 56. 1780. nom. cons., non Linn. 1753

1. 蒲公英

Taraxacum mongolicum Hand. —Mazz. Monogr. Tarax. 67. t. 2. f. 13. 1907. p. p.

Taraxacum formosanum Kitam. in Act. Phytotax. Geobot. 2:48. 1933

Taraxacum kansuense Nakai ex Koidz. in Bot. Mag. Tokyo 50:91. 1936

(十九) 飞蓬属

Erigeron Linn. Sp. Pl. 863. 1753

Trimorpha Cass. in Dict. Sc. Nat. 3. Suppl. 65. 1816

Stenactis Cass. in Dict. Sc. Nat. 37, 462:485. 1825

Phalachroloma Cass. in Dict. Sc. Nat. 39. 404. 1826

1. 加拿大蓬　河南新记录种

Erigeron canadensis Linn. *

(二十) 百日菊属

Zinnia Linn. Syst. ed. 10, 1221. 1759

Crassina Scepin, Sched. Acid. Acid. Veget. 42. 1758

1. 百日菊　步步高

Zinnia elegans Jacq., Coll. Bot. 3:152. 1789

1.1 ‘黄花’百日菊

Zinnia elegans Jacq. ‘Huanghua’ *

1.2 ‘红花’百日菊

Zinnia elegans Jacq. ‘Honghua’ *

1.3 ‘紫花’百日菊

Zinnia elegans Jacq. ‘Zihua’ *

1.4 ‘粉花’百日菊

Zinnia elegans Jacq. ‘Fenhua’ *

1.5 ‘橙黄花’百日菊

Zinnia elegans Jacq. ‘Chen Huanghua’ *

1.6 ‘白花’百日菊

Zinnia elegans Jacq. ‘Baihua’ *

1.7 ‘白花重瓣’百日菊

Zinnia elegans Jacq. ‘Baihua Chongban’ *

1.8 ‘复色’百日菊

Zinnia elegans Jacq. ‘Fuse’ *

注:百日菊栽培缸品种很多。

(二十一) 蟛蜞菊属　河南新记录属

Wedelia Jacq. ,Enum. Pl. Carib. 8. 1760

1. 蟛蜞菊　河南新记录种

Wedelia chinensis(Osb.)Merr. in Philip. Journ. Sci. Bot. 12:111. 1917

Solidago chinensis Osbeck,Gagbok,Osttind. Resa 241. 1757

Verbesina calendulacea Linn. ,Sp. Pl. 902. 1753

Wedelia calendulacea(Linn.)Less. ,Syn. Compos. 222. 1832. non Pers. 1807

(二十二) 千里光属

Senecio Linn. Sp. Pl. 866. 1753;Gen. Pl. ed. 5,373. 1754

1. 千里光

Senecio scandens Buch. —Ham. ex D. Don. ,Prodr. Fl. Nepal. 178. 1825

2. 七宝树　仙人笔　河南新纪录种

Senecio articulatus *

(二十三) 苍术属

Atractylodes DC. , Prodr. 7:48. 1838

Atractylis Linn. , Benth. et Hook. f. Gen. Pl. 2:465. 1873. p. p.

Giraldia Baroni in Nuov. Giorn. Bot. Ital. 4:431. 1897

1. 苍术

Atractylodes lsncea(Thunb.)DC. Prodr. 7:48. 1838

Atractylis ovata Thunb. , Fl. Jap. 306. 1784

Acarna chinensis Bunge in Mém. Acad. Sci. St. Pétersb. Sav. Étrag. 2:110. 1833

Atractylis chinensis(Bunge)DC. Prosr. 6:549. 1937

Atractylodes ovata(Thunb.)DC. Prodr. 7:48. 1838

Atractylodes lyrata Sieb. & Zucc. in Abh. Baye Akad. Wiss. Math. —Phys. Cl. 4(3):193. 1846

Giraldia stapfii Baroni in Nouv. Giorn. Bot. Ital. 4:431. 1897

Atractylis separate Bailey, Gentes Herb. 1:47. 1920

Atractylodes crossodentata Koidz. , Fl. Symb. Or. —Asiat. 6:1930

Atractylodes chinensis(Bunge)Koidz. Fl. Symb. Or. —Asist. 4:1930

(二十四) 泽兰属

Eupatorium Linn. 74:54, 48. * ,朱家柟等编著. 拉汉英种子植物名称　第二版. 2006

1. 紫茎泽兰

Eupatorium adenophora Spreng. * ,朱家柟等编著. 拉汉英种子植物名称　第二版. 2006

(二十五) 蓍属

Achillea Linn. Sp. Pl. 896. 1753

1. 蓍草

Achillea millefolium Linn. Sp. Pl. 896. 1753

一百四十四、香蒲科(李小康、陈志秀)

Typhaceae *,中国植物志　第8卷:1. 1992

(一) 香蒲属

Typha Linn. Sp. Pl. 971. 1753;Gen. Pl. 924. 1754

1. 香蒲

Typha orientals Presl. Epim. Bot. 239. 1849

2. 宽叶香蒲　河南新记录种

Typha latifolia Linn. *

一百四十五、露兜树科　河南新记录科(李小康)

Panbanaceae *,中国植物志　第8卷:12. 1992

(一) 露兜树属　河南新记录属

Pandanus Linn. f. ,Suool. 64. 1781

1. 露兜树　河南新记录种

Pandanus tectorius Solms. in Journ. Voy. H. M. S. Endeav. 46. 1773

一百四十六、泽泻科(李小康、陈志秀)

Alismataceae *,中国植物志　第8卷:127. 1992

(一) 泽泻属

Alisma Linn. Sp. Pl. 342. 1753

1. 泽泻

Alisma plantago-aquatica Linn. Sp. Pl. 342. 1753

一百四十七、禾木胶科　河南新记录属(李小康)

Xanthorrhoeaceae *

(一) 黑仔树属　河南新记录属

Xanthorrhoea *

1. 黑仔树　河南新记录种

Xanthorrhoea australis *

一百四十八、鸢尾科(李小康、陈志秀)

Iridaceae *,中国植物志　第16卷　第1分册:120. 1985

(一) 鸢尾属

Iris Linn. Sp. Pl. ed. 1,38. 1753

1. 鸢尾

Iris tectorum Maxim. in Bull. Acad. Sct. St. Pétersb. 15:380. 1871

Iris rosthornii Diels in Engl. Bot. Jahrb. 29:261. 1910

Iris chinensis Bunge,Enum. Pl. Chin. Bor. Coll. 64. 1833. non Curtis. 1797

一百四十九、五桠果科（李小康）

Dilleniaceae＊,中国植物志　第49卷　第2分册:190. 1984

(一) 五桠果属　河南新记录属

Dillenia ＊

1. 大花第伦桃　河南新记录种

Dillenia turbinata Finet et Gagnep ＊

一百五十、胡椒科（李小康、王华）

Piperaceae ＊,中国植物志　第20卷　第1分册:11. 1982

(一) 胡椒属

Peper Linn. Sp. Pl. 28. 1753. p. p.

Cubeba Rafin. Sylva Tellur. 84.1838

Chavica Miq. ,Syst. Pip. 222. 1843

1. 皱皮胡椒草　河南新记录种

Peperomia caperata ＊

(二) 豆瓣绿属　河南新记录属

Peperomia ＊

1. 萨氏豆瓣绿　河南新记录种

Peperomia sandersii ＊

一百五十一、鸭趾草科（李小康、王华）

Commelinaceae ＊,中国植物志　第13卷　第3分册:69. 1997

(一) 蓝耳草属

Cyanotis D. Don，Prodr. Fl. Nepal. 45. 1825

1. 银毛冠　河南新记录种

Cyanotis somaliensis＊

一百五十二、蒟蒻薯科（李小康、王华）

Taccaceae＊,中国植物志　第16卷　第1分册:42. 1985

(一) 蒟蒻薯属

Tacca J. R. Forster et J. G. A. Forster G. Forst. Char. Gen. 69. 1776

1. 箭根薯

Tacca chantrieri Andre in Rev. Hort. Paris 73:41, Pl. 241. 1901

Tacca minor Ridl. Mat. Fl. Malay Penins. 2:78. 1907

Tacca paxiana Limpr. l. c. 16. 1928

Clerodendron esquirolii Lévl. in Fedde Repert. Sp. Nov. 11:298. 1912

Tacca esquirolii(Lévl.)Rehd. in Journ. Arn. Arb. 17:64. 1936

Schizocapsa itagakii Yammamoto, Contr. Fl. Kainan 1:32. 1942.

一百五十三、龙树科 *　河南新记录科(李小康、王华)

(一) 亚龙木属　河南新记录属

Alluandia *

1. 亚龙木　河南新记录种

Alluandia procera Drake,1901 *

一百五十四、睡莲科(李小康、王华)

Nymphaeaceae * ,中国植物志　第 27 卷:2. 1979

(一) 荷花属　莲属

Nelumbo Adans. Fam. Pl. 2:76. 1763

Nymphaea Linn. Gen. Pl. ed. 5:227. 1754. p. p.

Nelubium Juss. Gen. Pl. 68. 1879

1. 荷花　莲花

Nelumbo nucifera Gaertn. Fruct. et Semim. Pl. 1:73. 1788

Nymplqaea nelumbo Linn. Sp. Pl. 51. 1753

Nelumbium nuciferum Gaertn. Fruct. et Semim. Pl. 1:73. 1788

Nelumbium speciosum Willd. Sp. Pl 2:1258. 1799

(二) 睡莲属

Nymphaea Linn. Sp. Pl. 510. 1753

1. 睡莲

Nymphaea tetrafona Georgi, Bemerk. Reise Russ. Reiche 1:220. 1775

Nymphaea acutiloba DC. Prodr. 1:116. 1824

Castalia crassifolia Hand. —Mazz. Symb. Sin. 7:333. f. 7. 1931

Nymphaea crassifolia(Hand. —Mazz.)Nakai in Journ. Jap. Bot. 14:751. in tertu. 1938

Nymphaea tetrafona Georgi var. crassifolia(Hand. —Mazz.)Chu,东北草本植物志 3:82. p. 33. f. 5. 1975

(三) 芡实属

Euryale Salisb. ex DC. in Reg. Syst. Nat. 2:48. 1821

1. 芡实

Euryale ferox Salisb. ex **Kőnig** Sims in Ann. Bot. 2:74. 1805

一百五十五、禾本科(李小康、陈志秀、赵天榜)

Gramineae Necker in Act. Elect. Thod. —Palat. 2:455. 1770. nom. subnud.

Gramina Scopoli, Fl. Carniol. 180. 1760. pref. June

Graminaceae Lindl., Nat. Syst. Bot. ed. 2, 369. 1836. nom. altern.

Poaceae Nash in Small, Fl. Southeast. U. S. 48. 1903

(一) 箬竹属

Indocalamus Nakai in Journ. Arn. Arb. 6:148. 1925

Arundinaris Michaux, Fl. Bor. —Am. 1:74. 1803

Miegia Persoon, Syn. Pl. 1:101. 1805

Ludolfia Willdenow in Mag. Ges. Naturf. Fr. Berlin, 2: 1808. 320. 1809?, non Adanson 1763

Macronax Rafinesque in Med. Repos. New York, hex. 2, 5:353. 1808

Triglassum [F. E. L. von Fischer], Cat. Jard. Pl. Gorenki [ed. Nov.] 5. 1812

Pleioblastus Nakai in Jour. Arnold Arb. 6:145. 1925. p. p. typ.

1. 阔叶箬竹

Indocalamus latifolius(Keng)McClure Sunyatscnia 6(1):37. 1941

Arundinaria latifolia Keng in Sinensis 6(2):147. 153. f. i. 1935

Sasamorpha latifolia(Keng) Nakai ex Migo. in Journ. Shanghai Sci. Inst. III. 4(7):163. 1939

Sasamorpha migoi Nakai ex Migo. in Journ. Shanghai Sci. Inst. III. 4(7):163. 1939

Indocalamus migoi(Nakai)Keng f. in Clav. Gen. et Sp. Gram. Prim. Sin. App. Nom. Syst. 152. 1957

Indocalamus lacunosus Wen in Journ. Bamb. Res. 2(1):70. f. 21. 1983

2. 箬竹

Indocalamus longiauritus Hand. — Mazz. in Anzeig. Math. — Nat. Kl. Akad. Wiss. Wien. 62:254. (Pl. Nov. Sin. Forts. 38:4). 1928

Arundinaris longiauritus (Hand. — Mazz.) Hand. — Mazz., Symb. Sin. 7: 1271. 1936

(二) 刚竹属

Phyllostachys Sieb. & Zucc. in Abh. Math. —Phys. Cl. Akad. Wiss. Munch. 3: 745. 1843

Phyllostachys Sieb. Zucc. in Abh. Akad. Munchen. 3:745. 1843, 1844?

1. 金竹

Phyllostachys sulphurea(Carr.)Rivière, Bambous, 285. 1878

Bambusa sulfurea Carr. in Rev. Hort. 1873:379. 1988

1.1 绿皮黄筋竹

Phyllostachys sulphurea(Carr.)Rivière var. viridis R. A. Young in Journ. Washington Acad. Sci. 27:345. 1973.

Phyllostachys viridis(Young)McClure cv. Houzeau, McClure in Agr. Handb. Usda No. 114:65. 1957

Phyllostachys mitis Rivière, Bambous, 231. f. 22. 23. 1878. exclud. B. edulis

1.2 黄皮绿筋竹

Phyllostachys sulphurea(Carr.)A. et C. Riv. cv. Robert Young,中国植物志　第9卷　第1分册:254. 1996

Phyllostachys viridis(Young)McClure cv. Robert Young, McClure in Journ. Arn. Arb. 37:195. 1956

Phyllostachys viridis(Young)McClure f. youngii C. D. Chu et C. S. Chao,江苏植物志 上册. 155. 图 240. 1977

2. 刚竹

Phyllostachys bambusoides Sieb. & Zucc. in Abh. Math. — Phys. Cl. Akad. Wiss. Münch. 3:745. t. 5. 1843

Phyllostachys bambos Thunb. in Nov. Act. Soc. ci. UPSAL. 4:36. 1783. p. p.; non Linn.

Bambusa matake Sieb. in Verh. Batav. Genoot. Kunst. Wetensch. 12:4. (Syn. Pl. Oecon. Jap.). 1830. nom.

Phyllostachys megastachya Steudel in Flora,29:21. 1846. Syn. Pl. Glum. 1:339. 1855

Phyllostachys megastachya Steudel in Flora,29:21. 1846. Syn. Pl. Glum. 1:339. 1855

Bambusa bifida Sieb. ms. in herb. Zuccarini ex Munro in Trans. Linn. Soc. Lond. 26:36. (Monog. Bambus. 1868)1870. pro syn.

Phyllostachys bifida Sieb. ms. ex Munro,Zuccarini ex Munro in Trans. Linn. Soc. Lond. 26:36. (Monog. Bambus. 1868)1870. pro syn.

Phyllostachys quilioi Rivière,Bambous,241. f. 25～27. 1878

Bambusa quilioi Carr. in Rev. Hort. 1873:257. 1873

Bambus duquilioi Carr. in Rev. Hort. 1876:160. 1876

Phyllostachys mmazelii Hort. ex . Hort. 1878. pro syn.

Phyllostachys mitis A. et C. Riv. in Bull. Soc. Acclim. II. 5 689. 1878. tanum descr. , excl. Syn.

Phyllostachys faberi Rendle in Journ. Linn. Soc. Bot. 36:439. 1904

Phyllostachys viridis(R. A. Young)McClure in Journ. Arn. Arb. 37:192. 1956

Phyllostachys chlorina Wen in Bot. Res. 2(1):61. f. 1. 1982

Phyllostachys villosa Wen in Bot. Res. 2(1):71. f. 1. 1982

3. 桂竹

Phyllostachys bambusoides Sieb. & Zucc. in Abh. Akad. Münch. 3:746. 1843. 1844?

3.1 斑竹

Phyllostachys bambusoides Sieb. & Zucc. f. lacrima-deae Keng f. et Wen in Bull. Bot. Res. 2(1):73. 1982

3.2 黄槽斑竹

Phyllostachys bambusoides Sieb. & Zucc. f. nixia Z. P. Wang et N. X. Ma in Journ Nanjing Univ. (Nat. Sci. ed.)1983(3):494. 1983

4. 粉绿竹

Phyllostachys viridi-glancescens(Carr.)A. E C. Riv. in Bull. Soc. Acclim. II. 5: 700. 1878

Bambusa viridi-glancescens Carr. in Rev. Hort. 1861:146. 1861

Phyllostachys altiligulata G. G. Tang et Y. L. Hsu in Journ. Nanjing. Inst. For. 1985(4):18. f. 2. 1985

5. 淡竹

Phyllostachys glauca McClure in Journ. Arn. Arb. 37:185. f. 6. 1956

Phyllostachys glauca McClure var. henonis(Mitf.)Stapf ex Rendle *

6. 罗汉竹

Phyllostachys aurea Carr. ex Riviere in Bambous. 262. f. 36,37(Bambous). 1878

Bambusaaurea Hort. ex Riviere in Bambous. 1878. non Sieb. ex Mique,1866

7. 美竹

Phyllostachys mannii Gamble in Ann. Roy. Bot. Gard. Calcutta 7:28. pl. 28. 1896

Phyllostachys assamica Gamble ex Brandis, Ind. Trees 607. 1906

Phyllostachys bawa E. G. Camus, Bambus. 66. 1913

Phyllostachys decora McClure in Journ. Arn. Arb. 37:182. f. 2. 1956

Phyllostachys helva Wen in Bull. Bot. Res. 2(1):64. f. 3. 1982

8. 方槽竹 河南新记录种

Phyllostachys pubescens Mazel ex H. de Leh. F. t. S. Y. Wang in Cuihaia 4(4): 319. 1984

9. 紫竹

Phyllostachys nigra(Loud.)Munro in Trans. Linn. Soc. Lond. 26:38(Monog. Bambus. 1868.). 1870

Bambusa nigra Loddinges,Cat. 1823:4. ex London,Hort. Brit. 124. 1830. nom. subnud.

Arundinaria stolonifera Kurz ex Teijsmann & Binnendijk, Cat. Pl. Bot. Gard.

Calcutta,19. 1865. nom.

Bambusa puberula Miquel in Ann. Mus. Bot. Lugd. —Bat. 2:258(Prol. Fl. Jap. 173). 1866. p. p.

10. 粉绿竹

Phyllostachys glauca var. glauca McClure *

11. 毛竹

Phyllostachys pubescens Mazel ex de Leh. * cv. Pubesce,中国植物志　第9卷第1分册:275. 1996

Phyllostachys pubescens Mazel ex de Leh. ,Bemb. 1:7. 1906

(三) 苦竹属　大明竹属

Pleoblastus Nakai in Jour. Jap. Bot. 9:234. 1933. p. p.

Sasa Makino Shibata in Bot. Mag. Tokyo,15:18. 1901. p. p.

Pleoblastus Nakai in Journ. Arn. Arb. 6:145. 1925

Nipponcalamum Nakai in Journ. Jap. Bot. 18:350. 1912

1. 苦竹

Pleoblastus amarus(Keng) Keng f. in Techn. Bull. Nat'l. For. Res. Bur. China no. 8:14. 1948

(四) 北美箭竹属

Arundinaria Michx. ,Fl. Bor. —Am. 1:74. 1803

Miegia Persoonuy. Pl. 1:101. 1805

Ludolfia Willdenow in Mag. Ges. Naturf. Fr. Berlin,2(1808):320. 1809?,non Asanson 1763

Macronax Rafineque in Med. Repos. New York,hex. 2,5:353:1808

Triglassum[F. E. L. , von Fischer] ,Cat. Jard. Pl. Gorenki [ed. Nov.] 5. 1812

Pleioblastus Nakai in Journ. Arnold Arb. 6:145. 1925,p. p. typ.

1. 菲白竹

Arundinaria fortunei(Van Houtte)Riv. 9(1):669. * ,朱家柟等编著. 拉汉英种子植物名称　第二版. 2006

(五) 倭竹属

Shibataeae Makino ex Nakai in Bot. Mag. Tokyo, 26:236. 1912. nom.

1. 倭竹

Shibataea kumasasa(Steud.)Makino in Bot. Mag. Tokyo, 28:22. 1914

Bambusa kumasasa Zoll. in Syst. Verz. Ind. Arch. Pfl. 1:57. 1854. nom.

Phyllostachys kumasaca Munro in Trans. Linn. Soc. Lond. 26:38. 157. (Monog. Bambus 1868)1870

Bambusa ruscifolia Sieb. ex Munro in Trans. Linn. Soc. 26:175. 1868. 1870. pro syn.

Phyllostachys kumasaca Mitford. Bamboo Gard. 162. 1896

Phyllostachys ruscifolia Satow in Trans. As. Soc. Jap. 27，3:70. t. 1899

Bambusa viminalix Hort. ex Satow，in Trans As. Soc. Jpa. 27，3:70. t. 1899

Shibataea ruscifolia Makino in Bot. Mag. Tokyo，26:236. 1912

Phyllostachys viminalis Hort. gall ex Camus，bambus. 63. t. 31. 1913

2. 鹅毛竹

Shibataea chinensis Makino ex in Bot. Mag. Tokyo,26(307):236. 1912

Shibataea chinensis Nakai in Journ. Jap. Bot. 9:81. 1933

(六) 芦苇属

Phragmites Adans. Fam. Pl. 2，34. 559. 1763

1. 芦苇

Phragmites communis(Cav.)Trin. ex Steud. Nom. Bot. ed. 2，2:324. 1841

Phragmites australis(Cav.)Trin. ex Steud. Nom. Bot. ed. 2，2:324. 1841

Phragmites communis Fund. Agrost. 134. 1820

Arundo australis Cav. in Anal. Hist. Nat. 1:100. 1799

Arundo phragmites Linn. Sp. Pl. 81. 1753

(七) 芦竹属

Arundo Linn. Sp. Pl. 81. 1753;Gen. Pl. ed. 5，35. 1754

1. 芦竹　河南新记录种

Arundo donax Linn. Gen. Pl. ed. 5，35. 1754;Sp. Pl. 81. 1753

(八) 淡竹叶属

Lophatherum Brongn. in Duperr. Voy. Coq. Bot. 50. pl. 8. 1831

1. 淡竹叶

Lophatherum gracile Brongn. in Duperr. Voy. Coq. Bot. 50. pl. 8. 1831

(九) 刺竹属　竹勒竹属

Bambusa Retz. Corr. Dchreber，Gen. Pl. 1:236. 1789

Bambos A. L. Retz.，Obser. Bot. 5 24. 1788. nom. rej.

1. 凤尾竹

Bambusa multiplex(Lour.)Raeusch cv. Fernleaf，中国植物志　第9卷　第1分册：113. 1996

Bambusa multiplex(Lour.)Raeusch cv. Fernleaf　R. A. Young in USDA Agr. Handb. No. 193. 40. 1961

Ischurochloa floribunda Buse ex Miq.，Fl. Jungh. 390. 1851

Bambusa floribunda(Buse)Zoll. et Maur. Ex Steud.，Syn. Pl. Glum. 1:330. 1854

Leleba floribunda(Buse)Nakai in Journ. Jap. Bot. 9:16. 1933

Leleba elegans Koidz. in Act. Phytotax. Geobot. 3:27. 1934

(十) 早熟禾属

Poa Linn. Sp. Pl. 67. 1753;Gen. Pl. ed. 5，31. 1754

1. 早熟禾

Poa annua Linn. Sp. Pl. 68. 1753

(十一) 穇属

Eleusine Gaertn. Fruct. Sem. Pl. 1 7. 1788

1. 牛筋草

Eleusine indica(Linn.)Gaertn. Fruct. Sem. Pl. 1:8. 1788

Cynosurus indicus Linn. Sp. Pl. 72. 1753

(十二) 茅根属

Perotis Ait., Hort. Kew 1:85. 1789

1. 茅根

Perotis indica(Linn.)Kuntze, Rev. Gen. Pl. 2:787. 1891

Anthoxanuus indicum Linn. Sp. Pl. 28. 1753

Saccharum spicatus Linn. Sp. Pl. 54. 1753

Perotis latifolia Ait. Hort. Kew 1:85. 1789

(十三) 狗尾草属

Setaria Beauv. Ess. Agrost. 51. pl. 13. f. 3. 1812

Chaetochloa Sctibn. U. S. Dept. Agr. Div. Agrost. Bull. 4:38. 1897

Panicum sect. Setaria Steud. Syn. Glum. 1:49. 1855

1. 狗尾草

Setaria viridis(Linn.)Beauv. Ess. Agrost. 51:171. 178. pl. 13. f. 3. 1812

Panicum glaucum "ß" Linn. Sp. Pl. 56. 1753

Panicum viride Linn. Syst. Nat. ed. 10, 2:870. 1759

Pennisetum viride(Linn.)R. Br. Prodr. Fl. Nov. Holl. 195. 1810

(十四) 狗牙根属

Cynodon Rich. in Pers. Syn. Pl. 1:85. 1805

1. 狗牙根　行仪芝

Cynodon dactylon(Linn.)Pers. Syn. Pl. 1:85. 1805

Panicum dactylon Linn. Sp. Pl. ed. 1:85. 1751

(十五) 野牛草属

Buchloë Engelm. in Trans. Acad. Sci. St. Louis 1:432. t. 12. 14. f. 1. bis 17. 1859

1. 野牛草

Buchloë dectyloides Engelm. in Trans. Acad. Sci. St. Louis 1:432. t. 12. 14. f. 1. bis 17. 1859

Sesleria dectyloides Nutt. Gen. Am. 1:64. 1818

(十六) 狼尾草属

Pennisetum Rich. in Pers. Syn. Pl. 1:72 1805

Penicillaria Willd. Enum. Pl. Hort. Berol. 1036. 1890

Gymnothrix Beauv. Ess. Agrost. 59. t. 13. f. 6. 1812

1. 狼尾草

Pennisetum alopecuroides(Linn.)Spreng. Syst. 1:303. 1825

Panicum alopecuroides Linn. Sp. Pl. 55. 1753

Pennisetum compressum R. Br. Prod. 195. 1810

Pennisetum purpurascens(Thunb.)Makino in Bot. Mag. Tokyo,26:294. 1912

Pennisetum erythrochaetum Ohwi in Acta Phutotax et Geobot 4:59. 1935

Pennisetum dispeculatum Chia，海南植物志　第 4 卷:440. 图 1230. 1927,syn. nov.

2. 马尼拉草　沟叶结缕草

Zoysia matrella(Linn.)Merr. in Philip. Journ. Sci. Bot. 7:20. 1912 et in Lingn. Sci. Journ. 5:28. 1927

Agrostis matrella Linn. Mant. Pl. 2:185. 1767

Osterdamia matrella (Linn.). Kuntze，Rev. Gen. Pl. 2:781. 1891

Osterdamia zoysia Honda in Bot. Mag. Tokyo,36:113. 1922

Zoysia serrulata Mez in Fed de,Repert. Sp. Nov. 17:146. 1921

(十七)白茅属

Imperata Cyrillo，Pl. Rar. Neap. 2:26. 1792

1. 白茅　茅草根

Imperata cylindrica(Linn.)Beauv. Ess. Agrost. 165. 1812

Lagurus cylindricus Linn. Syst. Nat. ed. 10，2:878. 1759

Saccharum cylindricus(Linn.)Lamk. Encycl. Méth. Bot. 1:594. 1785

Imperata arundinacea Cyr. Pl. Rar. Neap. 2:26. pl. 11. 1792

Calamagrostis lagurus Koel. Descr. Gram. 11

现分布地:河南、郑州市、郑州植物园。

(十八)香蒲属　荻属

Triarrhena Nakai in Journ. Jap. Bot. 25:7. 1950

Imoerata subgen. Triarrhena Maxim. in Mem. Sav. Etv. Pétereb. 9:331. 1859

Miscanthus sect. Triarrhena(Maxim.) Honda in Journ. Fac. Sci. Univ. Tokyo (Bot.),3:391. 1930

1. 荻

Triarrhena sacehariflora(Maxim.)Nakai in Journ. Jap. Bot. 25:7. 1950

Imoerata sacehariflora Maxim. in Mem. Sav. Etv. Pétereb. 9:331. 1859

Miscanthus sacehariflora(Maxim.)Benth. in Journ. Linn. Soc. Bot. 19:65. 1881

2. 欧洲香蒲　河南新记录种

Typha orientalis Presb. *

3. 水烛

Typha angustifolia Linn. Sp. Pl. 971. 1753

(十九) 芒属

Miscanthus Anderss. in Oefvers Kon. Vet. Akad. Forh. 12:165. 1856

1. 芒

Miscanthus sinensis Anderss. Oefvers Kon. Vet. Akad. Forh. 12:166. 1856

Erianthus japonivus Beauv. Ess. Agrost. 14. 1812

Ripidium japonicum Trin Fund. Agrost. 169. 1820

Eulalia japonicum Trin in Mém. Acad. Sci. St. Pétersb. Sér. 6, 2:333. 1832

(二十) 黑麦草属　河南新记录属

Lolium Linn. Sp. Pl. 83. 1753

1. 黑麦草　河南新记录种

Lolium perenne Linn. Sp. Pl. 83. 1753

(二十一) 燕麦草属

Avena Linn. Sp. Pl. 79. 1753;Gen. Pl. ed. 5, 34. 1754

1. 燕麦

Avena sativa Linn. Sp. Pl. 79. 1753

2. 野燕麦

Avena fatua Linn. Sp. Pl. 80. 1753

(二十二) 拟金茅属

Eulaliopsis Honda in Bot. Mag. Tokyo,38:56. 1924

Pollinidium Sraps ex Haines,Bot. Bihar Orissa,1020. 1924

1. 拟金茅　龙须草

Eulaliopsis binata(Retz.)C. E. Hubb. in Hook. 1. c. pl. sub. tab. 3262. 1935

Andropogon binata(Retz.)Obs. Bot. 5:21. 1789

Andropogon notopogon Steud. Syn. Pl. Glum. 1:373. 1854

Andropogon involutus Steud. et A. Obvallatus,Steud. Syn. Pl. Glum. 1:373. 1854

Spodiopogon angustifolium Trin. in Mem. Acad. Sci. St. Petersb. sér. 6. Sci. Nat. 2:300. 1832

Ischaemum angustifolium(Trin.)Hack. in DC. Monogr. Phan. 6:241. 1889

(二十三) 画眉草属　河南新记录属

Eragrostis Wolf. Gen. Pl. Vocab. Def. 23. 1776

1. 画眉草　河南新记录种

Eragrostis pilosa(Linn.)Beauv. Ess. Agrost. 162. 175, 1812

Poa pilosa Linn. Sp. Pl. 68. 1753

Eragrostisafghanica Gandog. in Bull. Soc. Bot. Françe 66:299. 1920

2. 大画眉草　星星草　河南新记录种

Eragrostis cilianensis(All.)Link. ex Vignolo-Lutati in Malpighia 18:386. 1904

Poa cilianensis All. Fl. Pedem. 2:246. t. 91. f. 2. 1785

Poa megastachya Koel. Desct Gram. 181. 1802

Eragrostis major Host. Icon. et Descr. Gram. Austr. 4:14. pl. 24. 1809

Eragrostis megastachya(Keel.)Link. Hort. Berol. 1:187. 1827

一百五十六、莎草科(李小康、陈志秀)

Cyperaceae *,中国植物志 第11卷:1. 1961

(一) 莎草属

Cyperus Linn. Sp. Pl. ed. 1, 44. 1753

Cyperus Linn. subgen. Eucyperus(Griseb.)C. B. Glarke in Journ. Linn. Soc. Bot. XXI. 33. 1848

1. 莎草 香附子

Cyperus rotundus Linn.,Sp. Pl. ed. 1, 45. 1753

(二) 藨草属 莞草属

Scirpus Linn. Sp. Pl. ed. 1, 47. 1753

1. 水葱

Scirpus validus Vahl, Enum. II. 268. 1806

Scirpus lacustris Bunge, Enum. 142. 1832. non Linn.

Scirpus abernaemontani Maxim., Prim. Fl. Amur. 298. 142. 1858. non Linn.

Scirpus tabernaemontani Maxim., Prim. Fl. Amur. 298. et 485. 1858. non Gmel.

(三) 苔草属 河南新记录属

Carex Linn. Gen. Pl. ed. 1, 280. 1737;Sp. Pl. ed. 1, 927. 1753

Vignea P. Beauv. in Lestib. Ess. Fam. Cyper. 22. 1962

Pseudocarex Miquel. in Ann. Mus. Bot. Lugd.—Bat. 2 146. 1866

1. 细叶苔草 河南新记录种

Carex duriuscula C. A. Mey subsp. stenophylloides(V. Krecz.)S. Y. Ling et Y. C. Tang in Acta. Phytotax. Sin. 28(2):153. 1990

Carex stenophylloides V. Krecz. in Kom., Fl. URSS. 3:592. et 141. 1935

Carex longepedicellata Boeck. Cyper. Nov. 1:41. 1888

Carex duriuliformis V. Krecz. in Kom., Fl. URSS. 3:591. et 142. 1935

一百五十七、棕榈科(李小康、陈志秀、赵天榜)

Arecaceae(Palmae)*,中国植物志 第13卷 第1分册:29. 1991

(一) 棕榈属

Trachycarpus H. Wendl. in Bull. Soc. Bot. France 8:429. 1861

1. 棕榈

Trachycarpus fortunei(Hook.)H. Wendl. in Bull. Soc. Bot. France 8:429. 1861

Chaemaerops fortunei Hook. in Curtiss Bot. Mag. 86. t. 5221. 1860

Trachycarpus excelsus H. Wendl. in Bull. Soc. Bot. France 8:429. 1861

（二）棕竹属

Rhapis Linn. f. ex Ait. Hort. Kew. 3:473. 1789

1. 棕竹

Rhapis excelsa (Thunb.) Henry ex Rehd. in Journ. Arnold Arbor. 11:153. 1930

Chamaerops excelsa Thunb. non Mart. 1849. Fl. Jap. 130. 1784

Rhapis flabelliformis L'Herit. ex Ait. Hort. Kem. 3:473. 1789

（三）狐尾椰子属　河南新记录属

Wodyetia *

1. 狐尾椰子　河南新记录种

Wodyetia bifurcata *

（四）槟榔属　河南新记录属

Areca Linn. Sp. Pl. 1189. 1753;Grn. Pl. ed. 5, 496. 1754

1. 槟榔　河南新记录种

Areca catechu Linn. Sp. Pl. 1189. 1753

2. 三药槟榔　河南新记录种

Areca triandra Roxb. ex Buch. —Ham. in Mém. Werner, Nat. Soc. 5:310. 1826

（五）刺葵属　河南新记录属

Phoenix Linn. Sp. Pl. 1188. 1753

1. 加拿利海枣　河南新记录种

Phoenix canariensis *

2. 软叶刺葵　江边刺葵　河南新记录种

Phoenix roebelenii O. Brien in Gard. Chron. sér. 3, 6:475. f. 68. 1889

3. 海枣　银枝海枣　伊拉克枣　河南新记录种

Phoenix dactylifera Linn. Sp. Pl. 1188. 1753

（六）鱼尾葵属　河南新记录属

Caryota Linn. Sp. Pl. 1189. 1753

1. 鱼尾葵　河南新记录种

Caryota ochlandra Hance in Journ. Bot. 17:176. 1879

（七）华盛顿属　丝葵属　河南新记录属

WashingtoniaH. Wendl. (nom. conserv.)H. Wendl. in Bot. Zeit. 37:148. 1879

1. 老人葵　河南新记录种

Washingtonia filifera(Lind. ex André)H. Wendl. in Bot. Zeit. 37:148. 1879

Pritchardia filimentosa H. Wendl. Fenzi in Bull. Soc. Toss. Ort. 1:116. 1876. nom. nud.

Pritchardia filifera Lind. ex André in III. Hort. 24:32,105. 1877

Brahea filamentosa Lind. ex Anendl. Fenzi in Bull. Soc. Tosc. Ort. 1:116. 1876. nom. nud.

Brahea filifera Hort. ex Wats. in Kew. Bull. 265. 1889

Brahea filamentosa H. Wendl. Fenzi in aBull. Soc. Toss. Ort. 1:116. 1876. nom. nud.

(八) 酒椰属 河南新记录属

Raphia Beauv. ,Fl. Owar. et Bén. 1:75. 1806

Sqagus Gaertn. ,Fruct. et Sem. Pl. 1:27. t. 10. f1. 1788.

1. 酒椰 河南新记录种

Raphia vinifera Beauv. ,Fl. Owar. et Bén. 1:77. 1806

Sagus vinifera Poir. Encycl. Suppl. 5:13. t. 771. f. 1. 1817

Metroxylon vinifera Spreng. Syst. 2:139. 1825

(九) 箬棕属 河南新记录属

Sabal Adans. 13(1):41, 3. *,朱家柟等编著. 拉汉英种子植物名称 第二版. 2006

1. 小箬棕 河南新记录种

Sabal minor(Jacq.)Pers. 13(1):42, 44. *,朱家柟等编著. 拉汉英种子植物名称 第二版. 2006

(十) 散尾葵属 河南新记录属

Chrysalidocarpus Wendl. in Bot. Zeit. 36:117. 1878

1. 散尾葵 河南新记录种

Chrysalidocarpus lutescens Wendl. in Bot. Zeit. 36:117. 1878

(十一) 袖珍椰子属 河南新记录属

Chamaedorea *

1. 袖珍椰子 河南新记录种

Chamaedorea elegans *

(十二) 椰子属 河南新记录属

Cocos Linn. Sp. Pl. 1188. 1753;Gen. Pl. ed. 5, 495. 1754

1. 椰子 河南新记录种

Cocos nucifera Linn. Sp. Pl. 1188. 1753

(十三) 油棕属 河南新记录属

Elaeis Jacq. in Select. Stirp. Amer. 280. 1763

1. 油棕 河南新记录种

Elaeis guineensis Jacq. in Select. Stirp. Amer. 280. t. 173. 1763

(十四) 假槟榔属 河南新记录属

Archontophoenix Wendl. et Drude in Linn. 39:182, 211. t. 3. f. 6. 1875

1. 假槟榔 河南新记录种

Archontophoenix alexandrae H. Wendl. et Drude in Linn. 39:182. 212. 1875

(十五) 王棕属 河南新记录属

Roystonea O. F. Cook in Sci. sér. 2, 12:479. 1900 et Bull. Torr. Bot. Cl. 28: 554. 1901

Oreodoxa Kunth in Humb. et Bonpl., Nov. Gen. et Sp. Pl. 1:244. 1815

1. 王棕 河南新记录种

Roystonea regia(Kunth)O. F. Cook in Sci. sér. 2, 12:479. 1900 et Bull. Torr. Bot. Cl. 28:531. 1901

Orcodoxa regia Kunth in Humb. et Bonpl. Nov. Gen. ;Sp. Pl. 1:244. 1815

(十六) 贝叶棕属 河南新记录属

Corypha Linn. Sp. Pl. 1187. 1753

1. 贝叶棕 河南新记录种

Corypha umbraculifera Linn. Sp. Pl. ed. 3,1657. 1764

(十七) 省藤属 河南新记录属

Calamus Linn. Sp. Pl. 325. 1753

1. 白藤 河南新记录种

Calamus tetradactylus Hance in Journ. Bot. 13:289. 1875

(十八) 黄藤属 河南新记录属

Daemonorops Bl. in Schult. f. Syst. Vég. 7:1333. 1830

1. 黄藤 河南新记录种

Daemonorops margaritae(Hance)Becc. in Rec. Bot. Surv. Ind. 2:220. 1902 et Ann. Roy. Bot. Gard. Calc. 12(2):56. t. 9. 1911

Calamus margaritae Hance in Journ. Bot. 12:266. 1874

(十九) 菜棕属 河南新记录属

Sabcl Adans. in Fam. Pl. 2:495. 1763

1. 龙鳞榈 河南新记录种

Sabcl palmetto Lodd. *

一百五十八、天南星科(李小康、陈志秀、赵天榜)

Araceae *,中国植物志 第13卷 第2分册:206. 1979

(一) 菖蒲属

Acorus Linn. Sp. Pl. ed. 1,324. 1753

1. 菖蒲

Acorus calamus Linn. Sp. Pl. ed. 1,324. 1753

Acorus asiaticus Nakai in Rep. First. Sc. Exped. Manchoukuo,sect. 4:105. 1936

2. 黄菖蒲 河南新记录种

Acorus *

3. 石菖蒲 河南新记录种

Acorus tatarinowii *

(二) 马蹄莲属

Zantedeschia Spreng.,Syst. Vég. 3:765. 1826

1. 马蹄莲

Zantedeschia aethiopica(Linn.)Spreng. ,Syst. Vég. 3:765. 1826

Calla aethiopica Linn. Sp. Pl. ed. 1:986. 1753

(三) 广东万年青属　粗肋草属　河南新记录属

Aglaonema Schott,Melet. 1:20. 1832

1. 广东万年青　河南新记录种

Aglaonema modestum Schott ex Engl. in DC. ,Monogr. Phan. 2:442. 1879

2. 粉黛万年青　河南新记录种

Aglaonema variegatum *

3. 白雪公主　河南新记录种

Aglaonema crispum *

4. ‘黑美人’粗肋草　河南新记录栽培品种

Aglaonema commutatum‘San Remo’ *

现栽培地:河南、郑州市、郑州植物园。

(四) 天南星属

Arisaema Matt. in Flora 14:458. 459. 1831

1. 天南星

Arisaema heterophyllum Bl. in Rumphia 1:110. 1835

Heteroarisaema heterophyllum(Blume)Nakai in Jopurn. Jap. Bot. 25:246. 1915

Arisaema ambiguum Engl. in Engl. Pflanzenr. 73(4,23F):188. 1920

Arisaema stenospathum Hand. —Mazt. Ak. W. W. 61:122. 1924

Arisaema kwangtungense Merr. in Philip. Journ. Sci. 15:229. 1919

Arisaema limprichtii Krause in Fedde,Rep. Sp. Nov. 12:314. 1922

(五) 半夏属

Pinellia Tenore in Atti R. Acad. Sc. Nap. 4:57 cum. t. 10. 1830

1. 半夏

Pinellia ternata(Thunb.)Breit. in Bot. Zeitg. 687. f. 1 4. 1879

Arum ternatum Thunb. ,Fl. Jap. 233. 1784

Pinellia tuberifera Tenore in Atti R. Acad. Sc. Nap. 4:221. 1839

2. 虎掌

Pinellia pedatisecta Schott in Österr. Bot. Wochenbl. 4:409. 1854

(六) 喜林芋属　河南新记录属

Philodenron Schott,Melet. 1:19. 1832

1. 喜林芋　河南新记录种

Philodenron selloum *

2. 红苞喜林芋　河南新记录种

Philodenron erubescens C. Koch et Augustin in Ind. Sem. Hort. Berol. App. 6. 1854

3. 心叶喜林芋　河南新记录种

Philodenron gloriosum André in III. Hortic. 194. t. 262. 1786

4. 春羽　河南新记录种

Philodenron selloum ＊

5. '绿帝王'喜林芋　河南新记录栽培品种

Philodenron'Wendimbe' ＊

(七) 苞叶芋属　河南新记录属

Spathiphyllum ＊

1. 绿巨人　河南新记录种

Spathiphyllum mauna ＊

2. '白鹤芋'　河南新记录栽培品种

Spathiphyllum floribundum'Clevelandii' ＊

(八) 花烛属　河南新记录属

Anthurium Schott in Wien. Zeitschr. 3:828. 1829

1. 花烛　红掌　河南新记录种

Anthurium andraeanum Lindl. ＊

(九) 龟背竹属　河南新记录属

Monstera Aedans. in Fam. 2:470. 1763

1. 龟背竹　河南新记录种

Monstera deliciosa Liebm. in Vidensk. Meddelels. Naturhist. Foren. :19. 1849～50

(十) 藤竽属　河南新记录属

Scindapsus Schott，Melet. 1:2. 1832

1. 海南藤竽　河南新记录种

Scindapsus maclurei(Merr.)Merr. et Metc. in Linn. Sci. Journ. 21:5. 1945

Rhaphidophora maclurei Merr. in Philip. Journ. Sci. 21:337. 1922

Scindapsus megaphyllus Merr. in Lingn. Sci. Journ. 9:36. 1930

(十一) 花叶芋属　河南新记录属

Caladium Vent. ＊

1. 花叶芋　河南新记录种

Caladium bicolor Vent. ＊

(十二) 雪芋属　河南新记录属

Zamioculcas ＊

1. 金钱树　河南新记录种

Zamioculcas zamiifolia ＊

(十三) 海芋属　观音莲属　河南新记录属

Alocasia(Schott)G. Don. in Sweet,Hort. Brit. ed. 3，631. 1839

1. 海芋　河南新记录种

Alocasia macrorrhiza(Linn.)Schott in Österr. Bot. Wochenbl. 4:409. 1854

Arum odorum Roxxb. ,Hort. Bengal. 756. 1753

Arum macrorrhizum Sp. Pl. ed. 1,965. 1753

Colocasia macrorrhiza Schott,Melet. 1:18. 1832

Colocasia mucronata Kunth,Enum. Pl. 3:40. 1841

Alocasia odora(Roxb.)Koch in Ind. Sem. Hort. Berol. App. p. 5. 1854

Colocasia odora Brongn. in Nouv. Ann. Mus. Paris 3:145. 834

2. 观音莲　河南新记录种

Alocasia amazonisa *

3. 黑叶观音莲　河南新记录种

Alocasia × amazonica *

(十四) 合果芋属　河南新记录属

Syngonium *

1. 合果芋　河南新记录种

Syngonium podophyllum *

1.1 '银白'合果芋　河南新记录栽培品种

Syngonium podophyllum'White Butterfly' *

(十五) 麒麟尾属　河南新记录属

Epipremnum Schott *

1. 麒麟叶　爬树龙　河南新记录种

Epipremnum pinnatum(Linn.)Engl. *

2. 绿萝　河南新记录种

Epipremnum aureum(Linden et Andre)Bunting *

一百五十九、浮萍科(李小康、陈志秀)

Lemnaceae *,中国植物志　第13卷　第2分册:206. 1979

(一) 浮萍属

Lemna Linn. Sp. Pl. ed. 1,970. 1753

1. 浮萍

Lemna minor Linn. Sp. Pl. ed. 1,970. 1753

(二) 紫萍属

Spirodela Schleid in Linn. 13:391. 1839

1. 紫萍

Spirodela polyrrhiza(Linn.)Schleid. in Linn. 13:391. 1839

Lemna polyrrhiza Linn. Sp. Pl. ed. 1,970. 1753

一百六十、凤梨科　河南新记录种(李小康、王华、赵天榜)

Bromeliaceae *,中国植物志　第13卷　第3分册:64. 1997

(一) 雀舌兰属　河南新记录属

Dyckia *

1. 银叶雀舌兰　河南新记录种

Dyckia fosteriana *

2. 小雀舌兰

Dyckia altissima *

(二) 凤梨属　河南新记录属

Ananas Tourm. ex Linn. Syst. ed. 1,1753

1. 凤梨　菠罗　河南新记录种

Ananas comosus(Linn.)Merr. ,Interpret. Rumph. Herb. Amboin. 133. 1917

Bromelia comosa Linn. in Stickm. Herb. Amboin 21. 1754

Ananas sativus(Lindl.)Schult. f. in Roem. et Schult. Syst. VII. 1283 1830

(三) 维尔撒属　新拟　河南新记录属

Vriesea *

1. 彩苞凤梨　河南新记录种

Vriesea poelmanii *

2. 莺歌凤梨　河南新记录种

Vriesea carinata *

2.1 '黄苞'莺歌凤梨　河南新记录栽培品种

Vriesea carinata'Variegata' *

(四) 铁兰属　河南新记录属

Tillandsia *

1. 铁兰　河南新记录种

Tillandsia cyanea *

一百六十一、鸭跖草科(李小康、陈志秀)

Commelinaceae *,中国植物志　第13卷　第3分册:69. 1997

(一) 鸭跖草属

Commelina Linn. Sp. Pl. 1,60. 1753

Heterocarpus Wight. 1. c. Pl. Ind. Or. 6:tab. 2067. 1853

1. 鸭跖草

Commelina communis Linn. Sp. Pl. 1,40. 1753

Commelina ludens Miq. in Journ. Bot. Neerl. 1:87. 1861

(二) 紫背万年属　河南新记录属

Rhoeo Hance *

1. 紫背万年青　河南新记录种

Rhoeo discolor(L'Hér.)Hance *

2.'蚌尘兰' 河南新记录栽培品种

Rhoeo spathaceo'Compacta' *

(三) 银毛冠属 河南新记录属

Cyanotis *

1. 银毛冠 河南新记录种

Cyanotis somalensis *

一百六十二、雨久花科(陈志秀、李小康)

Pontederiaceae *,中国植物志 第13卷 第3分册:134. 1997

(一) 雨久花属

Monochoria Presl,Rel. Haenk. 1:128. 1827

Gomphima Rafin. Fl. Tellur. 2:10. 1836

1. 雨久花

Monochoria horsakowii Regel. et Maack in Mém. Acad. Pétersb. 4(4):155. 1861

Monochoria ovata Kunth,Enum. Pl. 4:665. 1843

2. 鸭舌草

Monochoria vaginalis(Burm. f.)Presl,Rel. Haenk. 1:128. 1827

Pontederia vaginalis Burm. f. ,Fl. Ind. 80. 1768

Pontederia pauciflora Bl. ,Enum. Java 1:32. 1827

Pontederia plantaginea Roxb. ,Fl. Ind. ed. 2, 2:123. 1832

Monochoria plantaginea Kunth,Enum. Pl. 4:135. 1843

Monochoria linearis Miq. ,Fl. Ind. Bat. 3:549. 1859

(二) 凤眼蓝属

Eichhornia Kunth,Enum. Pl. 4:129. 1843

1. 凤眼蓝 凤眼莲 水葫芦

Eichhornia crassipes(Mart.)Solms in DC. Monogr. Phanerog. 4:527. 1883

Pontederia crassipes Mart. ,Nov. Gen. Sp. 9. t. 4. 1823

Eichhornia speciosa Kunth,Enum. Pl. 131. 1843

Heteranthea formosa Miq. Linn. 5:61. 1843

一百六十三、灯心草科(陈志秀、李小康)

Juncaceae *,中国植物志 第13卷 第3分册:146. 1997

(一) 灯心草属

Juncus Linn. Sp. Pl. 325. 1753;Gen. Pl. ed. 5,152. 1754

1. 灯心草

Juncus effusus Linn. Sp. Pl. 326. 1753

一百六十四、百合科(陈志秀、李小康)

Liliaceae Adanson,Fam. Pl. 2:42. 1763. p. p.

Tulipaceae Batsch, Dispos. Gen. Pl. Jen. 46. 1786

Alliaceae Batsch, Dispos. Gen. Pl. Jen. 50. 1786

Leucoiaceae Batsch, Dispos. Gen. Pl. Jen. 50. 1786

Smilacaceae Ventenat, Tabl. Règ. Vég. 2:146. 1799

Melanthaeceae R. Brown, Prodr. Fl. Nov. Holi. 272. 1810

Asphodeleae R. Brown, Prodr. Fl. Nov. Holi. 275. 1810

Smilaceae R. Brown, Prodr. Fl. Nov. Holi. 292. 1810

Hemerocallideae R. Brown, Prodr. Fl. Nov. Holi. 295. 1810

Coichicaceae DC. in Lamarck & DC., Fl. Françe, ed. 3, 3:192. 1805

Asparagineae Richard in Dict. Class. Hist. Nat. 2:20. 1822

Gilliesieae Lindl. in Bot. Règ. 12:t. 1826.

Asparageae Agardh. Aphor. Bot. 160. 1823

Smilacinae Link, Handb. Eerkenn. Gew. 1:275. 1829

Parideae Link, Handb. Eerkenn. Gew. 1:277. 1829

Trilliaceae Lindl., Introd. Nat. Syst. Bot. 277. 1830. pro syn.

Funkiaceae Horaninov, Prim. Linn. Syst. Nat. 52. 1834

Convallariaceae Horaninov, Prim. Linn. Syst. Nat. 53. 1834

Gilliesiaceae Lindl., Nat. Syst. Bot. ed. 2, 348. 1836

Asparagaceae Horaninov, Tetractys Nat. 23. 1843. nom.

Asphodelaceae Horaninov, Tetractys Nat. 23. 1843. nom.

Philesiaceae Lindl. Vég. Kingd. ed. 2, 217. 1847

Agavaceae Hutchinson, Fam. Flow. Pl. 151. 1934. p. p. quoad trib. 1～4

Dracaenaceae(Linh)Small, Fl. Southeast. U. S. 273. 1903

(一) 吊兰属

Chlorophytum Ker-Gawl. in Bot. Mag. t. 1071. 1808

1. 吊兰

Chlorophytum comosum(Thunb.)Baker in Journ. Linn. Soc. Bot. 15:329. 1877

Anthericum comosum Thunb., Prod. Pl. Cap. 63:1772～1775

(二) 玉簪属

Hosta Tratt., Arch. Gewachsk. 1:55. t. 89. 1812. nom. conserv.

Funkia Spreng., Anleit. ed. 2, 1:246. 1817

1. 玉簪

Hosta plantaginea(Lam.)Aschers. in Bot. Zeit. 21:53. 1863

Hemerocallis plantaginea Lam., Encycl. 3:103. 1789

Funkia subcordata Sperng. Syst. 2:41. 1825

Hosta plantaginea(Lam.)Aschers. folma Stenantha F. Maekawaw in Journ. Fac. Sci. Univ. Tokyo, 5:347. 1940

2. 紫萼玉簪　河南新记录种

Hosta ventricosa Stearn. in Gard. Chron. ser. 3，90:27 et 48. 1931

Bryoclea ventricosa Salisb. in Trans. Host. Soc. 1:335. 1812

Hosta coerulea Tratt. in Arch. Gewachsk. 2:144. 1814. non Jacq.(1797)

Funkia ovta Spreng.，Syst. 2:40. 1825

Funkia legendrei Lévl. in Rep. Nov. Fesse 7339. 1909

? Funkia argyi Lévl.，Nouv. contrib. Liliac. etc. Chine 16. 1906

(三) 萱草属

Hemerocallis Linn. Sp. Pl. 324. 1753;Gen. Pl. ed. 5,151. 1754

1. 萱草

Hemerocallis fulva(Linn.)Linn. Sp. Pl. ed. 2,462. 1762

2. 大苞萱草　大花萱草

Hemerocallis middendorfii Trautv. et Mey.,Fl. Ochot. 94. 1856

Hemerocallis dumortieri Morr. var. mid(Trautv. et Mey.)Kitamura in Col. Illus. Pl. Jap. 3:142. 1964

3. 千叶萱草　河南新记录种

Hemerocallis *

4. 斑花萱草　河南新记录种

Hemerocallis *

(四) 芦荟属

Aloe Linn. Sp. Pl. 319. 1753;Gen. Pl. ed. 5,150. 1754

1. 芦荟

Aloe vera Linn. var. chinensis(Haw.)Berg. in Engl. Pflanzenr. 33(IV. 38，3.)：230. 1908

Aloe barbadensis Mill. var. chinensis Haw.，Suppl. Pl. Succ. 45. 1819

2. 树芦荟　木立芦荟　河南新记录种

Aloe arborescens Mill. *

3. 棒花芦荟　河南新记录种

Aloe somalensis *

4. 俏芦荟　河南新记录种

Aloe jucunda *,黄福贵，任志锋编著. 多肉植物鉴赏与景观应用志:191. 2013

(五) 郁金香属

Tulipa Linn. Sp. Pl. 305. 1753;Gen. Pl. ed. 5,145. 1754

1. 郁金香

Tulipa gesneriana Linn. Sp. Pl. 306. 1753

2. 老鸭瓣　山慈菇

Tulipa edulis(Miq.)Baker in Journ. Linn. Soc. Bot. 14:295. 1874

Orithyia edulis Miq. in Ann. Mus. Bot. Lugd.—Bat. 3:158. 1867

Amana edulis(Miq.)Honda in Bull. Biogeogr. Soc. Japon. 6:20. 1935

Amana graminifolia(Baker)Hall, Gen. Tulipa 145. 1940

Tulipa graminifolia(Miq.)Baker ex Moor in Journ. of Bot. 13:230. 1875

(六) 山慈菇属　河南新记录属

Iphigenia Kunth, Enum. Pl. 4:212. 1843

1. 山慈菇　河南新记录种

Iphigenia indica Kunth, Enum. Pl. 4:213. 1843

(七) 百合属

Lilium Linn. Sp. Pl. 302. 1753;Gen. Pl. ed. 5,143. 1754

1. 山丹

Lilium pumilum DC. in Redoute, Liliac. 7:t. 378. 1812

Lilium tenuifolium Fisch. in Cat. Jard. Gorenki 8. 1812. nom. nud.

Lilium potaninii Vrishcz. in Bot. Journ. URSS 53:1472. 1968

2. 川百合　河南新记录种

Lilium davidii Duchartre in Elwes, Monogr. Lil. t. 24. 1877

Lilium cavaleri Lévl. et Vnt. in Lilac. Etc. Chine 44:1905

Lilium thayerae Wils. in Kew Bull. 266. 1913

3. 毛百合　河南新记录种

Lilium dauricum Ker. —Gawl, in Bot. Mag. Sub. t. 1210. 1809

Lilium pensylvanicum Ker. —Gawl. in Mag. T. 872. 1805

现栽培地:河南、郑州市、郑州植物园。

4. 百合

Lilium brownii var. viridulum *

(八) 葱属

Allium Linn. Sp. Pl. 294. 1753;Gen. Pl. ed. 5,143. 1754

1. 天蒜

Allium paepalanthoides Airy. —Shaw in Notes Bot. Gard. Edinb. 16:142. 1931

Allium albostellerianum Wang et. Tang, 静生生物所汇报,Bot. sér. 7:293. 1937

2. 葱

Allium fistulosum Linn. Sp. Pl. 301. 1753

Allium wakegi in Journ. Jap. Bot. 25:206. 1950

3. 野葱

Allium chrysanthum Regel in Act. Hort. Peterop. 3:91. 1875

(九) 万年青属

Rohdea Roth, Nov. Pl. Sp. 196. 1821

1. 万年青

Rohdea japonica(Thunb.)Roth, Nov. Pl. Sp. 197. 1821

Orontium japonicum Thubv. , Fl. Jap. 144. 1784

Rohdea esquirolii Lévl. in Bull. Soc. Bot. França 54:371. 1907

(十) 天门冬属

Asparagus Linn. Sp. Pl. 313. 1753;Gen. Pl. ed. 5,147. 1754

1. 文竹

Asparagus setaceus(Kunth.)Jessop in Bothalia 9:51. 1966

Asparagus cetacea Kunth, Enum. Pl. 5:82. 1850

Asparagus plumosus Baker in Jour. Linn. Soc. Bot. 14:613. 1875

2. 石刁柏

Asparagus officinalis Linn. ,Sp. Pl. ed. 1,313. 1753

Asparagus officinalis Linn. var. altilis Linn. ,Sp. Pl. ed. 1,313. 1753

Asparagus polyphyllus Stcv. In Bull. Soc. Nat. Mosc. 30:343. 1857

3. 天门冬

Asparagus cochichinensis(Lour.)Merr. in philip. Journ. Sci. 15:230. 1919

Melanthium cochichinensis Lour. , Fl. Cochich 216. 1790

Asparagus lucidus Lindl. in Bot. Rég. n. sér. 7:29(Misc.)1844

Asparagus gaudichaudianus Kunth, Enum. Pl. 5:71. 1850

Asparagopsis sinica Miq. in Journ. Bot. Neerl. 190. 1861

Asparagus insularia Hance in Ann. Sci. Nat. Bot. sér. 5, 5:245. 1866

4. 非洲天门冬　万年青

Asparagus densiflorus(Kunth)Jessop in Bothalia 9:65. 1966

Asparagus densiflora Kunth,Enum. Pl. 5:96. 1850

Asparagus sprengeri Regel in Act. Hort. Petrop. 11:302. 1890

(十一)沿阶草属

Ophiopogon Ker-Gawl. in Curtis's Bot. Mag. 27:t. 1063. 1807. non. Conserv.

Mondo Adans. , Fam. 2:496. 1763

Flueggia L. C. Rich. in Neu. Journ. Bot. Schrad. 2:8. t. 1. A. 1807. non Willd.

Slateria Drsv. in Journ. de Bot. 1:243. 1808

Chloopsis Bl. , Enum. Pl. Jav. 14. 1827

1. 麦冬

Ophiopogon japonicus(Linn. f.)Ker-Gawl. in Curtis's Bot. Mag. 27:t. 1063. 1807

Convallaria japonica Linn. f. ,Suppl. Pl. 204. 1781

Convallaria japonica Linn. f. var. minor Thunb. ,Fl. Jap. 139. 1784

Flueggea japonica Rich. in Neu. Journ. Bot. Schrad. 2,1:9. t1,A. 1807

Slateria japonica Desv. in Verh. Btav. Gen. Wer. 12:15. 1830

Ophiopogon stolonifer Lévl. et Vnt. in Lévl. Liliac. etc. Chine 16. 1905

2. 沿阶草　河南新记录种

Ophiopogon bodinieri Lévl. , Liliac. etc. Chine 15. 1905

Ophiopogon filiformis Lévl. in Bull. Geogr. Bot. 25:25. 1915

Ophiopogon formosanus Ohwi in Rep. Sp. Nov. Fedde 36:45. 1934

3. 日本沿阶草　河南新记录种

Ophiopogon japonicus(Linn. f.)Ker-Gawl. 15:136. 165. * ,朱家柟等编著. 拉汉英种子植物名称　第二版. 2006

Ophiopogon japonicus Ker—Gawl *

3.1 '矮'日本沿阶草　河南新记录栽培品种

Ophiopogon japonicus(Linn. f.)Ker-Gawl. 'Nanus' *

(十二) 龙血树属　河南新记录属

Dracaena Vand. ex Linn. , Mant. 1:63 1767

Pleomele Salisb. , Prodr. 245. 1796

1. 绿霸玉　河南新记录种

Dracaena sp. *

2. 富贵竹　河南新记录种

Dracaena sanderiiana *

3. 海南龙血树　河南新记录种

Dracaena cambodiana Pierre ex Gagn. in Bull. Soc. Bot. Françe 81:286. 1934

Pleomele cambodiana(Gagnep)Merr. et Chun in Sunyatsenia 5:31. 1940

(十三) 山麦冬属

Lioriope Lour. , Fl. Cochinch. 200. 1790

1. 山麦冬

Lioriope spicata(Thunb.)Lour. , Fl. Cochinch. 201. 1790

Convallaria spicata Thunb. , Fl. Jpa. 141. 1784

Ophiopogon spicatus Ker-Gal. in Bot. Rég. t. 593. 1821

Ophiopogon muscari Decne in Fl. Seer. Jard. 17:181. 1867～68

Liriope graminifolia Baker in Journ. Linn. Soc. Bot. 17:499. 1879. pro descript. , auct. non(Linn.)Baker.

2. 阔叶山麦冬

Lioriope muscari Bailey, Gentes Herb. 2:35. 1929

Lioriope platyphyllaWang et Tang, 植物分类学报, 1:332. 1951

(十四) 丝兰属

Yucca Linn. Sp. Pl. 319. 1753;Gen. Pl. ed. 5,150. no. 388. 1754

Codonocrium Willdenow ex Roemer Schultes,Syst. Vég. 7,1:718. 1829. pro syn.

Hesperoycca(Engelm.)Baker in Kew Bull. 1892:8. 1892. nom. tenat.

Clistoyucca(Engelm.)Trelease in Ann. Rep. Missouri Bot. Gard. 13:42. 1902

Samuela Trelease in Ann. Rep. Missouri Bot. Gard. 13:116. 1902

1. 凤尾兰

Yucca gloriosa Linn. ,Sp. Pl. 319. 1753

Yucca integerrima Stokes,Bot. Mat. Med. 2:267. 1812

Yucca acuminata Sweet, Brit. Flow. Gard. 2:t. 195. 1827

2. 丝兰　河南新记录种

Yucca smalliana Fern. in Rhodora, 46:8. t. 809. 1944

3. 荷兰丝兰　河南新记录种

Yucca elephantipes *

4. 金心也门丝兰　河南新记录种

Yucca *

(十五) 铃兰属　河南新记录属

Convallaria Linn. Sp. Pl. ed. 1, 314. 1753

1. 草玉铃　铃兰　河南新记录种

Convallaria majalis Linn. Sp. Pl. 314. 1753

Convallaria keiskei Miq. in Ann. Mus. Bot. Lugd. —Bat. 3:148. 1867

(十六) 黄精属

Polygonatum Mill., Gard. Dict. Abridg. ed. 4, 1754

1. 玉竹

Polygonatum odoratum(Mill.)Druce in Ann. Scott. Nat. Hist. 226. 1906

Convallaria polygonatum Linn. Sp. Pl. 315. 1753

Convallaria odoratum Mill., Gard Dict. Abridg. ed. 8, Convallaria no. 4. 1768. ut "odorato"

Polygonatum officinale All. Fl. Pedem 1:131. 1785

Polygonatum simizui Kitag. in Journ. Jap. Bot. 22:176. 1948

(十七) 十二卷属　河南新记录属

Haworthia *, 黄福贵, 任志锋编著. 多肉植物鉴赏与景观应用志:193. 2013

1. 点纹十二卷　河南新记录种

Haworthia margaritfera *

2. 龙鳞　河南新记录种

Haworthia tessellata *

3. 琉璃殿　河南新记录种

Haworthia limifolia *

4. 条纹十二卷　河南新记录种

Haworthia fasciata *

(十八) 虎尾兰属　河南新记录属

Sansevieria Thunb. 14:278, 2.5. *, 朱家柟等编著. 拉汉英种子植物名称　第二版. 2006

1. 虎尾兰　河南新记录种

Sansevieria trifasciata Prain 14:278, 275. *, 朱家柟等编著. 拉汉英种子植物名称　第二版. 2006

2. 柱叶虎尾兰 河南新记录种

Sansevieria cylindricdl *

3. 三扁虎尾兰 新拟

Sansevieria trifasciata *

(十九) 万年兰属 河南新记录属

Furcraea *

1. 万年兰 河南新记录种

Furcraea foetida *

2. 边缘万年兰 河南新记录种

Furcraea foetida var. margianata *

一百六十五、石蒜科(陈志秀、李小康)

Amaryllidaceae *,中国植物志 第16卷 第1分册:1. 1985

(一) 君子兰属

Clivia Lindl. in Bot. Rég. 14:t. 1182. 1828

1. 君子兰

Clivia minata Regel. Regel Gartenfl. 13:t. 434. 1864

(二) 文殊兰属

Crinum Linn. Sp. Pl. 291. 1753;Gen. Pl. ed. 5,141. 1754

1. 文殊兰

Crinum asiaticum sinicum Roxv. ex Herb. in Curtis's Bot. Mag. sub. 47:t. 2121. 1820

Crinum asiaticum Linn. var. sinicum(Herb. ex Roxb.)Baker,Handb. Amaryll. 75.1888

(三) 朱顶红属

Hippeastrum Herb. App. Bot. Rég. 31. 1821

1. 朱顶红

Hippeastrum rutilum(Ker-Gawl.)Herb. App. Bot. Rég. 31. 1821

2. 花朱顶红

Hippeastrum vitatum(L'Herit.)Herb. App. Bot. Rég. 31. 1821

Amaryllis vittata Linn. Herit. Sert. Angl. 15. 1788

(四) 石蒜属

Lycoria Herb. in Curtis's Bot. Mag. 47:5. sub. t. 2113. 1820

1. 石蒜

Lycoria radiata(L'Herit.)Herb. in Curtis's Bot. Mag. 47:5. sub. t. 2113. 1820

Amaryllis radtata L'Her. Sert. Angl 15. 1788

2. 玫瑰石蒜

Lycoria rosea Traub et Moldenke,Amaryllidac Tribe Amaryll 178.1949

3. 忽地笑

Lycoria aurea(L'Her.)Herb. in Curtis's Bot. Mag. 47:5. sub. t. 2113. 1820

(五) 水仙属

Narcissus Linn. Sp. Pl. 289. 1753;Gen. Pl. ed. 5,141. 1754

1. 水仙

Narcissus tazetta Linn. var. chinensis Roem. Syn. Monog. Fasc. 4:223. 1847

2. 黄水仙

Narcissus pseudo-narcissus Linn. Sp. Pl. 289. 1753

3. 长寿花

Narcissus jonquilla Linn. Sp. Pl. 290. 1753

(六) 水鬼蕉属 蜘蛛兰属 河南新记录属

Hymenocallis Salisb. in Trans. Hort. Soc. London 1:338. 1812

1. 水鬼蕉 蜘蛛兰 河南新记录种

Hymenocallis littoralis(Jscq.)Salisb. in Trans. Hort. Soc. London 1:338. 1812

Hymenocallis americana Roem. Amaryll. 176. 1851

Pancratium littoralis Jacq. Hort. Bot. Vind. 3:41. t. 75. 1776

(七) 酒瓶兰属 河南新记录属

Nolina *

1. 酒瓶兰 河南新记录种

Nolina recurvata *

(八) 巨麻属 河南新记录属

Furcracaselloana *

1. 金边毛里求斯巨麻 河南新记录变种

Furcracaselloana var. marginata *

一百六十六、仙茅科 河南新记录科

Hypoxidaceae *,侯宽昭编. 中国种子植物科属词典 修订版 245. 1982

(一) 仙茅属 河南新记录属

Curculigo Gaertn. 16(1):2,13. *,朱家柟等编著. 拉汉英种子植物名称 第二版. 2006

1. 大叶仙茅 河南新记录种

Curculigo capitulata(Lour.)O. Ktze. 16(1):34. *,朱家柟等编著. 拉汉英种子植物名称 第二版. 2006

一百六十七、龙舌兰科

Agavaceae *,侯昭宽编. 吴德邻等修订. 中国种子植物科属词典 修订版:13. 1982

(一) 龙舌兰属

Agave Linn. Sp. Pl. 323. 1753

1. 龙舌兰

Agave americana Linn. Sp. Pl. 323. 1753

1.1 白心龙舌兰　新拟　河南新记变种

Agave americana var. media-picra alba *

2. 剑麻

Agave sisalana Perr. ex Engelm. in Trans. Acad. Sci. Louis 3:314. 1875

3. 狭叶龙舌兰

Agave angustifolia Haw. Syn. Pl. Succ. 72. 1812

4. 金边龙舌兰　河南新记录种

Agave folium *

5. 直叶龙舌兰　吹上　河南新记录种

Agave stricta *

6. 雷神　河南新记录种

Agave potatorum *

6.1 王妃雷神　河南新记录变种

Agave potatorum var. verschaffeltii *

7. 大刺龙舌兰　八荒殿　河南新记录种

Agave macroacantha *

8. 笹之雪　鬼脚掌　河南新记录种

Agave victoriae-reginae *

8.1 '黄覆轮'笹之雪　河南新记录栽培品种

Agave victoriae-reginae 'Variegata' *

9. 狐尾龙舌兰　河南新记录种

Agave attenuata *

10. 泷之白丝

Agave schidigera *

11. 五色万代　河南新记录变种

Agave kerchovei var. pectinata *

12. 姬吹上　河南新记录变型

Agave syricta f. nana *

13. 仁王冠　龙严　河南新记录栽培品种

Agave sp. 'No. 1' *

14. 华严　中班龙舌兰　河南新记录变种

Agave americana Linn. var. medio-picra alba *

（二）龙血树属　河南新记录属

Dracaena Vand. ex Linn. 14:274,2,4. *,朱家柟等编著. 拉汉英种子植物名称　第二版. 2006

1. 马尾铁　河南新记录种

Dracaena fragrans *

2. 也门铁　河南新记录种

Dracaena arborea *

3. 龙血树　河南新记录种

Dracaena angustifolia Roxb. 14:277,276. 280. *,朱家柟等编著. 拉汉英种子植物名称　第二版. 2006

（三）朱蕉属

Cordyline Comm. ex Juss. 14:273,2. 4. *,朱家柟等编著. 拉汉英种子植物名称　第二版. 2006

1. 朱蕉

Cordyline fruticosa(Linn.)A. Cheval. 14:273,275. *,朱家柟等编著. 拉汉英种子植物名称　第二版. 2006

一百六十八、蒟蒻薯科　河南新记录科(陈志秀、李小康)

Taccaceae *,中国植物志　第16卷　第1分册:42. 1985

（一）蒟蒻薯属　河南新记录属

Tacca J. R. Forster et J. G. A. Forst. Char. Gen. 69. 1776

1. 箭根薯　老虎须　河南新记录种

Tacca chantrieri André in Rev. Hort. Paris 73:541. pl. 241. 1901

Tacca minor Ridl. Mat. Fl. Malay Penins. 2:78. 1907

Clerodendron esquirolii Lévl. in Fedde Repert. Sp. Nov. 11:298. 1912

Tacca esquirolii(Lévl.)Rehd. in Journ. Arn. Arb. 17:64. 1936

Schizocapsa itagakii Yammamoto,Contr. Fl. Kainan 1:32. 1942

一百六十九、薯蓣科(陈志秀、李小康)

Discoreaceae *,中国植物志　第16卷　第1分册:54. 1985

（一）薯蓣属　龟甲龙属

Discorea Linn. Sp. Pl. 1032. 1753

1. 薯蓣

Discorea opposita Thunb. Fl. Jap. 151. 1784

Discorea batatas Decne. in Rev. Hort. sér. 4，3:243. 1854

Discorea doryphora Hance in Ann. Sci. Nat. Bot. sér. 5，5:244. 1866

Discorea swinhoei Rolfe in Journ. Bot. 20:359. 1882

2. 墨西哥龟甲龙　河南新记录种

Dioscorea mexicana *

一百七十、鸢尾科(陈志秀、李小康)

Iridaceae *,中国植物志　第16卷　第1分册:120. 1985

(一)唐菖蒲属

Gladiolus Linn. Sp. Pl. 36. 1753;Gen. Pl. ed. 5,23. 1754

1. 唐菖蒲

Gladiolus gandavensis Van Houtte,Houtte,Cat. 1844,et in Fl. Serr. Jard. t. 1. 1846

(二)鸢尾属

Iris Linn. Sp. Pl. 38. 1753;Gen. Pl. ed. 5,59. 1754

1. 鸢尾

Iris tectorum Maxim. in Bull. Acad. Sci. St. Pétersb. 15:380. 1871

2. 马蔺

Iris biglumis Vahl. Enum. 3:149. 1806

Iris lactea Pall. var. chinensis(Fisch.)Koidz. in Bot. Mag. Tokyo,39:300. 1925

Iris longispatha Fisch. in Curtiss Bot. Mag. t. 2528. 1825

Iris illiensis P. Pol. in Notul. Syst. Herb. Acad. Sci. URSS 12:88. 1950

(三)射干属

Belamcanda Adans. Fam. Pl. 2:60(Belam-Canda). 1763

Pardanthus Ker-Gawl. in Koeng et Sims,Ann. Bot. 1:246. 1805

1. 射干

Belamcanda chinensis(Linn.)DC. in Redoute,Lil. 3. pl. 121. 1085

Ixia chinensis Linn. Sp. Pl. 36. 1753

Pardanthus chinensis Ker-Gawl. in Koenig et Sims,Ann. Bot. 1:247. 1805

Belamcanda punctata Moench,Méth. Pl. 529. 1794

一百七十一、芭蕉科(陈志秀、李小康)

Musaceae *,中国植物志　第16卷　第2分册:1. 1985

(一)芭蕉属

Musa Linn. Sp. Pl. 1043. 1753

1. 芭蕉

Musa basjoo Sieb. & Zucc. in Verh. Batav. Gen. 12:18. 1830

2. 香蕉　河南新记录种

Musa nana Lour.,Fl. Cochich. 644. 1790

Musa cavendishii Lamb. in Paxt. Mag. Bot. 3:51. 1837. cum Icone.

Musa sinensis Sagot ex Bak. in Ann. Bot. 7:209. 1893

3. 小果野蕉　河南新记录种

Musa acuminata Colla, Men. Gen. Musa 66. 1820

(二) 地涌金莲属

Musella(Franch.)C. Y. Wu ex H. W. Li, 植物分类学报, 16(3):57. 1978

1. 地涌金莲

Musella lasiocarpa(Franch.)C. Y. Wu ex H. W. Li, 植物分类学报, 16(3):57. 1978

Musa lasiocarpa Franch. in Morot, Journ. de Bot. 3:329. 1889

一百七十二、旅人蕉科　河南新记录科(李小康、王华、王志毅)

Strelitziaceae *

(一) 旅人蕉属　河南新记录属

Ravenala Adans. 16(2):14. *, 朱家柟等编著. 拉汉英种子植物名称　第二版. 2006

1. 旅人蕉　河南新记录种

Ravenala madagascariensis Adans. 16(2):15. *, 朱家柟等编著. 拉汉英种子植物名称　第二版. 2006

(二) 鹤望兰属　河南新记录属

Strelitzia Aiton Hort. Kew. ed. l. 1:285. 1789

1. 鹤望兰　河南新记录种

Strelitzia reginae Aiton l. c. pl. 2.; Wright, l. c.; Moore & Hyypio in Baileya 17(2):64, 72. 1970.

一百七十三、姜科(李小康、陈志秀)

Zingiberaceae *, 中国植物志　第16卷　第2分册:22. 1981

(一) 山姜属　河南新记录属

Alpinia Roxb., Asiat. Res. 11:350. 1810(nom. cons. Homonynum prius Alpinia Linn.)

Languas Koen. Retz. Observ. 3:64. 1783

1. 艳山姜　花叶艳山姜　河南新记录种

Alpinia zerumbet(Pers.)Burtt. & Smith in Not. R. B. G. Edinb. 37(2):204. 1972

Costus zerumbet Pers., Syn. 1:3. 1805

Zerumbet speciosum Wendl., Sert. Hann. Fas. 4:3. t. 19. 1789

Alpinia speciosa(Wendl.)K. Schum., Fl. Kaiser-Wilhemsl 29. 1887

Languas speciosa(Wendl.)Small, Fl. S. E. U. S. ed. 2:407. 1913

(二) 姜花属　河南新记录属

Hedychium Koen. in Retz. Obs. 3:73. 1783

1. 黄姜花　河南新记录种

Hedychium flavum Roxb. ,Hort. Beng. 1:1814

一百七十四、美人蕉科　河南新记录科(李小康、王华、王志毅)

Cannaceae *,中国植物志　第16卷　第2分册:153. 1981

(一) 美人蕉属　河南新记录属

Canna Linn. Sp. Pl. 1. 1753

1. 美人蕉　河南新记录种

Canna indica Linn. Sp. Pl. 1. 1753,excl. Pl. Afr. & Amer.

2. 大花美人蕉　河南新记录种

Canna generalis Bailey in Hort. 118. 1930

现栽培地:河南、郑州市、郑州植物园。

一百七十五、竹芋科　河南新记录科

Marantaceae *,中国植物志　第16卷　第2分册:158～159. 1981

(一) 竹芋属　波叶竹芋　河南新记录属(李小康、王华、王志毅)

Maranta Linn. Sp. Pl. 2. 1753

1. 竹芋　河南新记录种

Maranta arundinacea Linn. Sp. Pl. 2. 1753

Donax arundinacea auct. non Lour. Mrr. in Lingnan Sci. Journ. 6:275. 1928

1.1 '紫背波叶'竹芋　河南新记录栽培品种

Maranta arundinacea Linn. 16(2):167. *,朱家柟等编著. 拉汉英种子植物名称 第二版. 2006

1.2 '双线波叶'竹芋　河南新记录栽培品种

Maranta arundinacea Linn. *

(二) 肖竹芋属　河南新记录属

Calathea G. F. W. Mey. , Primit. Fl. Essequeb. Fl. 6. 1881

1. 绒叶肖竹芋　天鹅绒肖竹芋　河南新记录种

Calathea zebrina(Sims)Lindl. in Donn, Hort. Cantabrig. ed. 10:12. 1823

Maranzta zebrina Sims in Curtis's Bot. Mag. t. 1926. 1817

(三) 肖竹属　河南新记录属

Spathiphyllum *

1. 肖竹　河南新记录种

Spathiphyllum mauna *

一百七十六、兰科(李小康、陈志秀)

Orchidaceae *,中国植物志　第17卷:1. 1999

(一) 萖兰属　河南新记录属

Paphiopedilum Pfitz., Morph. Stud. Orphiopedilum 11. 1886. nom. conserv.

Cordula Raf., Fl. Tell. 4:46. 1838

Stinegas Raf., Fl. Tell. 4:45. 1838

1. 蒄兰　河南新记录种

Paphiopedilum purpuratum(Lindl.)Stem, Orchideenbuch 487. 1892

Cynoedum purpuratum Lindl. Edwards Bot. Rég. 23. t. 1991. 1837

Cypnpeium sinicum Hance ex Rchb. f. in Walp. Ann. 3:606. 1853

Paphiopedilun sinicum(Hance ex Rchb. f.)Stem, Orchideenbuch 481. 1892

(二) 兰属

Cymbidium Sw. in Nov. Acta Soc. Sci. Upsal. 6:70. 1799

Jensoa Rafin., Fl. Tellur. 4:38. 1836

Cyperorchis Bl., Rumphia 4:47. 1848

Iridorchis Bl., Orch. Arch. Ind. 1:92. 1858

1. 蕙兰

Cymbidium faberi Rolfe in Kew Bull. 198. 1896

Cymbidium scabroserrulatum Makino in Bot. Mag. Tokyo,16:154. 1902

Cymbidium oiwakensis Hayata, Icon. Pl. Formo. 6:80. f. 14. 1916

Cymbidium crinum Schltr. in Fedde Repert. Sp. Nov. Beih. 12:350. 1922

Cymbidium fukienense T. K. Yen, Icon. Cymbid. Amoyens. A. 1. f. 1964

2. 墨兰　河南新记录种

Cymbidium sinense(Jackson ex Andr.)Willd., Sp. Pl. ed. 4. 111. 1805

Cymbidium sinense Jackson ex Andr., Bot. Rep. 3. t. 216. 1802

Cymbidium chinense Heynh., Nomencl. 2:179. 1846

Cymbidium albo-jucundissimum Hayata, Icon. Pl. Formos. 4:74. 1914

3. 寒兰　河南新记录种

Cymbidium kanran Makino in Bot. Tokyo,16:10. 1902

Cymbidium oreophyllum Hayata, Icon. Pl. Formos. 4:81. f. 380. 1914

Cymbidium purpureo-hiemale Hayata, Icon. Pl. Formos. 4:81. 1914

Cymbidium linearisepalum Yamamoto in Trans. Nat. Hist. Soc. Formosa 20:40. 1930

Cymbidium tosyaense Masamune in Trans. Nat. Hist. Formos. 25:14. 1935

Cymbidium sinokanran T. K. Yen, Icon. Cymbid. Amoyens. G. 1. 1964

4. 建兰　四季兰　河南新记录种

Cymbidium ensifolium(Lindn.)Sw. in Nov. Acta Soc. Sci. Upsal. 6:77. 1799

Epidendrum ensifolium Linn. Sp. Pl. 2:954. 1753

Limodorum ensatum Thunb. , Fl. Jap. 29. 1784

Cymbidium xiphiifolium Lindl. in Bot. Règ. 7:t. 529. 1821

Jensoa ensata(Thunb.)Rafin. , Fl. Tellur. 4:38. 1838

Cymbidium micans Schauer in Nov. Act. Nat. Cur. 19(Suppl. 1):433. 1843

Cymbidium yakibaran Makino in Iinuma, Somoku-Dzusetsu ed. 3, 4:1181. 1912

5. 硬叶吊兰　河南新记录种

Cymbidium pendulum(Roxb.)Sw *

(三) 葱叶兰属

Microtis R. Br. , Prodr. Fl. Nov. Holl. 320. 1810

1. 红花葱兰

Microtis unifolia(Forst.)Rrhb. f. , Beitr. Syst. Pl. 62. 1871

Ophrys unifolia Forst. , Fl. Ins. Austr. 59. 1786

Microtis parviflora R. Br. , Prodr. Fl. Nov. Holl. 321. 1810

Microtis formosana Schltr. in Bot. Jahrb. Engler 45 382. 1911

(四) 石斛属

Dendrobium Sw. in Nova Acta Regiae Soc. Sci. Upsal. 1,6:82. 1799

Ceraia Lour. ,Fl. Cochichin . 518. 1790. nm. rej.

Oxystophyllum Bl. ,Bijdr. 6:f. 38. ,et 7:335. 1825

1. 铁皮石斛

Dendrobium officinale Kimura et Migoin J. Shanghai Sci. Inst. III. 3:122. t. 6a, 7. 9. 1936

一百七十七、山龙眼科　河南新纪录科

Proteaceae *

(一) 银桦属　河南新纪录属

Grevillea R. Br. (1810) nom. conserv. = Lysanthe Salisb. (1809) R. Br. in Trans. Linn. Soc. 10:167. 1810

Lysanthe Salisb. in Knight, Cult. Prot. 116. 1809.

1. 红花银桦

Grevillea banksii var. forsteri *

一百七十八、辣木科　河南新纪录科

Moringaceae *

(一) 辣木属　河南新纪录属

Moringa Adans. Fam. Pl. 2: 318, 579. 1763

1. 象腿树　河南新纪录种

Beaucarnea recurvata *

附录　3 种不知科、属、名称的植物

大板根 *
金心洒金 *
福殊 *

参考文献

1. 中文参考文献

二画

丁宝章,王遂义,高增义主编. 河南植物志 第一册[M]. 郑州:河南人民出版社,1981.

丁宝章,王遂义主编. 河南植物志 第二册[M]. 郑州:河南科学技术出版社, 1990.

丁宝章,王遂义主编. 河南植物志 第三册[M]. 郑州:河南科学技术出版社, 1997.

丁宝章,王遂义主编. 河南植物志 第四册[M]. 郑州:河南科学技术出版社, 1998.

丁宝章,赵天榜,陈志秀,等. 河南木兰属新种和新变种[J]. 河南农学院学报,4:6～11. 1983.

丁宝章,赵天榜,陈志秀,等. 中国木兰属植物腋花、总状花序的首次发现和新分类群[J]. 河南农业大学学报,19(4):356～363. 1985.

丁宝章,赵天榜. 辛夷良种—腋花望春玉兰[J]. 科普田园,8:16～17. 1985.

三画

卫兆芬. 中国无忧花属、仪花属和紫荆属资料[J]. 广西植物,3(1):15. 1983.

山西省林业科学研究院编著. 山西树木志[M]. 太原:山西人民出版出社,1985.

山西省林学会杨树委员会. 山西省杨树图谱[M]. 太原:山西人民出版社,1985.

山西省林业科学研究院编著. 山西树木志[M]. 太原:山西人民出版社,1985.

广东省植物研究所编辑. 海南植物志 第二卷[M]. 北京:科学出版社,1965.

广东省植物研究所编辑. 海南植物志 第三卷[M]. 北京:科学出版社,1974.

广东省植物研究所编辑. 海南植物志 第四卷[M]. 北京:科学出版社,1977.

马金双主编. 中国入侵植物名录[M]. 北京:高等教育出版社,2014.

马履一,王罗荣,等. 中国木兰科木兰属一新种[J]. 植物研究,26(1):4～6. 2006.

马履一,王罗荣,贺随超,等. 中国木兰科木兰属一新变种[J]. 植物研究,26(5):516～519. 2006.

四画

中国树木志编委会主编. 中国主要树种造林技术[M]. 北京:农业出版社,1987.

中国科学院中国植物志编辑委员会. 中国植物志 中名和拉丁名总索引[M]. 北京:科学出版社,2006.

中国科学院中国植物志编辑委员会. 中国植物志[M]. 北京:科学出版社,多卷.

中国科学院植物研究所主编. 中国高等植物图鉴[M]. 北京:科学出版社,多卷.

中国科学院昆明植物研究所编著. 云南植物志 第二卷[M]. 北京:科学出版社,1979.

中国科学院昆明植物研究所编著. 云南植物志 第三卷[M]. 北京:科学出版社,多卷.

中国科学院植物研究所编辑. 中国主要植物图说 5. 豆科[M]. 北京:科学出版社,1955.

中国科学院西北植物研究所编著. 秦岭植物志[M]. 北京:科学出版社,1983. 多卷.

中国科学院武汉植物研究所编著. 湖北植物志 第二卷[M]. 武汉:湖北人民出版社,多卷.

云南植物研究所编著. 云南植物志 第一卷[M]. 北京:科学出版社,1977.

王文采主编. 中国高等植物彩色图鉴[M]. 北京:科学出版社,多卷.

王少义主编. 牡丹[M]. 北京:科学出版社,2011.

王遂义主编. 河南树木志[M]. 郑州:河南科学技术出版社,1994.

王章荣,等编著. 鹅掌楸属树种杂交育种与利用[M]. 北京:中国林业出版社,2016.

王世光,薛永卿主编. 中国现代月季[M]. 郑州:河南科学技术出版社,2010.
王建勋,杨谦,赵杰,等. 朱砂玉兰品种资源及繁育技术[J]. 安徽农业科学,36(4):1424. 2008.
王莲英主编. 中国牡丹品种图志[M]. 北京:中国林业出版社,1998.
王淩明,黄品龙编著. 枣树栽培[M]. 郑州:河南科学技术出版社,1982.
方文培主编. 峨眉植物图志 第一卷 第二册[M]. 上海:商务印书馆,1942.
牛春山主编. 陕西杨树[M]. 西安:陕西科技出版社,1980.
内蒙古植物志编委会编著. 内蒙古植物志[M]. 乌兰巴托:内蒙古人民出版社,多卷.
中国科学院西北植物研究所编著. 秦岭植物志 多卷. 种子植物[M]. 北京:科学出版社.
中国科学院中国植物志编辑委员会. 中国植物志　多卷. 北京:科学出版社.
中国科学院植物研究所主编. 中国高等植物图鉴　多册. 北京:科学出版社.
中国科学院昆明植物研究所主编. 云南植物志 多卷. 北京:科学出版社.
中国科学院西北植物研究所主编. 中国珍稀濒危植物[M]. 上海:上海教育出版社, 1989.
中国科学院武汉植物研究所植物研究所编著. 湖北植物志 多卷[M]. 武汉:湖北人民出版社.
中国林业科学研究院主编. 中国森林昆虫[M]. 北京:中国林业出版社, 1983.
中国农业科学院果树研究所编著. 苹果、梨、葡萄病虫害及其防治[M]. 北京:农业出版社, 1970.
中国林木种子公司主编. 中国林木种实病虫害防治手册[M]. 北京:中国林业出版社, 1988.
中国树木志编辑委员会. 中国主要树种造林技术[M]. 北京:农业出版社, 1987.
中国牡丹编撰委员会. 中国牡丹全书[M]. 北京:中国科学技术出版社,2002.
中南林学院主编. 经济林昆虫学[M]. 北京:中国林业出版社, 1987.
王飞罡. 一年多次开花的长春二乔玉兰[J]. 植物杂志,4:29. 1986.
王飞罡. 红运玉兰. 品种权号 20000007. 2000.
王亚玲. 玉兰新品种介绍[J]. 现代种业,2:37～41. 2003.
王亚玲. 玉兰亚属的研究[J]. 西北农林科技大学学报,21(3):37～41. 2006.
王亚玲,杨廷栋. 玉兰育种研究初报[J]. 西北植物学报,19(5):14～16. 1999.
王亚玲,崔铁成,王伟,等. 西安地区木兰属植物引种、选育与应用[J]. 植物引驯化集刊,12:34～38. 1998.
王亚玲,马延康,张寿洲,等. 玉兰亚属植物形态变异及种间界限探讨[J]. 西北林学院学报,21(3):37～40. 2062.
王亚玲. 玉兰亚属的研究(D). 西北农林科技大学硕士论文,2003.
王亚玲,李勇,张寿洲,等. 木兰科植物的人工杂交[J] . 武汉植物学研究,21(6):508～514. 2003.
王亚玲,张寿洲,李勇,等. 木兰科 13 个分类群和 12 个杂交组合的染色体数目[J]. 植物分类学报,43(6):545～551. 2005.
王亚玲,马延康,张寿洲,等. 几种玉兰亚属植物的 RAPD 亲缘关系的分析[J]. 园艺学报,30(3):299～302. 2003.
王意成主编. 最新图解木本花卉栽培指南[M]. 南京:江苏科学技术出版社, 2007.
王遂义主编. 河南树木志[M]. 郑州:河南科学技术出版社, 1974.
王建国,张佐双编著. 中国芍药[M]. 北京:中国林业出版社, 2005.
王聚平主编. 河南适生树种栽培技术[M]. 郑州:黄河水利出版社, 2009.
王守正主编. 河南省经济植物病害志[M]. 郑州:河南科学技术出版社, 1994.
王晓玲,马履一,贾忠奎,等. 红花玉兰研究进展[J]. 北方园艺,6:202～205. 2011.
王世端,曹法舜,罗建都著. 洛阳牡丹[M]. 北京:中国旅游出版社,1980.
王章荣,等编著. 鹅掌楸属树木杂交育种与利用[M]. 北京:中国林业出版社, 2010.

王霞. 花样生活　别样精彩——郑州植物园举办创新盆栽大赛[J]. 花卉盆景,439:32～37. 2014.
牛春山主编. 陕西树木志[M]. 北京:中国林业出版社,277～283. 1990.
韦金笙. 芍药[M]. 南京:江苏科学技术出版社, 1989.

五画

卢炯林,余学友,张俊朴,等主编. 河南木本植物图鉴[M]. 香港:新世纪出版社,1998.
《四川植物志》编辑委员会主编. 四川植物志[M]. 成都:四川科学技术出版社,多卷.
田国行,傅大立,赵天榜,等. 玉兰新分类系统的研究[J]. 植物研究. 26(1):35. 2006.
田国行,傅大立,赵东武,等. 玉兰属植物资源与新分类系统的研究[J]. 中国农学通报,22(5):409. 2006.
田国行,赵天榜主编. 仙人掌植物资源与利用[M]. 北京:科学出版出,2011.
史作宪,赵体顺,赵天榜,等主编. 林业技术手册[M]. 郑州:河南科学技术出版社,1988.
冯志丹,杨绍增,王达明. 云南珍稀树木[M]. 北京:中国世界语出版社, 1998.
冯述清. 名花栽培[M]. 郑州:中原农民出版社, 1989.
田国行,傅大立,赵东武,等. 玉兰属植物资源与新分类系统的研究[J]. 中国农学通报,22(5):405～411. 2006.
田国行,傅大立,赵天榜. 玉兰属一新变种[J]. 武汉植物学研究,24(3):261～262. 2004.
田国行,傅大立,赵天榜,等. 玉兰新分类系统的研究[J]. 植物研究,26(1):35～36. 2006.
北京林学院城市园林系主编. 花木栽培法[M]. 北京:农业出版社, 1981.
北京市园林局. 北京牡丹[M]. 内部资料,1987.

六画

朱长山,杨好伟主编. 河南种子植物检索表[M]. 兰州:兰州大学出版社,1994.
朱长山,李学德. 河南紫荆属订正[J]. 云南植物学研究, 18(2)175. 204. 1996.
朱长山,李服,杨好伟,等主编. 河南主要种子植物分类[M]. 呼和浩特:内蒙古人民出版社, 1998.
朱光华译. 杨亲二,俸宇星校.《国际植物命名法规》(圣路易斯法规 中文版)[M]. 北京:科学出版社, 2001.
朱家柟等编著. 拉汉英种子植物名称　第二版[M]. 北京:科学出版社, 2006.
竹内亮著. 中国东北裸子植物研究资料[M]. 北京:中国林业出版社,1958.
刘玉壶主编. 中国木兰[M]. 北京:科学技术出版社,2004.
刘玉壶. 木兰科分类系统的初步研究[J]. 植物分类学报,22(2):89～109. 1984.
刘秀丽. 中国玉兰种质资源调查及亲缘关系的研究[D]. 北京林业大学博士论文,2011.
刘慎谔主编. 东北木本植物图志[M]. 北京:科学出版社,1955.
安徽植物志协作组编. 安徽植物志[M]. 合肥:安徽科学技术出版社,多卷.
孙军,赵东欣,赵东武,等. 望春玉兰品种资源与分类系统的研究[J]. 安徽农业科学,36(22):9492～9492. 9501. 2008.
孙军,赵东欣,傅大立,等. 玉兰种质资源与分类系统的研究[J]. 安徽农业学报,36(22):1826～1829. 2008.
孙立元,任宪威主编. 河北树木志[M]. 北京:中国林业出版社, 1997.
孙卫邦,周俊. 中国木兰科植物分属新建议[J]. 云南植物研究,26(2):139～147. 2004.
史作宪,赵体顺,赵天榜,等主编. 林业技术手册[M]. 郑州:河南科学技术出版社,1988.
西南林学院,云南省林业厅编著. 云南树木图志[M]. 昆明:云南科技出版社,1990.
邢福武主编. 中国的珍稀植物[M]. 长沙:湖南教育出版社,2008.

华北树木志编写组编. 华北树木志[M]. 北京:中国林业出版社,1984.

江苏省植物研究所编. 江苏植物志 上册[M]. 南京:江苏人民出版社,1977.

江苏省植物研究所. 江苏植物志 下册[M]. 南京:江苏人民出版社,1982.

闫双喜,刘保国,李永华主编. 景观园林植物图鉴[M]. 郑州:河南科学技术出版社,1913.

闫双喜,赵天榜,刘国彦. 河南木兰属玉兰亚属植物数量分类的研究[J]. 河南林业科技,18(4):5～10. 1998.

刘玉壶主编. 中国木兰 Magnolias of China[M]. 北京:科学技术出版社, 2004.

刘玉壶,高增义. 河南木兰属新植物[J]. 植物研究,4(4):189～194. 1984.

刘玉壶,周仁章,曾庆文. 中国木兰科植物及其濒危种类引种繁育研究初报[J]. 见:中国植物学会植物园协会. 植物引种驯化集刊,5:39～41. 1987.

刘玉壶,周仁章. 中国木兰科植物及其珍稀濒危种类的迁地保护[J] . 热带亚热带植物学报,5(2):1～12. 1997.

刘玉壶. 木兰科分类系统的初步研究. 植物分类学报,22(2):89～109. 1984.

刘玉壶,夏念和,杨惠秋. 木兰科 (Magnoliaceae) 的起源、进化和地理分布[J]. 热带亚热带植物学报,3(4):1～12. 1995.

刘荷芬. 玉兰属植物起源与地理分布[J]. 河南科学,26(8):924～927. 2008.

刘秀丽. 中国玉兰种质资源调查及亲缘关系的研究[D]. 北京林业大学博士论文, 2011.

刘淑敏,王莲英,吴涤新,等. 牡丹[M]. 北京:中国建筑工业出版社, 1987.

刘翔主编. 中国牡丹[M]. 郑州:河南科学技术出版社, 1995.

刘业经编. 台湾树木志[M]. 台湾:台湾国立中兴大学农学院出版社委员会(繁体字), 1948.

祁棠才. 渐危树种—凹叶玉兰[J]. 植物杂志,1:封三, 1996.

任海主编. 珍奇植物[M]. 乌鲁木齐:新疆科学技术出版社, 2006.

向其柏,臧德奎,孙卫邦翻译. 国际栽培植物命名法规[M]. 7 版. 北京:中国林业出版社, 2006.

西南林学院,云南省林业厅编著. 云南树木图志 上册[M]. 昆明:云南科技出版社, 1988.

成仿云,李嘉珏,陈德忠,等著. 中国紫斑牡丹[M]. 北京:中国林业出版社, 2005.

七画

宋留高,陈志秀,傅大立,等. 河南木兰属特有珍稀树种资源的研究[J]. 河南林业科技,18(13):3～7. 1998

宋留高,傅大立,赵镇萍,等. 紫花玉兰两新栽培变种[J]. 河南科技,增刊:41～42. 1991.

宋良红,李全红主编. 碧沙岗海棠[M]. 长春:东北师范大学出版社,2011.

宋良红,陈俊通,李小康,等. 河南玉兰属珍稀濒危植物的研究[J]. 安徽农业科学,43(10):1～5. 2015.

宋良红,陈俊通,李小康,等. 河南白蜡属植物的研究[J]. 中国农学通报,33(22):2015.

宋良红,郭欢欢,侯少沛,等. 向日葵观赏价值评价体系的建立[J]. 河南科学,11:1922～1926. 2015.

宋良红,郭欢欢,陈晓蕾,等. 郑州市木兰科植物资源调查与应用分析[J]. 河南林业科技,1:25～26. 2016.

李小康,等. 建设节约型城市园林绿化探析——以郑州植物园为例[J]. 陕西农业科学,2011,4

李小康,等. 展览温室热带雨林植物群落土壤分析与改善措施[J]. 陕西农业科学,2012.

李小康,等. 热带、亚热带特色观赏植物引种与应用研究[J]. 陕西农业科学,59(6),2013.

李小康,等. 郑州地区藤本月季品种资源调查及综合评价[J]. 陕西农业科学,2017. 11.

李书心主编. 辽宁植物志 上册[M]. 沈阳:辽宁科学技术出版社,1988.

李书心主编. 辽宁植物志 下册[M]. 沈阳:辽宁科学技术出版社,1989.

李淑玲,戴丰瑞主编. 林木良种繁育学[M]. 郑州:河南科学技术出版社,1996.

李顺卿著. 中国森林植物学(FOREST BOTANY OF CHINA)[M]. 上海:商务印书馆,1935.
李振卿,陈建业,李红伟,等主编. 彩叶树种栽培与应用[M]. 北京:中国农业大学出版社,2011.
李法曾主编. 山东植物精要[M]. 北京:科学出版社,2004.
李芳东,乔杰,王保平,等著. 中国泡桐属种质资源图谱[M]. 北京:中国林业出版社,2013.
李恒,郭辉军,刀志灵主编. 高黎贡山植物[M]. 北京:科学出版社, 2000.
李淑玲,戴丰瑞主编. 林木良种繁育学[M]. 郑州:河南科学技术出版社, 1996.
李时珍著. 本草纲目[M]. 北京:人民卫生出版社影印, 1957.
李嘉珏. 临夏牡丹[M]. 北京:北京科学技术出版社,1989.
李嘉珏. 中国牡丹与芍药[M]. 北京:中国林业出版社,1999.
陈焕镛主编. 中山大学农林植物所专刊[M]. 广州:中山大学农林植物研究所,1:280. 1924
陈焕镛主编. 海南植物志 第一卷[M]. 北京:科学出版社,1964.
陈根荣编著. 浙江树木图鉴[M]. 北京:中国林业出版社,2009.
陈俊愉,刘师汉,等编. 园林花卉(增订本)[M]. 上海:上海科学技术出版社,1980.
陈有民主编. 园林树木学[M]. 北京:中国林业出版社,1988.
陈守良,贾良志主编. 中国竹谱[M]. 北京:科学出版社,1988.
陈淏子. 花镜[M]. 北京:农业出版社, 1962.
陈汉斌,郑亦津,李法曾主编. 山东植物志　上、下册[M]. 青岛:青岛出版社.
陈封怀主编. 广东植物志 多册[M]. 广州:广东科技出版社
陈嵘. 中国树木分类学[M]. 南京:京华印书馆, 1937.
陈植. 观赏树木学[M]. 北京:中国林业出版社, 1981.
陈建业,安利波,赵天榜,等. 木兰属等 3 属植物的芽种类、结构与成枝规律研究[J]. 中国农学通报,22(5):405～411. 2013.
陈德忠编著. 中国紫斑牡丹[M]. 北京:金盾出版社, 2002.
侯昭宽编著. 广州植物志[M]. 北京:科学出版社,1956.
吴中伦. 中国松属的分类与分布[J]. 植物分类学报,5(3):155. 1956.
吴征镒主编. 西藏植物志 多卷[M]. 北京:科学出版社, 1985.
杨廷栋,崔铁成. 珍稀木兰科植物的引种及新品种选育研究[M]. 秦巴山区生物资源开发利用及保护研究. 西安:陕西科学技术出版社,1996.
杨廷栋,崔铁成. 玉兰的一新变种[J]. 广西植物,13(1):7. 1993.
张天麟编著. 园林树木 1600 种[M]. 北京:中国建筑工业出版社,2010.
张启泰,冯志舟,杨增宏. 奇花异木(KURIOZAJ FLOROJ KAJ ARBOJ)[M]. 北京:中国世界语出版社, 1989.
张宝棣编著. 木本花卉栽培与养护图说[M]. 北京:金盾出版社,2006.
张晓芳. 望春玉兰的研究[D]. 河南农业大学硕士论文,2003.
应俊生,张玉龙著. 中国种子植物特有属[M]. 北京:科学出版社,1994.
[英] 克里斯托弗·布里克尔主编. 杨秋生,李振生主译. 世界园林植物花卉百科全书[M]. 郑州:河南科学技术出版社,2004
沈熙环. 林木育种学[M]. 北京:中国林业出版社,1990.
余树勋编著. 月季[M]. 北京:金盾出版社,1992.

八画

郑万钧主编. 中国树木志 1～4 卷[M]. 北京:中国林业出版社.
郑万钧. 中国松杉植物研究 I (英文)[J]. 中国科学社生物研究所论文集植物组,8:301. 1933.

郑万钧. Keteleeria davidiana auct. non Beissn[J]. 中研丛刊,2:104. 1931.
郑万钧,傅立国,诚静容. 中国裸子植物[J]. 植物分类学报,13(4):59. 1975.
郑万钧. 凹叶玉兰 Magnolia emarginata (Finet & Gagnep.) Cheng[J]. 中国植物学杂志,1:298. 1934.
郑万钧. 宝华玉兰 Magnolia zenii Cheng[J]. 中国科学院生物研究所丛刊,8:291. fig 20. 1933.
郑万钧. 天目玉兰 Magnolia amoena Cheng[J] in Biol. Lab. Science Soc. China,Bot. Ser.,9:280～281. 1934.
周长发,杨光编著. 物种的存在与定义[M]. 北京:科学出版社,2011.
周以良等编著. 黑龙江树木志[M]. 哈尔滨:黑龙江科学技术出版社,1986.
周汉藩著. 河北习见树木图说(THE FAMILIAR TREES OF HOPEI by H. F. Chow)[M]. 北京:静生生物调查所(PUBLISHED BY THE PEKING NATURAL HISTORYBULLETIN),1934.
赵天榜,陈志秀,曾庆乐,等编著. 木兰及其栽培[M]. 郑州:河南科学技术出版社,1992.
赵天榜,郑同忠,李长欣,等主编. 河南主要树种栽培技术[M]. 郑州:河南科学技术出版社,1994.
赵天榜,陈志秀,高炳振,等主编. 中国蜡梅[M]. 郑州:河南科学技术出版社,1993.
赵天榜,田国行,傅大立,等主编. 世界玉兰属植物资源与栽培利用[M]. 北京:科学出版社,2013.
赵天榜,任志锋,田国行主编. 世界玉兰属植物种质资源志[M]. 郑州:黄河水利出版社,2013.
赵天榜,宋良红,田国行,等主编. 河南玉兰栽培[M]. 郑州:黄河水利出版社,2015.
赵天榜,孙卫邦,陈志秀,等. 河南木兰属一新种[J]. 云南植物研究,2(2):170～172. 1999.
赵天榜,陈建业,张贯银,等. 玉兰一新亚种[J]. 河南科技,增刊:41. 1991.
赵天榜,陈志秀,焦书道. 河南辛夷种质及品种资源的研究[J]. 见:中国植物学会. 中国植物学会六十周年年会学术报告及论文摘要汇编[M]. 北京:中国科技出版社,481～482. 1993.
赵天榜,傅大立,孙卫邦,等. 中国木兰属一新种[J]. 河南师范大学学报,26(1):62～65. 2000.
赵天榜,田国行,任志锋主编. 世界玉兰属植物种质资源志[M]. 郑州:黄河水利出版社,2013.
赵天榜,米建华,田国行,等. 河南省郑州市紫荆山公园木本植物志谱[M]. 郑州:黄河水利出版社,2017.
赵中振,谢万宗,沈节. 药用辛夷一新种及一变种的新名称[J]. 药学学报,22(10):777～780. 1987.
赵东武,赵东欣. 河南玉兰亚属植物种质资源与开发利用的研究[J]. 安徽农业科学,36(22):9488～9490. 2008.
赵天锡,陈章水主编. 中国杨树集约栽培[M]. 北京:中国科学技术出版社,1994.
赵东武. 河南玉兰亚属植物的研究[D]. 河南农业大学硕士论文,2005.
赵东武,赵东欣. 河南玉兰亚属植物种质资源与开发利用的研究[J]. 安徽农业科学,36(22):9488～9491. 2008.
赵东欣,孙军,赵东武. 玉兰属植物特异特征的新发现[J]. 安徽农业学报,36(16):6737～6739. 2008.
赵体顺,赵义民,曹冠武,等主编. 现代林业技术[M]. 郑州:黄河水利出版社,2010.
赵兰勇主编. 中国牡丹栽培与鉴赏[M]. 北京:金质出版社,2004.
河南农学院园林系杨树研究组(赵天榜). 毛白杨类型的研究[J]. 中国林业科学,1:14～20. 1978.
河南农学院园林系杨树研究组(赵天榜). 毛白杨起源与分类的初步研究[J]. 河南农学院科技通讯,2:20～41. 1978.
河南农学院园林系编(赵天榜). 杨树[M]. 郑州:河南人民出版社,1974.
河南农学院园林系编(赵天榜). 刺槐[M]. 郑州:河南人民出版社,1979.
河南农学院园林系编(赵天榜). 悬铃木[M]. 郑州:河南人民出版社,1978.
河北农业大学主编. 果树栽培学各论 下册[M]. 北京:农业出版社,1963.
河北植物志编辑委员会. 贺士元主编. 河北植物志上册[M]. 石家庄:河北科学技术出版社,1986.
河北植物志编辑委员会. 河北植物志 下册[M]. 石家庄:河北科学技术出版社,1989.

河北植物志编辑委员会. 河北植物志 多卷[M]. 石家庄:河北科学技术出版社,1986.
武全安主编. 中国云南野生花卉[M]. 北京:中国林业出版社,1993.
金红,郭保生,刘彬. 河南省玉兰属新分布记录[J]. 中国农学通报,9:613~614. 2005.
林有润主编. 观赏棕榈[M]. 哈尔滨:黑龙江科学技术出版社,2003.
郁书君,杨玉勇,余树勋著. 芍药与牡丹[M]. 北京:中国农业出版社,2006.
范永明,陈俊通,杨秋生,等. 中国桑属特异珍稀一新种[J]. 郑州:黄河水利出版社,516~523. 图版 1. 2017.

九画

贺士元,邢其华,尹祖棠,等编. 北京植物志(上册)[M]. 北京:北京出版社,1984.
贺士元,邢其华,尹祖棠,等编. 北京植物志(下册)[M]. 北京:北京出版出,1989.
贺善安主编. 中国珍稀植物[M]. 上海:上海科技出版社,92~93. 1989.
郝景盛. 中国植物图志 第二册. 忍冬科(法文)Capifoliaceae,in Flore illustree du Nord la Chine Hopei (Chihli) etses provinces voisines [M]. 北平:北平研究院,1934.
郝景盛著. 中国裸子植物志[M]. 北京:人民出版社,1941.
郝景盛著. 中国裸子植物志 再版[M]. 北京:人民出版社,1951.
南京林学院树木学教研组主编. 树木学(上册)[M]. 北京:农业出版社,1961.
南京林学院树木学教研组主编. 树木学(下册)[M]. 北京:农业出版社,1961.
俞德浚编著. 中国果树分类学[M]. 北京:农业出版社,1979.
贵州植物志编辑委员会编. 贵州植物志[M]. 贵州:贵州人民出版社出版社,多卷.
侯宽昭编著. 广州植物志[M]. 北京:科学出版社,1956.
胡先骕著. 经济植物手册上册(第二分册)[M]. 北京:科学出版社,380~383. 1995.
胡芳名,谭晓风,刘惠民主编. 中国主要经济树种栽培与利用[M]. 北京:中国林业出版社,2006.
钟如松编著. 引种棕榈图谱[M]. 北京:安徽科学技术出版社,2004.
洪涛,张家勋. 中国野生牡丹研究(一)[J]. 植物研究,12(3):223~234. 1992.
洪涛,齐安·鲁普·奥斯蒂. 中国野生牡丹研究(二)[J]. 植物研究,14(3):237~240. 1994.
洛阳市文物园林局编. 洛阳牡丹[M]. 河南,1986.

十画

徐纬英主编. 杨树[M]. 哈尔滨:黑龙江人民出版社,1988.
徐来富主编. 贵州野生木本花卉[M]. 贵阳:贵州科技出版社,2006.
贾祖璋,贾祖珊. 中国植物图鉴[M]. 北京:中华书局,1955.
浙江植物志编辑委员会编辑. 浙江植物志 二卷[M]. 杭州:浙江科学技术出版社,
郭善基主编. 中国果树志 银杏卷[M]. 北京:中国林业出版社,1993.
郭成源,王海生,侯鲁文,等编著. 彩叶园林树木 150 种[M]. 北京:中国建筑工业出版社,2009.
郭春兰,黄蕾蕾. 湖北药用辛夷一新种[J]. 武汉植物学研究,10(4):325~327. 1992.
郭风民,高雪梅,魏立栋,等编著. 观花植物[M]. 郑州:中原农民出版社,142~145. 2002.
郭志刚,张佛编著. 玫瑰[M]. 北京:清华大学出版社,1998.
钱崇澍. 安徽黄山植物之初步观察[J]. 中国科学社生物所论文集,3:27. 1927.
袁以苇,许定发译. 国际栽培植物命名法规(1980)[M]. 南京中山植物园研究论文集(江苏科学技术出版社),1~16. 1987.
袁涛. 牡丹全书[M]. 北京:中国农业大学出版社,2000.
高维勋主编. 洛阳牡丹全书[M]. 洛阳:洛阳图片社编印,

秦魁杰,李嘉珏. 牡丹芍药品种花垄分类研究[J]. 北京林业大学学报,12(1):18～26. 1990.

十一画

龚桐. 中国泡桐属植物的研究[J]. 植物分类学报,14(2):38～50. 1976.
曹福亮主编. 中国银杏志[M]. 北京:中国林业出版社,2007.
曹福亮著. 中国银杏[M]. 南京:江苏科学技术出版社,2002.
商业部土产废品局等主编. 中国经济植物志[M]. 北京:科学出版社,2012.
黄山风景区管理委员会编. 黄山珍稀植物[M]. 北京:中国林业出版社,2006.
黄桂生,焦书道,陈志秀,等. 河南辛夷品种资源的调查研究[J]. 河南科技,增刊:28～33. 1991.
黄福贵,任志锋编著. 多肉植物鉴赏与景观应用志[M]. 天津:科学技术出版社,2013.
曹治权,李洪刚,杨建萍. 武当木兰化学成分的研究—武当木兰碱的分离和结构测定[J]. 中草药,16(9):386. 1985.
龚洵,数跃芝,杨志云. 木兰科植物的杂交亲和性[J]. 云南植物研究,23(3):339～344. 2001.
姬君兆,黄玲燕编. 花卉栽培学讲义[M]. 北京:中国林业出版社,201～203. 1985.
萧柏青. 曹州牡丹[M]. 上海:上海人民美术出版社,1992.
喻衡. 牡丹花[M]. 上海:上海科学技术出版社,1989.
铜陵市园林管理处. 铜陵牡丹[M]. 内部资料,1987.

十二画

湖北省植物研究所编著. 湖北植物志 多卷[M]. 武汉:湖北人民出版社.
傅大立. 玉兰属的研究[J]. 武汉植物学研究,19(3):191～198. 2001.
傅大立,赵天榜,孙卫邦,等. 关于木兰属玉兰亚属分组问题的探讨[J]. 中南林学院学报,19(2):23～28. 1999.
傅大立. 河南木兰属一新栽培变种[J]. 经济林研究,18(2):46～47. 2000.
傅大立,田国行,赵天榜. 中国玉兰属两新种[J]. 植物研究,24(3):261～264. 2004.
傅大立,Dong-Lin ZHANG. 李芳文,等. 四川玉兰属两新种[J]. 植物研究,30(4):385～389. 2010.
傅大立,赵天榜,赵东武,等. 河南玉兰属两新变种[J]. 植物研究,27(5):525～526. 2007.
傅大立,赵天榜,陈志秀,等. 湖北玉兰属两新种[J]. 植物研究,27(5):641～644. 2010.
傅大立. 辛夷植物资源分类及新品种选育研究[D]. 中南林学院博士论文,2001.
傅大立,赵天榜,孙卫邦,等. 关于木兰属玉兰亚属分组问题的探讨[J]. 中南林学院学报,19(2):23～28. 1999.
傅立国主编. 中国植物红皮书——珍稀濒危植物 第一册[M]. 北京:科学出版社,1992.
傅立国,陈潭清,郎楷永,等主编. 中国高等植物 多卷[M]. 青岛:青岛出版社,2000.
曾庆文编著. 观赏木兰 98 种[M]. 北京:北京科学技术出版社,2005.
彭春良,颜立红,廖肪林. 湖南木兰科新分类群[J]. 湖南林专学报,试刊 1:14～17. 1995.
喻衡. 菏泽牡丹[M]. 济南:山东科技出版社,1982.
喻衡. 牡丹花[M]. 上海:上海科学技术出版社,1989.
喻衡. 中国名花丛书 牡丹[M]. 上海:上海科学技术出版社,1989.
蒋立昶,赵孝知主编. 菏泽牡丹栽培科技[M]. 天津:天津科学技术出版社,1996.

十三画

潘志刚等编著. 中国主要外来树种引种栽培[M]. 北京:北京科学出版社,1994.
蒋建平主编. 泡桐栽培学[M]. 北京:中国林业出版社,1990.
福建省科学技术委员会,《福建植物志》编写组编著. 福建植物志[M]. 福州:福建科学技术出版社,多卷.

新疆植物志编辑委员会主编. 新疆植物志 多卷[M]. 乌鲁木齐:新疆科技卫生出版社.
裘宝林,陈征海. 浙江木兰属一新种[J]. 植物分类学报,27(1):79～80. 1989.

十四画

裴鉴,单人骅,周太炎,等主编. 江苏南部种子植物手册[M]. 北京:科学出版社,1959.
裴鉴,周太炎. 中国药用植物志[M]. 北京:科学出版社,1955.
熊文愈,汪计珠,石同岱,等. 中国木本药用植物[M]. 上海:上海科技教育出版社,153～158. 1993.

十五画

潘志刚,游应天,等编著. 中国主要外来树种引种栽培[M]. 北京:北京科学出版社,1994.

十七画

戴天澍,敬根才,张清华,等主编. 鸡公山木本植物图鉴[M]. 北京:中国林业出版社,1991.
戴慧堂,李静,赵天榜,等.《鸡公山木本植物图鉴》增补(I)[J]. 信阳师范学院学报(自然科学版),24(1):476～479. 2011.
戴慧堂,李静,赵天榜,等. 河南玉兰属二新种[J]. 信阳师范学院学报(自然科学版),25(3):333～335. 2012.
戴慧堂,赵天榜,李静,等. 河南《鸡公山木本植物图鉴》增补(Ⅱ)——河南玉兰两新种[J]. 信阳师范学院学报(自然科学版),25(3):482～485,489. 2012.

十八画

魏泽圃,安大化,等. 洛阳牡丹[M]. 郑州:河南科学技术出版社,1987.

2. 日文参考文献

工藤佑舜. 昭和八年. 日本有用樹木學(第三版). 東京:丸善株式会社.
大井次三郎. 昭和三十一年. 日本植物誌(第二版):552. 東京:株式会社至文堂.
白澤保美. 明治四十四年. 日本森林樹木図譜 上册. 東京:成美堂書店.
最新園芸大辞典辞典編集委员会. 最新園芸大辞典 多卷. 東京:株式会社誠文堂新光社.
東京博物学研究会. 明治四十一年. 植物圖鑑. 東京:北隆馆书店.
浅山英一. 太田洋愛,二口善雄画. 園芸植物圖譜. 東京:株式会社 平凡社,1986.
牧野富太郎. 昭和五十四年. 牧野 新日本植物圖鑑(改正版). 地球出版株式会社,東京:北隆馆 第35版.
仓田 悟. 原色 日本林業樹木図鑑 第1卷(改正版). 東京:地球出版株式会社,1971.
仓田 悟. 原色 日本林业樹木図鑑. 第2卷 改正版. 東京:地球出版株式会社,1971.
仓田 悟. 原色 日本林業樹木図鑑 第3卷. 東京:地球出版株式会社,1971.
朝日新闻社. 朝日園芸植物事典. 東京:朝日新闻社,1987.
野間省一. 談社園芸大百科事典. 多卷. 東京:株式会社.
工藤佑舜. 昭和八年. 日本有用樹木學(第三版)[M]. 東京:丸善株式会社.
大井次三郎. 昭和三十一年. 日本植物誌(第二版)[M]:552. 東京:株式会社至文堂.
白澤保美著. 明治四十四年. 日本森林樹木図譜 上册[M]. 東京:成美堂書店.
金平亮三著. 台湾树木志[M]. 台北:1917.
金平亮三著. 台湾树木志 增补改版[M]. 台北:1936.
日本ボケ协会. 日本のボケ. 平成21年.

3. 英文文献

Akad W. Buergeria stellata Sieb. & Zucc., in Abh. Math. －Phys. Cl. (K □nigl Bayer.) Akad. Wiss. M

□nch. 4(2):186. t. Ⅱa (Fl. Jap. Fam. Nat. 1:78),1845.

Bean W J. Magnolia conspicua Spach var. purpurascens sensu Bean,ew Bull. ,1920:119.

Blackburn B C. Magnolia kobus DC. var. stellata(Sieb. & Zucc.)Blackb. ,Baileya. 5(1):3～13. 1957.

Blackburn B C. Magnolia kobus DC. f. Stellata(Sieb. & Zucc.)Blackb. ,Popul. Gard. 5(3):73. 1954.

Bond J. G. Magnolia sprengeri Pamp. 'Eric Savill' in Magnolia. Issue 37,20(1):16. 1984.

Callaway D J. THE WORLD OF Magnolias. Oregen:Timber press,1994.

Chen Bao Liang and Nooteboom H P. Notes on Magnoliaceae Ⅲ: Magnoliaceae of China. Ann. Miss. Bot. Gard. 80(4):999,1104. 1993.

CHEN Zhong-yi,HUANG Xiang-xu,WANG Rui-jiang, et al. ,CHROMOSOME DATA OF MAGNOLIACEAE. in Proc. Internat. Symp. Fam. Magnoliaceae 2000. pp. 192～201.

Cheng. Magnolia zenii Cheng in Contr. Biol. Lab. Sci. Soc. China Bot. 8:291. 1933.

Cheng. Magnolia fargesii (Finet & Gagnep.)Cheng in Journ. Bot. Soc. China. 1(3):296. 1934.

Clarke. Chaenomeles × californica Clarke,Garden Aristocrats 7:13. 1940.

Curtis. Magnolia purpurea Curtis Bot. Mag. II:t. 390. 1797.

Dandy J E. Magnolia Linn. sect. Buergeria(Sieb. & Zucc.)Dandy in Camellias and Magnolias Conf. Report. ,73. 1950.

Dandy J E. Magnolia heptapeta(Buc'hoz)Dandy in Journ. Bot. 72:103. 1934.

Dandy J E. Magnolia Linn. subgen. Pleurochasma Dandy in J. Roy. Hort. Soc. ,75:161. 1950.

Dandy J E. Magnolia Linn. sect. Tulipastrum(Spach)Dandy in Camellias and Magnolias Rep. Conf. 74. 1950.

Dandy J E. Magnolia Linn. subgen. Yulania sect. Yulania(Spach) Dandy in Camelias and Magnolias. Rep. Conf. 72. 1950.

Dandy J E. Magnolia quinquepeta(Buc'hoz)Dandy, Journ. Bot. 72:103. 1934, non Buc'hoz. 1934.

Desrousseaux L A J. Magnolia denudata Desr. in Lama. ,Encycl. Méth. Bot. 3:675. 1791. exclud. syn. "Mokkwuren Kaempfer",1791.

Desrousseaux L A J. Mgnolia denudata Desr. in Sargent,P1. Wils. I:399. 1913.

Desrousseaux L A J. Magnolia liliflora Desrousseaux in Lamarck, Encycl. M□th. Bot. 3:675. 1791,exclud. syn. "Mokkwuren fl. Albo Kaempfer"1791.

Figlar R B. Proleptic branch initiation in Mochelia andMagnolia subgen. Yulania provides basis for combinations in Subfamily Magnoliaceae. in: LIU Yu-hu,FAN Han-ming,CHEN Zhong-yi et al. ,Proc. Internat. Symp. Fam. Magnoliceae. Beijing:Science press:14～25. 2000.

Gresham T. Magnolia campbellii Hook. f. & Thoms. var. alba Treseder 'Maharanee' in Morris Arb. Bull. ,15:31. 1964.

Hamelin. Magnolia × soulangeana Hamelin in Ann. Soc. Hort. Paris,1:90. 1827.

Hooker J D. Magnolia campbellii. Curtiss Botanical Magazine. III:6973. 1885.

Hook. f. & Thoms. Magnolia campbellii Hook. f. & Thoms. Fl. Ind. 1:77. 1855.

Johnstone G H. Magnolia sprengeri Pamp. in Asiat. Magnol. in Cult. 79. 1955.

Johnstone G H. Magnolia sperengeri Pamp. var. elongata(Rehd. & Wils.)Johnstone, Asiatic Magnolias in Cultiovatia 87. 1955.

McDaniel J C. Magnolia biondii at last. Journal of the Magnolia Society,12(2):3～6. 1976.

McDaniel J C. Magnolia cylindrica,a Chinese puzzle. Jour nal of the Magnolia Society,10(1):3～7. 1974.

Nicholson G. Magnolia × soulangiana Soul—Bod. var. nigra Nichols. in Gard. ,25:276. 1884.

Nooteboom H P. Magnolia Linn. subsect. Cylindrica(S A. Spongbr.)Noot. in LIN Yu-hu,FAN Han-ming,CHEN Zhong-yi et al,Proc. Intemat. Symp. Fam. Magnoliaceae 2000. Beijing,China:Science press,37. 2000

Nooteboom H P. Magnolia sprengeri Pamp. n Chen Bao Liang and H. P. Noot. in Ann. Miss. Bot. Gard. 80(4):1022～1023. 1993.

Pampanini R. Magnolia sprengeri Pamp. in Nouv. Giorn. Bot. Ital. new. ser. 22:295. 1915.

Reichenbach H G L. Magnolia Linn. subgen. Yulania(Spach)Reichenbach in Der Dectsche Bot. ,1:192. 1841.

Rehder A. Bibliography of Cultivated Trees and Shrubs. THE ARNOLD ARBORETUM OFHARVARD UNIVERSITY JAMAICA PLAIN, MASSACHUSETTS, U. S. A 1949.

Schneider C K. Magnolia denudata Schneid. , Handb. I. 330. 1905 (non Desr.)

Sieber F W. & Zucc J G. Buergeria Sieb. & Zacc. Abh. Math. —Phys. Cl. Kön. Bayer. AK. Wiss. 4 (2):186. 1846.

Sieber F W. & Zucc J G. Buergeria stellata Sieb. & Zucc. in Abh. Math. —Phys. Cl. (Königl Bayer.) Akad. Wiss. Münch. 4(2):186. t. 11a(Fl. Jap. Fam. Nat. 1:78)1845.

Siebold F A M. &Zuccacarini J G. Buergeria stellata Sieb. & Zucc. ,in Abh. Math. —Phys. Cl. Konigi. Bayer. Akad. Wiss. 4(2):187. (Fl. Jap. Fam. Nat. 1:79)1843.

Spach E. Yulania Spach,Hist. Nat. Vég. Phan. 7:462. 1839.

Spongberg S A. Magnolia sprengeri Pamp. in Journ. Arn. Arb. 57:286～287. 1976.

Stapf O. Magnolia sprengeri Pamp. var. diva Stapf in Curtis's Bot. Mag. 152. 1927.

Stern,F. C. ,A study of the genus Paeonia,Royal Horticultural Society,London,1946.

Sun W B. et Zhao T B. Magnolia Linn. sect. Yulania((Spach)Dandy)W. B. Sun et Zhao,syn. nov. ,in Liu Y H et al. ,ed. Proc. Interational Symp. Family. Magnoliaceae 2000. 52～57. Beijing:Science press. 2000.

Suringar J V. Magnolia liliflora Suringar in Meded. Rijk's Landbouw—hoogesch. 32. Verh. 5:43. 1928.

Treseder N G. Magnolia campbellii Hook. f. & Thoms. var. alba Treseder, Magnolias. 90～93. Plates 17～18. 1978.

Vietch et Bean. Magnolia liliflora Desr. 'Nigra' Vietch et Bean,Thees and Shruss Brit. Isl. ,2:74. 1914.

Walther E. Magnolia campbellii Hook. f. & Thoms. var. alba Treseder 'Stark's White' in Jour. Calif. Hort. Soc. ,23:36. 1961.

Walther E. Magnolia campbellii Hook. f. & Thoms. var. alba Treseder 'Strybing White' in Jour. Calif. Hort. Soc. ,23:31. photo 34. 1961.

Weber C. Cultivars in the genus Chaenomeles in Arnoldia. 23(3):17～75. 1963.

Weber C. THE GLNUS CHAENOMELES(ROSACEAE). JOURNAL OF THE ARNOLD ARBORETUM. XLV APRII NUMER. 45(1):161～205. 1964.

Williams J C. Magnolia campbellii Hook. f. & Thoms. var. alba Treseder 'White Form' in Jour. Roy. Hort. Soc. ,76:218. 1951.

ZHAO D X,ZHAO D W,SUN J. The New Discoveries of Specific Characteristics of Yulania Spach. A Gricultural Ricultural Science Tecnnology,9(1):54～57. 2008.

ZHAO D X:Chemical Compositions of Volatile Oils of Xinyi Growing in Henan. 2011 International Confernce on Agricultural and Nstural Rewsoures Enginering Advances in Biomedical Engineering,3:87～90. 2011.

ZHAO D X, ZHAO T B, FU D L. A New Species of Yulania Spach and Chemical Components of Xinyi Essential Oil of the New Species. 2011 International Confernce on Agricultural and Nstural Rewsoures Enginering Advances in Biomedical Engineering, 3: 91～94. 2011.

ZHAO D X, LU K. Essentia Oil Constituents of Flower Buds of Yulania biondii (Pamp.) Growing in Different Areas. 2011 International Conference on Agricultural and Biosystems Engineering Advances in Biomedical Engineering. 1～2: 23～24. 2011.

ZhAO D X, Lu K. Chemical Compositions of Volatile oils from Flower Buds of Four Yulania biondii (Pamp.) Cultivated Species. International Conference on Agricultural and Biosystems Engineering Advances in BiomedicalEngineering. 1～2: 25～26. 2011.

ZHAO Dong-xin, ZHAO Dong-wu, SUN Jun. The New Discoveries of Specific Characteristics of Yulania Spach. A GRICULTURAL SCIENCE & TECNNOLOGY, 9(1): 54～57. 2008.